职业教育“十三五”规划教材

金属材料与热处理

第二版

司卫华　王学武　主编　高朝祥　副主编

化学工业出版社

·北京·

内 容 提 要

《金属材料与热处理》主要讲述了常用金属材料的分类、编号、组织结构、力学性能、热处理以及应用等方面的基本知识。全书以金属材料的性能及改性为核心，并以金属材料的性能与成分、组织结构、加工工艺（热处理）之间的关系为主线贯穿始终。书中每章后面有复习与思考题，题型有名词解释、填空、选择、简答等，可供学生检验学习效果。另外，书后附录有实验指导可供参考。

本书可作为高职高专院校、中等职业学校机械类、热加工类、近机类专业的教材或培训用书，也可供相关技术人员参考。

图书在版编目（CIP）数据

金属材料与热处理/司卫华，王学武主编.—2版.—北京：化学工业出版社，2020.7（2025.1重印）
ISBN 978-7-122-36872-0

Ⅰ.①金… Ⅱ.①司… ②王… Ⅲ.①金属材料-高等职业教育-教材②热处理-高等职业教育-教材 Ⅳ.①TG14②TG15

中国版本图书馆CIP数据核字（2020）第081781号

责任编辑：韩庆利
责任校对：王佳伟　　装帧设计：张　辉

出版发行：化学工业出版社（北京市东城区青年湖南街13号　邮政编码100011）
印　　装：大厂回族自治县聚鑫印刷有限责任公司
787mm×1092mm　1/16　印张13¾　字数342千字　2025年1月北京第2版第6次印刷

购书咨询：010-64518888　　售后服务：010-64518899
网　　址：http：//www.cip.com.cn
凡购买本书，如有缺损质量问题，本社销售中心负责调换。

定　　价：39.00元

第二版前言

为满足高等职业教育课程改革和教材建设的要求，根据高职高专人才培养目标和高等职业学校专业教学标准，编者在多年从事高职教学实践和经验的基础上，编写了《金属材料与热处理》这本教材，可供高职高专院校、中等职业学校机械类、热加工类、近机类专业教学使用，还可供相关技术人员参考。

本书紧密结合高等职业教育的办学特点和教学目标，强调实践性、应用性和创新性。降低理论深度，理论知识坚持以应用为目的，以必需、够用为度；注意内容的精选和创新，突出实践应用，拓宽知识领域，重在能力培养。书中涉及的名词术语和相关的标准与国家最新标准一致。

本书共分为11章，主要内容有金属材料的力学性能、金属的晶体结构与结晶、钢的热处理、金属的塑性变形与再结晶、工业用钢、铸铁、有色金属及合金、金属材料的失效与选材等，以金属材料的力学性能与化学成分、加工工艺之间关系为主线，以培养学生认识金属材料、合理选用金属材料为主导。

本书由渤海船舶职业学院司卫华（第1、4、8、9章），王学武（绪论、第5~7、11章、附录），马春来（第10章），四川化工职业技术学院高朝祥（第2、3章）共同编写，司卫华、王学武任主编，高朝祥任副主编。天津有机化工总厂王大力（教授级高级工程师）主审。

为方便教学，本书配套电子课件，可登录化学工业出版社教学资源网www.cipedu.com.cn下载。

由于编者学识水平和收集资料来源有限，加之时间仓促，书中难免有疏漏和不妥之处，敬请读者不吝赐教。

编　者

目　录

绪　论

(1) 金属材料的分类及其在现代工业中的地位

材料是人类生存和发展的物质基础，从日常生活用的器具到高技术产品，从简单的手工工具到复杂的航天器、机器人，都是用各种材料制作而成或由其加工的零件组装而成的。材料的发展水平和利用程度已成为人类文明进步的标志，从旧石器时代人们懂得利用材料到科技发达的现代社会，经历了石器时代、青铜器时代、铁器时代、钢铁时代、半导体时代，现在人们正处于新材料时代。如今，材料、能源、信息已成为现代化社会生产的三大支柱，而材料又是能源和信息发展的物质基础。

现代材料种类繁多。机械工程材料按化学成分可分成金属材料和非金属材料两大类，其中应用最广的仍是金属材料。

金属材料可分为两大类：黑色金属（或钢铁）和有色金属（也称非铁金属），如下所示。

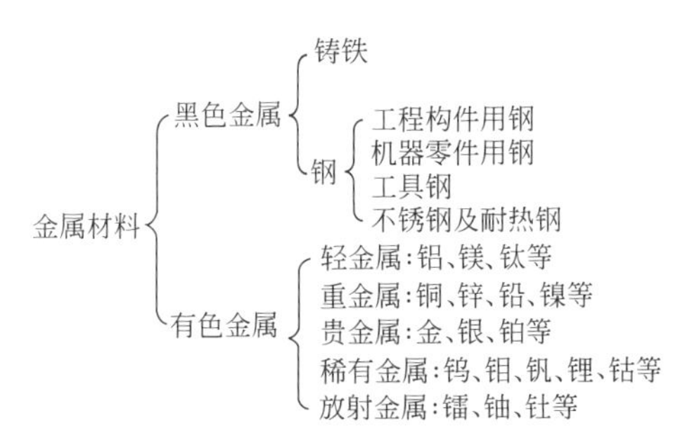

金属材料之所以应用广泛，是因为其来源丰富，而且具有优良的力学性能和工艺性能，如具有较高的强度、优良的塑性和韧性；具有耐热性、耐低温性、耐蚀性；可铸造、锻造、冲压和焊接；还有良好的导电性、导热性等。更为重要的是，金属材料的性能可以通过化学成分、热处理或其他加工工艺进行调整，使其性能可在较大范围内变化，以满足工程需要。

(2) 金属材料的发展及材料科学的形成

金属是人类较早开发利用的材料。早在4000多年前，人类在寻找石器过程中认识了矿石，并在烧陶生产中发展了冶铜术，开创了冶金技术。殷商时期，我国青铜的冶铸技术已达到很高水平。公元前1200年，人类开始使用铸铁，从而进入了铁器时代。随着技术的进步，又发展了钢的制造技术。18世纪，钢铁工业的发展，成为产业革命的重要内容和物质基础。

19世纪中叶，现代平炉和转炉炼钢技术的出现，使人类真正进入了钢铁时代。与此同时，铜、铅、锌也大量得到应用，铝、镁、钛等金属相继问世并得到应用。直到20世纪中叶，金属材料在材料工业中一直占有主导地位。进入21世纪，随着经济的飞速发展和科学的进步，对金属材料的要求越来越苛刻，结构材料向高强度、高韧性、耐腐蚀、耐高温等方向发展，新型金属材料也在不断地涌现。

第一次工业革命以后，钢铁进入大规模生产阶段，人们对金属材料的认识逐渐深入，将感性认识上升到理性认识的高度，自此，材料科学正式诞生了。1863年光学显微镜第一次被用于研究金属，英国金相学家和地质学家展示了钢铁在显微镜下的六种不同的金相组织，出现了“金相学”，同时证明了钢在加热和冷却时，内部会发生组织改变。法国人奥斯蒙德确立的铁的同素异构理论，以及英国人奥斯汀最早制定的铁碳相图，为现代热处理工艺初步奠定了理论基础。1912年X射线衍射技术、1932年电子显微镜的问世对金属材料与热处理产生巨大的推动作用，将人类已有的对金属材料的认识带入了更深的层次。如今，金属材料与热处理已经形成完善的学科体系，并继续向更高、更深入的方向发展。

中华人民共和国成立后，我国金属材料与热处理取得了快速发展，建立健全了材料工业体系，我国各种金属材料的品种齐全，已能满足国民经济发展的基本要求，我国的钢产量已多年高居世界首位。我国用自己生产的金属材料使“神舟”宇宙飞船升入太空、使原子弹和氢弹爆炸成功以及其他领域内的伟大成就，都充分体现了我国在金属材料与热处理方面取得的发展和进步。但与世界发达国家相比，我们还有一定的差距，需要我们继续努力，以缩小这些差距。

（3）课程的性质、任务和学习方法

金属材料与热处理是高等职业院校机械类专业重要的技术基础课。学习本课程的目的是获得常用金属材料的种类、成分、组织、性能和改性方法的基本知识。

从材料学的角度看，金属材料的性能取决于内部结构，而金属材料的内部结构又取决于成分和加工工艺，这同时也是金属材料与热处理这门课程一条鲜明的主线。所以，正确地选择金属材料，确定合理的加工工艺，得到理想的组织，获得优良的使用性能，是决定机械产品性能的重要环节。

本课程的任务就是以金属材料的性能为核心，以培养学生的能力为目标，以金属材料的应用为出发点，介绍常用金属材料的性能与成分、组织结构、加工工艺之间的关系，重点是机械工业中常用的金属材料。

通过本课程的学习，学生应掌握常用金属材料的种类、牌号、性能及应用，初步具有合理选用金属材料的能力；初步具有正确选择和制定热处理工艺的能力。

本课程既有一定的理论性，又有较强的应用性，各种概念、名词术语较多。因此，在学习时，应认真听讲，在记忆的基础上，注重理解、分析和应用，并注意前后内容的衔接与综合应用。在理论学习外，要注意密切联系生产和生活实际，运用如杂志、互联网等各种学习方式，广泛涉猎，勤动手，认真做好各项实验，认真完成各项作业。

在教学中应多采用直观教学、现场教学、多媒体教学、启发教学等，增加课堂教学的信息量和利用效率，培养学生的自学能力和思维能力，为后续专业课的学习打下良好的基础。

第1章　金属材料的力学性能

教学提示：

金属材料之所以能在现代工业中的广泛应用，主要是因为其能满足各种工程构件或机械零件所需的力学性能和工艺性能要求，所以掌握各种金属材料的力学性能及其变化规律，根据工作条件及力学性能选择材料，充分发挥其性能潜力，是保证构件或零件质量的基础。

学习目标：

通过本章学习，掌握金属材料的力学性能指标——强度、硬度、塑性、韧性和疲劳极限。

金属材料的力学性能是指在承受各种外加载荷（拉伸、压缩、弯曲、扭转、冲击、交变应力等）时，对变形与断裂的抵抗能力及发生变形的能力。

常用的力学性能有强度、刚度、弹性、塑性、硬度、冲击韧性及疲劳极限等。

1.1　强度与塑性

强度是指金属材料在静载荷作用下，抵抗塑性变形和断裂的能力。塑性是指金属材料在静载荷作用下产生塑性变形而不致引起破坏的能力。金属材料的强度和塑性的判据可通过拉伸试验测定。

1.1.1　拉伸试验与拉伸曲线

（1）拉伸试验

拉伸试验是指在静拉伸力作用下，对试样进行轴向拉伸，直到拉断。根据拉伸试验绘制出的应力-应变曲线，即可计算出强度和塑性的性能指标。

拉伸试验前，将材料制作成一定尺寸和形状的标准拉伸试样（GB/T 228.1—2010），如图1-1所示为常用的圆形拉伸试样。将拉伸试样装夹在拉伸试验机上，对试样施加拉力，在拉力不断增加的过程中，观察试样的变化，直至把试样拉断，如图1-2所示。

（2）拉伸曲线

拉伸试验时，拉伸试验机可自动绘制出反映拉伸过程中载荷（F）与试样的伸长量（ΔL）之间关系的拉伸曲线，如图1-3(a) 所示为低碳钢的力-伸长曲线。用试样原始截面积 S_0 去除拉力 F 得到应力 σ，用试样原始标距 L_0 去除伸长量 ΔL 就得到应变 ε，则力-伸长曲线就成了应力-应变曲线，如图1-3（b）所示。

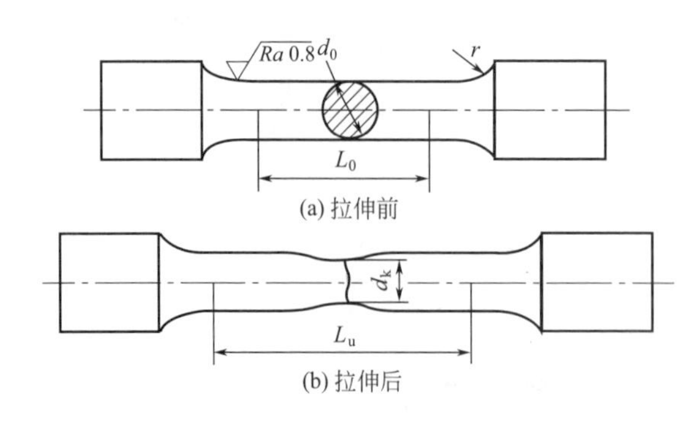

(a) 拉伸前

(b) 拉伸后

图1-1　拉伸试样

图1-2　拉伸试验

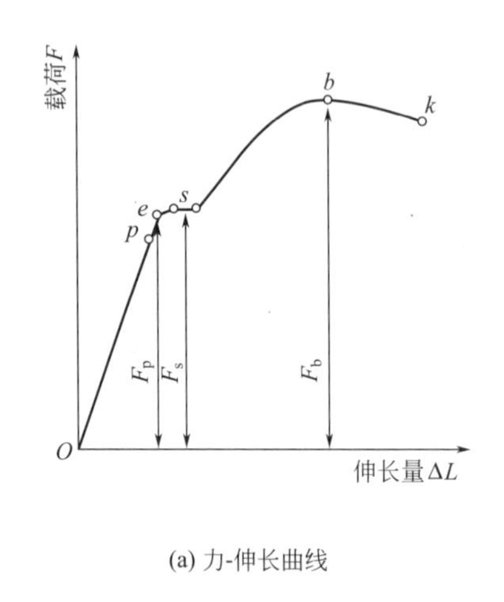

(a) 力-伸长曲线

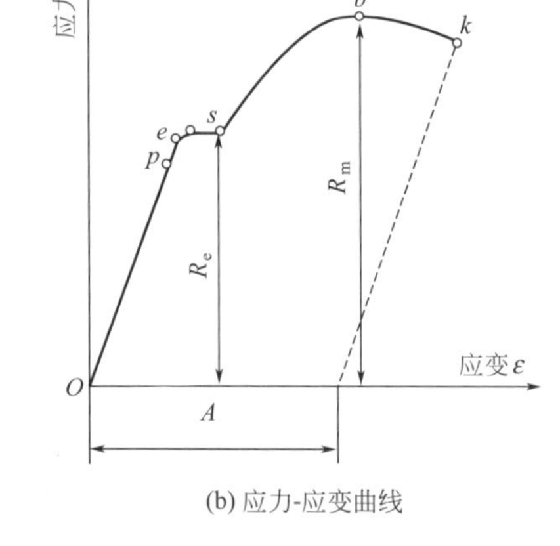

(b) 应力-应变曲线

图1-3　拉伸曲线

拉伸过程可分为弹性变形、塑性变形和断裂三个阶段。

在曲线的Op段，试样的伸长量与载荷呈直线关系，完全符合胡克定律，试样处于弹性变形阶段。在曲线的pe段，伸长量与载荷不再成正比关系，拉伸曲线不成直线，试样仍处于弹性变形阶段。

在曲线的es段（e点后的平台或锯齿），外力不增加或变化不大，试样仍继续伸长，出现明显的塑性变形，这种现象称为屈服，标志材料开始发生明显的塑性变形。

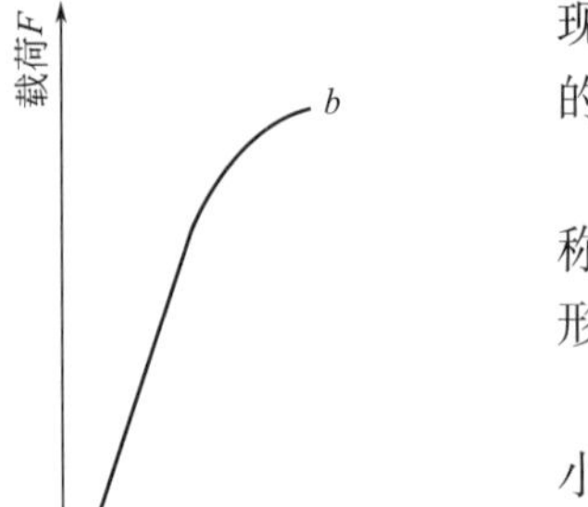

图1-4　铸铁的拉伸曲线

在曲线的sb段，载荷增加，伸长沿整个试样长度均匀进行，称均匀塑性变形阶段；同时，随着塑性变形不断增加，试样的变形抗力也逐渐增加，产生加工硬化，这个阶段是材料的强化阶段。

在曲线的最高点（b点），载荷达到最大，试样局部面积减小，伸长增加，形成了“缩颈”，如图1-1(b) 所示。随着缩颈处截面不断减小（非均匀塑性变形阶段），承载能力不断下降，到k点时，试样发生断裂。

不同材料的拉伸曲线形状有很大差别，并不是都有明显的上述几个阶段。如灰铸铁、淬火高碳钢等脆性材料，在断裂前塑性变形量很小，甚至弹性变形后马上发生断裂，在拉伸曲线上没有屈服阶段或强化阶段，如图1-4所示为铸铁的拉伸曲线。

1.1.2 刚度

刚度是指材料抵抗弹性变形的能力，刚度的大小一般用弹性模量E表示。在拉伸曲线上，弹性模量就是直线（Op）段的斜率。对于材料而言，弹性模量E越大，其刚度越大。

弹性模量E主要取决于各种金属材料的本性，是一个对组织不敏感的力学性能指标。对钢进行热处理、微量合金化及塑性变形等，其弹性模量变化很小。常用材料的弹性模量如表1-1所示。

表1-1 常用材料的弹性模量

材料	陶瓷	钢	硬铝	铜	钛	铍青铜	聚酯塑料	玻璃	木材	混凝土	碳纤维强化复合材料
E/GPa	400	210	69	110	117	120	1~5	69	12	47	270

结构的刚度除取决于组成材料的弹性模量外，还同其几何形状、截面尺寸等因素以及外力的作用形式有关，在弹性模量E一定时，零件或构件的截面尺寸越大，其刚度越高。

对于一些须严格限制变形的结构（如机翼、高精度的装配件等），须通过刚度分析来控制变形。许多结构（如建筑物、船体结构等）也要通过控制刚度以防止发生振动、颤振或失稳。

1.1.3 强度

工程上常用的强度指标有屈服强度、规定残余延伸强度、抗拉强度等。

（1）屈服强度和规定残余伸长强度

屈服强度是指表示材料开始产生明显塑性变形的最小应力值。当金属材料呈现屈服现象时，在试验期间达到塑性变形发生而力不增加的应力点，应区分上屈服强度R_{eH}和下屈服强度R_{eL}。上屈服强度是试样发生屈服而力首次下降前的最高应力；下屈服强度为屈服期间内，不计初始瞬时效应时的最低应力，如图1-5所示。

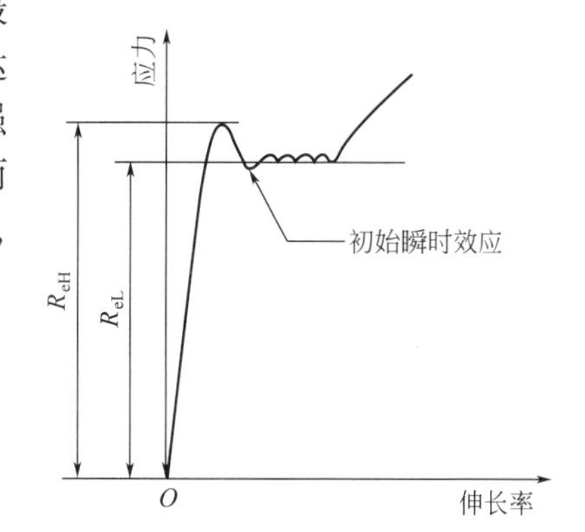

图1-5 屈服强度的定义

屈服强度R_e可用下式计算：

$$R_e = \frac{F_s}{S_0}\ (\mathrm{MPa})$$

式中 F_s——试样发生屈服现象时的载荷，N；

S_0——试样的原始横截面积，mm^2。

对于高碳淬火钢、铸铁等材料，在拉伸试验中没有明显的屈服现象，无法确定其屈服强度。一般规定以试样达到一定残余伸长率对应的应力作为材料的屈服强度，称为规定残余延伸强度，通常记作R_r。例如$R_{r0.2}$表示残余伸长率为0.2%时的应力。

工程上各种构件或机械零件工作时均不允许发生过量塑性变形，因此屈服强度R_e和规定残余延伸强度R_r是工程技术上重要的力学性能指标之一，也是大多数机械零件选材和设计的依据。

（2）抗拉强度

抗拉强度是指材料在断裂前所承受的最大应力值，故又称强度极限，用R_m表示，即

$$R_m = \frac{F_b}{S_0}\ (\text{MPa})$$

式中　F_b——试样拉断前承受的最大载荷，N；

S_0——试样的原始横截面积，mm^2。

抗拉强度 R_m 是塑性材料抵抗大量均匀塑性变形的能力。铸铁等脆性材料拉伸过程中一般不出现缩颈现象，抗拉强度就是材料的断裂强度。

断裂是零件最严重的失效形式，所以，抗拉强度也是机械工程设计和选材的主要指标，特别是对脆性材料来讲。

(3) 强度的意义

强度是指金属材料抵抗塑性变形和断裂的能力，一般钢材的屈服强度在200~1000MPa之间。强度越高，表明材料在工作时越可以承受较高的载荷。当载荷一定时，选用高强度的材料，可以减小构件或零件的尺寸，从而减小其自重。因此，提高材料的强度是材料科学中的重要课题，称为材料的强化。

1.1.4　塑性

金属的塑性常用断后伸长率和断面收缩率表示。

(1) 断后伸长率

断后伸长率是指试样拉断后标距的伸长量（L_u-L_0）与原始标距 L_0 的比值，用 A 表示，即

$$A = \frac{L_u - L_0}{L_0} \times 100\%$$

式中　L_u——试样拉断后标距的长度，mm；

L_0——试样的原始标距，mm。

同一材料的试样长短不同，测得的断后伸长率略有不同。用短试样（$L_0=5d_0$）测得的断后伸长率 A 略大于用长试样（$L_0=10d_0$）测得的断后伸长率 $A_{11.3}$。

(2) 断面收缩率

断面收缩率是指试样拉断处横截面积的减小量（S_0-S_u）与原始横截面积 S_0 的比值，用 Z 表示，即

$$Z = \frac{S_0 - S_u}{S_0} \times 100\%$$

式中　S_u——试样拉断后断裂处的最小横截面积，mm^2；

S_0——试样的原始横截面积，mm^2。

断面收缩率 Z 的大小与试样尺寸无关，只取决于材料的性质。很显然，断后伸长率 A 和断面收缩率 Z 越大，说明材料在断裂前发生的塑性变形量越大，也就是材料的塑性越好。

(3) 塑性的意义

任何零件都要求材料具有一定的塑性。塑性好的金属材料可以发生大量塑性变形而不破坏，便于通过各种压力加工方法（锻造、轧制、冷冲压等）获得形状复杂的零件或构件。如低碳钢的断后伸长率可达30%，断面收缩率可达60%，可以拉成细丝，轧成薄板，进行深冲成形。而铸铁由于塑性很差，不能进行塑性加工。此外，工程构件或机械零件在使用过程中虽然不允许发生塑性变形，但在偶然过载时，塑性好的材料发生一定的塑性变形而不致突然断裂；再者，材料塑性变形可以减弱应力集中、消减应力峰值，零件在使用时更显安全。

1.2 硬　　度

硬度是衡量金属材料软硬的指标，是指金属材料在静载荷作用下抵抗表面局部变形，特别是塑性变形、压痕、划痕的能力。

硬度试验设备简单，操作迅速方便，可直接在工件上测量而不伤工件，更为重要的是通过硬度测量可以估计出金属材料的其他力学性能指标，如强度、塑性等。因此，硬度是力学性能中最常用的性能之一，硬度试验在科研和生产中得到了广泛应用。

硬度的测定方法一般分为压入法、刻划法、回跳法三类。生产中常用的是压入法，它是将一定形状的压头，在一定的载荷下，压入被测的金属材料表面，根据压入程度来测定其硬度值。在同样的实验条件下（压头相同、载荷相同），若压入的程度越大，则材料的硬度越低，反之越高。生产中应用广泛的压入硬度测试方法有布氏硬度、洛氏硬度和维氏硬度等。

1.2.1 布氏硬度

布氏硬度试验法的原理是在一定的载荷F作用下，将一定直径D的硬质合金球压入被测材料的表面，保持规定时间后将载荷卸掉，测量被测材料表面留下压痕的直径d，根据d计算出压痕球缺的面积S，最后求出压痕单位面积上承受的平均压力，以此作为被测金属材料的布氏硬度值，如图1-6所示。

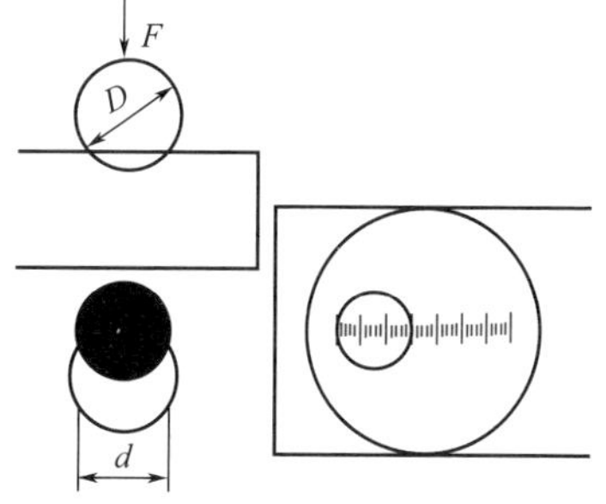

图1-6　布氏硬度试验原理

布氏硬度值（HBW）的计算公式为

$$\text{HBW}=\frac{F}{S}=0.102\frac{2F}{\pi D(D-\sqrt{D^2-d^2})}$$

式中　F——载荷大小，N；

D——压头的直径，mm；

d——压痕表面的直径，mm；

S——压痕的面积，mm^2。

布氏硬度值的单位为kgf/mm^2或者N/mm^2，但习惯上布氏硬度是不标单位的。

布氏硬度实际测试时，硬度值是不用计算的，利用刻度放大镜测出压痕直径d，根据d值查平面布氏硬度表即可查出硬度值（见附录B）。

布氏硬度的表示方法如下：硬度值+硬度符号+试验条件。如200HBW10/1000/30表示用10mm直径的硬质合金球压头，在1000kgf（9.807kN）作用下，保持30s（持续时间10~15s时，可以不标注），测得的布氏硬度值为200。

在进行布氏硬度试验时，试验力F与压头直径（mm）的平方的比值（$0.102F/D^2$）就应为30、15、10、5、2.5、1中的一个。根据金属材料的种类、试样厚度及试样的硬度范围，按照表1-2的规范选择合适的试验条件。

布氏硬度的优点是试验时试样上压痕面积较大，能较好反映材料的平均硬度；数据较稳定，重复性好。缺点是测试麻烦，压痕较大，不适合测量成品及薄件材料。目前，布氏硬度主要用于铸铁、有色金属（如滑动轴承合金等）及经过退火、正火和调质处理的钢材。

表1-2 布氏硬度试验规范

材料种类	布氏硬度值范围	球直径 D/mm	$0.102F/D^2$	试验力 F /N或kgf	保持时间 /s	备 注
钢、铸铁	≥140	10 5 2.5	30	29420(3000) 7355(750) 1839(187.5)	10	压痕中心距试样边沿距离不应小于压痕平均直径的2.5倍 相邻压痕中心距离不应小于压痕平均直径的4倍 试样厚度至少应为压痕深度的10倍。试验后，试样支承面应无明显变形痕迹
	<140	10 5 2.5	10	9807 (1000) 2452(250) 613(62.5)	10~15	
有色金属材料	≥130	10 5 2.5	30	29420(3000) 7355(750) 1839(187.5)	30	
	55~130	10 5 2.5	10	9807(1000) 2452(250) 613(62.5)	30	
	<35	10 5 2.5	2.5	2452(250) 613(62.5) 153(15.5)	60	

1.2.2 洛氏硬度

洛氏硬度的试验原理是用顶角为120°金刚石圆锥体或者用直径为1.588mm的淬火钢球作为压头，先加初载荷为98.07N（10kgf），再加规定的主载荷，将压头压入金属材料的表面，卸去主载荷后，根据压头压入的深度最终确定其硬度值，如图1-7所示。

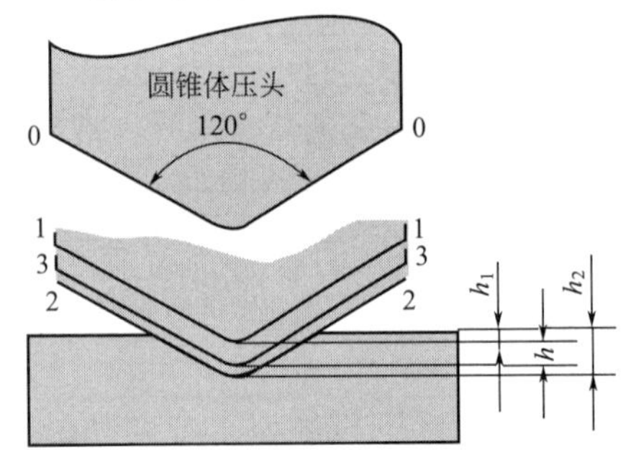

图1-7 洛氏硬度试验原理

在图1-7中，0-0位置为金刚石压头还没有与试样接触时的位置。当加初载荷后，压头与试样表面之间产生良好接触，此时压头位置为1-1，压入深度为h_1，并以此作为测量的基准；再施加主载荷，试样压到最深处，此时压头位置为2-2，压入深度为h_2；卸去主载荷后，被测试样的弹性变形恢复，压头略微抬高，此时压头位置为3-3，测得的深度就是基准与压头顶点最后位置之间的距离h。h越大，被测金属的硬度越低，为了和习惯（数值越大，硬度越高）相符，用常数k减h来表示硬度大小，用0.002mm表示一个硬度单位，洛氏硬度值（HR）的计算公式为：

$$\mathrm{HR}=\frac{k-h}{0.002}$$

式中 k——常数，用金刚石圆锥体压头时，k=0.2mm；用淬火钢球作为压头时，k=0.26mm；

h——卸去主载荷后测得的压痕深度。

洛氏硬度没有单位，是一个无量纲的力学性能指标。为了能用同一硬度计测定从软到硬的材料硬度，就需要不同的压头和载荷组成不同的洛氏硬度标尺，最常用的是A、B、C三种标尺，分别记作HRA、HRB、HRC，其中洛氏硬度C标尺应用最广泛。

表1-3给出了常用三种标尺的试验条件及应用范围。

表1-3 常用三种标尺的试验条件及应用范围

标尺	硬度符号	压头类型	总载荷/N或kgf	测量范围	应用范围
A	HRA	金刚石圆锥体	588.4(60)	20~88	硬质合金、表面硬化层、淬火工具钢等
B	HRB	ϕ1.588mm钢球	980.7(100)	20~100	低碳钢、铜合金、铝合金、铁素体可锻铸铁
C	HRC	金刚石圆锥体	1471(150)	20~70	淬火钢、调质钢、高硬度铸铁

实际测量时，洛氏硬度是在硬度计上直接读出硬度值的。洛氏硬度的表示方法为：硬度值+硬度符号。如60HRC表示用C标尺测得的洛氏硬度值为60。

洛氏硬度试验法是目前应用最广泛的硬度测试方法，它的优点是测量迅速简便，压痕较小，可用于测量成品零件；缺点是压痕较小，测得的硬度值不够准确，数据重复性差。因此，在测试金属的洛氏硬度时，需要选取三个不同位置测出硬度值，再计算三点硬度的平均值作为被测材料的洛氏硬度值。

1.2.3 维氏硬度

维氏硬度试验法原理与布氏硬度基本相似，如图1-8中所示，用一个相对面夹角为136°的金刚石正四棱锥体压头，在规定载荷的作用下压入被测金属的表面，保持一定时间后卸除载荷，用压痕单位面积上承受的载荷（F/S）来表示硬度值，维氏硬度的符号为HV，计算式如下：

$$\mathrm{HV}=\frac{F}{S}=\frac{F}{\dfrac{d^2}{2\sin 68^\circ}}=0.1891\frac{F}{d^2}$$

式中 F——试验所加载荷，N；

S——压痕的面积，mm^2；

d——两对角线的平均长度，mm。

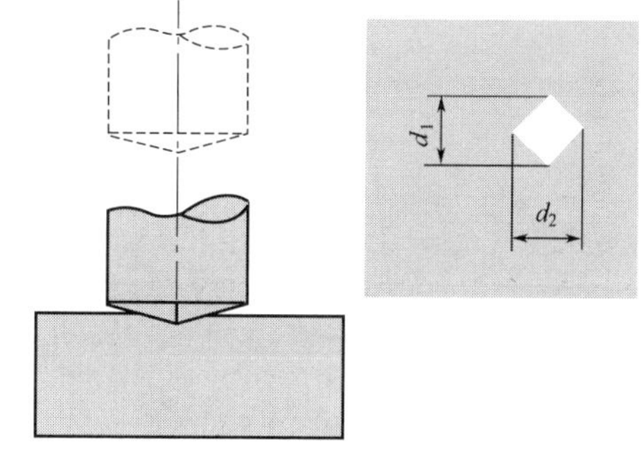

图1-8 维氏硬度试验原理

维氏硬度实际测试时，硬度值也是不用计算的，利用刻度放大镜测出压痕对角线长度d，通过查表即可查出维氏硬度值。

维氏硬度的测量范围为5~1000，表达方法为硬度值+硬度符号+测试条件。如620HV30/20表示在30kgf（249.3N）载荷作用下，保持20s测得的维氏硬度值为620，如果保荷时间10~15s可以不标注，如620HV30。

维氏硬度的优点是试验载荷小，压痕较浅，适用范围宽，可以测量极软到极硬的材料，尤其适合测定零件表面淬硬层及化学热处理的表面层等。由于维氏硬度只用一种标尺，材料的硬度可以直接通过维氏硬度值比较大小。维氏硬度的缺点是对试样表面要求高，压痕对角线长度d的测定较麻烦，工作效率不如洛氏硬度高。

由于各种硬度试验的条件不同，因此相互之间没有理论换算关系。但根据试验数据分析，得到粗略换算公式：当硬度在200~600HBW范围内时，HRC≈1/10HBW；当硬度小于450HBW时，HBW=HV。

1.3 冲击韧度

许多零件或构件在工作过程中，往往受到冲击载荷的作用，如冲床的冲头、风动工具、锤子等，它们是利用冲击载荷工作的；而在其他很多情况下，零件要尽量避免受到冲击载荷的作用，因为冲击载荷由于时间短，速度快，应力集中，对材料破坏作用比静载荷大得多。因此这些零件和工具在设计和制造时，不能只考虑静载荷强度指标，必须考虑材料抵抗冲击载荷的能力。

金属材料在冲击载荷作用下抵抗破坏的能力称为韧性，是金属材料力学性能的重要指标。常用韧度来衡量金属材料的韧性好坏，但习惯上，韧性和韧度不加严格区分。

材料冲击韧性通常用一次冲击试验来测定，用冲击吸收功表示冲击韧性的大小。

1.3.1 摆锤式一次冲击试验

摆锤式一次冲击试验原理如图1-9所示，试验时，将标准试样放在试验机的支座上，把质量为m的摆锤抬升到一定高度H_1，然后释放摆锤、冲断试样，摆锤依靠惯性运动到高度H_2。

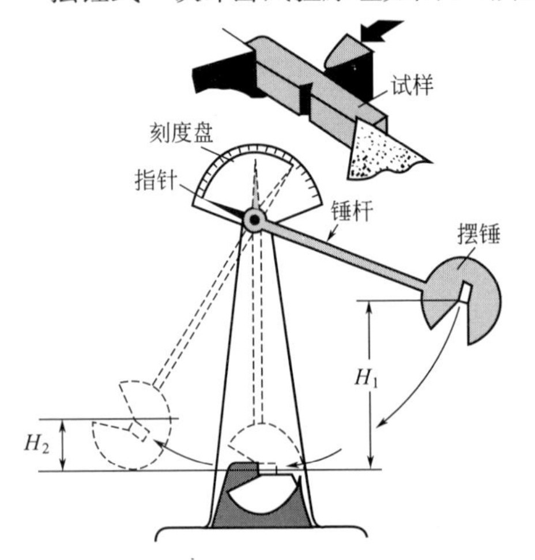

图1-9 摆锤式一次冲击试验原理

冲击过程中如果忽略各种能量损失（空气阻力及摩擦等），摆锤的位能损失$mgH_1-mgH_2=mg(H_1-H_2)$就是冲断试样所需要的能量，即是试样变形和断裂所消耗的功，也就称为冲击吸收功A_k。即：

$$A_k=mg(H_1-H_2)$$

按照国标GB/T 229—2007规定，冲击标准试样有夏比U形缺口试样和夏比V形缺口试样两种类型。U形缺口试样和V形缺口试样分别表示为A_{kU}和A_{kV}，其单位是焦耳（J）。冲击吸收功的大小由试验机的刻度盘上直接读出。冲击吸收功A_k越大，反映出材料的韧性越高；反之则越低。

一般把冲击吸收功低的材料称为脆性材料，冲击吸收功高的材料称为韧性材料。脆性材料在断裂前没有明显的塑性变形，断口较平直、呈晶状或瓷状，有金属光泽；而韧性材料在断裂前有明显的塑性变形，断口呈纤维状，无光泽。

金属材料冲击吸收功A_k是一个由强度和塑性共同决定的综合性力学性能指标，零件设计时，虽不能直接用于计算，但它是一个重要参考。

1.3.2 低温脆性

有些金属材料，如工程上用的中低强度钢，当温度降低到某一程度时，会出现冲击吸收功明显下降的现象，这种现象称为冷脆现象。历史上曾经发生过多次由于低温冷脆造成的船舶、桥梁等大型结构脆断的事故，造成巨大损失。

通过测定材料在不同温度下的冲击吸收功，就可测出某种材料冲击吸收功与温度的关系曲线，如图1-10所示。冲击吸收功随温度降低而减小，在某个温度区间冲击吸收功发生急剧下降，试样断口由韧性断口过渡为脆性断口，这个温度区间就称为韧脆转变温度范围。

韧脆转变温度越低，材料的低温冲击性能就越好。在严寒地区使用的金属材料必须有较低的韧脆转变温度，才能保证正常工作，如高纬度地区使用的输油管道、极地考察船等建造用钢的韧脆转变温度应在-50℃以下。

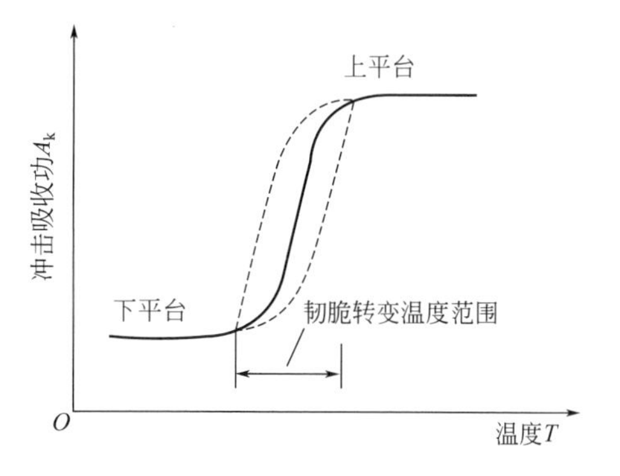

图1-10　冲击吸收功与温度的关系曲线

1.4 疲劳极限

1.4.1 疲劳现象

有许多零件在工作时受到的载荷是不断变化的，如弹簧、齿轮、曲轴等。有时载荷的大小和方向都在不断地变化，这样的应力称为交变应力，如图1-11所示。有时载荷只有大小在变化而方向不变，这样的应力称重复应力。

零件在受到交变应力或重复应力时，往往在工作应力远小于抗拉强度（甚至屈服强度）的情况下突然断裂，这种现象称为疲劳断裂。因为疲劳断裂是突然发生的，事先无明显征兆，所以危险性极大。据统计，各类断裂失效中，80%是由于各种不同类型的疲劳破坏所造成的。

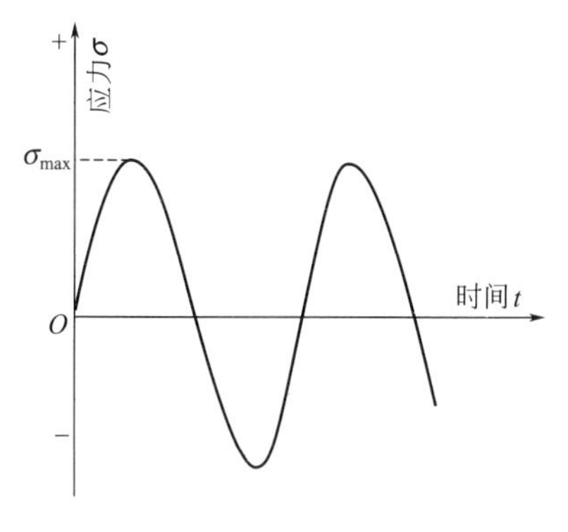

图1-11　交变应力示意图

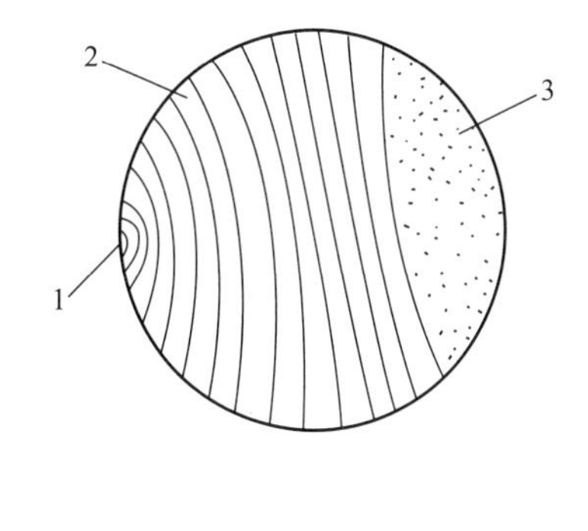

图1-12　疲劳断口示意图

1—疲劳源；2—扩展区；3—瞬时断裂区

疲劳断裂发生的过程是这样的：首先在零件应力集中的部位或材料本身强度较低的部位产生疲劳裂纹，接着裂纹不断扩展，当裂纹扩展到一定程度时零件就会发生突然断裂，如1-12所示，一般将疲劳断口上的裂纹扩展线称为海滩线或贝壳线。

1.4.2 疲劳极限

金属的疲劳极限可以用疲劳试验来测定。实验表明，材料所受的交变应力的最大值σ_{max}越大，则疲劳断裂前所经历的应力循环次数N越低，反之越高。根据交变应力σ_{max}和应力循环次N建立起来的曲线，称为疲劳曲线，或称S-N曲线，如图1-13所示。

疲劳极限是指材料经受无限次循环应力也不发生断裂的最大应力值，记作σ_r，就是疲劳曲线中的平台位置对应的应力。通常，材料的疲劳极限是在对称弯曲条件下测定的，对称弯曲疲劳极限记作σ_{-1}。一般情况下钢的疲劳极限大约为其抗拉强度的1/2~1/3。

实践表明，如果在10^7周次应力循环下，仍不发生疲劳断裂，则在经过相当多次的应力循环后一般也不会疲劳断裂。对于一般钢铁材料来讲，当循环次数达到10^7次时，材料所能承受的最大循环应力称为其疲劳极限。而对于有色金属、高强度钢和腐蚀介质作用下的钢铁材料的疲劳曲线没有平台，这类材料的疲劳极限定义为在规定循环周次N_0不发生疲劳断裂的最大循环应力值，称为条件疲劳极限。一般规定有色金属N_0取10^8次，腐蚀介质作用下的N_0取10^6次，如图1-13所示。

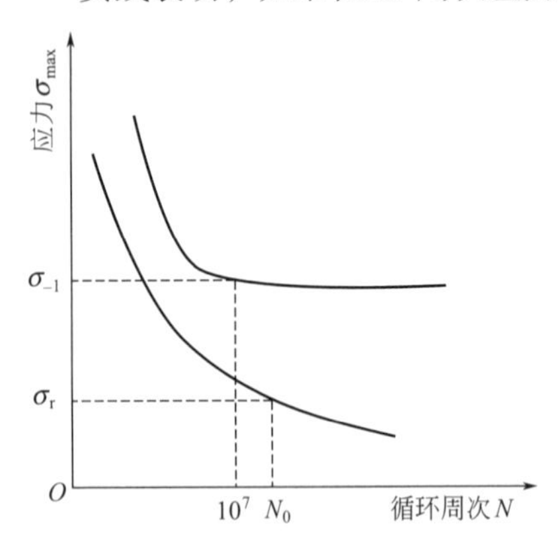

图1-13 疲劳曲线示意图

1.4.3 提高疲劳极限的途径

金属材料的疲劳极限受到很多因素的影响，如材料本质、材料的表面质量、工作条件、零件的形状、尺寸及表面残余压应力等。因此，提高金属材料疲劳极限有以下途径。

① 零件设计时形状、尺寸合理 尽量避免尖角、缺口和截面突变，这些地方容易引起应力集中从而导致疲劳裂纹；另外，伴随着尺寸的增加，材料的疲劳极限降低，强度越高，疲劳极限下降越明显。

② 降低零件表面粗糙度，提高表面加工质量 因为疲劳源多数位于零件的表面，应尽量减少表面缺陷（氧化、脱碳、裂纹、夹杂等）和表面加工损伤（刀痕、磨痕、擦伤等）。

③ 采用各种表面强化处理 如渗碳、渗氮、表面淬火、喷丸和滚压等都可以有效地提高疲劳极限。这是因为表面强化处理不仅提高了表面疲劳极限，而且还在材料表面形成一定深度的残余压应力；在工作时，这部分压应力可以抵消部分拉应力，使零件实际承受的拉应力降低，提高了疲劳极限。

1.5 常用力学性能指标及其含义

常用力学性能指标及其含义见表1-4。

表1-4 常用的力学性能指标及其含义

力学性能	性能指标				含义
	符号	名称	旧符号	单位	
强度	R_m	抗拉强度	σ_b	MPa	试样拉断前所能承受的最大应力
	R_{eL}	屈服强度	σ_s		发生塑性变形而力不增加时的应力
	$R_{p0.2}$	规定塑性延伸强度	$\sigma_{0.2}$		规定非比例伸长率为0.2%时的应力
塑性	A	断后伸长率	δ	—	试样拉断后,标距的伸长量与原始标距之比的百分率
	Z	断面收缩率	ψ		断后试样的最大收缩量与原始横截面面积之比的百分率
硬度	HBW	布氏硬度	HBS、HBW	MPa	球形压痕面积上所受的平均压力

续表

力学性能	性能指标				含义
	符号	名称	旧符号	单位	
硬度	HR（A、B、C）	洛氏硬度	HR（A、B、C）	—	用洛氏硬度相应标尺刻度满程与压痕深度之差计算的硬度值
	HV	维氏硬度	HV	MPa	正四棱锥压痕单位面积上所受的平均压力
冲击韧性	a_k	冲击韧度	—	J/cm^2	冲击吸收功A_k与试样断口处截面面积S_0的比值
疲劳强度	R_{-1}	疲劳极限	σ_{-1}	MPa	试样在一定循环次数下不发生断裂的最大应力

复习与思考题1

一、选择题

1.表示金属材料下屈服强度的符号是_________。

A. R_{eL}　　B. R_s　　C. R_m　　D. σ_{-1}

2.金属材料在静载荷作用下，抵抗变形和破坏的能力称为_________。

A.塑性　　B.硬度　　C.强度　　D.弹性

3.在测量铸铁工件的硬度时，常用的硬度测试方法的表示符号是_________。

A. HBW　　B. HRC　　C. HV

4.做疲劳试验时，试样承受的载荷为_________。

A.静载荷　　B.交变载荷　　C.冲击载荷　　D.动载荷

二、填空题

1.金属材料的强度是指在载荷作用下材料抵抗_________或_________的能力。

2.金属塑性的指标主要有_________和_________两种。

3.金属的性能包括_________性能、_________性能、_________性能和_________性能。

4.常用测定硬度的方法有_________、_________和维氏硬度测试法。

5.疲劳极限是表示材料经_________作用而_________的最大应力值。

6.零件的疲劳失效过程可分为_________、_________、_________三个阶段。

三、简答题

1.拉伸试样的原标距长度为50mm，直径为10mm。试验后，将已断裂的试样对接起来测量，标距长度为73mm，颈缩区的最小直径为5.1mm，试求该材料的伸长率和断面收缩率的值？

2.材料的弹性模量E的工程含义是什么？它和零件的刚度有何关系？

3.将6500N的力施加于直径为10mm、屈服强度为520MPa的钢棒上，试计算并说明钢棒是否会产生塑性变形。

4.指出下列硬度值表示方法上的错误。

12~15HRC、800HBW、550N/mm^2HBW、70~75HRC

5.下列几种工件的硬度适宜哪种硬度法测量：

淬硬的钢件、灰铸铁毛坯件、硬质合金刀片、渗氮处理后的钢件表面渗氮层的硬度。

6.塑性指标在工程上有哪些实际意义？

7.金属材料的冲击韧性与温度有什么关系？在选材时如何注意？

8.提高金属材料的强度有什么实际工程意义？

第2章 金属的晶体结构与结晶

教学提示：

金属材料的性能与金属的化学成分和内部组织结构有着密切的联系，不同成分的金属或同一种材料在不同的加工工艺条件下将具有不同的内部结构，从而具有不同的性能。因此，研究金属与合金的内部结构及其变化规律，是了解金属材料性能，正确选用金属材料，合理确定加工方法的基础。

学习目标：

通过本章的学习，了解有关金属晶体结构、结晶、同素异构转变等内容。要准确认识不同金属的晶体结构特征，要能从宏观和微观两个角度研究材料的不同性能。

2.1 纯金属的晶体结构

2.1.1 晶体结构的基本概念

(1) 晶体与非晶体

固态物质按其原子（离子、分子）的聚集状态可分为晶体和非晶体两大类。

所谓晶体是指原子（离子、分子）在三维空间有规则的周期性重复排列的物体，其排列的方式称为晶体结构，如天然金刚石、水晶、氯化钠等。原子（离子、分子）在空间无规则排列的物体称为非晶体，如普通玻璃、松香、石蜡等。

自然界中，除少数物质是非晶体外，绝大多数固态无机物都是晶体。金属在固态下通常都是晶体。晶体有固定的熔点，其性能呈现各向异性；而非晶体无固定熔点，且表现为各向同性，非晶体随着温度的升高将逐渐变软，最终成为有显著流动性的液体。

应当指出，晶体和非晶体在一定条件下可以互相转化。用骤冷的工艺可将一些特殊成分的液态金属制成非晶体金属。它没有通常的晶体结构的晶界、枝晶等，也完全避免偏析，而具有高的强度、硬度和一定的韧性，还有优异的耐腐蚀性。

(2) 晶格、晶胞和晶格常数

① 晶格　为了便于理解晶体内部原子排列的规律，把每个原子看成是固定不动的刚性小球，则晶体就是由这些刚性小球有规律地堆积而成，如图2-1(a) 所示。为了便于分析各

种晶体中的原子的排列规律及形式，常用一些几何线条将晶格中各原子的中心连接起来，构成一个空间格架，各连线的交点称为结点，在结点上的小圆圈（或黑点）表示各原子的中心位置。这种表示原子在晶体中按一定次序有规则地排列的空间格子称为晶格。如图2-1(b)所示。

② 晶胞　由于晶体中原子有规则排列且具有重复排列的特性，因此，可以认为晶格是由许多大小、形状和位向相同的基本几何体在空间重复堆积而成的。这种能够完整地反映晶格特征的最小的几何单元称为晶胞，如图2-1(c)所示。

③ 晶格常数　晶胞各棱边尺寸a、b、c称为晶格常数，其大小常用Å（埃）为计量单位（$1Å=10^{-10}m$），晶胞各棱间的夹角分别用α、β、γ表示。

如图2-1(c)所示，其晶格常数$a=b=c$，且$\alpha=\beta=\gamma=90°$的晶胞称为简单立方晶胞，具有简单立方晶胞的晶格称为简单立方晶格。

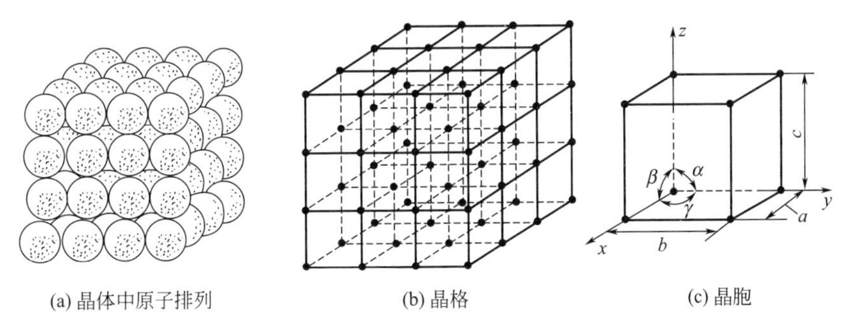

(a) 晶体中原子排列　(b) 晶格　(c) 晶胞

图2-1　简单立方晶格

(3) 致密度

致密度是指晶胞中所包含的原子体积与该晶胞体积之比。致密度越高，原子排列越紧密。

(4) 晶面和晶向

在晶体中由一系列原子所组成的平面称为晶面。通过两个或两个以上原子中心的直线，可以代表晶格空间排列的一定方向，称为晶向。同一晶体在不同晶面和晶向上原子排列的疏密程度不同，原子结合力也不同，因此，造成晶体具有各向异性。

2.1.2 常见的金属晶格类型

金属的晶格类型很多，但最常见的有体心立方晶格、面心立方晶格和密排六方晶格三种类型。

(1) 体心立方晶格

如图2-2所示，体心立方晶格的晶胞是一个立方体，其晶格常数$a=b=c$。在立方体的中心和八个顶角上各有一个原子。晶胞顶角上的原子为相邻的八个晶胞所共有。因此，体心立方晶胞中的原子数为1/8×8+1=2个，致密度为0.68。具有体心立方晶格的金属有α-Fe（小于912℃的铁）、铬（Cr）、钒（V）、钨（W）及钼（Mo）等。

(2) 面心立方晶格

如图2-3所示，面心立方晶格的晶胞也是一个立方体，在晶胞的八个顶角上和六个面的中心都排列一个原子。晶胞顶角上的原子为相邻的八个晶胞所共有，而每个面中心的原子为两个晶胞所共有，因此，面心立方晶胞中的原子数为1/8×8+1/2×6=4个，致密度为0.74。具有面心立方晶格的金属有金（Au）、银（Ag）、铝（Al）、铜（Cu）、铅（Pb）、镍（Ni）及γ-Fe（在912~1394℃间的纯铁）。

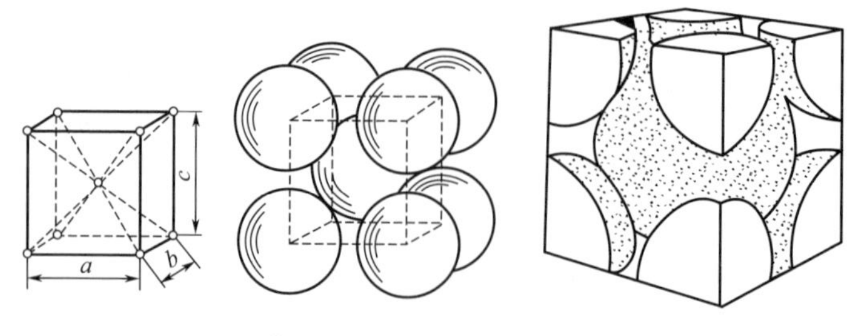

图2-2　体心立方晶胞

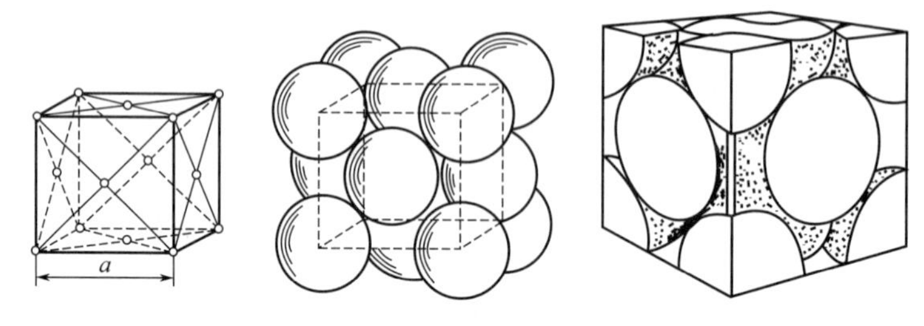

图2-3　面心立方晶胞

(3) 密排六方晶格

如图2-4所示，密排六方晶格的晶胞是一个六方柱体，由六个呈长方形的侧面和两个呈六边形的底面所组成。在晶胞的十二个顶角和上、下两个六边形面的中心各排列一个原子，同时，在上、下两个六边形底面之间还有三个原子。晶胞顶角上的原子为相邻的六个晶胞所共有，而上、下两个六边形底面的中心的原子为两个晶胞所共有，因此，密排六方晶胞中的原子数为1/6×12+1/2×2+3=6个，其致密度为0.74。具有密排六方晶格的金属有铍（Be）、镉（Cd）、镁（Mg）及锌（Zn）等。

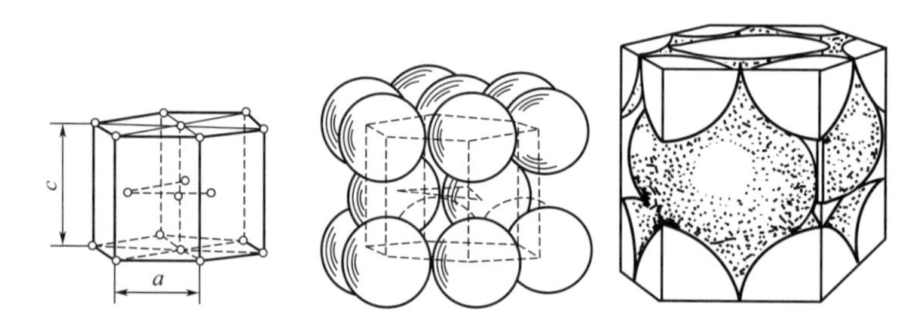

图2-4　密排六方晶胞

表2-1列出了三种常见金属晶格的结构特点。可以看出，在三种常见的晶体结构中，原子排列最致密的是面心立方晶格和密排六方晶格，而体心立方晶格要差些。因此，当从一种晶格转变为另一种晶格时，将会引起体积和紧密程度的变化。若体积的变化受到约束，则会在金属内部产生内应力，从而引起工件的变形或开裂。

表2-1　三种常见金属晶格的结构特点

晶格类型	晶胞中的原子数	原子半径	致密度	常见金属
体心立方	2	$\frac{\sqrt{3}}{4}a$	0.68	铬(Cr)、钨(W)、钼(Mo)、钒(V)、α-Fe

续表

晶格类型	晶胞中的原子数	原子半径	致密度	常见金属
面心立方	4	$\frac{\sqrt{2}}{4}a$	0.74	铜(Cu)、镍(Ni)、金(Au)、银(Ag)、γ-Fe
密排六方	6	$\frac{1}{2}a$	0.74	镁(Mg)、锌(Zn)、镉(Cd)

2.1.3 金属的同素异构转变

大多数金属在固态下只有一种晶体结构，如铜、铝、银等金属在固态时无论温度高低，均为面心立方晶格，钨、钼、钒等金属则为体心立方晶格。但有些金属在固态下存在两种或两种以上的晶格形式，如铁、钴、钛等，这类金属在加热或冷却过程中，其晶格形式会发生变化。金属在固态下随温度的改变，由一种晶格转变为另一种晶格的现象，称为同素异构转变。

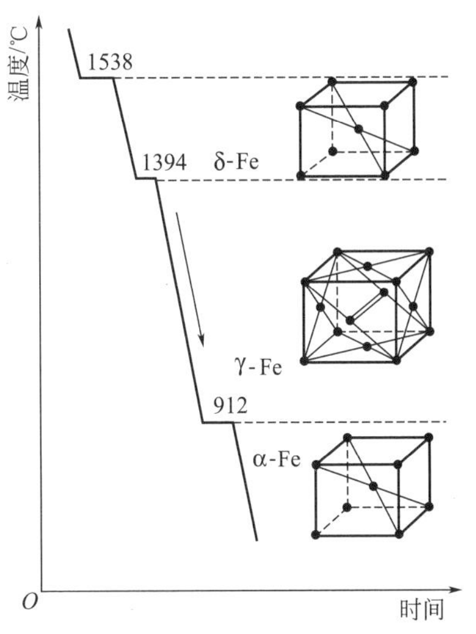

图2-5 纯铁的冷却曲线

纯铁的冷却曲线如图2-5所示。液态纯铁冷却到1538℃时，结晶出体心立方晶格，称为δ铁，用δ-Fe表示；继续冷却至1394℃时，其晶格转变为面心立方晶格，称为γ铁，用γ-Fe表示；再继续冷却至912℃时，其晶格转变为体心立方晶格，称为α铁，用α-Fe表示。如继续冷却，其晶格类型不再发生改变。加热时发生相反的变化。

上述纯铁的同素异构转变过程可以概括如下：

$$\underset{\text{（体心立方晶格）}}{\delta\text{-Fe}} \xrightleftharpoons{1394℃} \underset{\text{（面心立方晶格）}}{\gamma\text{-Fe}} \xrightleftharpoons{912℃} \underset{\text{（体心立方晶格）}}{\alpha\text{-Fe}}$$

金属的同素异构转变与液态金属的结晶过程相似，也遵循晶核形成和晶核不断长大的结晶规律，故称为二次结晶或重结晶。在发生同素异构转变时金属也有过冷现象，也会放出潜热，并具有固定的转变温度。由于晶格的变化导致金属的体积发生变化，因此同素异构转变时会产生较大的内应力。例如γ-Fe转变为α-Fe时，铁的体积会膨胀约1%，它可引起钢淬火时产生应力，严重时会导致工件变形和开裂。

纯铁的同素异构转变特性是钢铁材料能通过热处理方法改变其内部组织结构，从而改变其性能的依据。

2.2 合金的晶体结构

纯金属虽然具有优良的导电性、导热性、化学稳定性和美丽的金属光泽，但几乎各种纯金属的强度、硬度等力学性能都比较差，所以不宜制作对力学性能要求较高的各种机械零件和工程构件。同时纯金属的种类、性能水平有限，而人们对金属材料的要求却是无限的，只依靠纯金属是无法满足人们对金属材料多样性和日益提高的技术要求，为此，自古以来人们都在生产和使用各种各样的合金材料。

2.2.1 合金的基本概念

合金是指由两种或两种以上的金属元素或金属元素与非金属元素组成的具有金属特性的物质。

组成合金的最基本的、独立的单元（元素或稳定化合物）称为组元。根据组元的多少，合金可分为二元合金、三元合金和多元合金。如普通黄铜就是由铜和锌两组元组成的二元合金。

合金的性能由其组织决定，而合金的组织由相组成。所谓相，是指在金属或合金中，具有同一化学成分且结构相同并以界面分开的均匀部分。所谓组织，泛指用金相观察方法看到的由形态、尺寸不同和分布方式不同的一种或多种相构成的总体，只由一种相组成的组织称为单相组织；由几种相组成的组织称为多相组织。 相是组织的基本单元，组织是相的综合体。

2.2.2 合金的相结构

根据合金中各组元间相互作用不同，固态合金中的相可分为固溶体和金属化合物两类。

(1) 固溶体

固溶体是指在固态下合金组元间互相溶解而形成的均匀相。固溶体中保持原来晶格结构的组元称为溶剂，其含量较多；其他溶入且晶格结构消失了的组元称为溶质，其含量较少。固溶体是合金的一种基本相结构，其晶格与溶剂组元晶格相同。按溶质原子在溶剂晶格中所占位置不同，可分为间隙固溶体和置换固溶体两类。

① 间隙固溶体　溶质原子处于溶剂原子的间隙中而形成的固溶体，称为间隙固溶体，如图2-6(a) 所示。由于溶剂晶格空隙有限，故间隙固溶体能溶解的溶质原子的数量也是有限的。由于溶剂晶格空隙尺寸很小，因此能形成间隙固溶体的溶质原子，通常是一些半径很小的非金属元素，如碳、氮、硼等非金属元素溶于铁中形成的固溶体。

② 置换固溶体　溶质原子置换了溶剂晶格结点上的某些原子而形成的固溶体称为置换固溶体，如图2-6(b) 所示。在置换固溶体中，溶质在溶剂中的溶解度主要取决于两者的原子半径、电化学特性和晶格类型。一般来说，若两者的晶格类型相同、电化学特性相近、原子半径相差小，则溶解度大。

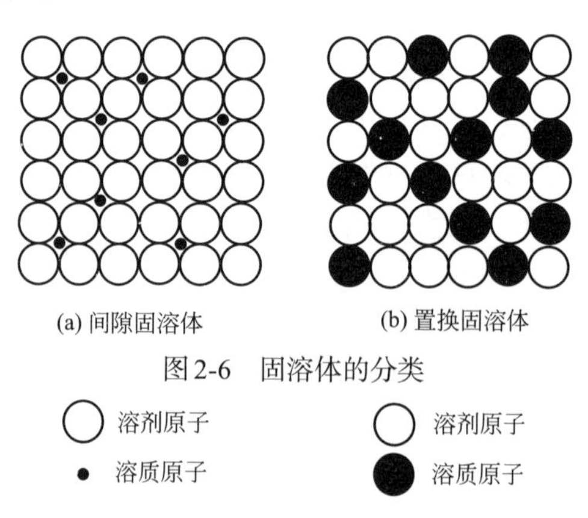

图2-6　固溶体的分类

如图2-7所示，在固溶体中，溶质原子溶入溶剂晶格，使固溶体的晶格发生畸变，从而使塑性变形抗力增大，提高了金属材料的强度、硬度。这种通过溶入溶质元素形成固溶体，使金属材料的强度、硬度升高的现象称为固溶强化。固溶强化是提高金属材料力学性能的重要途径之一。

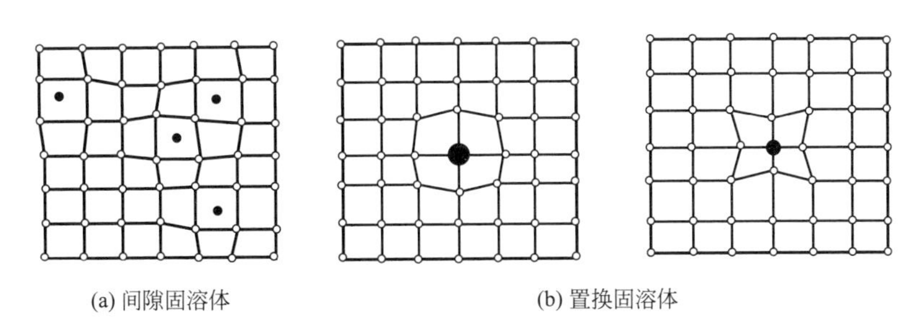

(a) 间隙固溶体　　(b) 置换固溶体

图2-7　固溶体的晶格畸变

实践表明，适当控制固溶体中的溶质含量，可以在显著提高金属材料的强度、硬度的同时，仍能保持良好的塑性和韧性。因此，对综合力学性能要求较高的金属材料，都是以固溶体为基体的合金。

(2) 金属化合物

金属化合物是指合金组元间发生相互作用而形成一种具有金属特性的化合物相，一般可用化学分子式表示。金属化合物的晶格类型与形成化合物各组元的晶格类型完全不同，具有复杂的晶格形式，是合金的另一种基本相结构。根据形成条件和结构特点，金属化合物有正常价化合物、电子化合物和间隙化合物三种类型。

① 正常价化合物　正常价化合物是指严格遵守化合价规律的化合物。它们由元素周期表中相距较远、电负性相差较大的两元素组成，可用确定的分子式表示，如Mg_2Si、Mg_2Sb_3、Mg_2Sn、Cu_2Se、ZnS等。

正常价化合物的特点是硬度高、脆性大。

② 电子化合物　电子化合物是指不遵守化合价规律，但符合于一定电子浓度（化合物中总价电子数与总原子数之比）的化合物。它们由ⅠB族或过渡族元素与ⅡB族、ⅢA族、ⅣA族、ⅤA族元素所组成。电子化合物的晶体结构与电子浓度有一定的对应关系。例如，当电子浓度为3/2时，形成体心立方晶格的电子化合物，称为β相，如CuZn、Cu_3Al等；当电子浓度为21/13时，形成复杂立方晶格的电子化合物，称为γ相，如Cu_5Zn_8、$Cu_{31}Si_8$等；当电子浓度为7/4时，形成密排六方晶格的电子化合物，称为ε相，如$CuZn_3$、Cu_3Sn等。

电子化合物具有明显的金属特性，可以导电。它们的熔点和硬度较高，塑性较差，在许多非铁色金属中为重要的强化相。

③ 间隙化合物　间隙化合物是指由过渡族金属元素与碳、氮、氢、硼等原子半径较小的非金属元素形成的化合物。尺寸较大的过渡族元素原子占据晶格的结点位置，尺寸较小的非金属原子则有规则地嵌入晶格的间隙之中。按结构特点，间隙化合物分为间隙相和复杂晶格结构的间隙化合物两种。

a.间隙相　当非金属原子半径与金属原子半径之比小于0.59时，形成具有简单晶格的间隙化合物，称为间隙相，如WC、TiC、TiN、VC等。间隙相具有金属特性，有极高的熔点和硬度，非常稳定，可有效地提高钢的强度、热强性、红硬性和耐磨性，是高合金钢和硬质合金中的重要组成相。

b.复杂晶格结构的间隙化合物　当非金属原子半径与金属原子半径之比大于0.59时，形成具有复杂晶格结构的间隙化合物，如Fe_3C、$Cr_{23}C_6$、Fe_4W_2C、Cr_7C_3、Mn_3C等。Fe_3C是铁

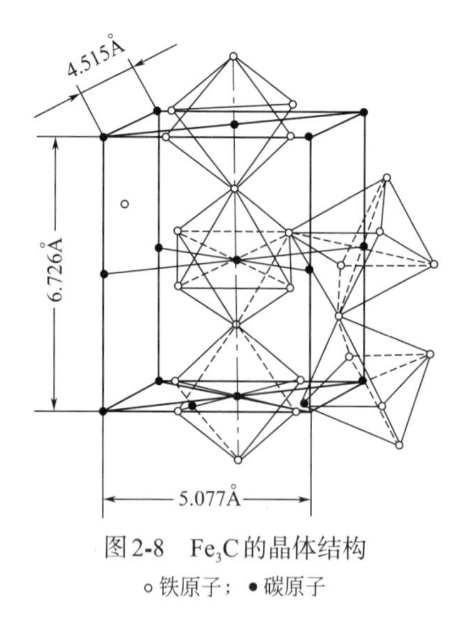

图2-8　Fe_3C的晶体结构

∘铁原子；•碳原子

碳合金中的重要组成相，具有复杂的斜方晶格，如图2-8所示。复杂晶格结构的间隙化合物也具有很高的熔点和硬度，但比间隙相稍低些，在钢中也起强化相作用。

金属化合物的性能不同于任一组元，其熔点一般较高、硬而脆，很少单独使用。当合金中含有金属化合物后，将使合金的强度、硬度和耐磨性明显提高，塑性、韧性则下降。金属化合物是许多合金钢、有色金属和硬质合金的重要组成相。

合金的相结构对合金的性能有很大的影响，表2-2归纳了合金的相结构特征。

表2-2　合金的相结构特征

类别	分类	在合金中的作用	力学性能特点
固溶体	置换固溶体,间隙固溶体	基体相,提高塑性及韧性	塑性、韧性好,强度比纯组元高
金属化合物	正常价化合物,电子价化合物,间隙化合物	强化相,提高强度、硬度及耐磨性	熔点高、硬度高、脆性大

2.3　金属的实际晶体结构

2.3.1　多晶体

晶体内部晶格位向（即原子的排列方向）完全一致的晶体称为单晶体。但在工业材料中，除非专门制作，单晶体金属材料基本上是不存在的。而实际的金属材料，哪怕在一小块中也包含着许许多多的小晶体，即使各个小晶体内部的位向都一致，但各个小晶体间的位向却不相同，如图2–9所示，其中的每个小晶体的外形多为不规则的颗粒状。这种外形不规则而内部位向都一致的颗粒状小晶体称为晶粒，晶粒与晶粒之间的界面称为晶界。显然，在同一晶粒内部原子排列的位向是一致的；不同晶粒间原子排列的位向不同。这种由许多晶粒组成的晶体称为多晶体。

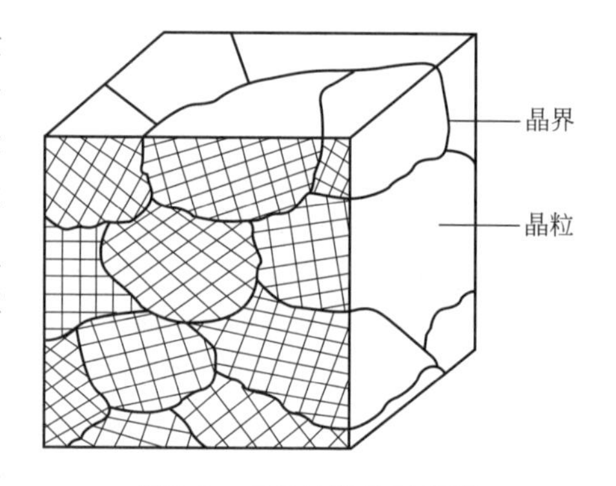

图2-9　多晶体结构示意图

由此可知，金属实际的晶体结构是多晶体结构。正因为多晶体中各晶粒原子排列位向不同，晶粒各向异性互相抵消，使得多晶体材料的力学性能呈现各向同性。如体心立方晶格的α-Fe（纯铁）进行测定，其任何方向上的弹性模量均为211GPa。

2.3.2 晶体缺陷

金属实际的晶体结构不仅是多晶体结构，而且其内部还存在着各种各样的晶体缺陷。晶体缺陷是指晶体内部原子的排列受到干扰而不按某一理想晶体那样规则排列的区域。晶体缺陷的存在，对金属的性能和组织转变将产生显著影响。

根据晶体缺陷的几何形态特征，可将其分为点缺陷、线缺陷、面缺陷三类。

(1) 点缺陷

点缺陷是指长、宽、高尺寸都很小的缺陷，最常见的点缺陷是晶格空位和间隙原子。如图2-10所示，当晶格中的某些原子由于某些原因（热振动的偶然偏差等）脱离其晶格的结点（空位），而处在晶格间隙（间隙原子）时便会形成点缺陷。点缺陷的存在，在高温下给原子扩散提供途径，对金属材料的热处理过程极为重要；在常温下使晶格产生畸变，即空位处晶格收缩，间隙处原子扩张，因此对晶体性质产生一定影响，如提高了材料的强度、硬度和电阻，降低了材料的塑性和韧性等。

(2) 线缺陷

线缺陷即晶体中呈线状分布的缺陷，又称为位错线，简称位错，是晶格中一部分晶体相对于另一部分晶体局部滑移而造成的结果。晶体滑移部分与未滑移部分的交线即为线缺陷。线缺陷的基本形式有两种：滑移方向与位错线垂直的称为刃型位错；滑移方向与位错线平行的称为螺型位错。刃型位错是最简单的一种线缺陷，如图2-11所示，在*ABCD*晶面上沿*EF*线多排了一个原子面，如同刀刃一样插入晶体，使上下原子面不能对齐，故将这种原子面的错排称为刃型位错。*EF*线称为位错线。

在位错线附近的区域里，晶格产生畸变，从而影响金属的性能。如金属材料的塑性变形与位错的移动有关，冷变形加工后金属出现了强度提高的现象（加工硬化），就是位错增加所致。

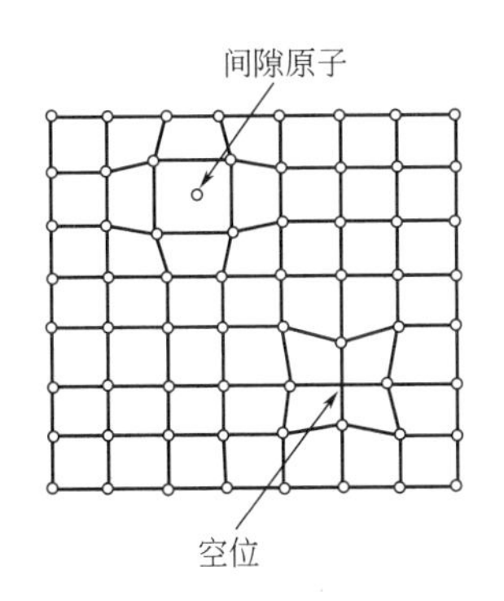

图2-10 晶格空位和间隙原子

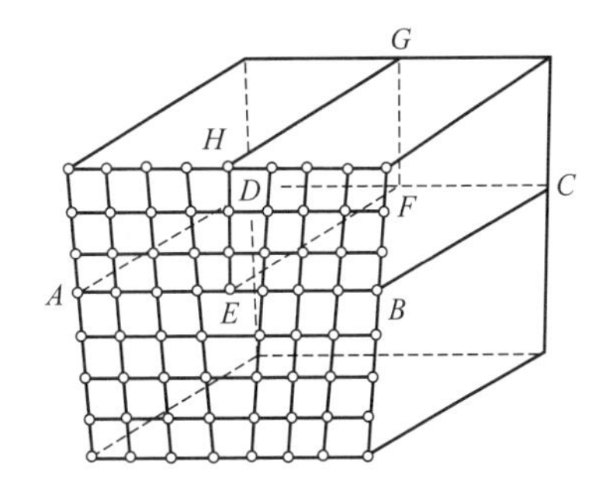

图2-11 刃型位错结构示意图

(3) 面缺陷

面缺陷有晶界和亚晶界两种，如图2-12所示。晶界是指金属中各晶粒的位向不同，晶粒与晶粒之间形成的交界面，通常是原子无规则排列的过渡层，又称大角度晶界。即使在一个晶粒内部，原子排列的位向也不完全一致，仍然由许多位向差很小的晶块构成，这种小晶块称为亚晶粒，亚晶粒间的交界称为亚晶界。亚晶界大多为一系列刃型位错所形成的小角度晶界。

晶界与亚晶界处的晶格处于畸变状态，能量高于晶粒内部，而熔点低于晶粒内部，在常温下强度和硬度较高。晶界与亚晶界愈多，位错密度愈大，金属强度和硬度愈高。

综合以上所述，实际金属晶体一般不是单晶体，而是多晶体材料，且存在许多晶体缺陷，其类别、形式、对性能的影响见表2-3。

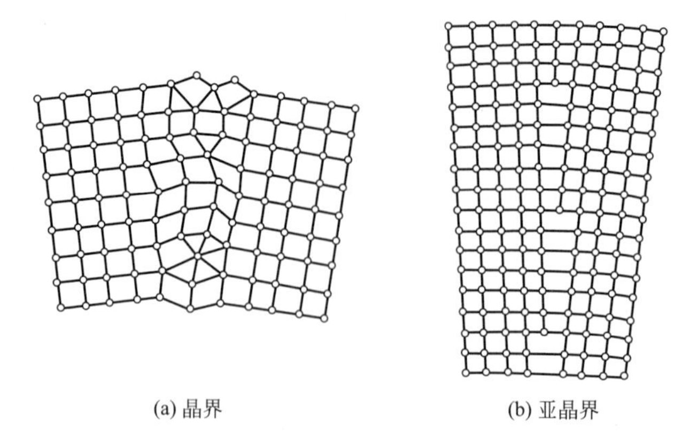

(a) 晶界　　(b) 亚晶界

图2-12　晶界与亚晶界

表2-3　实际金属晶体缺陷

晶体缺陷的类别	主要形式	对材料性能的影响
点缺陷	空位,间隙原子,置换原子	金属扩散的主要方式
线缺陷	刃型位错,螺型位错	加工硬化,固溶强化,弥散强化
面缺陷	晶界,亚晶界	易腐蚀,易扩散,熔点低,强度高,细晶强化

2.4　纯金属的结晶

金属材料的获得都要经过熔炼和铸造凝固过程。通过熔炼获得金属材料所需化学成分；通过铸造凝固获得具有晶体结构的固态金属。因此，金属的晶体结构是在由液态转变为固态的过程中形成的。金属的结晶就是指金属由液态转变为固态的过程。研究晶体的结晶规律对于探索改善金属材料性能的途径具有重要意义。

2.4.1　冷却曲线与过冷度

液态金属的冷却过程可以用热分析法来测定其温度的变化规律。把熔融的金属液体放入一个散热缓慢的容器中，让金属液体以极其缓慢的速度进行冷却。在其过程中，每隔一定时间测量一次温度，绘出其温度-时间变化曲线即冷却曲线，如图2-13(a) 所示。

从冷却曲线上可见，随着冷却时间延长，液态金属不断释放热量，温度降低。当温度降低到a点时出现一个结晶温度平台ab（即结晶阶段）。这说明在该时间段内，金属内部有热量释放弥补了热量的散失，把结晶时释放出来的热量称为结晶潜热。冷却曲线上结晶平台的温度称为结晶温度T_0，理论上该结晶温度T_0是金属的熔点温度，即理论结晶温度。当液态金属全部凝固、不再释放时，温度又随时间延长而下降。

在实际生产中，金属的冷却不可能极其缓慢，致使实际结晶温度T_1低于理论结晶温度T_0，如图2-13(b) 所示。理论结晶温度与实际结晶温度之差称为过冷度ΔT，实际结晶温度低于理论结晶温度的现象称为过冷现象。过冷度与金属液体的冷却速度有关。结晶时，冷却速度越大，过冷度越大；而过冷度越大，结晶驱动力越大，结晶速度越快。

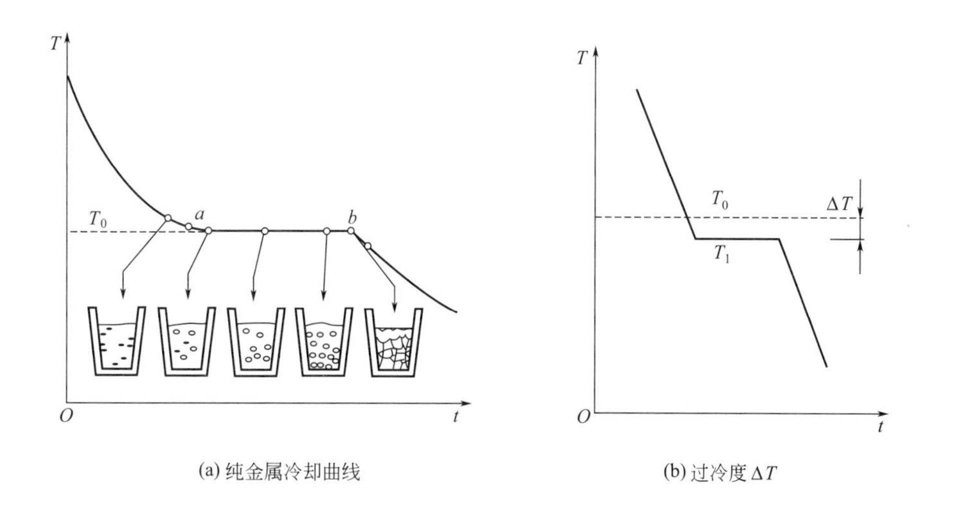

(a) 纯金属冷却曲线　　(b) 过冷度ΔT

图2-13　纯金属冷却曲线与过冷度ΔT

2.4.2　纯金属的结晶过程

金属结晶过程是一个不断形成晶核和晶核不断长大的过程，如图2-14所示。

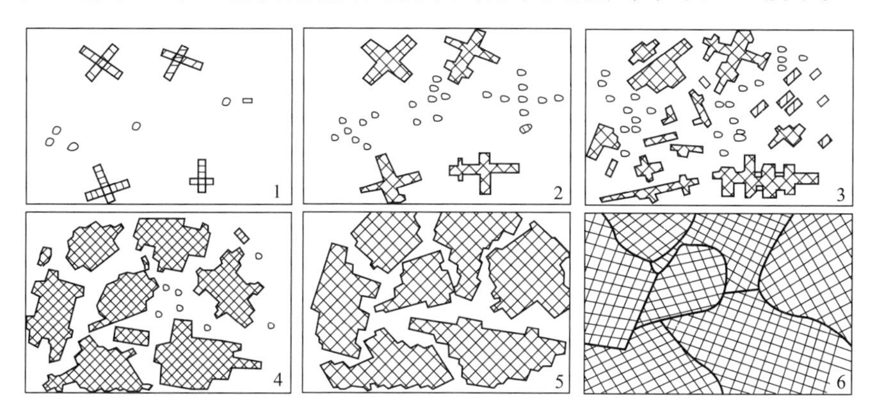

图2-14　金属结晶过程示意图

（1）形核

液态金属从高温冷却到低温的过程中，存在着此起彼伏的原子小集团，这些原子小集团是随后产生晶核的来源，称为晶胚。随着温度的下降，晶胚体积不断增大。当液体被冷至结晶温度以下时，晶胚的尺寸达到一定的尺度，就可以稳定存在。这种能够稳定存在的晶胚称为晶核，这个过程称为形核过程。

（2）长大

随着时间的延长和温度的下降，液态金属中的原子不断积聚到晶核表面，晶核不断长大。在晶核成长的初期，因内部原子规则排列的特点，其外形大多是比较规则的，如图2-15所示。但随着晶核的成长，晶体棱角的形成，棱角处的散热条件优于其他部位而得到优先成长，如树枝一样长出枝干，再长出分枝，最后把晶间填满。当液态金属消耗完毕，结晶过程结束。

从上述分析可见，一般纯金属就是许多晶核长成的外形不规则的晶粒和晶界所组成的多晶体。

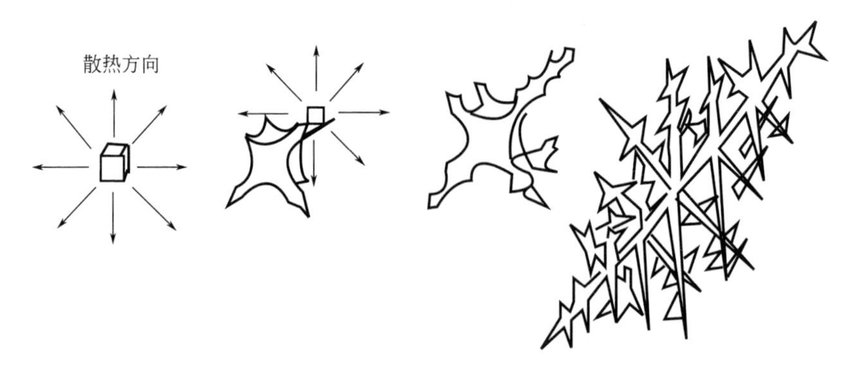

图2-15　晶体树枝长大示意图

2.4.3　晶粒大小及控制

(1) 晶粒大小对金属力学性能的影响

晶粒的大小是影响金属材料性能的重要因素之一。一般来说，晶粒越细，金属材料的强度、硬度越高，塑性、韧性越好，这种现象称为细晶强化。因为随着晶粒的细化，晶界越多、越曲折，晶粒与晶粒之间咬合的机会就越多，越不利于裂纹的传播和发展。所以生产上如何来控制晶粒的大小是非常重要的问题。

(2) 晶粒大小的控制

凡是能促进形核，抑制长大的因素，都能使结晶后的晶粒数目增多，晶粒细化。所以结晶时细化晶粒的途径有以下几种。

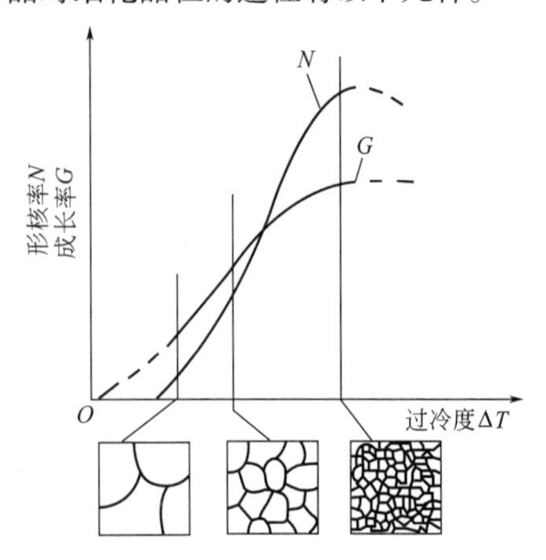

图2-16　形核率和成长率与过冷度的关系

① 增大过冷度　形核率N（单位时间在单位体积液体内所形成的晶核数目）和成长率G（晶核在单位时间内生长的线速度）都与过冷度有关，它们都随着过冷度增大而增大，如图2-16所示。但是，两者随过冷度增大而增大的速率是不同的，形核率的增长率要大于成长率。所以增大过冷度（达到一定值以上），能得到比较细小的晶粒组织。

提高液态金属的冷却速度是增大过冷度的主要途径，因此，通过提高液态金属的冷却速度可以获得比较细小的晶粒组织。如降低金属溶液的浇注温度，用金属型代替砂型等措施都能提高液态金属的冷却速度。但这种方法有一定的局限性，冷却速度过大，易造成铸件的变形或开裂。

② 变质处理　在金属溶液结晶前，有意地向金属溶液中加入某些物质（称变质剂），以造成大量的人工晶核，从而使晶核数目大大增加，达到细化晶粒的目的，这种细化晶粒的方法称为变质处理。例如，在铝或铝合金中加入微量的钛或钠盐，钢中加入微量的钛或铝等就是变质处理的典型实例。

③ 附加振动　金属溶液结晶时，可以采用机械振动、超声波振动或电磁振动等方法，使铸型中金属液体运动，从而使得晶体在长大过程中不断被破碎，碎晶块起晶核作用，最终获得细晶粒组织。

(3) 金属铸锭（件）的组织

工业上应用的金属零部件一般由两种途径获得：一种是由液态金属在一定几何形状与尺寸的铸模中直接凝固而成，这种称为铸件；另一种是通过液态金属浇注成方或圆的铸锭，然后开坯，再通过热轧或热锻，最终可能通过机加工和热处理，甚至焊接来获得零件的几何尺寸和性能。对于铸件来说，铸态组织和缺陷直接影响它的力学性能；对于铸锭来说，铸态组织和缺陷直接影响它的加工性能，也有可能影响到最终制品的力学性能。因此，合金铸件（或铸锭）的质量，不仅在铸造生产中，而且对几乎所有的金属制品都是重要的。金属凝固后的晶粒较为粗大，通常是宏观可见的，如图2-17所示。

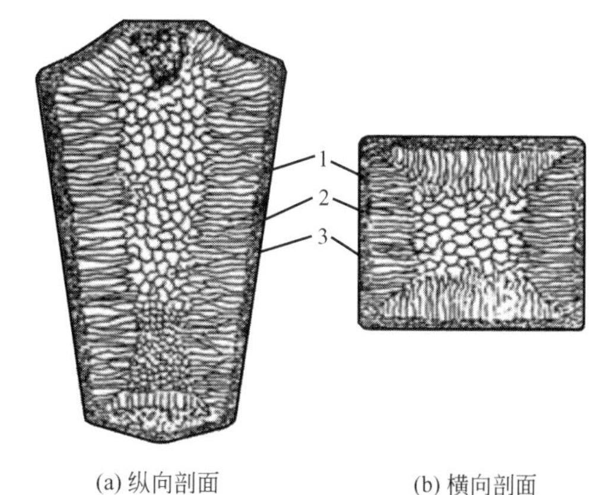

(a) 纵向剖面　　(b) 横向剖面

图2-17　钢锭组织示意图

1—表层细晶区；2—柱状晶区；3—中心粗大等轴晶区

① 表层细晶区　当液态金属注入铸锭模后，由于模壁温度低，与模壁接触的很薄一层熔液产生强烈过冷，而且模壁可作为非均匀形核的基底，因此，在锭模表层立刻形成大量的晶核，这些晶核迅速长大至互相接触，形成由细小的、方向杂乱致密的、均匀的等轴晶粒组成的细晶区。

② 柱状晶区　随着表层细晶区形成，模壁被金属液加热而不断升温，使剩余金属液的冷却变慢，并且由于结晶时释放出潜热，故细晶区前沿液体的过冷度减小，形核率下降，致使形核率不如成长率大，各晶粒便可得到较快的成长。由于垂直于模壁方向散热最快，而其他方向的晶粒受邻近晶粒的限制而不能发展，因此，晶体朝着垂直于模壁方向择优生长而形成柱状晶区。

③ 中心粗大等轴晶区　柱状晶生长到一定程度后，由于前沿金属液远离模壁，金属液中的温差随之减小，散热已无明显的方向性，趋于均匀冷却状态。远离模壁的中心处的金属液散热困难，过冷度小，形核率下降，晶核等速长大，故形成中心粗大等轴晶区。

由上述可见，铸锭的组织是不均匀的。铸锭表层细晶区的组织致密，力学性能好。但该区很薄，对铸锭性能影响不大。柱状晶区的组织比中心粗大等轴晶区致密，其塑性较差，呈现各向异性，在锻造和轧制时容易开裂。因此，对塑性较差、熔点高的金属不希望产生柱状晶区。生产上常采用振动浇注或变质处理等方法来抑制结晶时柱状晶区的扩展。但由于柱状晶粒长度方向的力学性能较好，因此，对塑性较好的有色金属及其合金或承受单向载荷的零件，如汽轮机叶片等，常采用定向凝固法获得柱状组织。中心粗大等轴晶区组织疏松，杂质较多，力学性能较低。

在金属铸锭中，除组织不均匀外，还经常存在缩孔、缩松、气泡及偏析等缺陷。这些缺陷也将影响铸锭（铸件）质量和性能。

2.5　合金的结晶

合金的结晶与纯金属一样，也遵循形核和长大规律，但由于合金成分中含有两个以上的组元（各组元的结晶温度是不同的），并且同一合金系中各合金的成分不同，所以合金在结晶过程中其组织的形成及变化规律要比纯金属复杂得多。合金的结晶不是在恒温下进行的，有一定的结晶温度范围；在结晶过程中不只有一个固相和液相，而是在不同范围内有不同的相，各相成分也发生变化。因此，用单一的冷却曲线难以说明合金的结晶过程。为了研究合金在结晶过程中各种组织的形成和变化规律，掌握合金的性能与其成分、组织的关系，就必须借助于合金相图这一重要工具。

合金相图又称合金状态图或平衡图，是表示在平衡（极其缓慢加热或冷却）条件下，合金系中各种合金状态与温度、成分之间关系的图形。通过相图可以了解合金系中任何成分的合金，在任何温度下的组织状态，在什么温度发生结晶和相变，存在几个相，每个相的成分是多少等。在生产实践中，相图可作为正确制定铸造、锻压、焊接及热处理工艺的重要依据。

2.5.1 二元合金相图的建立

由两个组元组成的合金相图称为二元合金相图。由于二元合金结晶过程不仅与温度有关，还与合金成分有关，因此，二元合金相图需用温度和成分两个指标来表示，通常用纵坐标表示温度，横坐标表示合金成分。

相图是通过实验方法建立的。利用热分析法建立Cu-Ni二元合金相图的过程如下。

① 配制不同成分的Cu-Ni合金。

② 测定Cu-Ni合金的冷却曲线，如图2-18(a) 所示，并找出各冷却曲线上的临界点（即转折点和平台）的温度值。

③ 画出温度-成分坐标系，在相应成分垂直线上标出临界点温度，水平直线上标出成分。

④ 将物理意义相同的点连成曲线，并根据已知条件和实际分析结果用数字、字母标注各区域内组织的名称即得完整的Cu-Ni二元合金相图。图2-18(b) 为由上述步骤建立的相图。

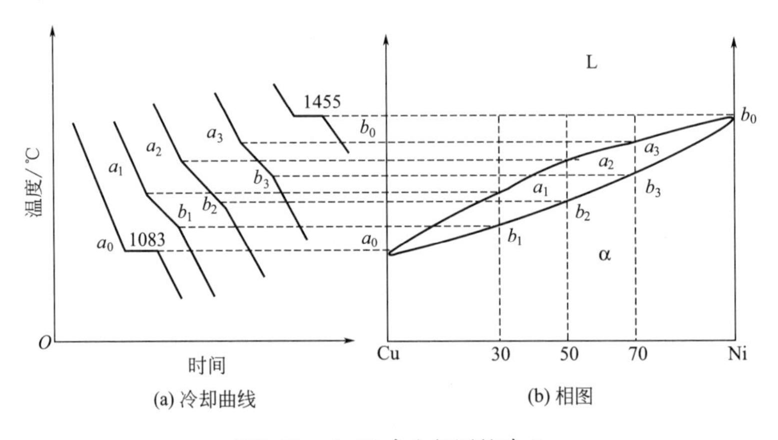

(a) 冷却曲线　(b) 相图

图2-18　Cu-Ni合金相图的建立

二元合金相图的类型较多，下面只介绍最基本的几种。

2.5.2 二元匀晶相图

合金的两组元在液态和固态下均无限互溶时所构成的相图称为二元匀晶相图。二元匀晶相图是最简单的二元相图，Cu-Ni、Cu-Au、Au-Ag、W-Mo及Fe-Ni等合金都具有这类相图。现以Cu-Ni合金为例对二元匀晶相图进行分析。

（1）相图分析

Cu-Ni合金相图如图2-19(a) 所示，由两条曲线构成，上面的一条为液相线，代表各种成分的Cu-Ni合金在冷却过程中开始结晶或加热过程中熔化终了的温度；下面的一条为固相线，代表各种成分的Cu-Ni合金在冷却过程中结晶终了或加热过程中开始熔化的温度。液相线以上合金全部为液体（用L表示），称为液相区。固相线以下合金全部为固溶体（用α表示），称为固相区。液相线和固相线之间为液相和固相共存的两相区（L+α）。图中的A点为纯铜的熔点（1083℃），B点为纯镍的熔点（1455℃）。

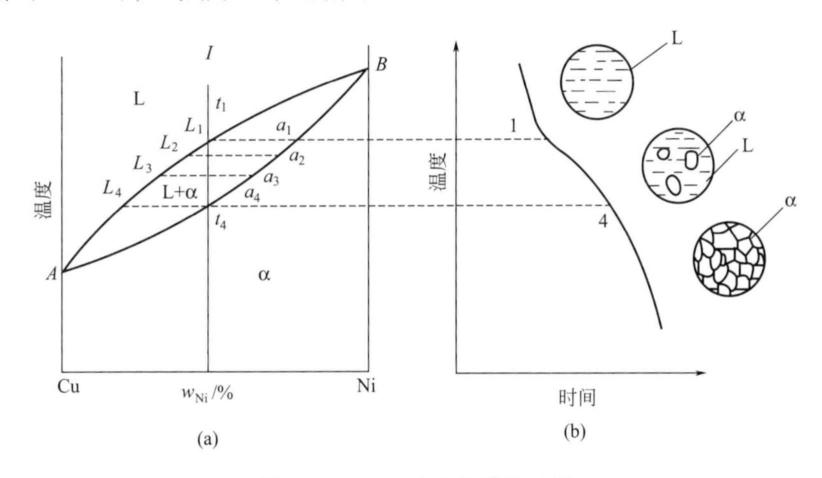

图2-19 Cu-Ni合金的结晶过程

(2) 合金的冷却过程

除纯组元外，其他成分合金的结晶过程相似，现以Ⅰ合金为例来分析其冷却过程。

合金Ⅰ结晶时的冷却曲线及组织转变如图2-19(b) 所示。当液态合金缓冷到液相线上的t_1温度时，开始从液相中结晶出α固溶体。这种从液相中结晶出单一固相的转变称为匀晶转变或匀晶反应。随温度下降，α相量不断增加，剩余液相量不断减少。当合金冷却到固相线上的t_4温度时，液相消失，结晶结束，全部转变为α相。温度继续下降，合金组织不再发生变化。

在结晶过程中，不仅液相和固相的量不断发生变化，而且液相和固相的成分通过原子的扩散也在不断发生变化。液相成分沿着液相线由L_1变化至L_4，固相成分沿着固相线由a_1变化至a_4。由此可见，液、固相线不仅是相区分界线，也是结晶时两相的成分变化线。

匀晶结晶有下列特点。

① 与纯金属一样，固溶体从液相中结晶出来的过程中，也包括有形核与长大两个过程，但固溶体更趋于呈树枝状长大。

② 固溶体结晶在一个温度区间内进行，即为一个变温结晶过程。

③ 在两相区内，温度一定时，两相的成分（即Ni质量分数）是确定的。确定相成分的方法是：过指定温度作水平线，分别交于液相线和固相线，这两交点在成分轴上的投影点即为液相和固相的成分。随着温度的下降，液相成分沿液相线变化，固相成分沿固相线变化。

③ 在两相区内，温度一定时，两相的质量比是一定的，两相的质量比可用杠杆定律来求。

(3) 杠杆定律

当合金在某一温度下处于两相区时，由相图不仅可以知道两平衡相的成分，而且还可以用杠杆定律求出两平衡相的相对量百分比。如图2-20(a) 所示，设合金成分为x，过x作成分垂线，然后再作一条代表温度t_1的水平线，其与液、固相线的交点a、b所对应的成分x_1、x_2即分别为液相和固相的成分。

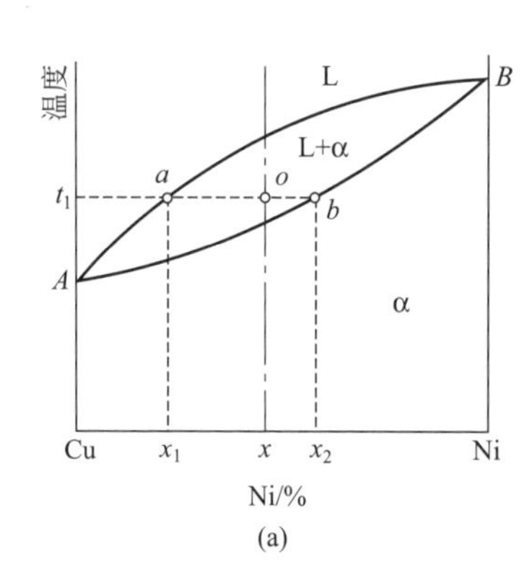

(a)

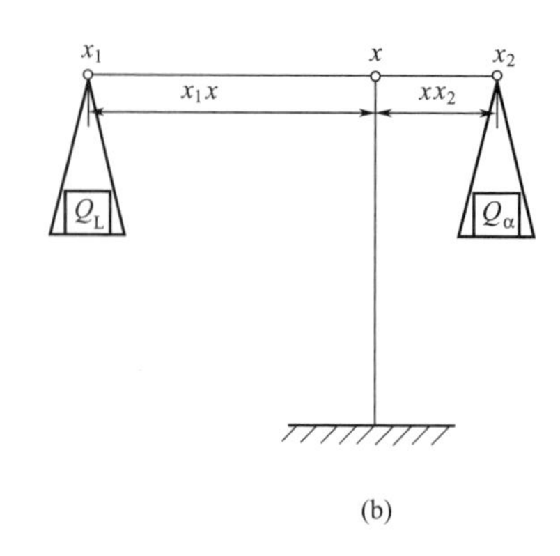

(b)

图2-20　杠杆定律

设成分为x的合金的总量为1，液相的相对量为Q_L（成分为x_1），固相相对量为Q_α（成分为x_2）。

则：$\begin{cases} Q_L + Q_\alpha = 1 \\ Q_L x_1 + Q_\alpha x_2 = x \end{cases}$

解方程组得：$Q_L=\dfrac{x_2-x}{x_2-x_1}$，$Q_\alpha=\dfrac{x-x_1}{x_2-x_1}$。式中$x_2-x$、$x_2-x_1$、$x-x_1$即为相图中线段$xx_2$、$x_1x_2$、$x_1x$的长度，因此两相的相对量百分比为：$Q_L=\dfrac{xx_2}{x_1x_2}\times100\%$，$Q_\alpha=\dfrac{x_1x}{x_1x_2}\times100\%$。

两相的量比为：$\dfrac{Q_L}{Q_\alpha}=\dfrac{xx_2}{x_1x}$或$Q_Lx_1x=Q_\alpha xx_2$。此式与力学中的杠杆定律完全相似，因此也称为杠杆定律，即合金在某温度下两平衡相的量比等于该温度下与各自相区距离较远的成分线段之比，如图2-20(b）所示。在杠杆定律中，杠杆的支点是合金的成分，杠杆的端点是所求两平衡相的成分。应当注意，杠杆定律只适用于二元系两相区，对其他区域不适用。

（4）枝晶偏析

固溶体合金的结晶只有在充分缓慢冷却的条件下才能得到成分均匀的固溶体组织。但在实际生产中，由于冷却速度往往较快，合金在结晶过程中固相和液相中的原子来不及扩散，致使先结晶出的枝晶轴含有较多的高熔点元素（如Cu-Ni合金中的Ni），而后结晶的枝晶间含有较多的低熔点元素（如Cu-Ni合金中的Cu），使得一个晶粒内部化学成分不均匀，这种现象称为枝晶偏析，又称晶内偏析。图2-21为铸造Cu-Ni合金的枝晶偏析组织，图中白亮色部分是先结晶出的耐蚀且富镍的枝干；暗黑色部分是最后结晶的易腐蚀并富铜的枝晶间。

图2-21　铸造Cu-Ni合金的枝晶偏析组织

晶内偏析的程度除了与冷却速度有关以外，还与给定成分合金的液、固相线间距有关。冷却速度越大，液、固相线间距越大，枝晶偏析越严重。

晶内偏析会降低合金的力学性能（如塑性和韧性）、耐蚀性能及加工性能等。生产上常将铸件加热到固相线以下100~200℃长时间保温来消除，这种热处理工艺称为扩散退火。通过扩散退火可使原子充分扩散，使成分均匀化。

2.5.3 二元共晶相图

合金的两组元在液态下能完全互溶，在固态时有限互溶并发生共晶反应（共晶转变），形成共晶组织的二元相图称为二元共晶相图。具有这类相图的合金系主要有：Pb-Sn、Pb-Sb、Pb-Bi、Ag-Cu、Al-Si等。下面以Pb-Sn合金相图为例进行分析。

（1）相图分析

图2-22所示为Pb-Sn二元共晶相图，其中*A*点为铅的熔点（327℃），*B*点为锡的熔点（232℃）。*ACB*线为液相线，*AECDB*线为固相线。*EF*线和*DG*线分别为Sn在Pb中和Pb在Sn中的溶解度曲线（即饱和浓度线），称为固溶线。可以看出，随温度降低，固溶体的溶解度下降。

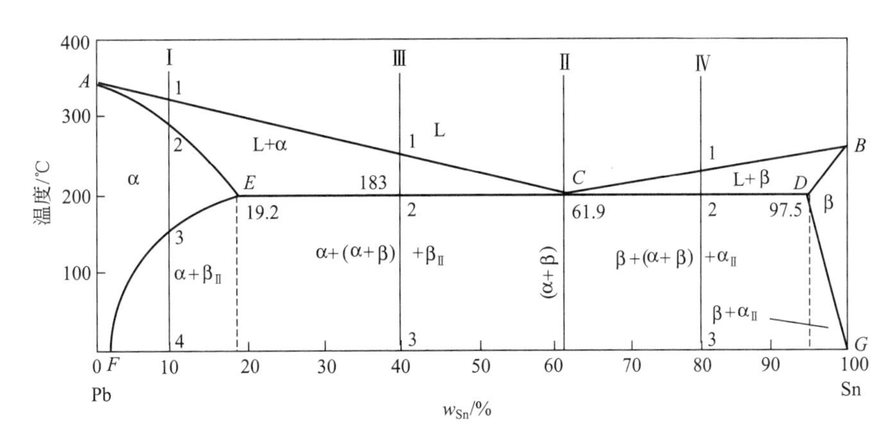

图2-22 Pb-Sn二元共晶相图

相图中有L、α、β三种相，形成三个单相区。L代表液相，处于液相线以上。α是Sn溶解在Pb中所形成的固溶体，位于靠近纯组元Pb的封闭区域内。β是Pb溶解在Sn中所形成的固溶体，位于靠近纯组元Sn的封闭区域内。在每两个单相区之间，共形成了三个两相区，即L+α、L+β和α+β。

相图中的水平线*ECD*称为共晶线。在水平线对应的温度（183℃）下，*C*点成分的液相将同时结晶出*E*点成分的α_E固溶体和*D*点成分的β_D固溶体，其反应式为

$$L_C \xrightleftharpoons{183℃} (\alpha_E+\beta_D)$$

这种在一定温度下，由一定成分的液相同时结晶出两个成分和结构都不相同的新固相的转变过程称为共晶转变或共晶反应。共晶反应的产物即两相的机械混合物称为共晶体或共晶组织。发生共晶反应的温度称为共晶温度，发生共晶反应的成分称为共晶成分，代表共晶温度和共晶成分的点*C*称为共晶点，具有共晶成分的合金称为共晶合金。在共晶线上，凡成分位于共晶点以左的合金称为亚共晶合金，位于共晶点以右的合金称为过共晶合金。凡具有共晶线成分的合金液体冷却到共晶温度时都将发生共晶反应。发生共晶反应时，L、α、β三个相平衡共存，它们的成分固定，但各自的重量在不断变化。因此，水平线*ECD*是一个三相区。

（2）典型合金平衡结晶过程

① 含Sn量小于*E*点成分合金的冷却过程　以合金Ⅰ为例，其冷却曲线如图2-23所示。该合金液体冷却至1点时，从液相中开始结晶出Sn溶于Pb中的α固溶体。随温度下降，α固溶体的量不断增多，其成分沿*AE*线变化；液相量不断减少，其成分沿*AC*线变化。当冷却至2点时，液相合金全部结晶为α固溶体。合金液体冷却在2点以前实际上为匀晶转变，结晶

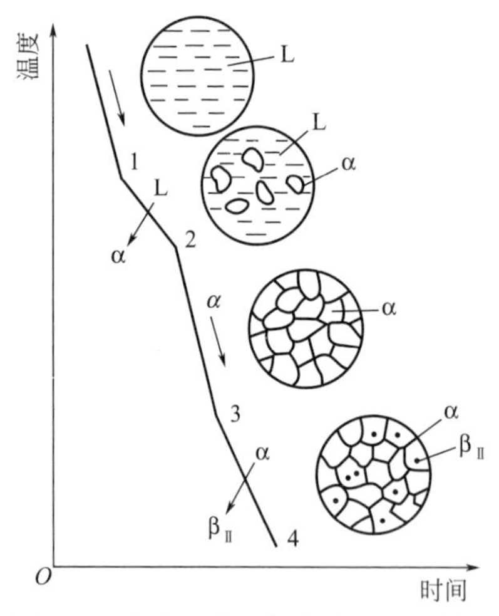

图2-23　合金Ⅰ的冷却曲线及组织转变示意图

出单相α固溶体，这种从液相中结晶出来的固相称为一次相或初生相。温度在2~3点之间，单相α固溶体不发生变化。温度降到3点以下，α固溶体中Sn质量分数超过其饱和溶解度，由于晶格不稳，多余的Sn以β固溶体的形式从α固溶体中析出。这种从α固溶体中析出的β固溶体称为二次β相，记为$\beta_{Ⅱ}$，二次β相呈细粒状。随温度下降，α相的成分沿*EF*线变化，$\beta_{Ⅱ}$的成分沿*DG*线变化。故合金Ⅰ的室温组织由α和$\beta_{Ⅱ}$组成。

成分在*D*点与*G*点间的合金，其冷却过程与合金Ⅰ相似，其室温组织为$\beta+\alpha_{Ⅱ}$。

② 共晶合金的冷却过程　合金Ⅱ（w_{Sn}=61.9%）的冷却曲线如图2-24所示。该合金液体冷却到*C*点（即共晶点）时发生共晶反应，同时结晶出成分为点*E*的α_E和成分为*D*点的β_D两种固溶体组成的两相组织（即共晶体）。

从成分均匀的液相中同时结晶出两个成分差异很大的固相，必然要有元素的扩散。假设首先析出富铅的α相晶核，随着它的长大，必然导致其周围液体贫铅而富锡，从而有利于β相的形核，而β相的长大又促进了α相的形核。就这样，两相相间形核、互相促进。这样，在结晶过程全部结束时就使合金获得较细的两相机械混合物（即共晶体）。Pb-Sn共晶合金的组织形态如图2-25所示。

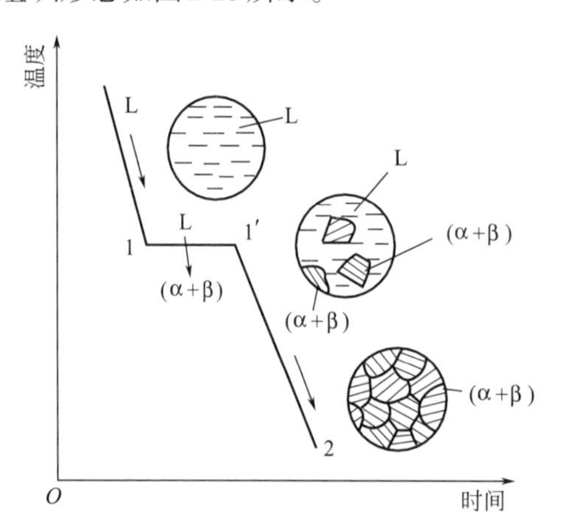

图2-24　共晶合金的平衡结晶过程

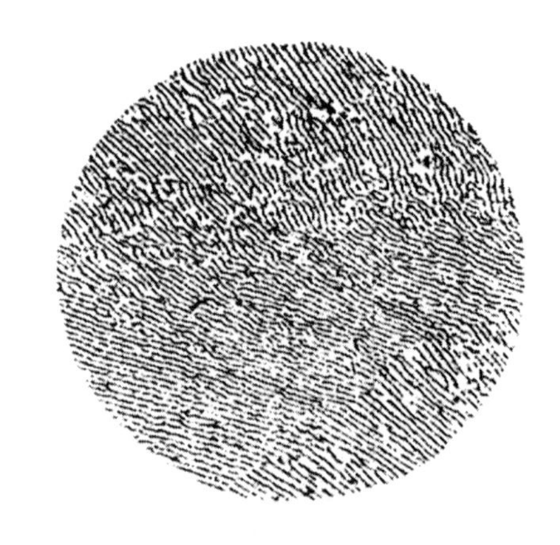

图2-25　共晶合金组织形态

共晶反应结束后，液相消失，合金进入共晶线以下的（α+β）两相区。随温度继续下降，固溶体的溶解度降低，共晶组织中的α和β的成分分别沿*EF*和*DG*线变化，即从共晶α中析出一些$\beta_{Ⅱ}$，从共晶β中析出一些$\alpha_{Ⅱ}$。由于共晶组织非常细，$\alpha_{Ⅱ}$、$\beta_{Ⅱ}$数量较少且与共晶体中α、β相混在一起，使得二次相不易分辨，因而合金Ⅱ的最终的室温组织仍为（α+β）共晶体。

③ 亚共晶合金的冷却过程　以合金Ⅲ为例，其冷却曲线如图2-26所示。合金由液态冷却到1点时开始结晶α固溶体。随温度缓慢下降，α固溶体的数量不断增多，其成分沿*AE*线变化；液相数量不断减少，其成分沿*AC*线变化。当刚冷却到2点温度时，合金由*E*点成分的初生α相和*C*点共晶成分的液相组成。然后具有点*C*成分的剩余液体发生共晶反应$L_C \rightleftharpoons (\alpha_E+\beta_D)$，转变为共晶组织，此反应直至剩余液体全部转换成共晶组织为止。共晶反应结束

后，随温度下降，由于固溶体的溶解度降低，将从一次α和共晶α中不断析出β_{II}固溶体，从共晶β中不断析出α_{II}固溶体。与共晶合金一样，共晶组织中的二次相不作为独立组织看待。但由于一次α粗大，其所析出的β_{II}分布于一次α上，不能忽略。因此，亚共晶合金Ⅲ的室温组织为$\alpha+\beta_{II}+(\alpha+\beta)$。Pb-Sn亚共晶合金的组织形态如图2-27所示，图中黑色树枝状为一次α固溶体，黑白相间为（α+β）共晶组织，一次α固溶体内的白小颗粒是β_{II}固溶体。

成分在*EC*之间的所有亚共晶合金的冷却过程与合金Ⅲ相同，其室温组织都为$\alpha+\beta_{II}+(\alpha+\beta)$，只是组织组成物的成分和组成相的相对量不同，成分越靠近共晶点*C*，合金中共晶体（α+β）的含量越多，一次相α量越少。

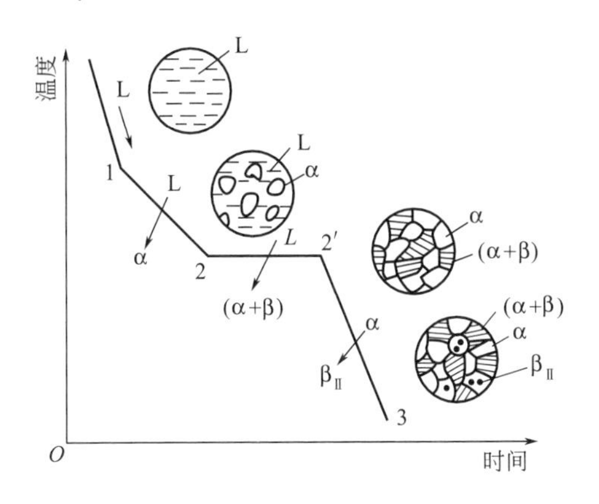

图2-26 亚共晶合金的平衡结晶过程

图2-27 亚共晶合金组织形态

④ 过共晶合金的冷却过程 以合金Ⅳ为例，其冷却曲线如图2-28所示。过共晶合金的冷却过程与亚共晶合金相似，不同的是一次相为β，二次相为α_{II}，所以其室温组织为$\beta+\alpha_{II}+(\alpha+\beta)$。Pb-Sn过共晶合金的组织形态如图2-29所示，图中卵形白亮色为一次β固溶体，黑白相间为（α+β）共晶组织，一次β固溶体内的黑小颗粒是α_{II}固溶体。

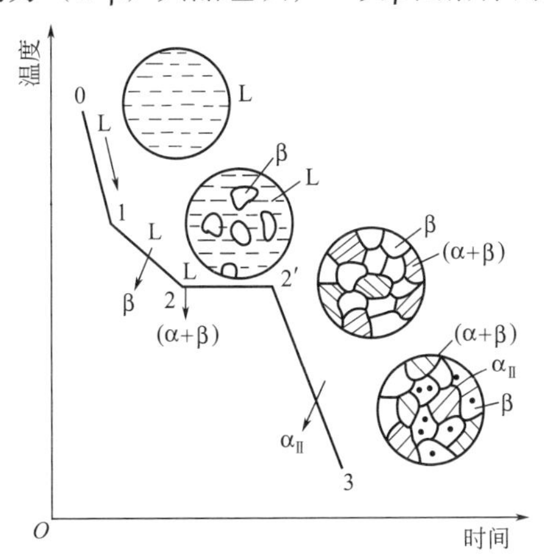

图2-28 过共晶合金的平衡结晶过程

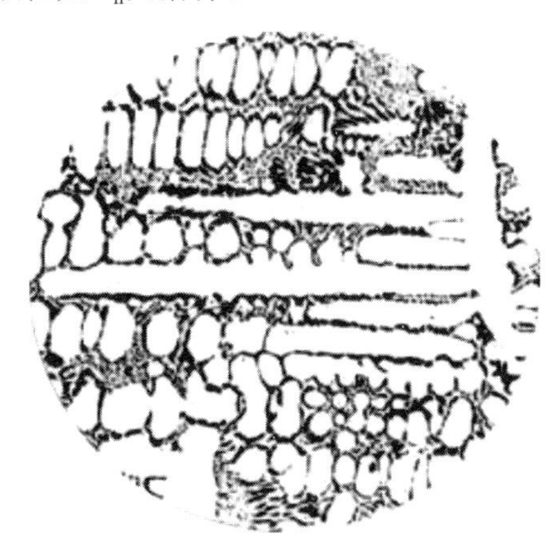

图2-29 过共晶合金组织形态

成分在*CD*之间的所有过共晶合金的冷却过程与合金Ⅳ相同，其室温组织都为$\beta+\alpha_{II}+(\alpha+\beta)$，只是组成相的相对量不同，成分越靠近共晶点*C*，合金中共晶体（α+β）的含量越多，一次相β量越少。

(3) 重力偏析

在合金凝固过程中，如果初生晶体与剩余溶液之间密度差较大，则初生晶体在溶液中便会下沉（密度大的）或上浮（密度小的）。这种由于密度不同而导致合金成分和组织不均匀的现象称为重力偏析。如Cu-Pb、Sn-Sb、Al-Sb等合金易于产生重力偏析。

重力偏析降低了合金的加工工艺性能和力学性能。可采用浇注时对液态合金进行搅拌、加大冷却速度使偏析相来不及下沉或上浮、加入微量元素形成与液相密度相近的化合物等措施来减轻或消除重力偏析。但热处理不能减轻或消除重力偏析。

复习与思考题2

一、名词解释

晶格、晶胞、致密度、晶面、晶向、晶格常数、晶粒、晶界、单晶体、多晶体、合金、相、显微组织、固溶体、金属化合物、固溶强化、组元、过冷度、枝晶长大、相图、匀晶转变、共晶转变、偏析、柱状晶、等轴晶、变质处理。

二、填空题

1.晶体与非晶体的根本区别就在于____________________。

2.金属晶格的基本类型有________、________与________三种类型。

3.实际金属的晶体缺陷有________、________和________三类。

4.金属结晶的过程是一个________和________的过程。

5.金属的晶粒愈细小，其强度、硬度________，塑性、韧性________。

6.合金相的结构分为________与________两种。

7.在大多数情况下，溶质在溶剂中的溶解度随着温度升高而________。

三、选择题

1.位错是一种（　　）。

A.线缺陷　　B.点缺陷　　C.面缺陷　　D.不确定

2.晶体中原子一定规则排列的空间几何图形称（　　）。

A.晶粒　　B.晶格　　C.晶界　　D.晶相

3.实际生产中，金属冷却速度越快，其实际结晶温度（　　）。

A.越高　　B.越低　　C.越接近理论结晶温度

4.在20℃时，纯铁的晶体结构类型为（　　）。

A.面心立方晶格　　B.体心立方晶格　　C.密排六方晶格　　D.不确定

5.固溶体的晶体结构（　　）。

A.与溶剂相同　　B.与溶质相同　　C.与溶剂和溶质都不相同

6.金属化合物的性能特点是（　　）。

A.熔点高、硬度低　　B.熔点高、硬度高　　C.熔点低、硬度高

7.发生共晶转变时，二元合金的温度（　　）。

A.升高　　B.降低　　C.不变　　D.不能确定

四、简答题

1.根据合金中各组元间相互作用不同，固态合金中的相可分为哪几类？

2.为何单晶体具有各向异性，而实际晶体一般情况下都显示不出各向异性？

3.实际晶体中存在哪几种缺陷？这些缺陷对金属的性能有什么影响？

4.过冷度对金属结晶过程和晶粒大小有何影响？

5.金属结晶过程由哪两个基本过程组成？

6.生产中为什么要细化晶粒？细化晶粒的常用方法有哪些？

7.金属铸锭组织有何特点？

8.何谓合金相图？怎样建立二元合金相图？

9. 合金的两组元在怎样情况下可得到二元匀晶相图或二元共晶相图？

10. 何谓枝晶偏析？枝晶偏析对合金的性能有何影响？

11. 何谓共晶转变？发生共晶反应时存在几个相？

12. 何谓重力偏析？怎样消除重力偏析？

13. 何谓金属的同素异构转变？试以纯铁为例说明金属的同素异构转变。

第3章　铁碳合金相图

教学提示：

钢铁是工程中应用最广泛的金属材料，虽然钢铁的成分各不相同、品种繁多，但都是以铁与碳两种元素为主所组成的合金。因此，研究铁碳合金的组织结构和性能变化规律，对掌握钢铁的组织、性能及应用具有重要意义。

学习目标：

通过本章的学习，掌握铁碳合金相图的结构和分析方法，掌握铁碳合金平衡结晶过程及室温下的平衡组织，掌握铁碳合金成分、组织、性能之间的关系。

3.1　铁碳合金的基本相及组织

3.1.1　铁碳合金的基本相

在铁碳合金中，铁与碳在液态下可无限互溶，在固态下，碳可以溶解在铁的晶格中形成固溶体，也可与铁发生化学反应形成金属化合物。铁碳合金的基本相有铁素体、奥氏体、渗碳体。

(1) 铁素体

碳溶解在α-Fe中形成的间隙固溶体称为铁素体，用F表示，铁素体的晶体结构和显微组织如3-1所示，它保持了α-Fe的体心立方晶格。由于体心立方晶格的间隙很小，故溶碳能力极弱。在727℃时，α-Fe中最大溶碳量为0.0218%，随温度的下降，溶碳量逐渐减小，在室温时溶碳量为0.0008%。因此，铁素体在室温时的性能与纯铁相似，强度、硬度低，塑性、韧性很好。它在770℃以下具有铁磁性。

(2) 奥氏体

碳溶解在γ-Fe中形成的间隙固溶体称为奥氏体，用A表示。奥氏体的晶体结构和显微组织如图3-2所示，奥氏体仍保持γ-Fe的面心立方晶格。由于面心立方晶格的间隙较大，故溶碳能力也较大。在1148℃时溶碳量为2.11%，随温度的下降，溶碳量逐渐减小，在727℃时溶碳量为0.77%。奥氏体是一种高温相，在727~1394℃范围内存在。奥氏体的强度、硬度较低，塑性、韧性好，易于压力加工，无磁性。因此，在锻造、轧制时常要加热到奥氏体状态，以提高其塑性。

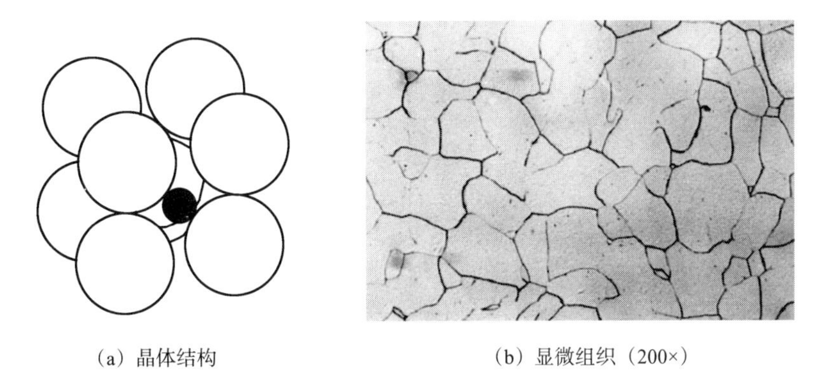

（a）晶体结构　　　（b）显微组织（200×）

图3-1　铁素体的晶体结构和显微组织

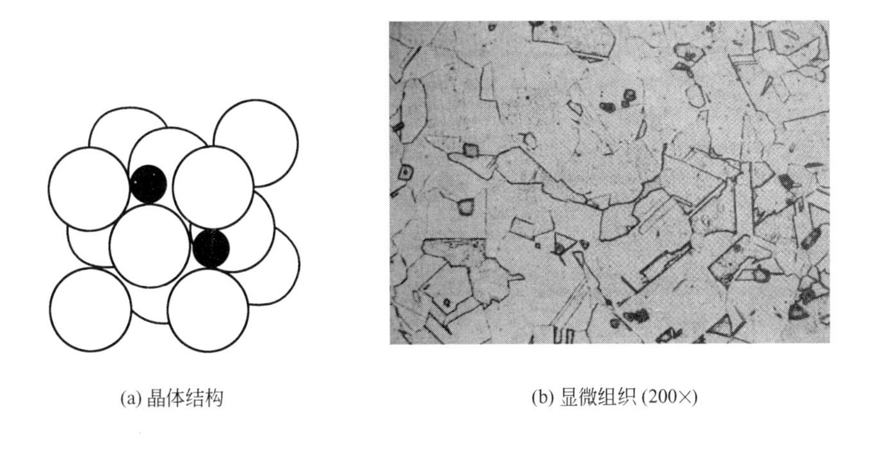

(a) 晶体结构　　　(b) 显微组织 (200×)

图3-2　奥氏体的晶体结构和显微组织

（3）渗碳体

碳和铁形成的金属化合物Fe_3C称为渗碳体，具有复杂的晶格结构，如图2-8所示。渗碳体中碳的质量分数为6.69%，其熔点为1227℃，硬度很高，强度极低，塑性、韧性极差，非常脆。在钢的组织中，渗碳体以不同形态和大小的晶粒存在，对钢的力学性能影响较大，是钢的主要强化相。

3.1.2　铁碳合金的基本组织

铁碳合金的基本组织除由铁素体、奥氏体、渗碳体基本相组成的单相组织外，还有由两种基本相组成多相组织，即珠光体和莱氏体。

珠光体是铁素体与渗碳体以层片相间、交替排列而成的机械混合物，用P表示，如图3-3所示。在缓慢冷却的条件下，珠光体的碳的质量分数为0.77%，其性能介于铁素体与渗碳体之间，强度较高，硬度适中，具有一定的塑性。

莱氏体是奥氏体和渗碳体的混合物，用L_d表示，如图3-4所示。在莱氏体中，奥氏体呈颗粒状分布在渗碳体的基底上，所以莱氏体的硬度很高，脆性很大，塑性很差。

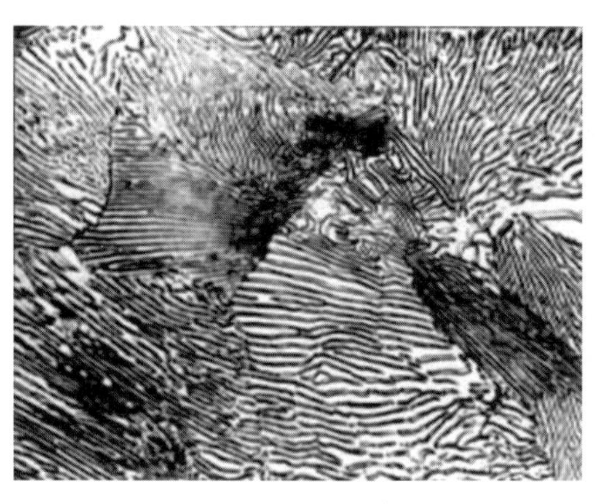

图3-3　珠光体的显微组织（600×）

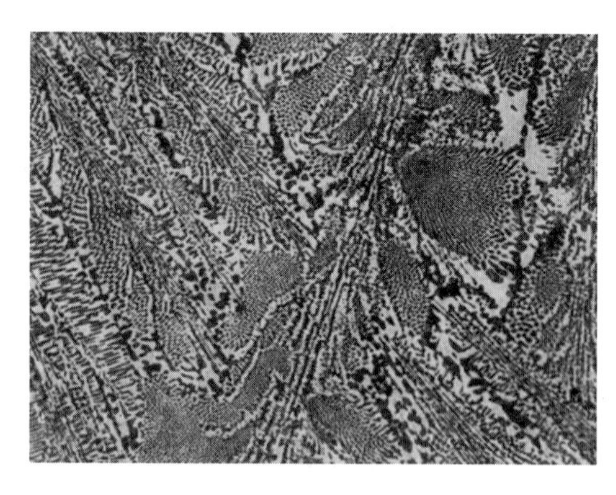

图3-4　莱氏体的显微组织（400×）

综上所述，在铁碳合金中一共有三个相——铁素体、奥氏体和渗碳体。但奥氏体一般仅存在于高温下，所以室温下所有的铁碳合金中只有两个相——铁素体和渗碳体。由于铁素体中的碳的质量分数非常少，所以可以认为铁碳合金中的碳绝大部分存在于渗碳体中，这一点是十分重要的。

珠光体是铁碳合金中的重要组织，珠光体的强度、韧性较好，介于渗碳体和铁素体之间。其力学性能见表3-1。

表3-1　室温平衡状态下铁碳合金基本组织的力学性能

名称	符号	R_m/MPa	HBW	A/%	A_k/J
铁素体	F	230	80	50	160
奥氏体	A	400	220	50	—
渗碳体	Fe_3C	30	800	≈0	≈0
珠光体	P	750	180	20~25	24~32

3.2　铁碳合金相图

铁碳合金相图是表示在缓慢加热或冷却条件下，不同成分的铁碳合金在不同温度下所具有的状态或组织的图形。它是人们在长期生产实践和科学实验中不断总结和完善起来的，对研究铁碳合金的内部组织随碳的质量分数、温度变化的规律以及钢的热处理等有重要的指导意义。

由于碳的质量分数 w_C>6.69% 的铁碳合金的脆性大，没有实用价值，且 Fe_3C 又是一稳定的化合物，可以作为一个独立的组元，因此，研究铁碳合金相图实质上就是 Fe-Fe_3C（w_C<6.69%）相图，如图3-5所示。

在图3-5中，纵坐标表示温度，横坐标表示碳的质量分数 w_C。横坐标上的左端点 w_C=0%，即纯铁；右端点 w_C=6.69%，即 Fe_3C；横坐标上其余任意一点代表一种成分的铁碳合金。状态图被一些特性点、线划分为几个区域，分别标明了不同成分的铁碳合金在不同温度时的相组成。如碳的质量分数为0.45%的铁碳合金，其组织在1000℃时为奥氏体，在727℃以下时为铁素体和渗碳体。

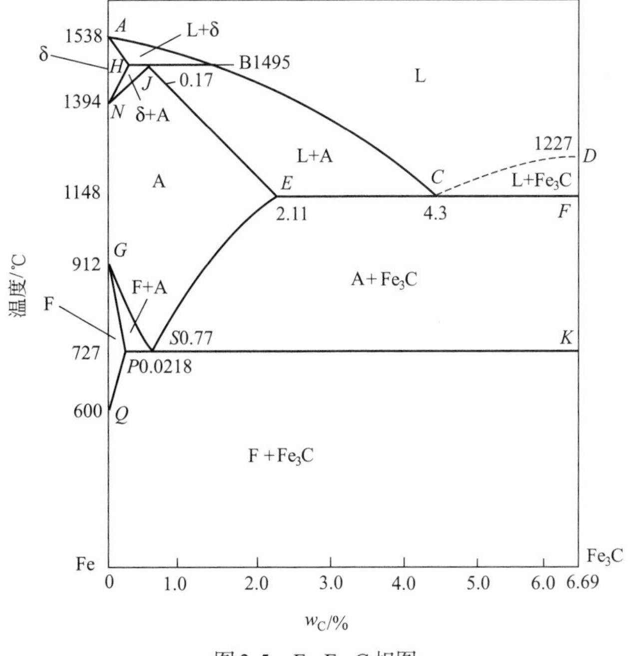

图3-5　Fe-Fe_3C相图

3.2.1　相图中的主要特性点

由于纯铁具有同素异构性，并且α-Fe与γ-Fe的溶碳能力又各不相同，所以图3-5所示的Fe-Fe_3C相图就显得比较复杂，图中左上角包晶转变部分由于实用意义不大，为便于研究和分析，故予以省略简化，简化后的Fe-Fe_3C相图，如图3-6所示。

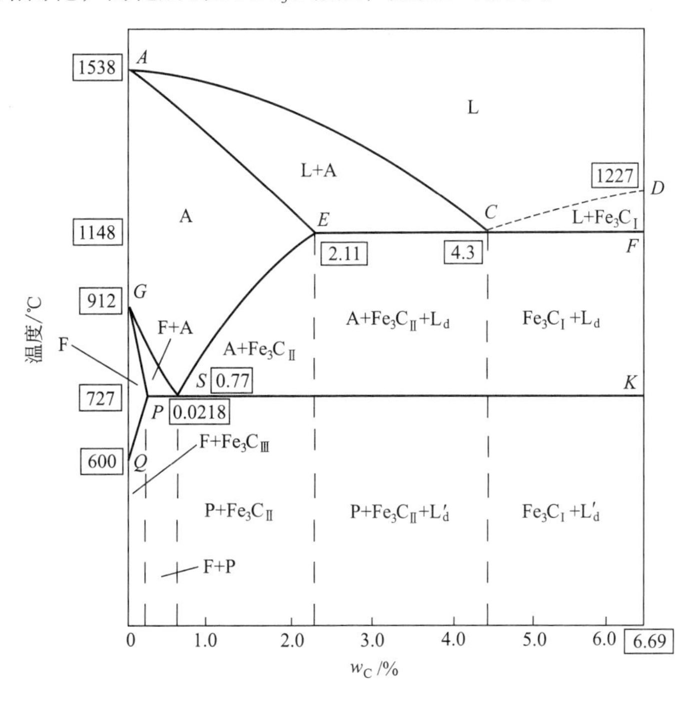

图3-6　简化的Fe-Fe_3C相图

*A*点表示纯铁的熔点，其值为1538℃。

*C*点称为共晶点，表示质量分数为4.30%的液态铁碳合金冷却至1148℃时，发生共晶反应，同时结晶出两种不同晶格类型的奥氏体和渗碳体，即莱氏体L_d。其反应为

$$L_C \xrightleftharpoons{1148℃} L_d(A_E+Fe_3C)$$

*D*点表示渗碳体的熔点，其值为1227℃。

*E*点表示当温度为1148℃时，碳在γ-Fe中的溶解度为最大，最大溶解度为2.11%。

*G*点为同素异构转变点，表示纯铁在912℃发生同素异构转变，即

$$\alpha铁 \xrightleftharpoons{912℃} \gamma铁$$

*S*点称为共析点，表示碳的质量分数为0.77%的铁碳合金冷却到727℃时发生同素异构转变，即奥氏体同时析出铁素体和渗碳体，即珠光体。其反应为

$$A_s \xrightleftharpoons{727℃} P(F_p+Fe_3C)$$

这种由某种合金固溶体同时析出两种不同晶体的过程称为共析反应。发生共析反应的温度称为共析温度，发生共析反应的成分称为共析成分。

*Q*点表示在温度为600℃时，碳在α-Fe中的溶解度为0.0057%。

$Fe-Fe_3C$相图中各特性点的温度、碳的质量分数及意义如表3-2所示，特性点的符号是国际通用的，不能随意更改。

表3-2　$Fe-Fe_3C$相图中的各特性点

特性点	温度/℃	w_C/%	意义
A	1538	0	纯铁的熔点
C	1148	4.3	共晶点
D	1227	6.69	渗碳体的熔点
E	1148	2.11	碳在奥氏体(γ-Fe)中的最大溶解度
F	1148	6.69	渗碳体的成分
G	912	0	同素异晶转变温度,也称A_3点
K	727	6.69	渗碳体的成分
P	727	0.0218	碳在铁素体(α-Fe)中最大溶解度
S	727	0.77	共析点,也称A_1点
Q	600	0.0057	碳在铁素体中的溶解度

3.2.2　主要特性线

*ACD*线为液相线，任何成分的铁碳合金在此线以上都处于液态（L），液态合金缓冷至*AC*线开始析出奥氏体，缓冷至*CD*线开始析出渗碳体。从液态中析出的渗碳体称为一次渗碳体$Fe_3C_Ⅰ$。

*AECF*线为固相线，液态铁碳合金缓冷至此线全部结晶为固相，加热至此线开始熔化。

*ECF*线为共晶线，凡是w_C>2.11%的铁碳合金，缓冷至此线（1148℃）时，均发生共晶反应，结晶出奥氏体A与渗碳体Fe_3C混合物，即莱氏体L_d。

*PSK*线为共析线，又称A_1线。凡是w_C>0.0218%的铁碳合金，缓冷至此线（727℃）时，均发生共析反应，产生出珠光体P。

*ES*线为碳在γ-Fe中的溶解度线，又称A_{cm}线，即w_C>0.77%的铁碳合金，由高温缓冷时，从奥氏体中析出渗碳体的开始线，此渗碳体称为二次渗碳体$Fe_3C_Ⅱ$，或缓慢加热时二次渗碳体溶入奥氏体的终止线。

*PQ*线为碳在α-Fe中的溶解度线，在727℃时，碳在铁素体中的最大溶解度为0.0218%（*P*点），随温度降低，溶碳量减少，至600℃时，w_C=0.0057%。因此，铁素体从727℃缓冷至600℃时，其多余的碳将以渗碳体的形式析出，此渗碳体称为三次渗碳体$Fe_3C_{Ⅲ}$。

*GS*线又称A_3线，即w_C<0.77%的铁碳合金，缓冷时从奥氏体中析出铁素体的开始线，或缓慢加热时铁素体转变为奥氏体的终止线。

3.2.3 相区

简化后的Fe-Fe_3C相图中有四个单相区：*ACD*以上——液相区（L），*AESG*——奥氏体相区（A），*GPQ*——铁素体相区（F），*DFK*——渗碳体（Fe_3C）相区。有五个两相区，这些两相区分别存在于相邻的两个单相区之间，它们是：L+A、L+Fe_3C、A+F、A+Fe_3C、F+Fe_3C。此外共晶转变线*ECF*及共析转变线*PSK*分别看作三相共存的“特区”。

3.2.4 铁碳合金的分类

根据碳含量及室温组织的不同，铁碳合金可分为工业纯铁、钢和白口铸铁三类。

① 工业纯铁 w_C≤0.0218%，室温组织为铁素体和少量三次渗碳体。

② 钢 0.0218%<w_C≤2.11%，按室温组织不同又可分为：

a.亚共析钢，0.0218%<w_C<0.77%，室温组织为铁素体和珠光体；

b.共析钢，w_C=0.77%，室温组织为珠光体；

c.过共析钢，0.77%<w_C≤2.11%，室温组织为珠光体和二次渗碳体。

③ 白口铸铁 2.11%<w_C≤6.69%，按室温组织不同又可分为：

a.亚共晶白口铸铁，2.11%<w_C<4.3%，室温组织为珠光体、变态莱氏体L'_d（低温）和二次渗碳体；

b.共晶白口铸铁，w_C=4.3%，室温组织为变态莱氏体L'_d；

c.过共晶白口铸铁，4.3<w_C≤6.69%，室温组织为变态莱氏体L'_d和一次渗碳体。

3.3 典型合金平衡结晶过程分析

为了进一步认识铁碳合金相图，下面分析几种典型铁碳合金的平衡结晶过程和室温下的显微组织。图3-7所示为典型的铁碳合金成分和相应的冷却曲线。

3.3.1 共析钢

图3-7中合金Ⅰ为w_C=0.77%的共析钢，其冷却过程及其组织转变如图3-8所示。当温度在与液相线*AC*的交点1以上时全部为液相（L），当缓冷至1点的温度时，开始从液相中结晶出奥氏体（A），随温度的下降，奥氏体量逐渐增多，其成分沿*AE*线变化，而剩余液相逐渐减少，其成分沿*AC*线变化。当缓冷至与固相线*AE*的交点2的温度时，液相全部结晶为与原合金成分相同的奥氏体。在2点至与共析线*PSK*的交点3（*S*点）的温度范围内为单一的奥氏体。继续冷却至3点时，发生共析反应，同时析

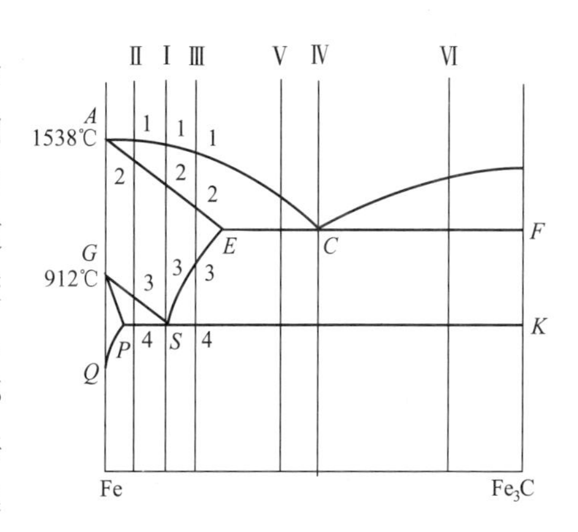

图3-7 典型的铁碳合金成分和冷却曲线

出成分为*P*点的铁素体和成分为*K*点的渗碳体，构成交替重叠的层片状两相组织，即珠光体。温度再继续下降，铁素体成分沿*PQ*线变化，将析出极少量的三次渗碳体，并与共析渗碳体混在一起，而且对钢的影响不大，故可忽略不计。因此，共析钢的室温组织是珠光体。共析钢（珠光体）的室温平衡组织如图3-9所示，图中宽白色基体为铁素体，黑色条状为渗碳体。

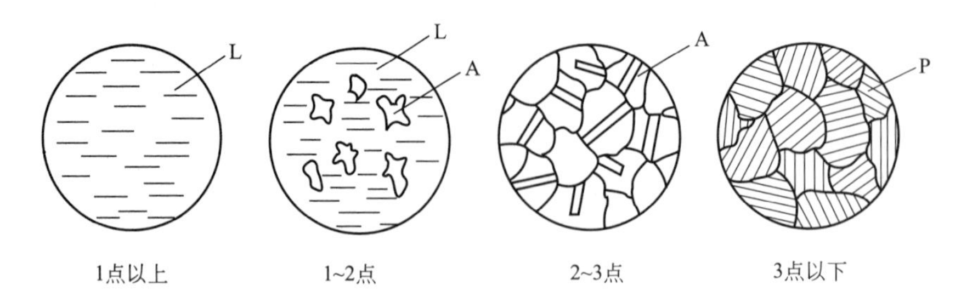

图3-8　共析钢冷却过程及其组织转变示意图

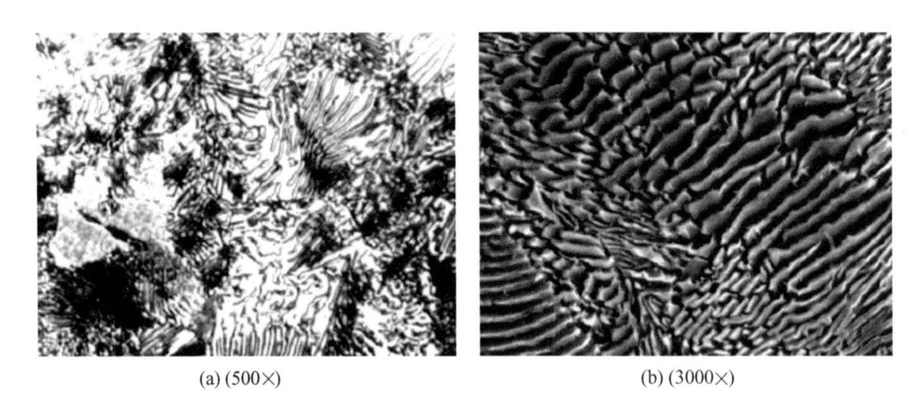

图3-9　共析钢室温平衡组织

3.3.2　亚共析钢

图3-7中合金Ⅱ为w_C=0.40%的亚共析钢，其冷却过程及其组织转变如图3-10所示。

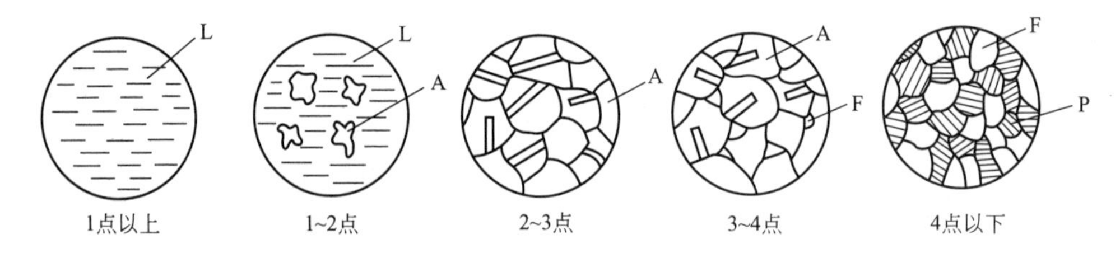

图3-10　亚共析钢冷却过程及其组织转变示意图

合金Ⅱ在3点以上的冷却过程与合金Ⅰ在3点以上相似。当冷却至与*GS*线的交点3时，开始从奥氏体中析出铁素体，随温度降低，铁素体量不断增多，其成分沿*GP*线变化，而奥氏体量逐渐减少，其成分沿*GS*线向共析成分接近。当缓冷至与*PSK*线的交点4时，达到共析成分（w_C=0.77%）的剩余奥氏体发生共析反应，转变成珠光体。温度再继续下降，铁素体中析出极少量的三次渗碳体，可忽略不计，故其室温组织是铁素体与珠光体。亚共析钢

（w_C=0.40%）的显微组织如图3-11(b）所示，图中白色部分为铁素体，黑色部分为珠光体。

所有亚共析钢的冷却过程都与合金Ⅱ相似，其室温平衡组织都是铁素体与珠光体。但随碳的质量分数的增加，铁素体量逐渐减少，珠光体量逐渐增多，如图3-11所示。

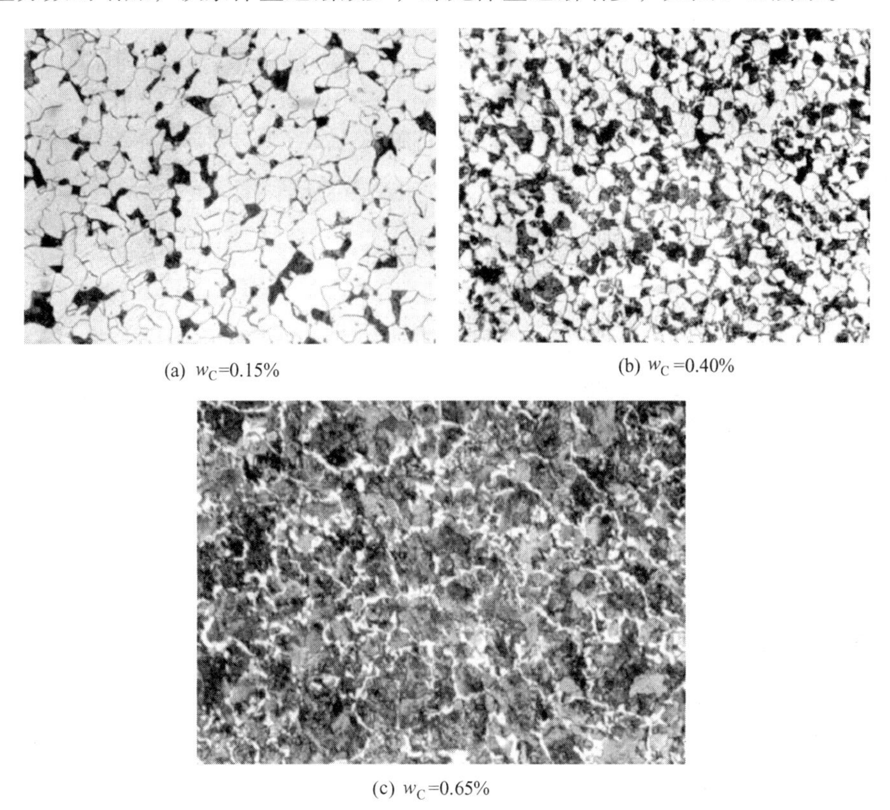

图3-11 不同成分亚共析钢的室温平衡组织（200×）

通过观察亚共析钢的平衡组织，确定其中F和P的相对含量，可以近似计算钢中碳的质量分数。如果忽略F中的C，而认为钢中的碳全部集中在P中，则：

w_C(%)=P×0.77% （P为平衡组织中珠光体的相对含量）

例如，观察到某钢的平衡组织为P+F，且F占40%，P占60%。那么此钢中碳的质量分数为：

w_C=60%×0.77%=0.462%，即相当于常用的45钢。

3.3.3 过共析钢

图3-7中合金Ⅲ为w_C=1.2%的过共析钢，其冷却过程及其组织转变如图3-12所示。

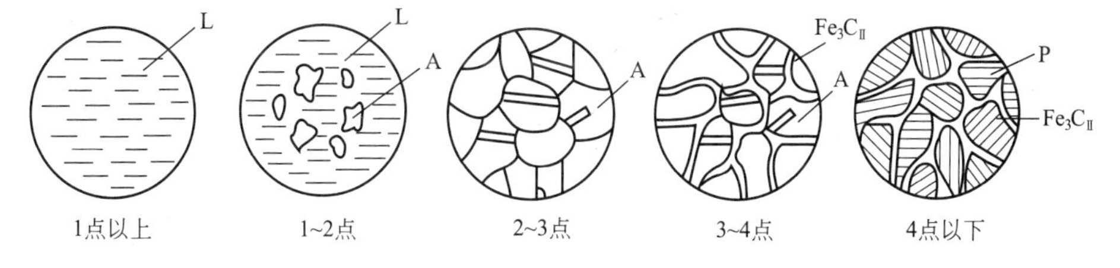

图3-12 过共析钢冷却过程及其组织转变示意图

合金Ⅲ在3点以上的冷却过程与合金Ⅰ在3点以上相似。当冷却至与*ES*线的交点3时，奥氏体中碳的质量分数达到饱和，随温度降低，多余的碳以二次渗碳体（Fe_3C_{II}）的形式析出，并以网状形式沿奥氏体晶界分布。随温度降低，渗碳体量不断增多，而奥氏体量逐渐减少，其成分沿*ES*线向共析成分接近。当冷却至与*PSK*线的交点4时，达到共析成分（w_C=0.77%）的剩余奥氏体发生共析反应，转变为珠光体。温度再继续下降，其组织基本不发生变化。故其室温组织是珠光体与网状二次渗碳体。过共析钢（w_C=1.2%）的室温平衡组织如图3-13所示，图中呈片状黑白相间的组织为珠光体，白色网状组织为二次渗碳体。

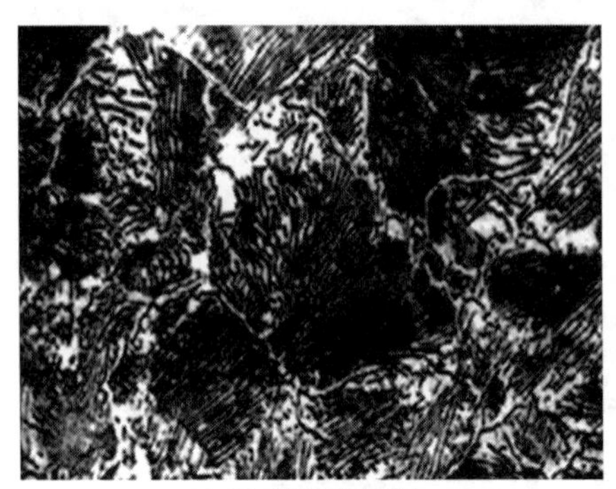

(a) 4% 硝酸酒精浸蚀

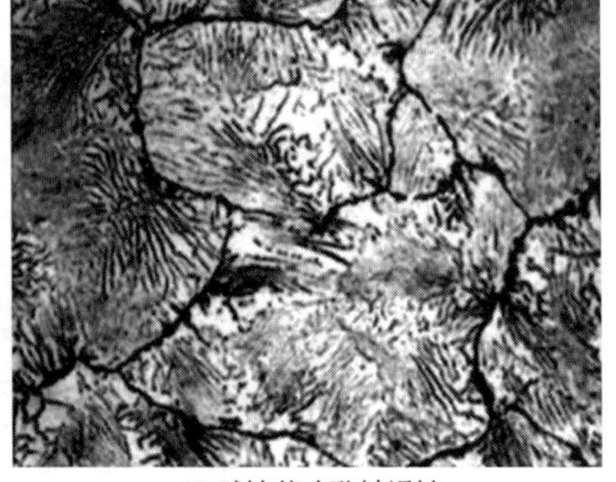

(b) 碱性苦味酸钠浸蚀

图3-13　过共析钢室温平衡组织（400×）

所有过共析钢的冷却过程都与合金Ⅲ相似，其室温组织是珠光体与网状二次渗碳体。但随碳的质量分数的增加，珠光体量逐渐减少，二次渗碳体量逐渐增多。

二次渗碳体以网状分布在晶界上，将明显降低钢的强度和韧性。因此，过共析钢在使用之前，应采用热处理等方法消除网状二次渗碳体。

3.3.4　共晶白口铸铁

图3-7中合金Ⅳ为w_C=4.3%的共晶白口铸铁，其冷却过程及其组织转变如图3-14所示。合金温度在与液相线*AC*的交点1以上时全部为液相（L），当缓冷至1点的温度（1148℃）时，液态合金发生共晶反应，同时结晶出成分为*E*点的共晶奥氏体（A）和成分为*F*点的共晶渗碳体，即莱氏体L_d。继续冷却，从共晶奥氏体中开始析出二次渗碳体（Fe_3C_{II}），随温度降低，二次渗碳体量不断增多，而共晶奥氏体量逐渐减少，其成分沿*ES*线向共析成分接近。当冷却至与*PSK*线的交点2时，达到共析成分（w_C=0.77%）的剩余共晶奥氏体发生共析反应，转变为珠光体，二次渗碳体将保留至室温。故共晶白口铸铁的室温组织是珠光体和渗碳体（共晶渗碳体和二次渗碳体）组成的两相组织，即变态莱氏体L'_d。共晶白口铸铁的显微组织如图3-4所示，图中黑色部分为珠光体，白色基体为渗碳体（共晶渗碳体和二次渗碳体连在一起，分辨不开）。

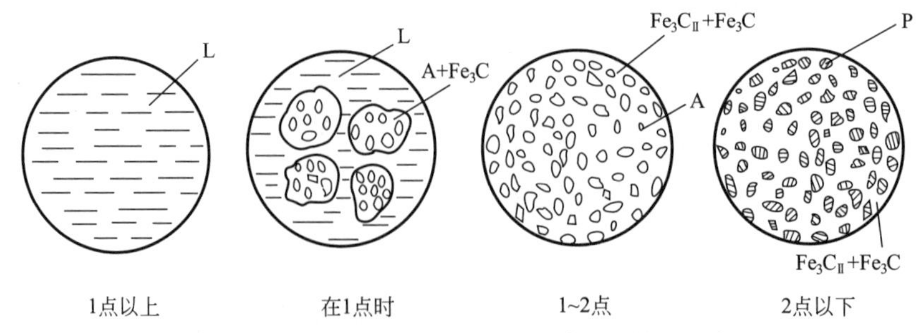

图3-14　共晶白口铸铁冷却过程及其组织转变示意图

3.3.5 亚共晶白口铸铁

图3-7中合金Ⅴ为w_C=3.0%的亚共晶白口铸铁，其冷却过程及其组织转变如图3-15所示。

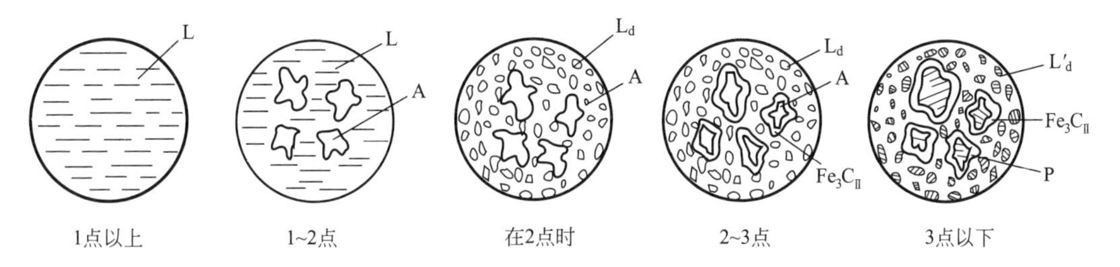

图3-15 亚共晶白口铸铁冷却过程及其组织转变示意图

当温度在与液相线*AC*的交点1以上时全部为液相（L），当缓冷至1点的温度时，开始从液相中结晶出奥氏体（A），随温度的下降，奥氏体量逐渐增多，其成分沿*AE*线变化，而剩余液相逐渐减少，其成分沿*AC*线变化向共晶成分接近。当冷却至与共晶线*ECF*的交点2的温度（1148℃）时，剩余液相成分达到共晶成分（w_C=4.3%）而发生共晶反应，形成莱氏体L_d。继续冷却，奥氏体量逐渐减少，其成分沿*ES*线向共析成分接近，并不断析出二次渗碳体（$Fe_3C_{Ⅱ}$），此二次渗碳体将保留至室温。当冷却至与*PSK*线的交点3时，达到共析成分（w_C=0.77%）的剩余奥氏体发生共析反应，转变为珠光体。故其室温组织是珠光体、二次渗碳体和变态莱氏体L'_d，其室温平衡组织如图3-16所示，图中黑色枝状或块状为珠光体，黑白相间的基体为变态莱氏体，珠光体周围白色网状物为二次渗碳体。

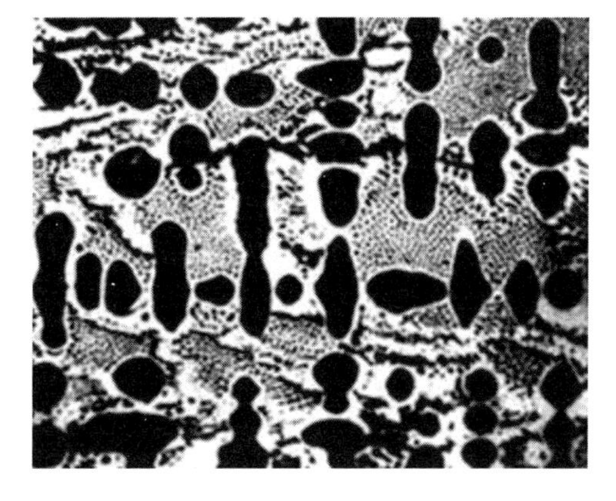

图3-16 亚共晶白口铸铁的室温平衡组织（400×）

所有亚共晶白口铸铁的冷却过程都与合金Ⅴ相似，其室温组织是珠光体、二次渗碳体和变态莱氏体L'_d。但随碳的质量分数的增加，变态莱氏体L'_d量逐渐增多，其他量逐渐减少。

3.3.6 过共晶白口铸铁

图3-7中合金Ⅵ为w_C=5.0%的过共晶白口铸铁，其冷却过程及其组织转变如图3-17所示。

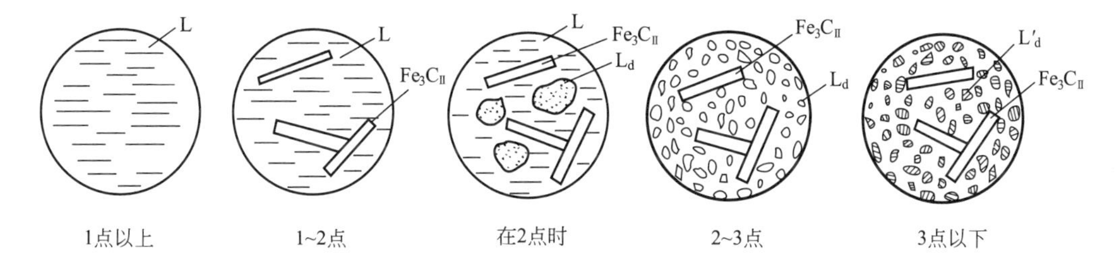

图3-17 过共晶白口铸铁冷却过程及其组织转变示意图

当温度在1点以上时全部为液相（L），当缓冷至1点的温度时，开始从液相中结晶出板条状的一次渗碳体，此一次渗碳将保留至室温。随温度的下降，一次渗碳体量逐渐增多，剩余液相逐渐减少，其成分沿*DC*线变化向共晶成分接近。当冷却至与共晶线*ECF*的交点2的温度（1148℃）时，剩余液相成分达到共晶成分而发生共晶反应，形成莱氏体L_d。其后冷却过程与共晶白口铸铁相同。故其室温组织是变态莱氏体L'_d和一次渗碳体，其室温平衡组织如图3-18所示，图中白色条状为一次渗碳体，黑白相间的基体为变态莱氏体。

图3-18　过共晶白口铸铁的室温平衡组织

所有过共晶白口铸铁的冷却过程都与合金Ⅵ相似，其室温组织是变态莱氏体L'_d和一次渗碳体。但随碳的质量分数的增加，一次渗碳体量逐渐增多，变态莱氏体L'_d量逐渐减少。

若将上述典型铁碳合金结晶过程中的组织变化填入相图中，则得到按组织组分填写的相图，如图3-19所示。

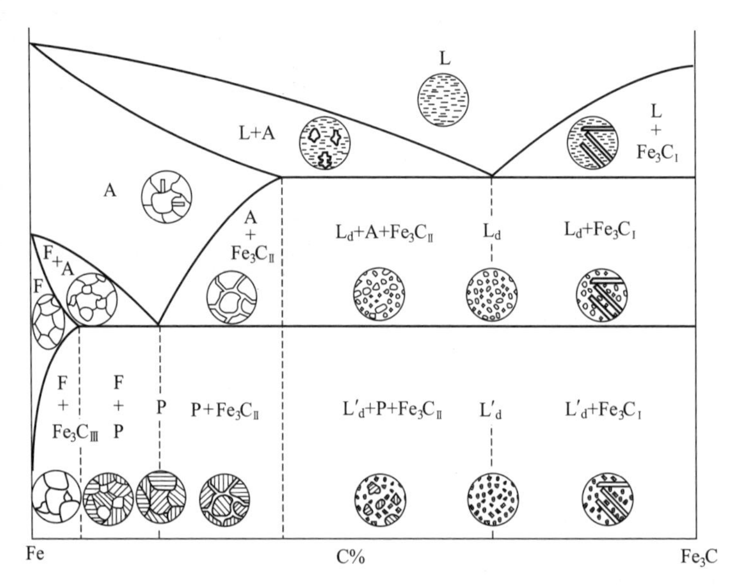

图3-19　按组织组分填写的铁碳合金相图

3.4　铁碳合金的性能与成分、组织的关系

3.4.1　碳的质量分数对铁碳合金平衡组织的影响

通过对典型铁碳合金冷却过程分析可知，不同成分的铁碳合金，其室温组织不同，这些室温基本组织都是铁素体、珠光体、变态莱氏体和渗碳体中的一种或两种。但是珠光体是铁素体和渗碳体的机械混合物，变态莱氏体是珠光体、共晶渗碳体和二次渗碳体的混合物，因此，铁碳合金室温组织都由铁素体和渗碳体两种基本相组成，只不过随着碳的质量分数的增加，铁素体量逐渐减少，渗碳体量逐渐增多，并且渗碳体的形态、大小和分布也发生变化，

如变态莱氏体中的共晶渗碳体形状和大小都比珠光体中的渗碳体粗大得多。正因渗碳体的数量、形态、大小和分布不同，致使不同成分的铁碳合金，其室温组织及性能亦不同。

随着碳的质量分数的增加，铁碳合金的室温组织将按如下顺序变化：

$$F \rightarrow F+P \rightarrow P \rightarrow P+Fe_3C_{\text{II}} \rightarrow P+Fe_3C_{\text{II}}+L'_d \rightarrow L'_d \rightarrow L'_d+Fe_3C_{\text{I}} \rightarrow Fe_3C_{\text{I}}$$

不同成分的铁碳合金组成相的相对量及组织组成物的相对量可总结如图3-20所示。

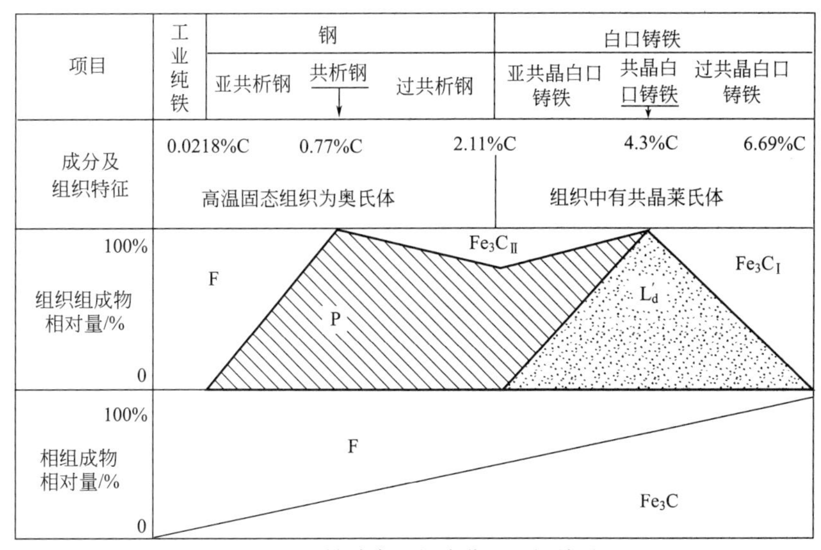

图3-20 铁碳合金的成分及组织关系

3.4.2 碳的质量分数对铁碳合金力学性能的影响

碳的质量分数对铁碳合金力学性能的影响如图3-21所示。从图可见，随着碳的质量分数的增加，钢的强度和硬度增加，而塑性和韧性则降低。这是因为碳的质量分数越高，钢中的硬而脆的渗碳体越多的缘故。但当碳的质量分数超过0.9%时，由于冷却析出的二次渗碳体形成网状包围着珠光体组织，从而削弱了珠光体组织之间的联系，使钢的强度反而降低。因此，为了保证工业用钢具有一定的强度及一定的塑性和韧性，钢的碳的质量分数一般不超过1.3%。

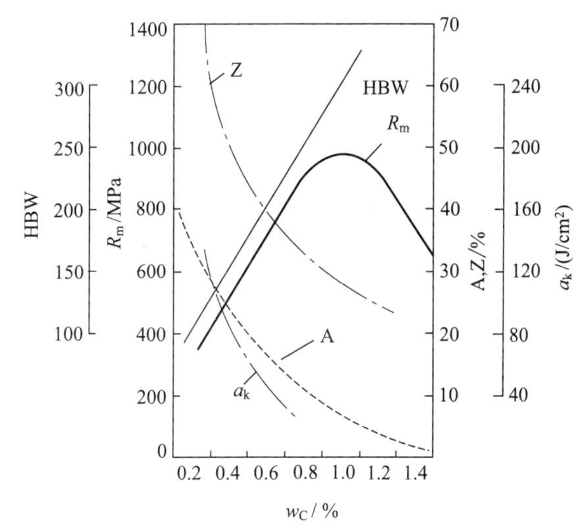

图3-21 碳的质量分数对铁碳合金力学性能的影响

由于白口铸铁中碳的质量分数大于2.11%，其组织中含有大量硬而脆的渗碳体，致使白口铸铁的硬度高，塑性和韧性极差，既难于切削加工，又不能锻压加工，故很少采用。

3.4.3 铁碳合金相图的应用

铁碳合金相图从客观上反映了钢铁材料的组织随成分和温度变化的规律，因此，在工程上为选材及制定铸、锻、焊、热处理等热加工工艺提供了重要的理论依据，在生产中具有重大的实际意义。

（1）在选材方面的应用

由铁碳合金相图可知，铁碳合金随着碳的质量分数的不同，其平衡组织不相同，从而导致其力学性能亦不同。因此，可以根据零件的不同性能要求来合理地选择材料。例如，要求塑性、韧性好的金属构件，应选碳的质量分数较低的钢；要求强度、硬度、塑性和韧性都较高的机械零件，则选用碳的质量分数为0.25%~0.55%的钢；要求硬度较高、耐磨性较好的各种工具，应选碳的质量分数大于0.55%的钢。纯铁的强度低，不宜用作结构材料，但由于其磁导率高，矫顽力低，可作软磁材料使用，例如作电磁铁的铁芯等；白口铸铁硬度高、脆性大，不能切削加工，也不能锻造，但其耐磨性好，铸造性能优良，适用于作要求耐磨、不受冲击、形状复杂的铸件，例如拔丝模、冷轧辊、货车轮、犁铧、球磨机的磨球等。

（2）在铸造方面的应用

根据铁碳合金相图可以确定合金的浇注温度，通常浇注温度一般在液相线以上50~100℃，如图3-22所示。从铁碳合金相图中可以看到钢的熔点、浇注温度都比铸铁高。共晶成分的铁碳合金不仅熔点最低，而且其凝固温度区间最小（为零），故其流动性好，分散缩孔小，偏析小，即铸造性能最好。因此，在铸造生产中，接近共晶成分的铸铁得到广泛的应用。铸钢也是常用的铸造合金，碳的质量分数规定在0.15%~0.6%之间，在该范围内的钢，其凝固温度区间较小，铸造性能较好。

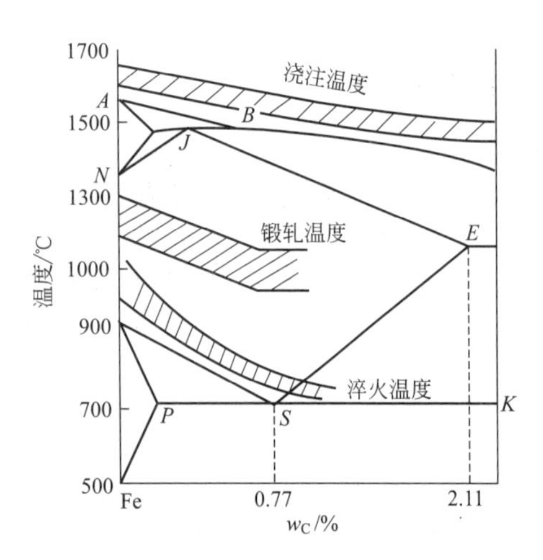

图3-22 Fe-Fe_3C相图与铸、锻工艺的关系

（3）在锻压方面的应用

钢在室温时的组织是由铁素体和渗碳体两相组成的混合物，塑性较差，变形困难。当将其加热到单相奥氏体状态时，才具有较低的强度，较好的塑性和较小的变形抗力，易于成形。因此，钢材轧制或锻造温度范围，通常选在Fe-Fe_3C相图中单相奥氏体区的适当范围，如图3-22所示。其选择原则是开始轧制或锻造温度不得过高，以免钢材氧化严重，甚至发生奥氏体晶界部分熔化，使工件报废。而终止轧制或锻造温度也不能过低，以免钢材塑性差，导致产生裂纹。

白口铸铁无论在低温还是高温，其组织中都有硬而脆的渗碳体组织，因而不能锻造。

（4）在焊接方面的应用

分析Fe-Fe_3C相图可知，随着碳的质量分数的增加，组织中的硬而脆的渗碳体量逐渐增多，铁碳合金的脆性增加，塑性下降，致使焊接性下降。碳的质量分数越高，铁碳合金的焊接性越差。因此，低碳钢的焊接性较好，铸铁的焊接性较差。

(5) 在热处理方面的应用

铁碳合金在固态加热或冷却过程中均有相的变化，所以钢和铸铁可以进行有相变的退火、正火、淬火和回火等热处理，热处理与Fe-Fe_3C相图有着更为密切的关系。

铁碳合金相图反映的是在缓慢加热或冷却条件下的相状态或组织，而实际生产中的加热或冷却速度较快，致使铁碳合金的钢的组织转变总有滞后现象，同时组织也发生变化。这些知识在第5章将涉及。

3.4.4 相图的局限性

Fe-Fe_3C相图的应用很广，为了正确掌握它的应用，必须了解其下列局限性。

① Fe-Fe_3C相图反映的是平衡相，而不是组织。相图能给出平衡条件下的相、相的成分和各相的相对质量，但不能给出相的形状、大小和空间相互配置的关系。

② Fe-Fe_3C相图只反映铁碳二元合金中相的平衡状态。实际生产中应用的钢和铸铁，除了铁和碳以外，往往含有或有意加入其他元素。被加入元素的含量较高时，相图将发生重大变化。严格说，在这样的条件下铁碳合金相图已不适用。

③ Fe-Fe_3C相图反映的是平衡条件下铁碳合金中相的状态。相的平衡只有在非常缓慢的冷却和加热，或者在给定温度长期保温的情况下才能达到。就是说，相图没有反映时间的作用。所以钢铁在实际的生产和加工过程中，当冷却和加热速度较快时，常常不能用相图来分析问题。

复习与思考题3

一、名词解释

铁素体、奥氏体、渗碳体、珠光体、莱氏体、共析转变。

二、填空题

1. 碳在奥氏体中的溶解度随温度而变化，在1148℃时碳的质量分数可达________，在727℃时碳的质量分数为________。

2. 碳的质量分数为________的铁碳合金称为共析钢，当加热后冷却到S点（727℃）时会发生________转变，从奥氏体中同时析出________和________的混合物，称为________。

3. 奥氏体和渗碳体组成的共晶产物称为________，其碳的质量分数为________，当温度低于727℃，转变为珠光体和渗碳体，此时称为________。

4. 亚共析钢的碳的质量分数为________，其室温组织为________。

5. 过共析钢的碳的质量分数为________，其室温组织为________。

三、判断题

1. 金属化合物的特性是硬而脆，莱氏体的性能也是硬而脆，故莱氏体属于金属化合物。(　　)

2. 渗碳体的碳的质量分数是6.69%。(　　)

3. Fe-Fe_3C状态图中，A_3温度是随碳的质量分数增加而上升的。(　　)

4. 碳溶于α-Fe中所形成的间隙固溶体，称为奥氏体。(　　)

四、简答题

1. 铁碳合金室温平衡状态下的基本组织有哪些?

2. 画出简化的Fe-Fe_3C相图，填写各区域的相和组织组成物，试述铁相图中特性点及特性线的含义。

3. 何谓一次渗碳体、二次渗碳体、三次渗碳体?

4. 何谓共析反应? 试以铁碳合金为例说明共晶反应、共析反应的转变过程。

5. 利用Fe-Fe_3C相图，说明碳的质量分数为0.20%、0.45%、0.77%、1.2%的铁碳合金分别在500℃、

750℃和950℃的组织。

6. 何谓亚共析钢、共析钢、过共析钢？试分析碳的质量分数为0.20%、0.45%、0.77%和1.2%的铁碳合金从液态缓冷至室温的结晶过程和室温组织。

7. 说明碳的质量分数为3.2%、4.3%和4.7%的铁碳合金从液态缓冷至室温的结晶过程和室温组织。

8. 随着碳的质量分数的增加，钢的室温组织和力学性能有何变化？

9. 根据Fe-Fe_3C相图，计算碳的质量分数0.45%的钢显微组织中珠光体和铁素体各占多少。

10. 由于某种原因，一批钢材的标签丢失；经金相检验这批钢材的组织为F和P，其中F占80%。试问这批钢材的碳的质量分数为多少？

11. 填表

名称	符号	组成相	晶体结构	组织特征	性能特点
铁素体					
奥氏体					
渗碳体					
珠光体					
莱氏体					

12. 根据铁碳相图，回答下列问题：

（1）1%C合金的硬度比0.5%C的硬度高；

（2）1.2%C合金的强度比0.77%C的强度低；

（3）为什么绑扎物体选用低碳铁丝；吊车吊运物体时选用中碳的钢丝绳？

（4）为什么要“趁热打铁”？

（5）钢和铸铁都能进行锻造吗？为什么？

13. 铁碳相图有哪些局限性？

14. 简述铁碳合金相图的应用。

第4章 非合金钢

教学提示：

由于非合金钢易于冶炼，价格低廉，产量约占工业用钢总产量的90%。非合金钢的性能可以满足一般工程结构、普通机械零件、工具及日常轻工业产品的使用要求，因此得到了泛的应用。

学习目标：

通过本章的学习，掌握非合金钢的种类、化学成分特点、牌号、性能和应用。

国家标准《钢分类》中按照化学成分将钢分为三类：非合金钢、低合金钢和合金钢。

4.1 杂质元素对非合金钢性能的影响

非合金钢是以铁、碳为基本组成元素，碳的质量分数小于2.11%的铁碳合金，俗称碳素钢，简称碳钢。

实际使用的碳钢除铁、碳两个主要元素之外，还含有少量Mn、Si、S、P、H、O、N等非特意加入的杂质元素，它们对钢材性能和质量影响很大，必须严格控制在牌号规定的范围之内。

4.1.1 锰的影响

锰在钢中作为杂质存在时，一般均小于0.8%，有时也可达到1.2%。锰来自作为炼钢原料的生铁及脱氧剂锰铁。

锰有很好的脱氧能力，锰与硫化合生成MnS，可消除硫的有害作用，这些反应产物大部分进入炉渣而被除去，小部分残留于钢中成为非金属夹杂物。此外，在室温下，锰大部分能溶于铁素体中，对钢有一定的强化作用。锰也能溶于渗碳体中，形成合金渗碳体。

因此，锰在碳钢中是有益元素，但作为常存元素少量存在时对钢的性能影响不显著。

4.1.2 硅的影响

硅在钢中作为杂质存在时，一般均小于0.4%，它也来自生铁与脱氧剂。

在室温下，硅溶入铁素体中起固溶强化作用，从而提高热轧钢材的强度、硬度和弹性极限，但会降低塑性、韧性。硅的脱氧作用比锰强，可以消除FeO夹杂对钢的有害作用。

因此，硅在碳钢中也是有益元素，但作为常存元素少量存在时对钢的性能影响不显著。

4.1.3 硫的影响

硫是由生铁及燃料带入钢中的杂质。

在固态下，硫在铁中的溶解度极小，主要以FeS形态存在于钢中，由于FeS的塑性差，使含硫较多的钢脆性较大。更严重的是，FeS与Fe可形成低熔点（985℃）的（FeS+Fe）共晶体，分布在奥氏体的晶界上。当钢加热到约1200℃进行热压力加工时，低熔点的共晶体已经熔化，晶粒间结合被破坏，导致钢材在加工过程中沿晶界开裂，这种现象称为钢的热脆性。

为了消除硫的有害作用，必须增加钢中含锰量。Mn与S优先形成高熔点（1620℃）的MnS，并呈粒状分布于晶粒内，它在高温下具有一定塑性，从而避免了热脆性。

硫化物是非金属夹杂物，会降低钢的力学性能，并在轧制过程中形成热加工纤维组织。硫对钢的焊接性能也产生不良影响，它不但导致焊缝产生热裂，而且硫在焊接过程中容易生成SO_2气体，使焊缝产生气孔和疏松。

因此，通常情况下硫是有害元素，在钢中要严格限制硫的含量。但含硫量较多的钢，可形成较多的MnS，在切削加工中，MnS能起断屑作用，改善钢的切削加工性，这是硫有利的一面。

4.1.4 磷的影响

磷由生铁带入钢中，在一般情况下，钢中的磷能全部溶于铁素体中。

磷有强烈的固溶强化作用，使钢的强度、硬度增加，但塑性、韧性则显著降低，这种脆化现象在低温时更为严重，故称为冷脆。一般希望韧脆转变温度低于工件的工作温度，以免发生冷脆。而磷在结晶过程中，由于容易产生晶内偏析，使局部地区含磷量偏高，导致韧脆转变温度升高，从而发生冷脆。冷脆对在高寒地带和其他低温条件下工作的结构件具有严重的危害性，此外，磷的偏析还使钢材在热轧后形成带状组织。

因此，通常情况下，磷也是有害的杂质。在钢中也要严格控制磷的含量。但含磷量较多时，由于脆性较大，在制造炮弹钢以及改善钢的切削加工性方面则是有利的。

4.1.5 非金属夹杂物的影响

在炼钢过程中，少量的炉渣、耐火材料及冶炼中反应物可能进入钢液，形成非金属夹杂物。例如氧化物、硫化物、硅酸盐、氮化物等。它们都会降低钢的力学性能，特别是降低塑性、韧性及疲劳强度。严重时，会使钢在热加工和热处理时产生裂纹，或使用时突然脆断。

非金属夹杂物也促使钢形成热加工纤维组织与带状组织，使材料具有各向异性。严重时，横向塑性仅为纵向的一半，并使冲击韧度大为降低。因此，对重要用途的钢（如滚动轴承钢、弹簧钢等）要检查非金属夹杂物的数量、形状、大小与分布情况，并应按照相应的等级标准进行评级检验。

此外，钢在整个冶炼过程中，都与空气接触，因而钢液中总会吸收一些气体，如氮、氧、氢等，它们对钢的质量都会产生不良影响。钢中过饱和N在常温放置过程中会发生时效脆化。加Ti、V、Al等元素可消除时效倾向；钢中的氧化物易成为疲劳裂源；氢对钢的危害性更大，原子态的过饱和氢将降低韧性，引起氢脆；当氢在缺陷处以分子态析出时，会产生很高内压，形成微裂纹，内壁为白色，称白点或发裂，严重影响钢的力学性能，使钢易于脆断。

4.2 非合金钢的分类

4.2.1 按钢中碳的质量分数分类

按钢中碳的质量分数高低，可将非合金钢分为低碳钢（w_C<0.25%）、中碳钢（w_C=0.25%~0.60%）和高碳钢（w_C>0.6%）。

4.2.2 按钢的冶炼质量分类

根据钢中所含有害杂质硫和磷的多少，可分为普通质量非合金钢（钢中硫、磷的质量分数分别为w_S≤0.050%，w_P≤0.045%）、优质非合金钢（钢中硫、磷的质量分数均应为w_S≤0.035%、w_P≤0.035%）和特殊质量非合金钢（钢中硫、磷杂质较少，即硫、磷的质量分数均应为w_S≤0.025%、w_P≤0.025%）。

4.2.3 按钢的用途分类

① 碳素结构钢　这类钢主要用于建筑行业（如建筑钢筋、钢板）和制造各种工程用结构构件（如桥梁、船舶、锅炉等），或机械制造用结构零件（如轴、螺钉、螺母、曲轴和连杆等）。这类钢一般属于低碳钢或中碳钢。

② 碳素工具钢　这类钢主要用于制造各类刃具、量具和模具。这类钢的碳的质量分数较高，属于高碳钢系列。

另外，还有按冶炼时的脱氧程度，将钢分为沸腾钢（脱氧不完全的）、镇静钢（脱氧比较完全的钢）和半镇静钢；或按组织转变分为亚共析钢、共析钢、过共析钢等其他分类方法。

因此，在给钢的产品命名时，为了能充分反映它的本质属性，往往把用途、成分和质量这三种分类方法结合起来，从而将钢命名为碳素结构钢、优质碳素钢结构钢、碳素工具钢以及高级优质碳素工具钢等。

4.3 常用非合金钢

4.3.1 我国钢铁产品的牌号表示方法

我国钢铁产品的牌号采用汉语拼音字母、化学元素符号和阿拉伯数字相结合的方法来表示。用汉语拼音字母表示产品名称、用途、特性和工艺方法时，一般代表产品名称的汉语拼音中选用第一个字母。当和另一个产品所选用的字母重复时，可改用第二个字母或第三个字母，或同时选取两个汉字中的第一个汉语拼音字母，如表4-1所示。

4.3.2 碳素结构钢

碳素结构钢所含硫、磷的质量分数较高（w_P≤0.045%，w_S≤0.055%），大部分用于工程构件，如屋架、桥梁等；小部分也可用于机械零件，如螺钉、法兰等。

碳素结构钢的牌号表示方法由代表下屈服强度的字母（Q）、屈服强度数值、质量等级符号（A、B、C、D）及脱氧方法符号（F、b、Z、TZ）等四个部分按顺序组成，如Q235-

A·F。质量等级符号反映了碳素结构钢中有害元素（磷、硫）含量的多少，从A级到D级，钢中磷、硫含量依次减少。C、D级的碳素结构钢由于磷、硫含量低，质量好，可作重要焊接结构件。脱氧方法符号“F”“b”“Z”“TZ”分别表示沸腾钢、半镇静钢、镇静钢及特殊镇静钢。镇静钢和特殊镇静钢的牌号中脱氧方法符号可省略。随着牌号的增大，对钢材屈服强度和抗拉强度的要求增大，对断后伸长率的要求降低。

例如：Q235-A·F表示屈服点为235 MPa的A级沸腾钢。

表4-1 钢铁产品名称、用途、特性和工艺方法命名符号

名称	采用的汉字及其汉语拼音		采用符号	位置
	汉字	汉语拼音		
铸造用生铁	铸	ZHU	Z	牌号头
冶炼用生铁	炼	LIAN	L	牌号头
碳素结构钢	屈	QU	Q	牌号头
低合金高强度钢	屈	QU	Q	牌号头
耐候钢	耐候	NAI HOU	NH	牌号尾
保证淬透性钢	—	—	H	牌号尾
易切削非调质钢	易非	YIFEI	YF	牌号头
热锻用非调质钢	非	FEI	F	牌号头
易切削钢	易	YI	Y	牌号头
碳素工具钢	碳	TAN	T	牌号头
塑料模具钢	塑模	SU MU	SM	牌号头
(滚珠)轴承钢	滚	GUN	G	牌号头
焊接用钢	焊	HAN	H	牌号头
压力容器用钢	容	RONG	R	牌号尾
沸腾钢	沸	FEI	F	牌号尾
半镇静钢	半	BAN	B	牌号尾
镇静钢	镇	ZHEN	Z	牌号尾
特殊镇静钢	特镇	TE ZHEN	TZ	牌号尾
质量等级	—	—	A、B、C、D	牌号尾

碳素结构钢的牌号和化学成分见表4-2，碳素结构钢的力学性能见表4-3。

表4-2 碳素结构钢的牌号和化学成分

牌号	等级	化学成分(质量分数)/%					脱氧方法
		C	Mn	Si	S	P	
				不大于			
Q195	—	0.06~0.12	0.25~0.50	0.30	0.050	0.045	F、b、Z
Q215	A	0.09~0.15	0.25~0.55	0.30	0.050	0.045	F、b、Z
	B				0.045		
Q235	A	0.14~0.22	0.30~0.65	0.30	0.050	0.045	F、b、Z
	B	0.12~0.20	0.30~0.70		0.045		
	C	≤0.18	0.35~0.80		0.040	0.040	Z
	D	≤0.17			0.035	0.035	TZ
Q255	A	0.18~0.28	0.40~0.70	0.30	0.050	0.045	b、Z
	B				0.045		
Q275	—	0.28~0.38	0.50~0.80	0.35	0.050	0.045	Z

表4-3 碳素结构钢的力学性能

牌号	等级	拉伸试验													冲击试验	
		屈服强度/MPa						抗拉强度 R_m/MPa	伸长率 A/%						温度/°C	A_{kV}/J
		钢材厚度(直径)/mm							钢材厚度(直径)/ mm							
		≤16	>16~40	>40~60	>60~100	>100~150	>150		≤16	>16~40	>40~60	>60~100	>100~150	>150		
		≥							≥							≥
Q195	—	(195)	(185)	—	—	—	—	315~390	33	32	—	—	—	—	—	—
Q215	A	215	205	195	185	175	165	335~410	31	30	29	28	27	26	—	—
	B	215	205	195	185	175	165	335~410	31	30	29	28	27	26	20	27
Q235	A	235	225	215	205	195	185	375~460	26	25	24	23	22	21	—	—
	B	235	225	215	205	195	185	375~460	26	25	24	23	22	21	20	27
	C	235	225	215	205	195	185	375~460	26	25	24	23	22	21	0	
	D	235	225	215	205	195	185	375~460	26	25	24	23	22	21	−20	—
Q255	A	255	245	235	225	215	205	410~510	24	23	22	21	20	19	—	—
	B	255	245	235	225	215	205	410~510	24	23	22	21	20	19	20	27
Q275	—	275	265	255	245	235	225	490~610	20	19	18	17	16	15	—	—

随着牌号的增大，其含碳量增加，强度提高，塑性和韧性降低，冷弯性能逐渐变差。同一钢号内质量等级越高，钢材的质量越好，如Q235C、Q235D级优于Q235A、Q235B级。其中Q195与Q275不分质量等级，Q215、Q235、Q255牌号的碳素结构钢，质量等级为“A”“B”级时，在保证力学性能要求下，化学成分可根据需方要求适当调整。

碳素结构钢一般在热轧空冷状态下使用，不再进行热处理，常采用焊接、铆接等工艺方法成形。但对某些零件，必要时可进行锻造等热加工，也可通过正火、调质、渗碳等处理，以提高其使用性能。

碳素结构钢的特性和用途见表4-4 。

表4-4 碳素结构钢的特性和用途

牌号	主要特性	应用举例
Q195 Q215	有高的塑性、韧性、焊接性能，良好的压力加工性能，但强度低	用于制造地脚螺栓、烟囱、屋板、铆钉、低碳钢丝、薄板、焊管、拉管、拉杆、吊钩、支架
Q235	具有良好的塑性、韧性、焊接性能、冷冲压性能，以及一定的强度、好的冷弯性能	广泛应用于一般要求的零件和焊接结构，如受力不大的拉杆、连杆、销、轴、螺钉、螺母、套圈、支架、机座、建筑结构、桥梁等
Q255	具有较高的强度、塑性和韧性，较好的焊接性能和冷、热加工性能	用于制造强度要求不高的零件，如螺栓、键、摇杆、轴、拉杆和钢结构用各种型钢、钢板等
Q275	具较高的强度，较好的塑性和切削加工性能，以及一定的焊接性能	用于制造强度要求较高的零件，如齿轮、螺栓、螺母、键、轴、农机用型钢、链轮、链条等

4.3.3 优质碳素结构钢

优质碳素结构钢所含硫、磷及非金属夹杂物都比碳素结构钢少，碳的质量分数波动范围也小，力学性能比较均匀，塑性和韧性都比较好，多用于机械零件用钢。

优质碳素结构钢牌号用两位阿拉伯数字表示。两位阿拉伯数字表示钢中平均碳质量分数的万倍。如20钢表示钢中平均w_C=0.20%；08钢表示钢中平均w_C=0.08%。

优质碳素结构钢按含锰量不同，又分为普通含锰量（w_{Mn}=0.25%~0.8%）和较高含锰量（w_{Mn}=0.8%~1.2%）两组。较高含锰量的一组，在其牌号数字后加“Mn”字，例如65Mn钢。如果是沸腾钢，在其牌号数字后加“F”字，如08F钢。优质碳素结构钢的牌号及化学成分见表4-5，优质碳素结构钢的力学性能见表4-6。

表4-5　优质碳素结构钢牌号及化学成分

牌　号	化学成分(质量分数)/%							
	C	Si	Mn	P	S	Ni	Cr	Cu
				不大于				
08F	0.05~0.10	≤0.03	0.25~0.50	0.035	0.035	0.25	0.10	0.25
10F	0.07~0.14	≤0.07	0.25~0.50	0.035	0.035	0.25	0.15	0.25
15F	0.12~0.19	≤0.07	0.25~0.50	0.035	0.035	0.25	0.25	0.25
08	0.05~0.12	0.17~0.37	0.35~0.65	0.035	0.035	0.25	0.10	0.25
10	0.07~0.14	0.17~0.37	0.35~0.65	0.035	0.035	0.25	0.15	0.25
15	0.12~0.19	0.17~0.37	0.35~0.65	0.035	0.035	0.25	0.25	0.25
20	0.17~0.24	0.17~0.37	0.35~0.65	0.035	0.035	0.25	0.25	0.25
25	0.22~0.30	0.17~0.37	0.50~0.80	0.035	0.035	0.25	0.25	0.25
30	0.27~0.35	0.17~0.37	0.50~0.80	0.035	0.035	0.25	0.25	0.25
35	0.32~0.40	0.17~0.37	0.50~0.80	0.035	0.035	0.25	0.25	0.25
40	0.37~0.45	0.17~0.37	0.50~0.80	0.035	0.035	0.25	0.25	0.25
45	0.42~0.50	0.17~0.37	0.50~0.80	0.035	0.035	0.25	0.25	0.25
50	0.47~0.55	0.17~0.37	0.50~0.80	0.035	0.035	0.25	0.25	0.25
55	0.52~0.60	0.17~0.37	0.50~0.80	0.035	0.035	0.25	0.25	0.25
60	0.57~0.65	0.17~0.37	0.50~0.80	0.035	0.035	0.25	0.25	0.25
65	0.62~0.70	0.17~0.37	0.50~0.80	0.035	0.035	0.25	0.25	0.25
70	0.67~0.75	0.17~0.37	0.50~0.80	0.035	0.035	0.25	0.25	0.25
75	0.72~0.80	0.17~0.37	0.50~0.80	0.035	0.035	0.25	0.25	0.25
80	0.77~0.85	0.17~0.37	0.50~0.80	0.035	0.035	0.25	0.25	0.25
85	0.82~0.90	0.17~0.37	0.50~0.80	0.035	0.035	0.25	0.25	0.25
15Mn	0.12~0.19	0.17~0.37	0.70~1.00	0.035	0.035	0.25	0.25	0.25
20Mn	0.17~0.24	0.17~0.37	0.70~1.00	0.035	0.035	0.25	0.25	0.25
25Mn	0.22~0.30	0.17~0.37	0.70~1.00	0.035	0.035	0.25	0.25	0.25
30Mn	0.27~0.35	0.17~0.37	0.70~1.00	0.035	0.035	0.25	0.25	0.25
35Mn	0.32~0.40	0.17~0.37	0.70~1.00	0.035	0.035	0.25	0.25	0.25
40Mn	0.37~0.45	0.17~0.37	0.70~1.00	0.035	0.035	0.25	0.25	0.25
45Mn	0.42~0.50	0.17~0.37	0.70~1.00	0.035	0.035	0.25	0.25	0.25
50Mn	0.48~0.56	0.17~0.37	0.70~1.00	0.035	0.035	0.25	0.25	0.25
60Mn	0.57~0.65	0.17~0.37	0.70~1.00	0.035	0.035	0.25	0.25	0.25
65Mn	0.62~0.70	0.17~0.37	0.90~1.20	0.035	0.035	0.25	0.25	0.25
70Mn	0.67~0.75	0.17~0.37	0.90~1.20	0.035	0.035	0.25	0.25	0.25

表4-6 优质碳素结构钢的力学性能

牌号	试样毛坯尺寸/mm	推荐热处理温度/°C			力学性能					钢材交货状态硬度HBW	
		正火	淬火	回火	R_m/MPa	R_e/MPa	A/%	Z/%	A_k/J	不大于	
					不小于					未热处理	退火钢
08F	25	930			295(30)	175(18)	35	60		131	
10F	25	930			315(32)	185(19)	33	55		137	
15F	25	920			355(36)	205(21)	29	55		143	
08	25	930			325(33)	195(20)	33	60		131	
10	25	930			335(34)	205(21)	31	55		137	
15	25	920			375(38)	225(23)	27	55		143	
20	25	910			410(42)	245(25)	25	55		156	
25	25	900	870	600	450(46)	275(28)	23	50	71(9)	170	
30	25	880	860	600	490(50)	295(30)	21	50	63(8)	179	
35	25	870	850	600	530(54)	315(32)	20	45	55(7)	197	
40	25	860	840	600	570(58)	335(34)	19	45	47(6)	217	187
45	25	850	840	600	600(61)	355(36)	16	40	39(5)	229	197
50	25	830	830	600	630(64)	375(38)	14	40	31(4)	241	207
55	25	820	820	600	645(66)	380(39)	13	35		255	217
60	25	810			675(69)	400(41)	12	35		255	229
65	25	810			695(71)	410(42)	10	30		255	229
70	25	790			715(73)	420(43)	9	30		269	229
75	试样		820	480	1080(110)	880(90)	7	30		285	241
80	试样		820	480	1080(110)	930(95)	6	30		285	241
85	试样		820	480	1130(115)	980(100)	6	30		302	255
15Mn	25	920			410(42)	245(25)	26	55		163	
20Mn	25	910			450(46)	275(28)	24	50		197	
25Mn	25	900	870	600	490(50)	295(30)	22	50	71(9)	207	
30Mn	25	880	860	600	540(55)	315(32)	20	45	63(8)	217	187
35Mn	25	870	850	600	560(57)	335(34)	18	45	55(7)	229	197
40Mn	25	860	840	600	590(60)	355(36)	17	45	47(6)	229	207
45Mn	25	850	840	600	620(63)	375(38)	15	40	39(5)	241	217
50Mn	25	830	830	600	645(66)	390(40)	13	40	31(4)	255	217
60Mn	25	810			695(71)	410(42)	11	35		269	229
65Mn	25	810			735(75)	430(44)	9	30		285	229
70Mn	25	790			785(80)	450(46)	8	30		285	229

优质碳素结构钢，主要用于制造各种机械零件和弹簧。它的产量较大，价格便宜，用途广泛，机械产品中的大小构件，都普遍应用。

08、10钢，属极软低碳钢，强度、硬度很低，塑性、韧性很好，具有优良的冲压、拉伸及焊接性能，淬透性、淬硬性差，不宜切削加工，因此它广泛用来制造冷冲压零件。适宜轧制成薄板、薄带、冷变形材等，用于制造各种容器、仪表板、机器罩以及摩擦片、深冲器皿、汽车身、管子、垫圈、卡头等。

15、20钢，也具有良好的冲压及焊接性能，常用来制造受力不大、韧性要求较高的中小结构件或零件。如容器、螺钉、螺母、杠杆、轴套等。

35、40、45、50钢，强度较高，综合力学性能良好，淬透性低，水淬易产生裂纹，小型件宜采用调质处理，大型件宜采用正火处理。经调质处理后，可获得良好的综合力学性能，用来制造齿轮、连杆、轴类等。在零件需要耐磨的部分，还需要进行表面淬火。

60、70钢，经过适当的热处理后，常用来制造弹簧、钢丝、低速车轮圈和轧辊等。

4.3.4 碳素工具钢

碳素工具钢用来制造各种刃具、量具、模具等。碳素工具钢均为优质钢，有的钢中若含硫、磷更低，为高级优质钢。

碳素工具钢中碳的质量分数在0.65%~1.35%范围之内，故属高碳钢范畴。碳素工具钢的牌号是以汉字“碳”的拼音首位字母“T”后面附加数字表示，数字表示平均碳的质量分数，以千分之一为计量单位。例如T8表示w_C=0.8%（平均值）的碳素工具钢。较高含锰量的碳素工具钢，在工具钢符号“T”和阿拉伯数字后加锰的元素符号，例如T8Mn。高级优质碳素工具钢则在钢号末端，再附加以“A”字。如T12A、T8MnA等。碳素工具钢的牌号及化学成分见表4-7。

所有碳素工具钢淬火后的硬度都相差不大。但随着钢中碳的质量分数增大，淬火组织中粒状渗碳体数量增多，从而使钢的耐磨性能增加，韧性下降。碳素工具钢的力学性能见表4-8。

表4-7 碳素工具钢的牌号及化学成分

<table>
<tr><th rowspan="3">牌 号</th><th colspan="5">化学成分(质量分数)/%</th></tr>
<tr><th rowspan="2">C</th><th rowspan="2">Mn</th><th>Si</th><th>S</th><th>P</th></tr>
<tr><th colspan="3">不大于</th></tr>
<tr><td>T7</td><td>0.65~0.74</td><td rowspan="2">≤0.40</td><td rowspan="8">≤0.35</td><td rowspan="8">0.030</td><td rowspan="8">0.035</td></tr>
<tr><td>T8</td><td>0.75~0.84</td></tr>
<tr><td>T8Mn</td><td>0.80~0.90</td><td>0.40~0.60</td></tr>
<tr><td>T9</td><td>0.85~0.94</td><td rowspan="5">≤0.40</td></tr>
<tr><td>T10</td><td>0.95~1.04</td></tr>
<tr><td>T11</td><td>1.05~1.14</td></tr>
<tr><td>T12</td><td>1.15~1.24</td></tr>
<tr><td>T13</td><td>1.25~1.35</td></tr>
</table>

表4-8 碳素工具钢的力学性能

<table>
<tr><th rowspan="2">牌 号</th><th>退火状态</th><th colspan="2">试样淬火</th></tr>
<tr><th>HBW(不大于)</th><th>淬火温度和冷却剂</th><th>HRC(不小于)</th></tr>
<tr><td>T7</td><td rowspan="3">187</td><td>800~820℃，水</td><td rowspan="8">62</td></tr>
<tr><td>T8</td><td rowspan="2">780~800℃，水</td></tr>
<tr><td>T8Mn</td></tr>
<tr><td>T9</td><td>192</td><td rowspan="5">760~780℃，水</td></tr>
<tr><td>T10</td><td>197</td></tr>
<tr><td>T11</td><td rowspan="2">207</td></tr>
<tr><td>T12</td></tr>
<tr><td>T13</td><td>217</td></tr>
</table>

碳素工具钢的加工性能好，价格低廉，热处理后的硬度可达60HRC以上，有较好的耐磨性。但由于碳素工具钢的热硬性差（刃部温度达到250℃以上时，硬度及耐磨性迅速降低），淬透性低，淬火时容易变形开裂。因而碳素工具钢多用于制造手工用工具；低速、小切削用量的机用刀具；量具、模具以及其他各种工具等。如T7、T8硬度高、韧性较高，可制造冲头、凿子、锤子等工具。T9、T10、T11硬度高，韧性适中，可制造钻头、刨刀、丝锥、手锯条等刃具及冷作模具等。T12、T13硬度高，韧性较低，可制作锉刀、刮刀等刃具及量规、样套等量具。

4.3.5 碳素铸钢

铸钢是冶炼后直接铸造成形而不需锻轧成形的钢种。在实际生产中，一些形状复杂、综合力学性能要求较高的大型零件，难以用锻轧方法成形，通常采用铸钢制造。随着铸造技术的进步，铸钢件在组织、性能、精度和表面粗糙度等方面都已接近锻钢件，可在不经切削加工后或只需少量切削加工后使用，能大量节约钢材和成本，因此铸钢得到了更广泛的应用。

铸钢牌号用“铸钢”的汉语拼音字首ZG表示，后面两组数字分别表示该铸钢的屈服强度（R_e）和抗拉强度R_m值，例如ZG200-400，ZG270-500等。碳素铸钢的牌号、性能与用途见表4-9。

表4-9 碳素铸钢的牌号、性能与用途

牌号	力学性能(≥)					用途举例
	R_m/MPa	R_e/MPa	A/%	Z/%	A_{kV}/J	
ZG200-400	400	200	25	40	30	良好的塑性、韧性、焊接性能，用于受力不大、要求高韧性的零件
ZG230-450	450	230	22	32	25	一定的强度和较好韧性、焊接性能，用于受力不大、要求高韧性的零件
ZG270-500	500	270	18	25	22	较高的强韧性，用于受力较大且有一定韧性要求的零件，如连杆、曲轴
ZG310-570	570	310	15	21	15	较高的强度和较低的韧性，用于载荷较高的零件，如大齿轮、制动轮
ZG340-640	640	340	10	18	10	高的强度、硬度和耐磨性，用于齿轮、棘轮、联轴器、叉头等

注：表中力学性能是在正火（或退火）+回火状态下测定的。

GB/T 5613—2014《铸钢牌号表示方法》规定以化学成分表示的铸钢牌号中“ZG”后面一组数字表示铸钢的碳的名义万分分数，其后排列各主要合金元素符合及名义百分含量，例如：ZG15Cr1Mo1V，表示平均w_C=0.15%，w_{Cr}=0.9%~1.40%，w_{Mo}=0.9%~1.4%，w_V=0.9%的铸钢。

铸钢主要用于制造形状复杂，需要一定强度、塑性和韧性的零件，例如机车车辆、船舶、重型机械的齿轮、轴，以及轧辊、机座、缸体、外壳、阀体等。

复习与思考题4

一、名词解释

非合金钢、热脆、冷脆、碳素工具钢。

二、填空题

1.钢的质量是按钢中所含有害杂质元素________的多少来确定的。

2.在非合金钢中按钢中碳的质量分数可分为________、________、________三类。

3.在碳钢中按钢的冶炼质量可分为________、________、________、________等几类。

4.在碳钢中按钢的用途可分为________、________两类。

5.T12A钢按用途分类属于________钢，按碳的质量分数分类属于________，按冶炼质量属于________。

三、判断题

1.T10钢的碳的质量分数是10%。(　　)

2.高碳钢的质量优于中碳钢，中碳钢的质量优于低碳钢。(　　)

3.碳素工具钢都是优质或高级优质钢。(　　)

4.优质碳素结构钢出厂时既保证化学成分又保证力学性能。(　　)

5.碳素工具钢的碳的质量分数一般都大于0.77%。(　　)

6.铸钢可用于铸造生产形状复杂而力学性能要求较高的零件。(　　)

四、简答题

1.硫和磷在钢中有哪些危害？如何消除？

2.氮、氢、氧三种气体杂质在钢中有什么危害？

3.常用的非合金钢有哪些种类？

4.为什么工业中常用的非合金钢的碳质量分数一般不大于1.4%？

5.说明碳素结构钢的牌号数值与力学性能、用途之间的关系。

6.说明优质碳素结构钢牌号数值与碳质量分数、力学性能、用途之间的关系。

7.不同牌号的碳素工具钢在力学性能和用途上有什么区别？

8.填表

牌　号	种　类	牌号中符号和数字的含义
Q235		
08F		
45		
65Mn		
T8A		
T12		
ZG310-570		

9.为下列工件选择合适的材料：

啤酒瓶盖、弹簧、需渗碳淬火的钢套、机床主轴、手锤、冲子、手锯条、锉刀。

第5章　钢的热处理

教学提示：

热处理是改善金属材料，尤其是钢铁材料性能的重要工艺方法，是充分发挥材料的性能潜力、提高产品的内在质量、延长产品使用寿命的有效途径。

学习目标：

通过本章的学习，明确钢热处理的实质、目的和作用；了解钢在热处理加热和冷却时的组织转变规律；掌握正火、退火、淬火和回火的特点、工艺要点和应用；掌握表面热处理和化学热处理的原理、工艺、特点和应用。

5.1　热处理概述

5.1.1　热处理的实质、目的和作用

热处理是指采用适当的方式对金属材料或工件进行加热、保温和冷却，以获得预期的组织结构与性能的工艺。

金属热处理是机械制造中的重要工艺之一，与其他加工工艺相比，热处理的目的不是改变材料或工件的形状和整体的化学成分，而是通过改变工件内部的显微组织，或改变工件表面的化学成分，赋予或改善工件的工艺性能或使用性能。其作用是改善工件的内在质量，充分发挥金属材料的性能潜力，而这一般不是肉眼所能看到的。

5.1.2　热处理的分类

根据加热、冷却方式的不同以及组织、性能变化特点的不同，热处理可以分为下列几类。

① 整体热处理　包括退火、正火、淬火和回火等，俗称“四把火”。

② 表面热处理　包括感应加热淬火、火焰加热淬火、电接触加热淬火、激光加热淬火和电子束加热淬火等。

③ 化学热处理　包括渗碳、氮化和碳氮共渗等。

④ 其他热处理　包括可控气氛热处理、真空热处理和形变

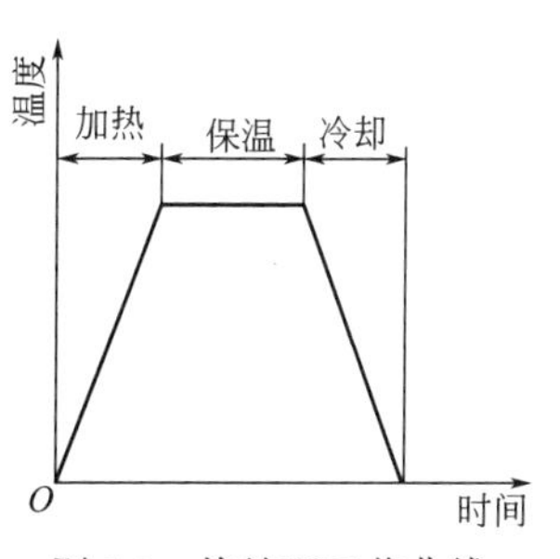

图5-1　热处理工艺曲线

热处理等。

热处理方法虽然很多，但任何一种热处理都是由加热、保温和冷却三个过程组成的，如图5-1所示。其中加热温度、保温时间和冷却速度被称为热处理的三要素，这三大基本要素决定了材料热处理后的组织和性能。图5-1是最基本的热处理工艺曲线。

5.2 钢在加热时的组织转变

为了正确选用热处理工艺，充分发挥材料性能潜力，提高产品质量和寿命，就必须了解金属材料在加热、保温和冷却过程中发生了哪些组织转变？这些组织转变的规律是怎样的？这些组织对热处理后的性能有什么影响？这就是热处理原理。

5.2.1 热处理加热目的和临界温度

加热是热处理的第一道工序。在多数情况下，热处理需要先加热得到部分或全部奥氏体组织，然后采用适当的冷却方法，使奥氏体组织发生转变，从而使钢获得所需要的组织和性能。因此钢在热处理时的加热过程就是奥氏体化过程。

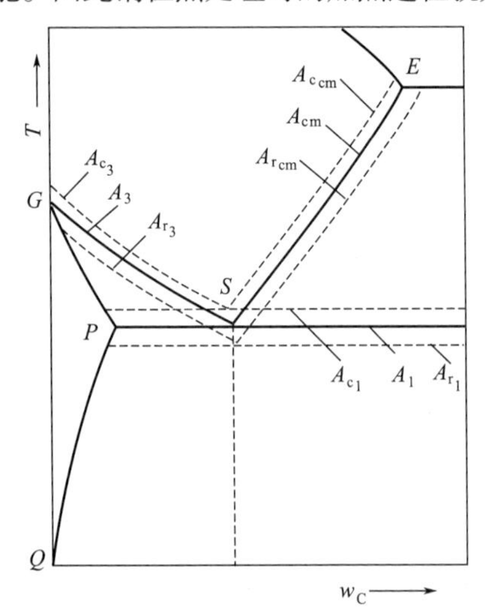

图5-2 加热温度和冷却速度对碳钢临界温度的影响

钢热处理时应加热到多少温度呢？由铁碳相图可知，当温度高于727℃时，就能获得奥氏体组织，A_1线、A_3线和A_{cm}线是钢在平衡状态下发生组织转变的临界点，在实际热处理条件下，加热速度和冷却速度一般较快，相变是在不平衡条件下进行的，其相变点与相图中的相变温度有一些差异。由于过热和过冷现象的影响，加热时相变温度偏向高温，冷却时偏向低温。加热或冷却速度越快，这种现象越严重。图5-2表示加热温度和冷却速度对碳钢临界温度的影响。通常把加热时的实际临界温度标以字母“c”，如A_{c_1}、A_{c_3}、$A_{c_{cm}}$；而把冷却时的实际临界温度标以字母“r”，如A_{r_1}、A_{r_3}、$A_{r_{cm}}$等。

因此，钢热处理时奥氏体化的最低温度是A_{c_1}，即加热到A_{c_1}温度以上时，钢的原始组织均要转变为奥氏体。对于亚共析钢和过共析钢，需要加热到A_{c_3}或$A_{c_{cm}}$以上，使先共析相充分转变或溶解，获得单相奥氏体，才能完全奥氏体化。

在实际生产中，常以一定的加热速度将工件连续加热到A_{c_1}温度以上，并保温一定时间。保温的目的是使工件受热均匀、组织转变充分进行，更重要的是获得成分均匀的奥氏体，以便冷却后得到理想的组织和性能。

5.2.2 奥氏体晶粒度及其控制

奥氏体形成后继续加热或保温，奥氏体晶粒将长大，这是一个自发过程。在A_{c_1}以上过高的加热温度或过长保温时间都会使奥氏体晶粒粗大。粗大的奥氏体晶粒往往导致热处理后钢的强度与韧性降低，并容易导致工件的变形和开裂，工程上往往希望得到细小而成分均匀的奥氏体晶粒，因此应在热处理加热时控制奥氏体的晶粒大小。

（1）奥氏体晶粒大小的表示方法

奥氏体晶粒大小的表示方法有三种，即晶粒的平均直径（d）、单位面积内的晶粒数目（n）和晶粒度等级（N）。

按照国家标准，钢的奥氏体晶粒度分为8级，其中1~4级为粗晶粒，5级以上为细晶粒，超过8级为超细晶粒，它是将在一定加热条件获得的奥氏体晶粒放大100倍后与标准晶粒度图比较得到的，如图5-3所示。

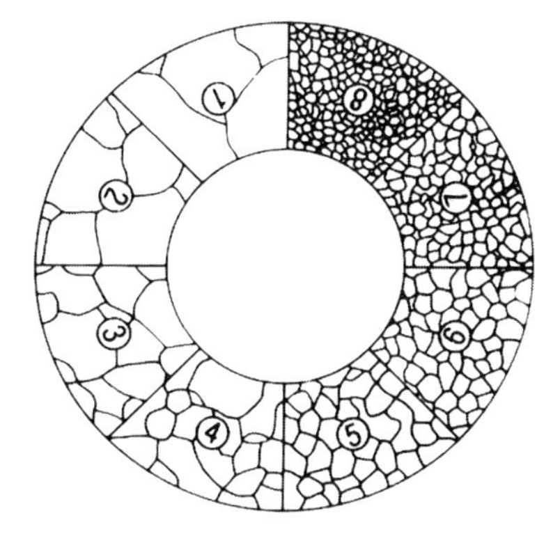

图5-3 奥氏体标准晶粒度

晶粒度级别（N）与晶粒的大小有如下关系：

$$n=2^{N-1}$$

式中n表示放大100倍时，$1in^2$（$645.16mm^2$）上的晶粒数。n越大，晶粒越细，晶粒度等级越高。

（2）奥氏体晶粒大小的控制

① 合理制定加热规范　加热温度越高，保温时间越长，奥氏体晶粒越粗大。因此，为了获得细小的奥氏体晶粒，热处理时必须制定合理的加热规范，如在保证奥氏体成分均匀情况下选择尽量低的奥氏体化温度；或快速加热到较高的温度经短暂保温使形成的奥氏体，使其来不及长大而冷却得到细小的晶粒。但对于高合金钢以及形状复杂的工件，过快的加热速度会导致升温过程中工件变形甚至开裂报废。

② 选择奥氏体晶粒长大倾向小的钢种　钢中加入钛、钒、铌、锆、铝等元素时，其在热处理加热时奥氏体晶粒的长大倾向小，有利于得到本质细晶粒钢，因为这些元素在钢中可以与碳、氮形成碳化物、氮化物，弥散分布在晶界上，能阻碍晶粒长大。而锰（中碳时）和磷促进晶粒长大。

5.3 钢在冷却时的组织转变

冷却是热处理的最终工序，也是热处理最重要的工序，它决定了钢热处理后的组织和性能。表5-1为45钢在同样奥氏体化条件下，不同冷却速度对其力学性能的影响。显然，上述结果的出现是由于奥氏体在不同的冷却速度下转变成了不同的组织产物。因此，为了控制钢热处理后的性能就必须研究奥氏体在冷却时的转变规律。

表5-1 45钢840℃奥氏体化后，不同冷却速度时的力学性能

冷却方式	屈服点R_e/MPa	抗拉强度R_m/MPa	伸长率A/%	硬度HRC
随炉冷却	280	530	32.5	15~18
空气冷却	340	670~720	15~18	18~24
油中冷却	620	900	18~20	40~50
水中冷却	720	1100	7~8	52~60

在热处理生产中，常用的有等温冷却和连续冷却两种方式。等温冷却是将加热奥氏体化的钢迅速冷却到临界温度A_{r_1}以下的某一温度保温，进行等温转变，然后再冷到室温，如等温退火、等温淬火等，如图5-4中曲线1所示。连续冷却是将加热到奥氏体状态的钢，以不同的冷却速度连续冷却到室温，如水冷、空冷、炉冷等，如图5-4中曲线2所示。

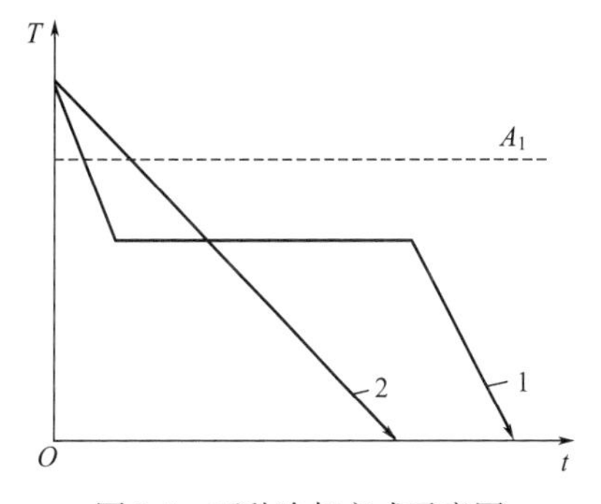

图5-4 两种冷却方式示意图

1—等温冷却；2—连续冷却

5.3.1 过冷奥氏体等温冷却转变

当温度在A_1以上时，奥氏体是稳定的。当温度降到A_1以下后，奥氏体即处于过冷状态，这种奥氏体称为过冷奥氏体。过冷奥氏体是不稳定的，会转变为其他的组织。钢在冷却时的转变，实质上是过冷奥氏体的转变。过冷奥氏体在不同温度的等温转变规律可用过冷奥氏体等温冷却转变图进行研究。

（1）过冷奥氏体等温冷却转变图的构成和特点

因为共析钢的组织转变相对比较简单，下面就以共析钢为例说明过冷奥氏体等温冷却转变图的构成和特点。

共析钢过冷奥氏体等温冷却转变图是用实验的方法测定的，并建立在温度-时间坐标中，如图5-5所示。因为图中两条曲线形状像英文字母“C”，所以也叫C曲线；还可称为TTT曲线。图中纵坐标表示转变温度，横坐标表示转变时间。它反映了过冷奥氏体在临界点A_1以下不同温度的等温冷却时，温度、时间与转变组织、转变量的关系。

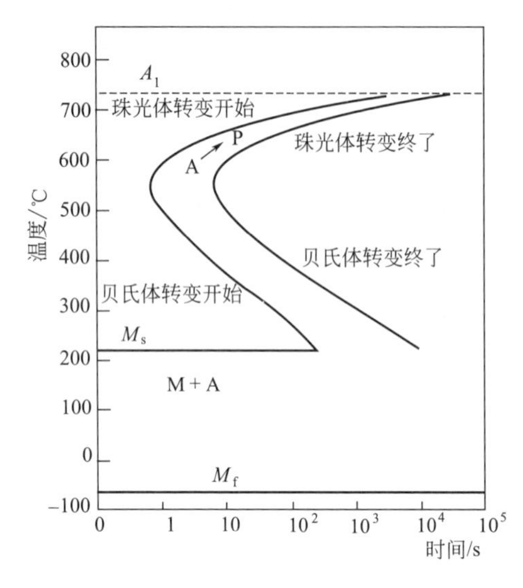

图5-5　共析钢过冷奥氏体等温冷却转变曲线

图中左边的曲线“C”是过冷奥氏体在不同温度等温时转变开始点的连线，称为转变开始线；右边的曲线“C”是过冷奥氏体在不同温度等温时转变终了点的连线，称为转变终了线。M_s线是马氏体转变开始温度；M_f线是马氏体转变结束温度。

从C曲线明显看出，在A_1以下一定温度等温冷却时，过冷奥氏体并不是立即发生转变，而要经历一段时间的“等待”后才开始转变，这段“等待”的时间称为孕育期。在不同等温温度下，过冷奥氏体转变的孕育期长短差别很大，从不足1s至长达几天。孕育期越长，过冷奥氏体越稳定，反之则越不稳定。

对共析钢来讲，过冷奥氏体在550℃附近等温时，孕育期最短，即过冷奥氏体最不稳定，易分解，转变速度最快，这里被形象地称为C曲线的“鼻尖”。在高于或低于“鼻尖”（550℃）时，孕育期由短变长，即过冷奥氏体稳定性增加，转变速度较慢。C曲线上“鼻尖”的位置对钢热处理工艺性能有重要影响。

亚共析钢的过冷奥氏体等温冷却转变图与共析钢C曲线不同的是，在“鼻尖”上方过冷奥氏体将先有一部分转变为铁素体，剩余的过冷奥氏体再转变为珠光体型组织，因此多了一条先共析铁素体的转变线。同理，过共析钢多了一条先共析渗碳体的转变线。如图5-6所示。

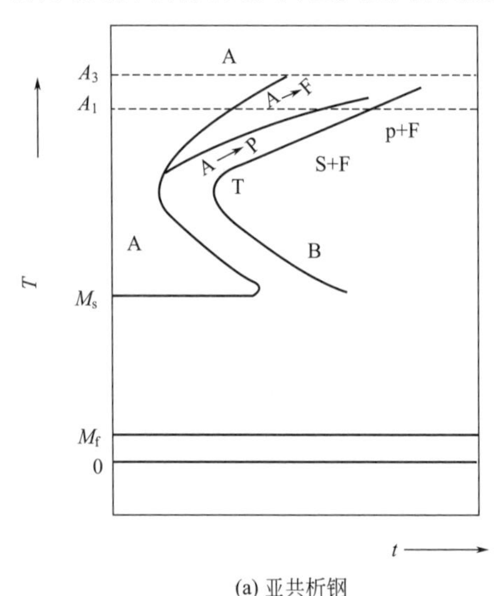

(a) 亚共析钢

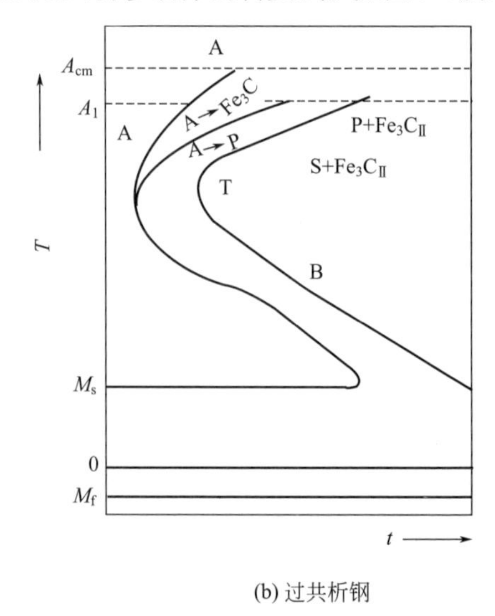

(b) 过共析钢

图5-6　非共析钢的等温冷却转变曲线

亚共析钢随着碳的质量分数的增加，C曲线位置往右移，同时M_s、M_f线上移。过共析钢随着碳的质量分数的增加，C曲线位置向左移，同时M_s、M_f线往下移。

(2) 过冷奥氏体等温冷却转变的组织和性能

在A_1温度以下不同温度区间，过冷奥氏体可以发生三种不同的转变。A_1至C曲线“鼻尖”之间的高温转变，转变产物是珠光体，故称为珠光体转变。C曲线“鼻尖”至M_s区间的中温转变，转变产物是贝氏体，故称为贝氏体转变。在M_s以下的低温转变，转变产物是马氏体，故称为马氏体转变。需要指出的是，马氏体转变已经不是等温冷却转变了，而是连续冷却转变，将在后面重点介绍。

① 珠光体转变过程　共析钢在A_1温度以下至“鼻尖”550℃区间进行等温冷却时，铁、碳原子扩散能力较强，过冷奥氏体通过扩散型相变转变为珠光体类型组织，即形成铁素体与渗碳体两相以层片状相间排列组成的机械混合物，称为珠光体转变，也称为高温转变。

过冷奥氏体在A_1温度至“鼻尖”550℃左右等温冷却时，转变产物——珠光体类型组织的片间距离随等温温度降低而依次减小。根据片层的厚薄不同，这类组织又可细分为三种，如表5-2所示。

表5-2　珠光体类型组织的形态和性能

等温温度	组织名称	称　号	片间距	可分辨显微镜倍数	硬度HRC
A_1~650℃	珠光体	P	较厚	500	10~20
650~600℃	索氏体	S	较薄	800~1000	20~30
600~550℃	托氏体	T	极薄	>5000	30~40

实际上，这三种组织都是珠光体，其差别只是珠光体组织的片间距大小不同，形成温度越低，片间距越小。片间距越小，珠光体类型组织的硬度越高，塑性、韧性也越好。如托氏体的硬度高于索氏体，更高于珠光体。

② 贝氏体转变过程　在550℃~M_s区间进行等温冷却时，铁、碳原子扩散较困难，其中铁原子将不能发生扩散，仅做很小的位移，过冷奥氏体通过这种半扩散型相变转变为贝氏体组织，称为贝氏体转变，也称为中温转变。贝氏体是由过饱和碳的铁素体与碳化物组成的非层片状的机械混合物，用符号“B”表示。

根据组织形态和形成温度区间的不同，贝氏体主要分为上贝氏体（$B_{上}$）与下贝氏体（$B_{下}$）。

共析钢上贝氏体的形成温度为550~350℃，在光学显微镜下呈黑色羽毛状，如图5-7所示。上贝氏体的力学性能很差，脆性很大，强度很低，基本上没有实用价值。

共析钢下贝氏体的形成温度为350℃~M_s，在光学显微镜下呈黑色竹叶状，如图5-8所示。下贝氏体有较高的强度和硬度，还有良好的塑性和韧性，具有较优良的综合力学性能，是生产上常用的组织。

图5-7　上贝氏体显微组织（600×）

图5-8　下贝氏体显微组织（500×）

通过调整钢的化学成分或热处理获得下贝氏体组织，是钢强韧化的有效途径之一。我国在Mn-B系贝氏体钢研究和应用方面居于世界前列。

5.3.2　马氏体转变

（1）马氏体

当以较快的速度将奥氏体过冷到M_s以下时，将转变为马氏体组织，称为马氏体转变。马氏体转变是强化钢铁材料的重要途径之一。

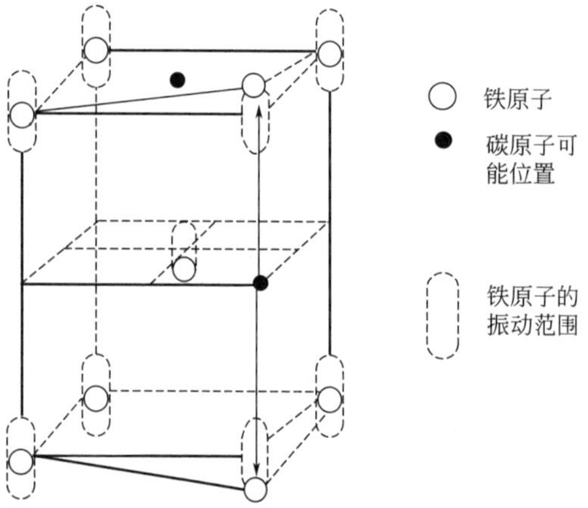

由于马氏体的形成温度较低，过冷度很大，铁、碳原子难以扩散，所以马氏体转变时只发生γ-Fe→α-Fe的晶格改组，是一种无扩散型转变。因此，马氏体与过冷奥氏体碳质量分数相等。故马氏体是碳在α-Fe中的过饱和固溶体，是单相的亚稳组织。

马氏体为体心正方晶格，由于过饱和碳原子的溶入，使其晶格常数$a=b\neq c$，见图5-9。c/a称为马氏体的正方度，马氏体中的碳质量分数越大，其正方度越大，晶格畸变越严重。

铁原子
碳原子可能位置
铁原子的振动范围

图5-9　马氏体晶体结构示意图

在钢的组织中，马氏体的比体积最大，奥氏体的比体积最小，所以，当奥氏体转变为马氏体时，会因工件体积膨胀而产生内应力，是淬火时容易出现变形和裂纹的原因之一。

（2）马氏体组织形态

钢中马氏体的组织形态主要有板条马氏体和片（针）状马氏体两种。

① 板条马氏体　板条马氏体以尺寸大致相同的板条为单元，结合成定向的、平行排列的马氏体束（群），在一个奥氏体晶粒中可以有几个不同取向的马氏体束，如图5-10所示。钢中碳质量分数在0.25%以下时，基本上是板条马氏体，所以亦称低碳马氏体。

② 片状马氏体　片状马氏体的立体形状为薄的双凸透镜状，在空间形同铁饼。金相显微镜下看到的仅是其截面的形状，一般是交叉的针状或竹叶状，马氏体针之间形成一定角度（60°），如图5-11所示。当钢中的碳质量分数大于1.0%时，则大多数是片状马氏体，所以亦称为高碳马氏体。

图5-10 板条马氏体（500×）

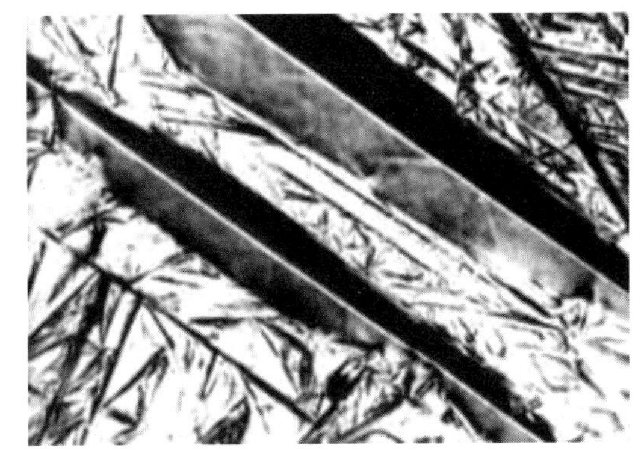

图5-11 片状马氏体（1000×）

碳质量分数在0.25%~1.0%之间时，为板条马氏体和针状马氏体的混合组织，如45钢淬火后得到的马氏体组织。

(3) 马氏体性能

马氏体的强度和硬度主要取决于其中碳的质量分数，碳质量分数越高，马氏体强度和硬度越高，尤其是碳质量分数较低时，这种关系非常明显，但当碳质量分数大于0.6%时，就逐渐趋于平缓，如图5-12所示。

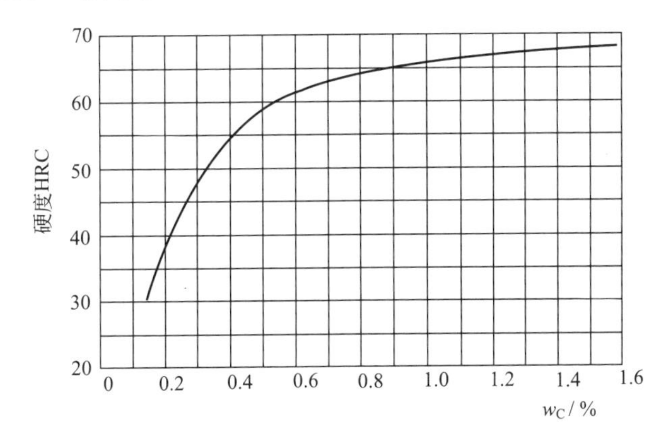

图5-12 碳质量分数对马氏体硬度的影响

马氏体强度和硬度提高的原因是过饱和的碳原子使晶格发生畸变，产生了强烈的固溶强化。同时在马氏体中又存在大量的微细孪晶和位错，它们都会提高塑性变形的抗力，从而产生了相变强化。

马氏体的塑性和韧性随碳质量分数的增加而急剧下降。低碳的板条马氏体碳过饱和度小，内应力低，有良好的韧性和塑性，是一种强韧性很好的组织。故近年来在生产中，已日益广泛地采用低碳钢和低碳合金钢进行直接淬火的热处理工艺。

5.3.3 过冷奥氏体连续冷却转变

在热处理生产中，常采用连续冷却方式，如水冷、油冷、空冷或炉冷。因此，研究过冷奥氏体连续冷却转变规律，更具有实际意义。

过冷奥氏体等温冷却转变图也是通过实验测定的，通过连续转变冷却曲线可以了解冷却速度与过冷奥氏体转变组织的关系，图5-13是共析钢的过冷奥氏体连续冷却转变图，也称CCT曲线。

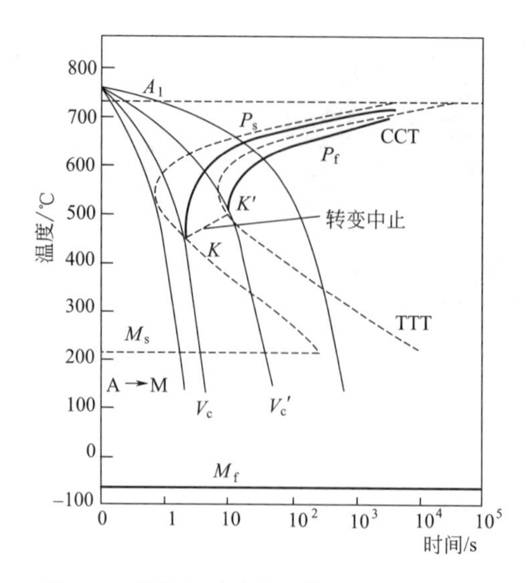

图5-13　共析钢过冷奥氏体连续冷却转变图

与过冷奥氏体等温冷却转变图相比，就可以发现过冷奥氏体连续转变有以下特点。

① 连续冷却转变曲线中只有C曲线的上半部，而没有下半部。说明共析钢在连续冷却转变时只发生珠光体转变，而不发生贝氏体转变，所以，共析钢过冷奥氏体在连续冷却转变时得不到贝氏体组织。

② 图中，P_s线为过冷奥氏体转变为珠光体的开始线，P_f为转变终了线，两线之间为转变过渡区。KK'线为转变的中止线，当冷却曲线碰到此线时，过冷奥氏体将中止向珠光体型组织转变，直到M_s点以下，才继续转变为马氏体。

③ 与过冷奥氏体连续冷却转变图“鼻尖”相切的冷却速度称为马氏体临界冷却速度，也称上临界冷却速度，用V_c表示。它是获得全部马氏体组织（实际还含有一小部分残余奥氏体）的最小冷却速度。马氏体临界冷却速度越小，过冷奥氏体越稳定，因而即使在较慢的冷却速度下也会得到马氏体，这对淬火操作具有十分重要的意义。

而V'_c称为下临界冷却速度，当冷却速度小于V'_c时，连续冷却转变得到全部珠光体组织。

钢经过等温冷却转变后往往得到单一组织，而钢经过连续冷却转变后有时会得到混合组织，图5-14为45钢奥氏体化后，经油冷而得到的铁素体+托氏体+贝氏体+马氏体的混合组织。

图5-14　45钢连续冷却后的混合组织（500×）

5.4 钢的退火和正火

钢的退火和正火常作为预先热处理，适用于铸、锻、焊件或轧制件，以改善毛坯的加工工艺性能，去除内应力，并为最终热处理作准备，也可用于性能要求不高的机械零件的最终热处理。

5.4.1 钢的退火

退火是将钢加热到A_{c_1}以上或以下适当温度，保温一定时间，然后缓慢冷却的一种热处理工艺。

退火的主要特点是缓慢冷却，一般采取随炉冷却、埋砂冷却、灰冷等冷却方法，目的是使过冷奥氏体在C曲线的较上部位进行转变，使金属内部组织达到或接近平衡状态，获得以珠光体（P）为主的组织。

退火的种类很多，常用的主要有如下几种类型。

（1）完全退火

完全退火是把钢加热至A_{c_3}以上30~50℃，保温一定时间后缓慢冷却（随炉冷却或埋入石灰和砂中冷却），以获得接近平衡组织的热处理工艺。完全退火一般用于亚共析钢的铸、锻、焊件。

完全退火的目的在于，通过完全重结晶，使热加工造成的粗大、不均匀或非平衡的组织细化、均匀化或向平衡组织组织转变，以降低硬度，改善切削加工性能。由于冷却速度缓慢，还可消除内应力。

（2）球化退火

球化退火为使钢中碳化物球状化而进行的退火工艺。目的是降低硬度，提高塑性，改善切削加工性能，并为以后的淬火作组织准备。球化退火主要用于共析钢和过共析钢等工模具钢。

过共析钢球化退火后的显微组织为在铁素体基体上分布着细小均匀的球状渗碳体，称为球化体或球状珠光体。球化退火的加热温度略高于A_{c_1}，球化退火需要较长的保温时间来保证二次渗碳体的自发球化，保温后随炉冷却。图5-15是T12钢在770℃保温4h、随炉冷却至700℃保温4h，再炉冷至550℃出炉后的显微组织。

对于存在网状二次渗碳体的过共析钢，应在球化退火前进行正火消除网状渗碳体，以利于球化。

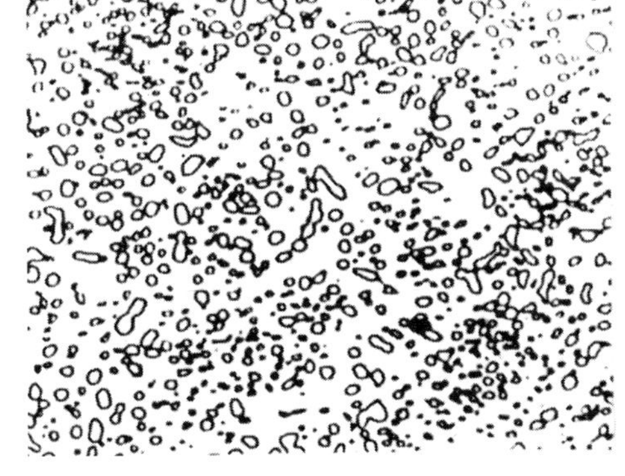

图5-15　T12钢球化退火显微组织（500×）

（3）去应力退火

一些铸件、锻件、焊接件、机械加工工件和冷变形加工件会残存很大的内应力，为了消除残余内应力而进行的退火称为去应力退火。

去应力退火是将钢件加热至低于A_1的某一温度（一般为500~650℃），保温后随炉冷却，这种处理可以消除约50%~80%的内应力，但不引起组织变化。

对于一些大型结构，由于体积庞大，无法装炉退火，可采用火焰加热或感应加热等局部加热方法，对焊缝及热影响区进行局部去应力退火。

5.4.2 钢的正火

将钢件加热到A_{c_3}或$A_{c_{cm}}$以上50~70℃，保温适当时间后，在自由流通的空气中均匀冷却的热处理称为正火。一些大型工件或在炎热的夏天，也可采用吹风或喷雾冷却。

正火的目的是使钢的组织正常化，亦称常化处理。正火后的组织，亚共析钢为铁素体+索氏体；当碳质量分数大于0.6%时，钢正火后一般不出现先共析组织，为伪共析的珠光体或索氏体。

正火实质上是退火的一个特例，二者的主要区别在于冷却速度不同。正火冷却速度较大，过冷度大，得到的珠光体组织数量多，并且比较细小，因而强度和硬度也较高。而且正火生产周期短，设备利用率高，工艺操作简单，比较经济。因此，在条件允许的情况下，应尽量选择正火。

正火主要应用于以下几个方面。

① 改善切削加工性能　对于低碳钢或低碳合金钢，由于退火组织中铁素体过多，硬度太低，一般在170HBW以下，切削加工容易“粘刀”。而用正火则可得到量多而细的珠光体组织，提高其硬度，从而改善切削加工性能。所以，对于低碳钢和低碳合金钢，通常采用正火来代替完全退火，作为预先热处理。

② 消除缺陷组织　正火可以消除粗大组织、魏氏组织和带状组织等，获得细小而均匀的组织。如原始组织中存在网状二次渗碳体的过共析钢，经正火处理后可消除对性能不利的网状二次渗碳体，以保证球化退火质量。

某些碳钢、低合金钢的淬火返修件，也可采用正火消除内应力并细化组织，以防止重新淬火时产生变形或开裂。

③ 作为预先热处理　由于正火可以提高硬度，从而改善切削加工性能、消除缺陷组织，所以正火常作为低中碳钢调质、表面淬火和渗碳前的预先热处理。

④ 对于力学性能要求不高的结构钢零件，经正火后所获得的性能即可满足使用要求，可用正火代替淬火-回火作为最终热处理。

5.5 钢的淬火

5.5.1 钢的淬火

将钢加热到A_{c_3}或A_{c_1}以上适当温度，保温一定时间后，以大于V_c的速度进行快速冷却，使奥氏体转变为马氏体或下贝氏体的热处理工艺叫淬火。

马氏体强化是钢的主要强化手段，因此从组织上讲，淬火的目的就是为了获得马氏体或下贝氏体，提高钢的力学性能。淬火是钢的最重要的热处理工艺，也是热处理中应用最广的工艺方法。

5.5.2 淬火工艺参数

（1）淬火加热温度的确定

淬火温度即钢的奥氏体化温度，是淬火的主要工艺参数之一。选择淬火温度的原则是获得均匀细小的奥氏体组织。

图5-16是碳钢的淬火温度范围。亚共析钢的淬火温度一般为A_{c_3}以上30~50℃，淬火后获得均匀细小的马氏体组织。如果温度过高，会因为奥氏体晶粒粗大而得到粗大的马氏体组织，使钢的力学性能恶化，特别是使塑性和韧性降低；如果淬火温度低于A_{c_3}，淬火组织中会保留未溶铁素体，使钢的强度硬度下降。

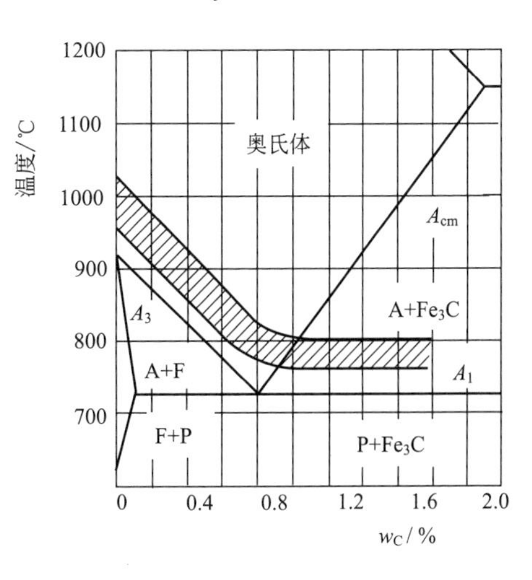

图5-16　碳钢的淬火温度范围

对于共析钢和过共析钢，适宜的淬火温度为A_{c_1}+(30~50)℃，淬火后的组织为细小的马氏体和粒状渗碳体。使淬火钢具有较高的硬度、耐磨性；若采用$A_{c_{cm}}$+(30~50)℃加热，必然使奥氏体晶粒长大，渗碳体全部溶解，奥氏体溶碳量增加，所以淬火组织为粗大马氏体和大量的残余奥氏体，这会降低钢的硬度、耐磨性以及韧性，同时使淬火钢件的淬火变形、开裂倾向加大。若淬火温度过低，得到非马氏体组织，钢的硬度达不到要求。

对于合金钢，由于合金元素对奥氏体化的延缓作用，加热温度应适当高一些。

(2) 淬火冷却介质

为了得到马氏体组织，淬火冷却速度必须大于临界冷却速度V_c，但并非越快越好。冷却速度快必然产生较大的淬火内应力，这往往会引起工件变形或开裂。所以，淬火时在得到马氏体组织的前提下，冷却尽量缓和。

根据钢C曲线可知，在“鼻尖”温度附近则必须快冷，以躲开“鼻尖”，保证不产生非马氏体相变；而在M_s点附近又可以缓冷，以减轻马氏体转变时的相变应力。根据上述要求，理想的淬火冷却曲线应如图5-17所示。但是到目前为止，还找不到完全理想的淬火冷却介质。

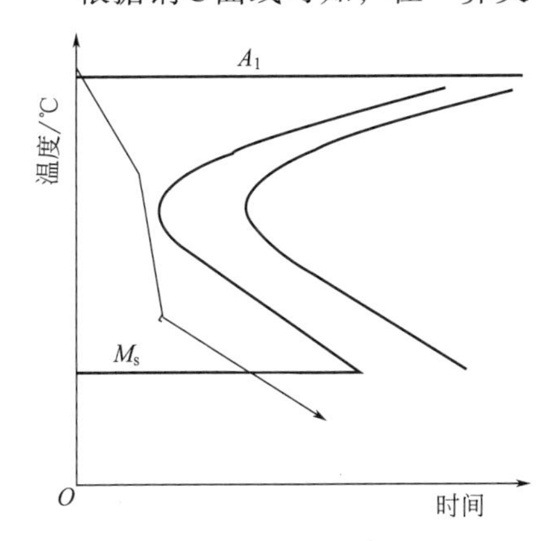

图5-17　理想淬火冷却曲线示意图

实际生产中常用的淬火介质有水、水溶性盐类和碱类、有机物水溶液以及油、溶盐、空气等，尤其是水和油最为常用。

水是目前应用最广的淬火介质，因为它价廉易得、使用安全、不燃烧、无腐蚀，在650~400℃范围内冷速很大，保证工件获得马氏体组织。但是水在300℃以下冷却能力仍然很强，工件易发生变形和开裂，这是水作为淬火介质的最大弱点。因此，水一般用于形状简单碳钢件的淬火。为提高水的冷却能力，可加入少量的盐或碱，如5%~10%的盐水溶液。

值得注意的是，水温升高，其冷却能力下降。在生产中常采用循环冷却的方法使水温保持在合适的温度。

各种矿物油也是应用广泛的淬火介质，目前常用的是L-AN15、L-AN32（10#、20#机油）。油在300~200℃温度范围内，冷却速度小于水，这可大大减小淬火钢件的变形、开裂倾向。但它在650~550℃“鼻尖”温度范围的冷却速度也比水小得多。因此，油常用作C曲线靠右的合金钢的淬火介质。油温升高，油的流动性更好、冷却能力反而提高。但油温过高则易着火，因此一般把油温控制在60~80℃。用油淬火的钢件需要清洗、油质易老化，这是油作为淬火介质的不足。

近年来，一些新型淬火介质，如专用淬火油、高速淬火油、光亮淬火油、真空淬火油、水玻璃-碱（或盐）水溶液，氯化锌-碱（盐）水溶液、过饱和硝盐水溶液、聚乙烯醇淬火剂等，冷却特性优于普通水和油，已在生产中获得应用。

5.5.3 常用的淬火方法

选择适当的淬火方法同选用淬火介质一样，可以保证在获得所要求的淬火组织和性能条件下，尽量减小淬火应力，减少工件变形和开裂倾向。

（1）单液淬火

它是将奥氏体状态的工件放入一种淬火介质中一直冷却到室温的淬火方法，如通常采用的碳钢件淬水、合金钢件淬油的淬火方法。这种方法的优点是操作简单，易实现机械化与自动化，但此法水冷变形大，油冷难淬硬。这种方法适用于形状简单的碳钢和合金钢工件，其工艺曲线如图5-18曲线1所示。

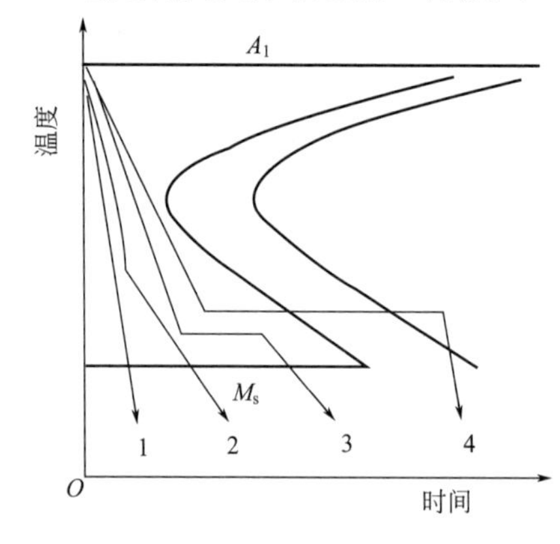

图5-18 各种淬火方法示意图

（2）双液淬火

它是将加热奥氏体化后的工件先浸入冷却能力强的淬火介质中，在组织即将发生马氏体转变前立即转入另一种冷却能力较弱的介质中冷却，使之发生马氏体转变的淬火方法，如图5-18曲线2所示。常用的双液淬火有水淬油冷或油淬空冷。这种方法利用了两种介质的优点，克服了单液淬火的不足，获得了较理想的冷却条件，既能保证获得马氏体组织，又减小了淬火内应力和变形开裂倾向，主要用于形状复杂的高碳工具钢，如丝锥、板牙等。

但是这种方法必须准确掌握钢件由第一种介质转入第二种介质时的时机，如果温度过高，尚处于C曲线“鼻尖”以上温度，取出缓冷时则可能发生奥氏体向珠光体组织转变，从而达不到淬火目的；如果温度已低于M_s温度，则已发生了马氏体转变，就失去了双液淬火的作用。在生产中保证双液淬火的效果主要靠经验，所以，双液淬火法的缺点是操作困难，技术要熟练。

（3）马氏体分级淬火

它是将加热奥氏体化的工件先浸入略高或稍低于M_s点的盐浴或碱浴中保持适当时间，在工件整体达到介质温度后再取出空冷，以获得马氏体的淬火，如图5-18曲线3所示。这种方法的优点是比双液淬火进一步减少了应力和变形，操作较易。但由于盐浴、碱浴的冷却能力较小，故只适用于形状较复杂、尺寸较小的工作。

（4）贝氏体等温淬火

它是将奥氏体化后的工件快冷到贝氏体转变温度区间等温保持，使奥氏体转变为贝氏体的淬火，如图5-18曲线4所示。等温的温度和时间由该钢C曲线确定。

等温淬火得到的下贝氏体组织强度硬度较高，韧性比马氏体好；而且由于淬火内应力很小，能有效地防止工件的变形和开裂。但此法缺点是生产周期较长又要一定设备，常用于薄、细而形状复杂的，尺寸要求精确，并且要求强韧性高的工件，如成形刀具、模具等。

5.5.4 钢的淬透性与淬硬性

（1）淬透性的概念

钢的淬透性就是指在规定条件下淬火时，获得马氏体淬硬深度和硬度分布的能力，是钢的固有属性。一般规定由钢件表面到半马氏体区（马氏体和珠光体类型组织各占50%）处的距离作为淬硬层深度。

凡能增加过冷奥氏体稳定性，即使C曲右移，减小钢的临界冷却速度V_c的因素，都能提高钢的淬透性。反之，则降低淬透性。所以，钢的化学成分和奥氏体化条件是影响其淬透性的基本因素。

在生产和科研中还常使用临界直径表示钢的淬透性，这是一种直观衡量淬透性的方法。所谓临界直径是指钢在某种介质中淬火后，心部能得到全部马氏体或50%马氏体组织的最大直径，用d_c表示。显然，在冷却能力大的介质中比冷却能力小的介质中所淬透的直径要大。在同一介质中，钢的临界直径越大，其淬透性越高。表5-3是几种常用钢的临界直径。

表5-3 几种常用钢的临界直径

牌 号	临界直径/mm		牌 号	临界直径/mm	
	淬 水	淬 油		淬 水	淬 油
45	13~16.5	5~9.5	35CrMo	36~42	20~28
60	11~17	6~12	60Si2Mn	55~62	32~46
T10	10~15	<8	50CrV	55~62	32~40
20Cr	12~19	6~12	20CrMnTi	22~35	15~24
40Cr	30~38	19~28	30CrMnSi	40~50	32~40

（2）淬硬性的概念

钢的淬硬性与淬透性是两个完全不同的概念。钢的淬硬性指钢在理想条件下淬火后所能达到的最高硬度值，即钢在淬火时的硬化能力。影响钢淬硬性的主要因素是钢中碳的质量分数。淬透性好的钢，其淬硬性不一定高，如低碳合金钢的淬透性相当好，但其淬硬性并不高；又如高碳工具钢的淬透性较差，但其淬硬性较高。

5.6 钢的回火

5.6.1 钢的回火

淬火后的工件处于不稳定的组织状态（M+A'），工件的内应力也很大，性能表现为硬而脆，不能直接使用，否则会有工件断裂的危险。因此，淬火后的工件必须进行回火，有些工件还要求即时回火。

回火是将淬火后的工件重新加热到A_{c_1}温度以下某一温度，保温后再冷却到室温的一种热处理工艺。为了不致产生新的应力，回火冷却一般采取空冷。

回火目的有三：一是在于降低或消除内应力，以防止工件开裂和变形；二是使淬火后的组织由不稳定向稳定方向转变，以稳定工件尺寸；三是调整工件的性能，以满足工件的使用要求。

回火一般是紧接淬火以后的热处理工艺，对于未经过淬火的钢，回火是没有意义的。

5.6.2 钢在回火时组织和力学性能的变化

（1）淬火钢在回火时的组织转变

虽然回火的加热温度不高，冷却也不剧烈（一般为空冷），但发生的组织转变却非常复杂。总的趋势是，马氏体中的过饱和碳逐渐析出，过饱和度不断降低，残余奥氏体不断转变，淬火后的组织由不稳定状态向稳定组织转变。随回火温度升高，淬火钢的组织转变一般经历马氏体的分解、残余奥氏体的转变、碳化物的转变和铁素体再结晶、渗碳体的聚集长大四个过程。

根据回火温度不同，淬火钢回火后可以获得以回火马氏体、回火索氏体或回火托氏体为主的组织，如表5-4所示。

表5-4　不同温度回火时，钢回火后的组织

回火温度/℃	回火组织	性能特点
<250	回火马氏体	硬度、耐磨性较高，但略低于马氏体
350~500	回火托氏体	弹性极限最高，韧性好
500~650	回火索氏体	综合力学性能较高

（2）淬火钢在回火时的性能变化

淬火钢在不同温度回火时，获得了不同的组织，因而其力学性能也将有明显的变化。总的规律是，随回火温度升高，钢的强度、硬度下降，塑性、韧性上升。图5-19为几种不同成分的淬火钢的硬度与回火温度的关系。

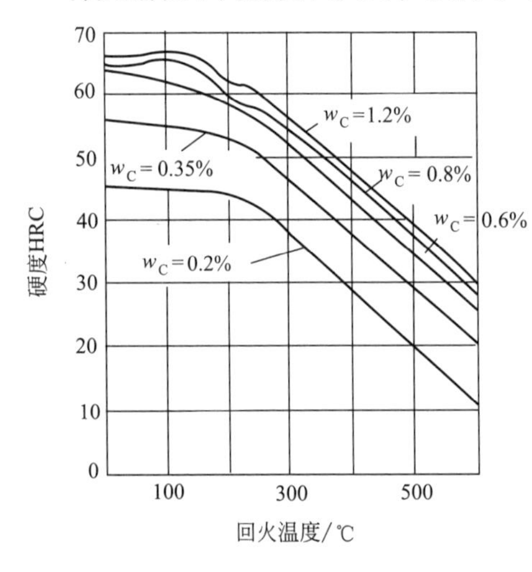

图5-19　钢的硬度与回火温度的关系

在200℃以下回火时，由于马氏体中大量ε碳化物呈弥散析出，使钢的硬度下降不明显，高碳钢在100℃以下回火，硬度甚至略有升高。

在200~300℃回火时，由于高碳钢中的残余奥氏体转变为回火马氏体，因此会减慢硬度下降的速度。对于低、中碳钢，由于残余奥氏体量较少，因此硬度开始逐渐下降。

300℃回火以上，由于渗碳体粗化以及马氏体中碳的质量分数已降至0.1%以下，使钢的硬度直线下降。

5.6.3 钢的回火种类

根据回火温度不同，可将回火分为三种。

① 低温回火　低温回火的温度为150~250℃，回火后的组织为回火马氏体。低温回火主要是为了降低钢的淬火内应力和脆性，而保持高的硬度（一般为58~64HRC）和耐磨性。常用于处理各种工具、模具、滚动轴承、渗碳淬火件和表面淬火件。

② 中温回火　中温回火的温度为350~500℃，回火后的组织为回火托氏体。这种组织具有较高的弹性极限和屈服强度，并具有一定的韧性，硬度一般为35~45HRC。主要用于弹簧和要求具有较高弹性的零件，也可用于某些热作模具。

③ 高温回火　高温回火的温度为500~600℃，回火后的组织为回火索氏体。这种组织

具有良好的综合力学性能，即在保持较高的强度的同时，具有良好的塑性和韧性。

习惯上将淬火与高温回火相结合的热处理称为调质处理，简称调质。调质广泛用于各种重要的结构零件，如轴、齿轮、连杆、螺栓等。也可作为的精密零件、量具等的预备热处理。调质后硬度一般为210~300HBW。

5.7 表面热处理

在生产中，有不少零件（如齿轮、曲轴等）是在弯曲、扭转等交变载荷、冲击载荷及摩擦条件下工作的。零件表层承受着比心部高得多的应力，而且表面还要不断地被磨损。因此零件表层必须强化处理，使其具有高的强度、硬度、耐磨性和疲劳强度，而心部为了能承受冲击，应保持足够塑性与韧性。此时若单从钢材的选择入手和采用整体热处理方法，很难满足其要求，解决办法是对工件进行表面热处理或化学热处理。

表面热处理是一种不改变金属表层化学成分，仅对工件表层进行热处理以改变其组织和性能的局部热处理工艺，也称表面淬火。它是通过快速加热，使钢的表层奥氏体化，在热量尚未充分传至中心时立即淬火冷却，使表层获得硬而耐磨的马氏体组织，而心部仍保持着原来塑性、韧性较好的正火或调质组织。

根据加热方式的不同，表面热处理可分为感应加热淬火、火焰加热淬火、电接触加热淬火、激光加热淬火和电子束加热淬火等，最常用的是前两种。

5.7.1 感应加热淬火

(1) 感应加热淬火的原理

感应加热淬火的原理如图5-20所示。在纯铜制成的感应线圈中通以一定频率的交流电时，即在其内部和周围产生交变磁场。若把工件置于磁场中，则在工件内部产生频率相同、方向相反的感应电流，感应电流在工件内部自成回路，故称“涡流”。由于交流电的集肤效应，靠近工件面的电流密度大，而中心几乎为零。由于工件自身电阻，工件表面温度快速升高到相变点以上，而心部温度仍在相变点以下。感应加热后，随即采用水、乳化液或聚乙烯醇水溶液喷射淬火，使工件表面形成马氏体组织，而心部组织保持不变，达到表面淬火的目的。

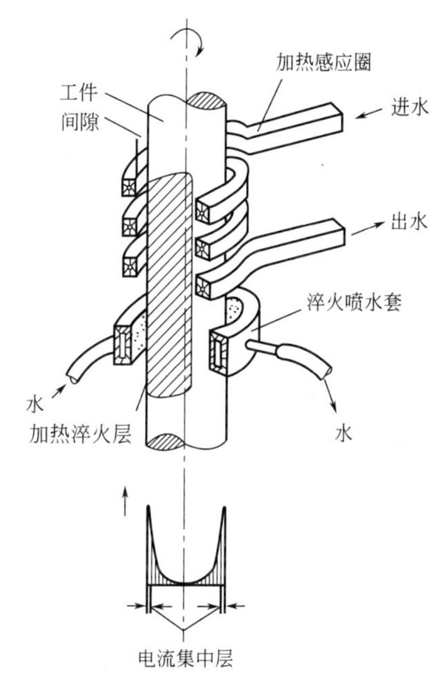

图5-20 感应加热淬火法原理

通过感应圈的电流频率越高，感应电流的集肤效应越强烈，故电流透入深度越薄，淬火后工件淬硬层也就越薄。

(2) 感应加热淬火用钢及其应用

用作表面淬火最适宜的钢种是中碳钢和中碳合金钢，如45、40Cr等。因为碳的质量分数过高，会增加淬硬层脆性，降低心部塑性和韧性，并增加淬火开裂倾向；若碳的质量分数过低，会降低零件表面淬硬层的硬度和耐磨性。在某些情况下，感应加热淬火也应用于高碳工具钢、低合金工具钢及铸铁等工件。

根据工件对表面淬火深度的要求，应选择不同的电流频率和感应加热设备。目前在生产中常用的感应加热淬火方法有四种，如表5-5所示。

表5-5　常用感应加热淬火方法

名　称	频率/kHz	淬硬深度/mm	适用零件
高频感应加热	100~1000	0.5~2	中小型，如小模数齿轮，直径较小的圆柱形零件
中频感应加热	0.5~10	2~10	中大型，如直径较大的轴，大中等模数的齿轮
超音频加热	20~70	2.5~2.9	模数3~6的齿轮、链轮、花键轴、凸轮的表面淬火
工频感应加热	0.05	>10~15	大直径钢材的穿透加热和要求淬硬层深的大直径零件（如直径大于300mm轧辊、火车车轮等）的表面淬火

感应加热淬火对工件的原始组织有一定要求。一般钢件应预先进行正火或调质处理，铸铁件的组织应是珠光体基体和细小均匀分布的石墨。

感应加热淬火后需进行低温回火，以降低内应力。回火方法有炉中加热回火、感应加热回火和利用工件内部的余热使表面进行自热回火（自回火）。

5.7.2　火焰加热淬火

将高温火焰喷向工件表面，使其迅速加热到淬火温度，然后以一定的淬火介质喷射于加热表面或将工件浸入冷却介质中进行冷却的淬火称为火焰加热淬火。火焰加热淬火常用乙炔-氧或煤气-氧等火焰加热工件表面进行淬火，图5-21是火焰加热淬火的示意图。

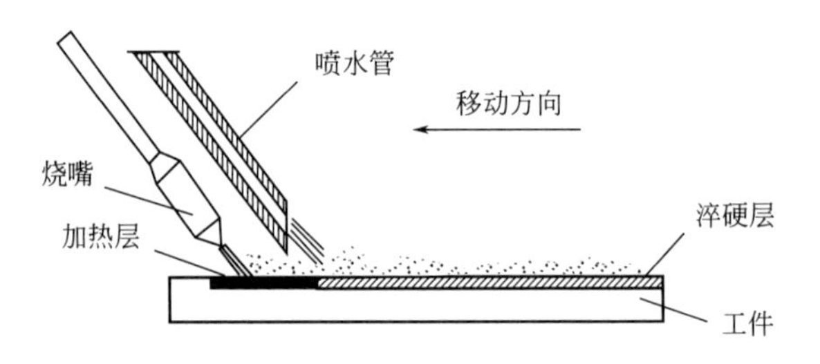

图5-21　火焰加热淬火示意图

与高频感应加热淬火相比，火焰加热淬火具有设备简单、成本低等优点，可对大型零件局部实现表面淬火。近年来，随着自动控温技术的不断进步，使传统的火焰加热表面淬火技术呈现出新的活力，各种自动化、半自动化火焰淬火机床正在工业中得到越来越广泛的应用。

火焰加热淬火的缺点是生产率低，零件表面容易产生过热，淬硬层的均匀性远不如感应加热表面淬火，质量控制也比较困难。因此主要适用于单件、小批量生产及大型零件（如大型齿轮、轴、轧辊、导轨等）的表面淬火。

5.8　化学热处理

化学热处理是将工件置于适当的活性介质中加热、保温，使一种或几种元素渗入其表层，以改变其表面化学成分、组织和性能的热处理工艺。和其他热处理方法相比，其特点是不仅有组织的变化，而且工件表层化学成分也发生了变化。

按渗入的元素不同，化学热处理可分为渗碳、渗氮、碳氮共渗、渗硼、渗金属等。渗入元素介质可以是固体、液体和气体。

5.8.1 钢的渗碳

(1) 渗碳的目的和应用范围

为提高工件表层的碳质量分数并获得一定的碳浓度梯度，将工件在渗碳介质中加热和保温，使碳原子渗入到钢表层的化学热处理工艺叫渗碳。

渗碳的目的是提高工件表面的硬度、耐磨性和疲劳极限。可以渗碳的钢一般是碳的质量分数为0.10%~0.25%的低碳钢或低碳合金钢，如20、20Cr、20CrMnTi、20CrMnMo、18Cr2Ni4W等。

渗碳主要用于承受较大冲击载荷和表面磨损的零件，如发动机变速箱齿轮、活塞销、摩擦片等，经渗碳和淬火、低温回火后，可在零件的表层和心部分别获得高碳和低碳组织，表面具有高的硬度、耐磨性及疲劳极限，而心部具有较高的强度和韧性。

(2) 渗碳方法

根据渗碳剂的不同，渗碳方法可分为固体渗碳、液体渗碳和气体渗碳。气体渗碳法的生产率高，渗碳过程容易控制，渗碳层质量好，且易实现机械化与自动化，故应用最广。本节将介绍国内应用较广的气体渗碳法。

滴注法气体渗碳法是把工件置于密封的井式气体渗碳炉中，通入渗碳剂，并加热到渗碳温度900~950℃（常用930℃），使工件在高温的气氛中进行渗碳。炉内的渗碳气氛主要由滴入炉内的煤油、丙酮、甲苯及甲醇等有机液体在高温下分解而成，主要由CO、H_2和CH_4及少量CO_2、H_2O等组成，图5-22为气体渗碳法示意图。

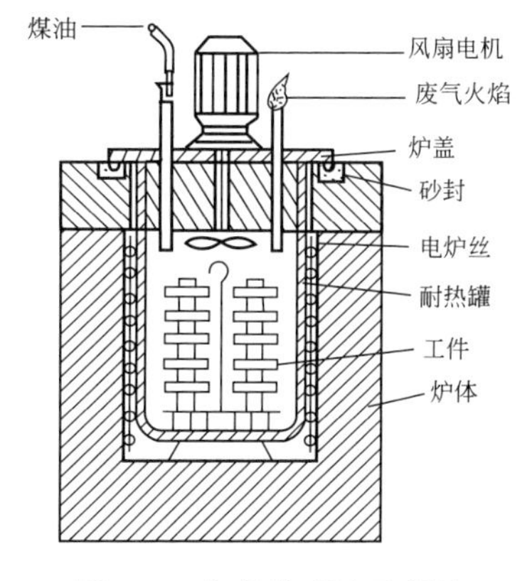

图5-22 气体渗碳法示意图

渗碳层后工件表面碳的质量分数最好在0.85%~1.05%范围内，渗碳层深度根据零件的尺寸及工作要求而定，通过控制保温时间来达到，一般为0.5~2.5mm。

(3) 渗碳件的热处理

钢渗碳以后必须进行热处理才能达到预期目的，常用的热处理方法是淬火加低温回火，渗碳件的淬火主要有直接淬火和一次淬火两种方法。

渗碳淬火后应进行低温（150~200℃）回火，以消除淬火应力和提高韧性。

钢渗碳淬火+低温回火后表面硬度高，可达58~64HRC以上，耐磨性较好；心部韧性较好，硬度较低，可达30~45HRC。此外由于表层体积膨胀大，心部体积膨胀小，结果在表层中造成压应力，使零件的疲劳强度提高。

5.8.2 渗氮

渗氮也称氮化，是在一定温度下于一定的介质中使活性氮原子渗入工件表层的化学热处理工艺。氮化的目的在于更大地提高钢件表面的硬度和耐磨性，提高疲劳极限和抗蚀性。

常用的氮化钢一般含有Cr、Mo、Al等元素，因为这些元素可以形成各种氮化物，如国内外普遍采用的38CrMoAlA。目前应用的渗氮方法主要有气体渗氮和离子渗氮。

气体渗氮是在预先已排除了空气的井式炉内进行的。它是把已脱脂净化的工件放在密封的炉内加热，并通入氨气。氨气在380℃以上就能分解出活性氮原子，活性氮原子被钢的表面吸收，形成固溶体和氮化物（AlN），随着渗氮时间的增长，氮原子逐渐往里扩散，而获得一定深度的渗氮层。

氮化温度一般为510~520℃，采用二段氮化工艺时，强渗阶段的氮化温度为560℃。氮化时间较长，一般为20~50h，渗层深度为0.4~0.6mm。

氮化前零件须经调质处理，目的是改善工件的机加工性能和获得均匀的回火索氏体组织，保证较高的强度和韧性。对于形状复杂或精度要求高的零件，在氮化前精加工后还要进行消除内应力的退火，以减少氮化时的变形。

氮化后零件表面硬度比渗碳的还高，耐磨损性能很好，同时渗层一般处于压应力，疲劳强度高，但脆性较大。氮化层还具有一定的耐蚀性能。氮化后零件变形很小，通常不需再加工，也不必再热处理强化。适合于要求处理精度高、冲击载荷小、抗磨损能力强的零件，如一些精密零件、精密齿轮都可用氮化工艺处理。

5.9 其他热处理技术简介

为了提高零件力学性能和表面质量，节约能源，降低成本，提高经济效益，以及减少或防止环境污染等，发展了许多热处理新技术、新工艺。热处理新技术的大量涌现以及计算机技术的应用，为机器制造业的发展、机械产品质量的提高、热处理企业的技术改造积累了大量的技术储备，为热处理生产技术的进步提供了广阔前景。

热处理技术发展的主要趋势是不断改革加热和冷却方法、研制新型淬火冷却介质以及发展新的化学热处理工艺。

5.9.1 可控气氛热处理

为达到无氧化、无脱碳或按要求增碳，在炉气成分可控制的炉内进行的热处理，称为可控气氛热处理，主要用于渗碳、碳氮共渗、软氮化、保护气氛淬火和退火等。

可控气氛是把燃料气（天然气、城市煤气、丙烷）按一定比例空气混合后，通入发生器进行加热，或者靠自身的燃烧反应而制成的气体，也可用液体有机化合物（如甲醇、乙醇、丙酮等）滴入热处理炉内得到气氛。

可控气氛热处理的应用有一系列技术、经济优点，能减少和避免工件在加热过程中的氧化和脱碳，节约材料，提高工件质量，可实现光亮热处理，保证工件的尺寸精度。

5.9.2 真空热处理

真空热处理是真空技术与热处理技术相结合的新型热处理技术，它包括真空淬火、真空退火、真空回火和真空化学热处理等。

真空热处理所处的真空环境指的是低于一个大气压的气氛环境，包括低真空、中等真空、高真空和超高真空，真空热处理实际也属于可控气氛热处理。

与常规热处理相比，真空热处理的同时，可实现无氧化、无脱碳、无渗碳，可去掉工件表面的鳞屑，并有脱脂除气等作用，从而达到表面光亮净化的效果。

5.9.3 形变热处理

形变热处理是将塑性变形同热处理有机结合在一起，获得形变强化和相变强化综合效果的工艺方法。形变热处理方法很多，有低温形变热处理、高温形变热处理、等温形变热处理、形变时效和形变化学热处理。

形变热处理不但能够得到一般加工处理所达不到的高强度、高塑性和高韧性的良好配合，而且还能大大简化钢材或零件的生产流程，从而带来相当好的经济效益。这种工艺方法不仅可以提高钢的强韧性，还可以大大简化金属材料或工件的生产流程。

目前，形变热处理得到了冶金工业、机械制造业和尖端部门的普遍重视，发展极为迅速，已在钢板、钢丝、管材、板簧、连杆、叶片、连杆、叶片、工具、模具等生产中广泛应用。如钢板弹簧感应加热后热压成形，然后进行油冷淬火，通过严格控制加热温度和成形时间，使一次中频加热同时满足了成形和热处理的需要。

5.9.4 高能束热处理

高能束热处理是指利用激光束、离子束、电子束和等离子弧等大功率高密度能量对金属材料进行加热的热处理工艺总称，是近十几年迅速发展起来的金属表面热处理新技术。

激光束表面相变强化（表面淬火）是最成熟、应用最广泛的高能束表面热处理方法。以高能量的激光束快速扫描工件，使材料表面极薄一层的局部小区域内快速吸收能量而使温度急剧上升（升温速度可达10^5~10^6℃/s），使其迅速达到奥氏体化温度，此时工件基体仍处于冷态，激光离去后，由于热传导的作用，此表层被加热区域内的热量迅速传递到工件其他部位，冷却速度可达10^5℃/s以上，使该局部区域在瞬间进行自冷淬火，得到马氏体组织，因而使材料表面发生相变硬化。

通过激光加热可获得0.25~2.0mm的硬化层，与传统热处理工艺相比，激光表面相变硬化具有淬硬层组织细化、硬度高、变形小、淬硬层深精确可控、无须淬火介质等优点，可对碳钢、合金钢、铸铁、钛合金、铝合金、镁合金等材料所制备的零件表面进行硬化处理。

另外，激光等高能束还可作为表面涂覆工艺的热源，一次可完成表面淬火和涂覆过程，尤其是近年来纳米技术的发展，这一复合工艺过程在精密轴承零件的表面处理中将有广阔的应用前景。

5.9.5 新型淬火冷却介质

新型淬火冷却介质通常指各种专用淬火油和优质水溶性淬火剂。

与普通机油相比，专用淬火油具有更强的冷却能力、更合理的冷却速度分布、更长的使用寿命，或者更能保持工件的光亮性。优质水溶性淬火剂能不同程度地降低钢件在水中淬火时的低温冷却速度，因而能防止淬裂，或获得更高的淬火硬度和更深的淬硬深度。

国内外研究开发出了多种新型淬火介质产品，并在热处理生产中得到应用。到目前为止，得到广泛应用的新型淬火油主要是快速淬火油和等温分级淬火油；最成功的水性淬火介质是聚亚烷基二醇类高分子聚合物水基淬火液（PAG）。

推广和应用新型淬火介质，可以提高工件的淬透能力，淬火硬度与淬透层均匀，大大减少工件的淬火变形，可以避免淬裂和软点危险；并可降低生产成本，减少对环境的污染。

5.10 热处理的质量控制

热处理时工件要经历加热和冷却两个相反的热过程，尤其是有些淬火操作，冷却速度很大，非常容易出现一些质量问题，甚至一些其他冷、热加工过程造成的缺陷，也在热处理中表现出来了。因此，热处理的质量控制具有十分重要的实际意义。

影响热处理质量的因素很多，如材料的化学成分、工件的结构和尺寸、热处理工艺规范以及各种冷、热加工工序在加工路线中的位置等，其中最主要的是热处理工艺因素和工件的结构因素。

5.10.1 钢热处理的主要缺陷

(1) 氧化、脱碳、过热和过烧

氧化是指在空气中加热或加热气氛中含在氧化性气体（如O_2、CO_2、H_2O等）时，工件表面形成氧化物的过程。加热温度越高、保温时间越长，氧化现象越严重。

脱碳即钢中的碳向加热介质中扩散，使钢表面碳质量分数降低的现象。由于脱碳使钢件表面碳质量分数下降，导致工件强度下降，特别是工件的疲劳强度下降，耐磨损性能降低。

过热指由于加热温度偏高或保温时间过长，使奥氏体晶粒粗大的现象。过热会使钢的力学性能降低，同时工件热处理后变形加大，甚至可能导致热处理开裂、使工件报废。过热的工件一般可再在较低温度下进行正火，重新使奥氏体晶粒细化，予以补救。

过烧指的是由于加热温度太高，奥氏体晶界或部分晶界氧化甚至熔化的现象。过烧的工件只能报废，无法挽救，因而是致命性的。

氧化、脱碳、过热和过烧等缺陷大多是由加热温度过高或保温时间过长引起的，所以，热处理时必须根据材料的成分和热处理工艺要求制定合理的加热规范，并严格执行，在条件允许的情况下，应尽量选择低的加热温度和保温时间。采用真空加热、可控气氛加热和盐浴加热也是有效的防止方法。

因此，在对高碳钢热处理加热时应采取适当的保护措施，如在加热炉中放置铁屑、木炭等。

(2) 淬火变形和开裂

变形和开裂是淬火生产中经常出现的工艺缺陷，也是最棘手的问题。引起变形和开裂的原因主要是淬火时产生的内应力，它包括热应力和组织应力两种。热应力是指钢件在加热和冷却过程中由于表面和心部的温差引起的钢件体积胀缩不均匀所产生的内应力。组织应力是指由于钢件快速冷却时表层与心部相变不同时，以及相变前后相的比体积不同所产生的内应力。

当钢件内的淬火应力超过材料的屈服强度时就会导致变形，当其超过抗拉强度时便会导致开裂。除此之外，淬火后工件的变形和开裂还可能与淬火前的冷热加工工艺有关。

防止淬火变形和开裂除了从选材和热处理工艺本身方面入手外，还要注意到零件的结构工艺性。在实际生产中，有时只注意了零件的结构、形状及尺寸适合部件机构的需要，而往往忽视了零件因结构和加工工艺不合理给热处理工序带来的障碍，以致引起淬火变形甚至开裂，使零件报废。因此，在设计时，必须充分考虑淬火零件的结构、形状、尺寸以及加工工艺与热处理工艺性的关系。

5.10.2 热处理对零件设计的要求

零件形状是否合理，会直接影响热处理质量和生产成本。因此，在设计零件结构时，除满足使用要求外，还应满足热处理对零件结构形状的要求。在设计淬火零件的结构、形状及尺寸时，应掌握以下原则。

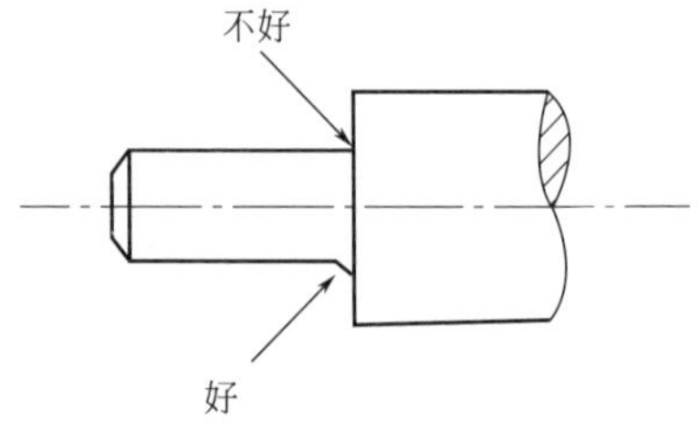

图5-23　阶梯轴过渡处倒角

(1) 尽量避免尖角、棱角，减少台阶

在零件设计过程中，要在尖角、棱角地方倒角，如图5-23所示。因为尖角、棱角部分是淬火时应力最为集中地方，往往成为淬火裂纹的起点。

(2) 零件形状应尽量简单，避免薄厚悬殊的截面

设计时尽量减少零件截面厚薄悬殊及形状不对称性，

避免在零件上出现薄边、尖角，如图5-24所示，使淬火后薄处变形增大。设计时还要考虑零件对称，如图5-25所示零件形状不对称，淬火后零件椭圆度变大，为此开一个工艺孔可减少椭圆度。

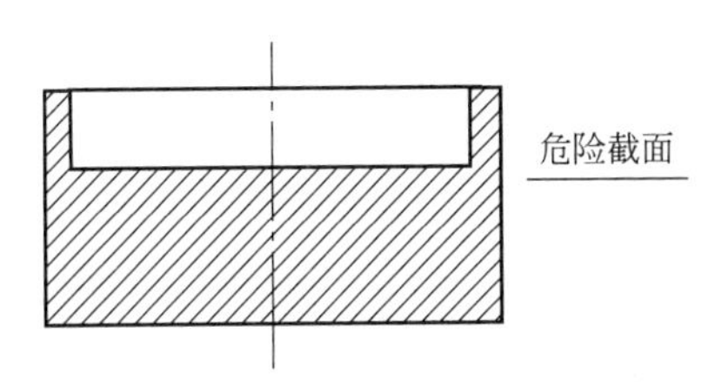

图5-24　零件存在危险截面应加厚薄壁

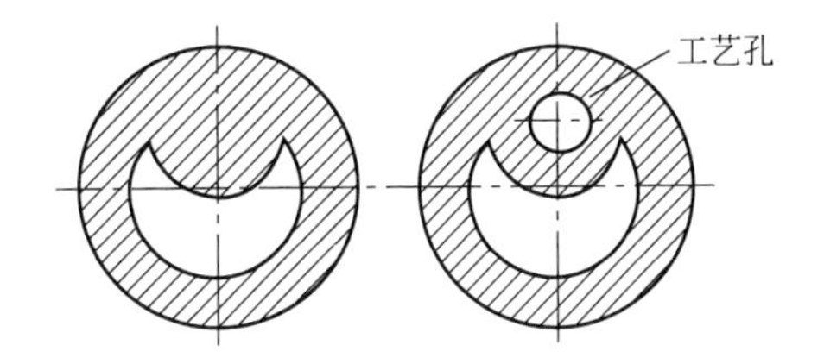

图5-25　开工艺孔避免淬火变形、开裂

复习与思考题5

一、名词解释

过冷奥氏体、残余奥氏体、索氏体、贝氏体、马氏体、残余奥氏体、回火马氏体、退火、正火、淬火、回火、调质、渗碳、淬透性、淬硬性、临界冷却速度、表面淬火、淬火临界直径。

二、填空题

1.钢奥氏体晶粒度分________，其中________称为粗晶粒钢，________称为细晶粒钢。

2.下贝氏体是由________和碳化物组成的机械混合物，在光学显微镜下________。

3.过冷奥氏体等温冷却转变图通常呈________，所以又称________。

4.常用的淬火方法有________、________、________、________等。

5.中温回火主要用于处理________，回火后得到________。

6.为了改善碳素工具钢的切削加工性，常用的热处理方法是________。

7.20、45、T12钢正常淬火后，硬度由大到小排列顺序是________。

8.随回火温度升高，淬火钢回火后的强度、硬度________。

9.T12钢的正常淬火温度是________℃，淬火后的组织是________。

10.珠光体、索氏体和托氏体的力学性能从大到小排列为________。

11.感应加热表面淬火时，电流频率越高，加热层深度越________，淬火后工件淬硬层也就越________。

12.调质是________和________的复合热处理工艺。

13.用作表面淬火最适宜的钢种是________，其预先热处理一般为________。

14.根据渗碳剂的不同，渗碳方法可分为________、________、________三种。

15.渗碳层的表面碳的质量分数最好在________范围内，渗碳后采取________的热处理方法。

三、判断题

1.马氏体硬而脆。(　　)

2.过冷奥氏体的冷却速度越快，冷却后钢的硬度越高。(　　)

3.钢中合金元素的含量越高，淬火后的硬度也越高。(　　)

4.本质细晶粒钢加热后的实际晶粒一定比本质粗晶粒钢细。(　　)

5.同一钢材在相同加热条件下，总是水淬比油淬的淬透性好；小件比大件淬透性好。(　　)

四、简答题

1.什么是钢的热处理？热处理的目的是什么？它有哪些基本类型？

2.热处理的实质是什么？什么样的材料才能热处理？

3.热处理加热的目的是什么？为什么要控制适当的加热温度和保温时间？

4.简述过冷奥氏体在A_1~M_s之间不同温度下等温时，转变产物的名称和性能。

5.马氏体有几种形态？马氏体转变有哪些特点？马氏体的硬度主要取决于什么？

6.退火和正火有什么区别？在实际生产中如何选择？

7.说明下列零件的淬火及回火温度，并说明回火后获得的组织和硬度：

（1）45钢小轴（要求有较好的综合力学性能）；

（2）60钢弹簧；

（3）T12钢锉刀。

8.淬火加热温度如何选择？试确定20、45、T8、T12钢的淬火温度。

9.为什么钢淬火后一般要进行回火？回火的目的是什么？

10.钳工用的锉刀，材料为T12，要求硬度为62~64HRC，试问应采用什么热处理方法？写出工艺参数和热处理后组织。

11.钢的淬透性对钢的热处理有什么影响？影响淬透性的因素有哪些？

12.理想的淬火冷却介质应具有什么样的冷却特性？

13.钢的淬透性与淬硬性有何区别？

14.钢的淬透层深度通常是如何规定的？用什么方法测定结构钢的淬透性？

15.随着回火温度的升高，淬火钢的力学性能将发生怎样的变化？

16.某45钢制齿轮要求整体具有综合力学性能，齿面要求耐磨，其加工工艺路线为：

锻造—预先热处理—切削—最终热处理—磨齿—检验装配

（1）说明各道热处理工艺的目的；

（2）确定各道热处理的工艺类型及热处理后的组织。

17.某齿轮采用20钢制造，心部要求有较好的塑性和韧性，齿面要求耐磨。试问应采用什么热处理方法？写出工艺参数和热处理后组织。

18.由T12材料制成的丝锥，硬度要求为60~64HRC。生产中混入了45钢料，如果按T12钢进行淬火+低温回火处理，问其中45钢制成的丝锥的性能能否达到要求？为什么？

第6章　金属的塑性变形与再结晶

教学提示：

金属具有塑性是其重要的一项特性，利用塑性可以对金属材料进行各种压力加工，如轧制、锻造、冲压、拉拔等。

金属发生塑性变形之后，不仅宏观形状和尺寸发生了变化，而且其内部的组织和性能也发生了显著变化，研究金属的塑性变形过程和机理，掌握塑性变形后金属组织和性能的变化规律，对改进金属加工工艺、提高产品质量、合理使用金属材料有非常重要的意义。

学习目标：

通过本章的学习，了解金属塑性变形的实质、方式和机理，掌握金属塑性变形后组织和性能的变化，掌握冷变形后金属在加热时组织和性能的变化，熟悉金属冷热变形加工的区别。

6.1　金属的塑性变形

金属在外力作用下首先产生弹性变形，当外力增大到内应力超过材料的屈服强度时，除了发生弹性变形外，还发生塑性变形，即弹塑性变形。继续增加载荷，塑性变形也将逐渐增大，直至金属发生断裂。

6.1.1　单晶体的塑性变形

在室温下，单晶体塑性变形的基本方式主要有滑移和孪生两种，如图6-1所示。

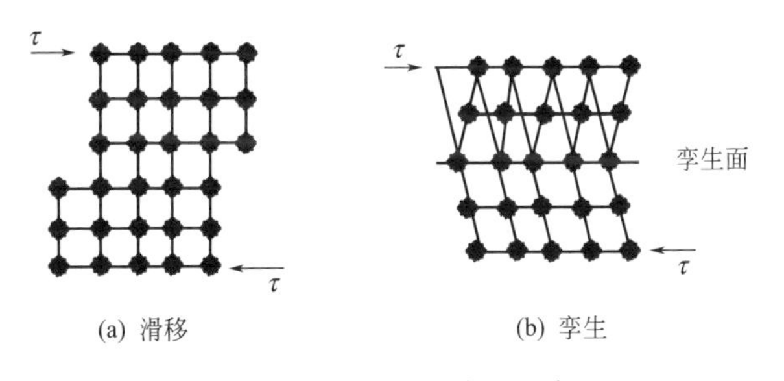

图6-1　单晶体滑移和孪生示意图

(1) 滑移

滑移是晶体在切应力的作用下，晶体中的一部分相对另一部分沿着一定的晶面和晶向产生移动的现象。滑移只能在切应力的作用下发生，产生滑移的最小切应力称为临界切应力，不同金属的滑移临界切应力大小不同，钨、钼、铁的滑移临界切应力比铜、铝的要大。

滑移时，晶体两部分的相对位移量是原子间距的整数倍，许多晶面滑移的总和，就产生了宏观的塑性变形。滑移的结果在晶体表面形成台阶，称为滑移线，若干条滑移线组成一个滑移带。在显微镜下可观察到滑移后的晶体表面出现一些与外力方向成一定角度的细线，这些细线就是滑移带，如图6-2所示。每一滑移线所对应的台阶高度称为该滑移面的滑移量（一般约为10^3原子间距），两条滑移线之间部分称为滑移层，其厚度约为10^2原子间距，各滑移带之间距离约为10^4原子间距。可见晶体的滑移不是均匀分布的，如图6-3所示。

图6-2　工业纯铁表面的滑移带

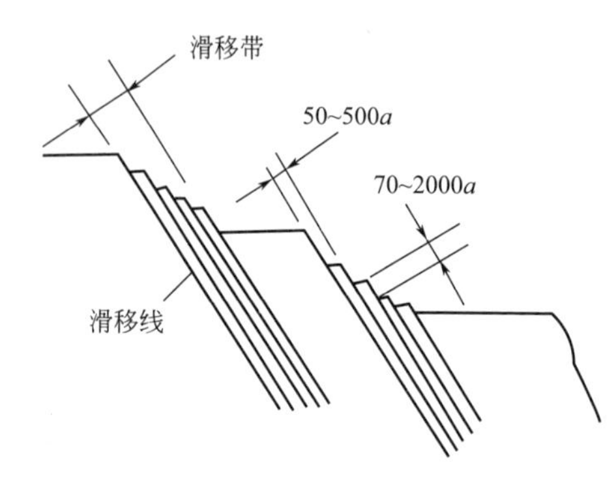

图6-3　滑移带与滑移线示意图

(2) 滑移系

晶体中不是任何晶面都可以成为滑移面。滑移总是沿着晶体中原子密度最大的晶面（密排面）和其上密度最大的晶向（密排方向）进行，这是因为原子密度最大的晶面和晶向之间间距最大，结合力最弱，产生滑移所需切应力最小，因此滑移面为该晶体的密排面，滑移方向为该面上的密排方向，一个滑移面与其上的一个滑移方向组成一个滑移系。滑移系越多，金属发生滑移的可能性越大，塑性就越好，表6-1是金属三种常见晶格的滑移系，由于滑移方向对滑移所起的作用比滑移面大，所以面心立方晶格金属（如Cu、Al）比体心立方晶格金属（Fe、Cr）的塑性更好。

表6-1　金属三种常见晶格的滑移系

晶　格	体心立方晶格	面心立方晶格	密排六方晶格
滑移面	{110}6个	{111}4个	{0001}1个
滑移方向	<111>2个	<110>3个	<11$\bar{2}$0>3个
滑移系	6×2=12	4×3=12	1×3=3

(3) 位错与滑移

现代实验证明，滑移并非是晶体两部分沿滑移面作整体的刚性滑动，而是通过滑移面上位错的运动来实现的。计算表明，把滑移设想为刚性整体滑动，所需的理论临界切应力值比实际测量的临界切应力值大3~4个数量级，而按照位错运动模型计算所得的临界切应力值则与实测值相符，可见滑移不是刚性滑动，而是位错运动的结果。

当晶体通过位错运动产生滑移时，只在位错中心的少数原子发生移动，而且它们移动的距离远小于一个原子间距，因而所需临界切应力小，这种现象称为位错的易动性。当一个位错移动到晶体表面时，便产生一个原子间距的滑移量，如图6-4所示。同一滑移面上，若有大量位错移出，则在晶体表面形成一条滑移线。

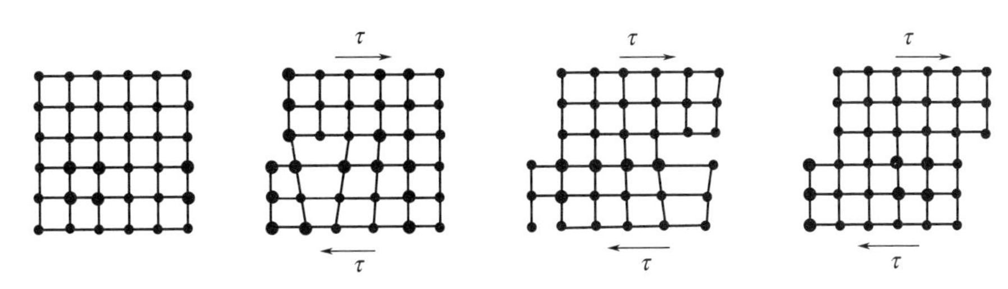

图6-4 晶体通过位错移动实现滑移的示意图

通过位错的移动实现滑移时，只需要位错线附近的少数原子移动，而且原子移动的距离小于一个原子间距，所以滑移所需要的临界切应力比理论值低得多。

(4) 孪生

孪生是指在切应力作用下，晶体中的一部分相对于另一部分沿一定的晶面与一定方向产生均匀切变的变形过程，发生切变的部分称为孪晶带或孪晶，沿其发生孪生的晶面称为孪生面，孪生的结果使孪生面两侧的晶体呈镜面对称，如图6-5所示。

与滑移不同，孪生使晶格位向发生改变，所需切应力比滑移大得多，所以孪生只在滑移很难进行的情况下才发生，而且变形速度极快，接近于声速；孪生时相邻原子面的相对位移量小于一个原子间距。

密排六方晶格金属滑移系少，常以孪生方式变形，如镁、锌、镉等比较容易发生孪生。体心立方晶格金属只有在低温或冲击作用下才发生孪生变形。面心立方晶格金属一般不发生孪生变形，但在这类金属中常发现有孪晶存在，这是由于相变过程中原子重新排列时发生错排而产生的，称为退火孪晶。图6-6是纯铜退火的孪晶。

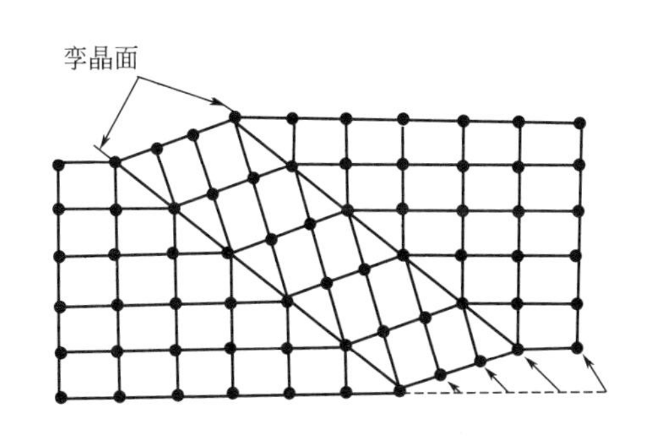

图6-5 孪生过程示意图

图6-6 纯铜的退火孪晶（400×）

6.1.2 多晶体的塑性变形

工程上使用的金属绝大多数是多晶体，其中每个晶粒内部的变形情况与单晶体的变形情况大致相似，但由于晶界的存在及各晶粒的取向不同，使多晶体的塑性变形比单晶体复杂得多。

(1) 晶界及晶粒位向差的影响

在多晶体中，晶界原子排列不规则，当位错运动到晶界附近时，受到晶界的阻碍而堆积起来，称为位错的塞积，如图6-7所示。若要使变形继续进行，则必须增加外力，可见晶界使金属的塑性变形抗力提高。双晶粒试样的拉伸实验表明，试样往往呈竹节状，晶界处较粗，这说明晶界的变形抗力大，变形较小。

多晶体中各相邻晶粒位向不同，一些晶粒的滑移面和滑移方向接近于最大切应力方向（称晶粒处于软位向），而另一些晶粒的滑移面和滑移方向与最大切应力方向相差较大（称晶粒处于硬位向）。在发生滑移时，软位向晶粒先开始。当位错在晶界受阻逐渐堆积时，其他晶粒发生滑移。因此多晶体变形时晶粒分批逐步地变形，变形分散在材料各处，如图6-8所示。

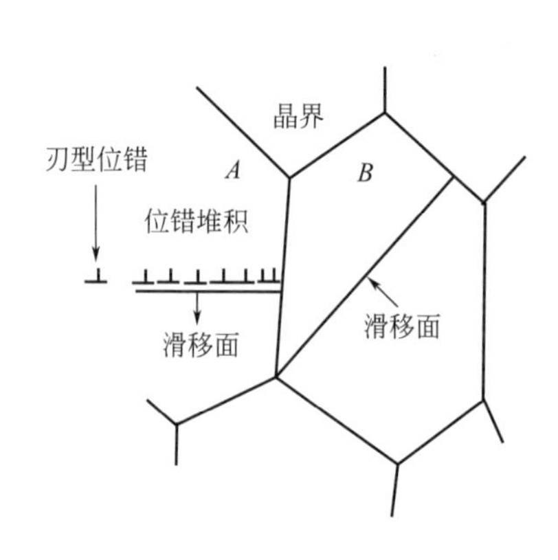

图6-7　晶界前位错的塞积示意图

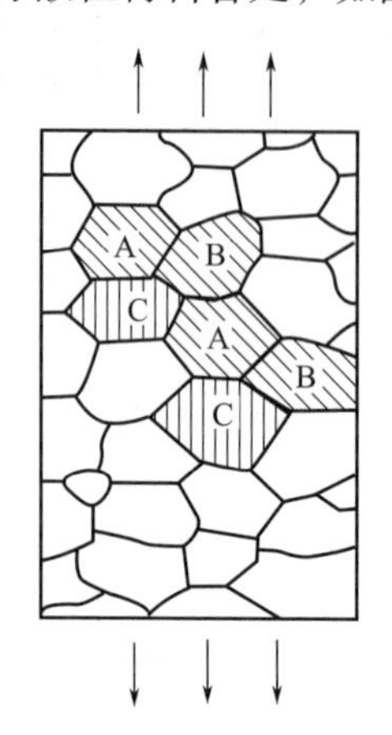

图6-8　多晶体塑性变形的非同步性

（2）晶粒大小对金属力学性能的影响

金属的晶粒越细，其强度和硬度越高。原因是金属的晶粒越细，晶界总面积越大，位错障碍越多，需要协调的具有不同位向的晶粒越多，金属塑性变形的抗力越高。晶界与强度之间的关系有一个经验公式（Hall-Petch公式）：

$$R=R_0+k\times d^{-1/2}$$

式中　R——金属材料的强度值；

R_0——未考虑晶粒因素时的强度值；

k——系数；

d——金属的晶粒直径。

金属的晶粒越细，其塑性和韧性也就越好。这是由于晶粒越细，单位体积内晶粒数目越多。同时参与变形的晶粒数目也越多，变形越均匀，推迟了裂纹的形成和扩展，使得在断裂前发生较大的塑性变形。在强度和塑性同时增加的情况下，金属在断裂前消耗的功也大，因而其韧性也比较好。

通过细化晶粒来同时提高金属的强度、硬度、塑性和韧性的方法称为细晶强化。细晶强化是金属的重要强化手段之一。

6.2　冷塑性变形对金属组织和性能的影响

6.2.1　冷塑性变形对金属性能的影响

金属在冷塑性变形过程中，随着变形程度的增加，强度和硬度提高而塑性和韧性下降的现象称为加工硬化，也称为冷变形强化，如图6-9所示。

产生加工硬化的原因是：金属发生塑性变形时，一方面位错密度增加，位错间的交互作用增强，相互缠结，造成位错运动阻力的增大，引起塑性变形抗力提高；另一方面由于晶粒破碎细化，使强度得以提高。

加工硬化在生产中具有重要的意义。

首先，它是提高金属材料强度、硬度和耐磨性的重要手段之一，特别是对一些不能用热处理强化的金属，如纯金属、奥氏体不锈钢、部分形变铝合金等。

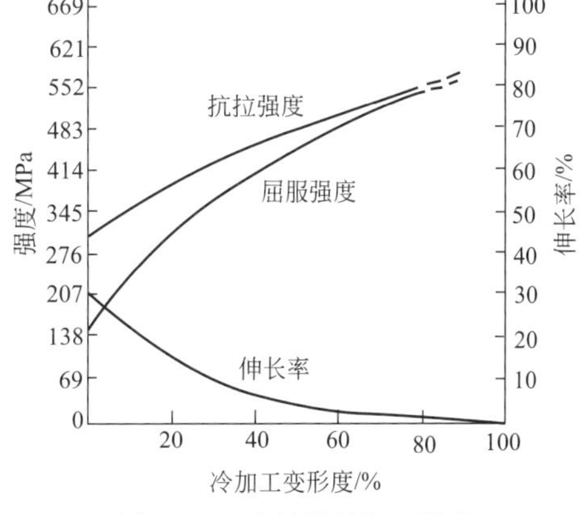

图6-9　工业纯铁的加工硬化

其次，加工硬化是金属冷塑性变形的保证。由于加工硬化的存在，可使先变形部分发生硬化而停止变形，而未变形部分开始变形，使塑性变形均匀地分布于整个工件上，而不至于集中在某些局部而导致最终断裂。因此，没有加工硬化，金属就不会发生均匀塑性变形。

再次，加工硬化还可以一定程度上提高构件在使用过程中的安全性。构件在使用过程中，往往不可避免地在某些部位出现应力集中和过载现象，在这种情况下，由于金属能加工硬化，使局部过载部位在产生少量塑性变形之后，提高了屈服强度并与所承受的应力达到平衡，变形就不会继续发展，从而在一定程度上提高了构件的安全性。

但加工硬化后由于塑性和韧性进一步降低，给进一步变形带来困难，甚至导致开裂。

塑性变形可影响金属的物理、化学性能。如使电阻增大，耐腐蚀性降低。

6.2.2　冷塑性变形对金属组织的影响

(1) 形成纤维组织

金属发生塑性变形后，晶粒发生变形，沿形变方向被拉长或压扁。当变形量很大时，晶

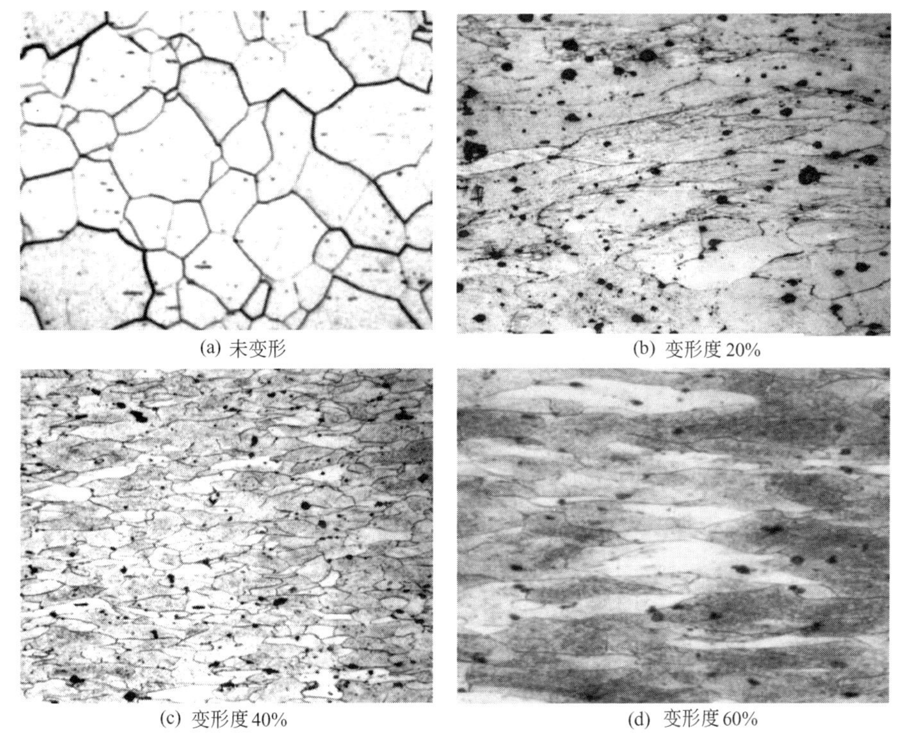
(a) 未变形　(b) 变形度20%

(c) 变形度40%　(d) 变形度60%

图6-10　工业纯铁不同变形度时的显微组织（200×）

粒变成细条状（拉伸时），金属中的夹杂物也被拉长，形成纤维组织，图6-10为工业纯铁经不同变形度时的显微组织。

冷变形纤维组织的出现是金属材料由原来的各向同性变成各向异性。使沿着纤维方向的强度大于垂直纤维方向的，会引起材料的不均匀变形。

(2) 产生形变织构

金属塑性变形到很大程度（70%以上）时，由于晶粒发生转动，使各晶粒的位向趋近于一致，形成特殊的择优取向，这种有序化的结构称为形变织构。形变织构一般分两种：一种是各晶粒的一定晶向平行于拉拔方向，称为丝织构，如图6-11(a) 所示；另一种是各晶粒的一定晶面和晶向平行于轧制方向，称为板织构，如图6-11(b) 所示。

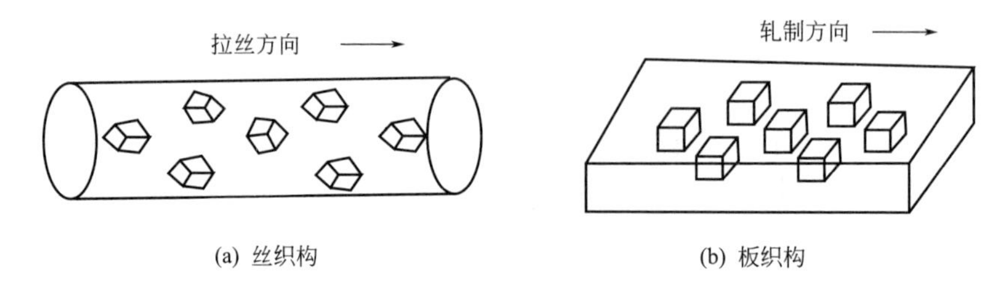

(a) 丝织构　　(b) 板织构

图6-11　形变织构示意图

织构的存在会使材料产生严重的各向异性。由于各方向上的塑性、强度不同会导致非均匀变形，使筒形零件的边缘出现严重不齐的现象，称为“制耳”，如图6-12所示。有制耳的零件质量是不合格的。

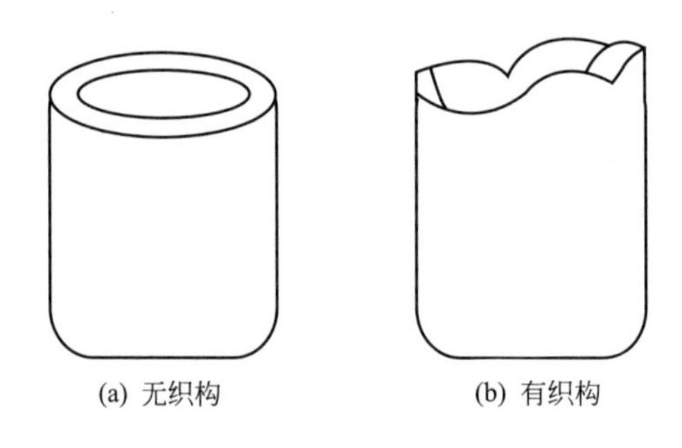

(a) 无织构　　(b) 有织构

图6-12　制耳现象

织构也有可利用的一面。变压器所用的硅钢片就是利用织构带来的各向异性，使变压器铁芯增加磁导率、降低磁滞损耗，从而提高变压器的效率。

(3) 残余应力

由于金属在发生塑性变形时，内部变形不均匀，位错、空位等晶体缺陷增多，导致在金属内部产生残余应力。根据残余内应力的作用范围分为宏观残余应力、微观残余应力和晶格畸变应力三类。

宏观残余应力又称第一类内应力，是指由于金属表面与心部变形量不同而平衡于表面与心部之间的残余内应力，通常占总残余应力的0.1%。

微观残余应力又称第二类内应力，是指平衡于晶粒之间的内应力或亚晶粒之间的内应力，是由于晶粒之间的内应力或亚晶粒之间变形不均匀引起的，通常占总残余应力的1%~2%。

晶格畸变应力又称第三类内应力，是指存在于晶格畸变中的内应力。它平衡于晶格畸变处的多个原子之间，通常占总残余应力的90%以上。这类内应力维持着晶格畸变，使变形金属材料的强度得到提高。

第一、二类内应力虽然占的比例不大，但是在一般情况下都会降低材料的性能，而且还会因应力松弛或重新分布而引起材料的变形，是有害的内应力。

残余应力会使金属的耐腐蚀性能降低，严重时可导致零件变形或开裂，即产生所谓的应力腐蚀。主要表现在处于应力状态的金属腐蚀速度快，变形的钢丝易生锈就是此理。

金属塑性变形后的残余应力，可以通过去应力退火来消除。如经拉延成型的黄铜弹壳在280℃左右进行去应力退火，以避免变形和应力腐蚀。

金属塑性变形后的残余应力也是可以利用的，如齿轮、弹簧等零件表面通过喷丸处理，可产生较大的残余压应力，可提高疲劳强度。

6.3 冷塑性变形金属在加热时的变化

金属经塑性变形后，其组织结构和性能发生很大的变化，处于一种不稳定状态，具有恢复到稳定状态的趋势。如果对变形后的金属进行加热，金属的组织结构和性能又会发生变化。随加热温度升高，金属将依次发生回复、再结晶和晶粒长大，如图6-13所示。

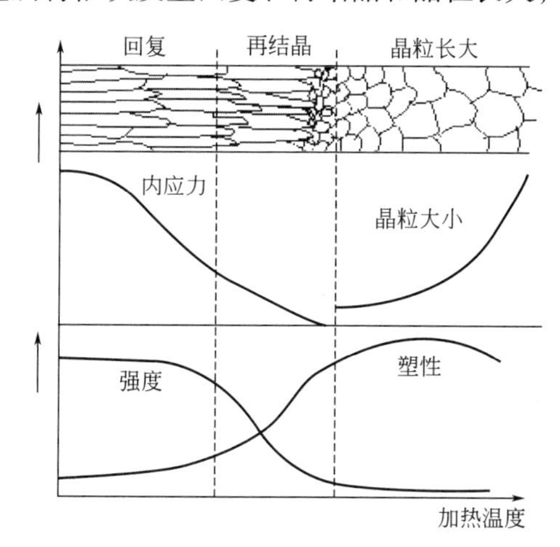

图6-13　冷变形后的金属在加热过程中组织结构和性能变化示意图

6.3.1 回复

变形后的金属在较低温度进行加热，原子扩散能力不很大，只是晶粒内部位错、空位、间隙原子等缺陷通过移动、复合消失而大大减少，内应力大为下降；但晶粒仍保持变形后的形态，变形金属的显微组织不发生明显的变化，材料的强度和硬度只略有降低，塑性略有增高，这种现象称为回复。

工业上常利用回复过程对变形金属进行去应力退火以降低残余内应力，防止工件变形、开裂，提高耐蚀性，保留加工硬化效果。如冷卷弹簧的定型、黄铜弹壳的去应力退火等。

6.3.2 再结晶

变形后的金属在较高温度加热时，金属原子活动具有足够热运动力时，则开始以碎晶或杂质为核心结晶出新的晶粒，从而消除了加工硬化现象，物理、化学性能基本上恢复到变形以前的水平，这个过程称为再结晶。图6-14为工业纯铁再结晶过程的显微组织。

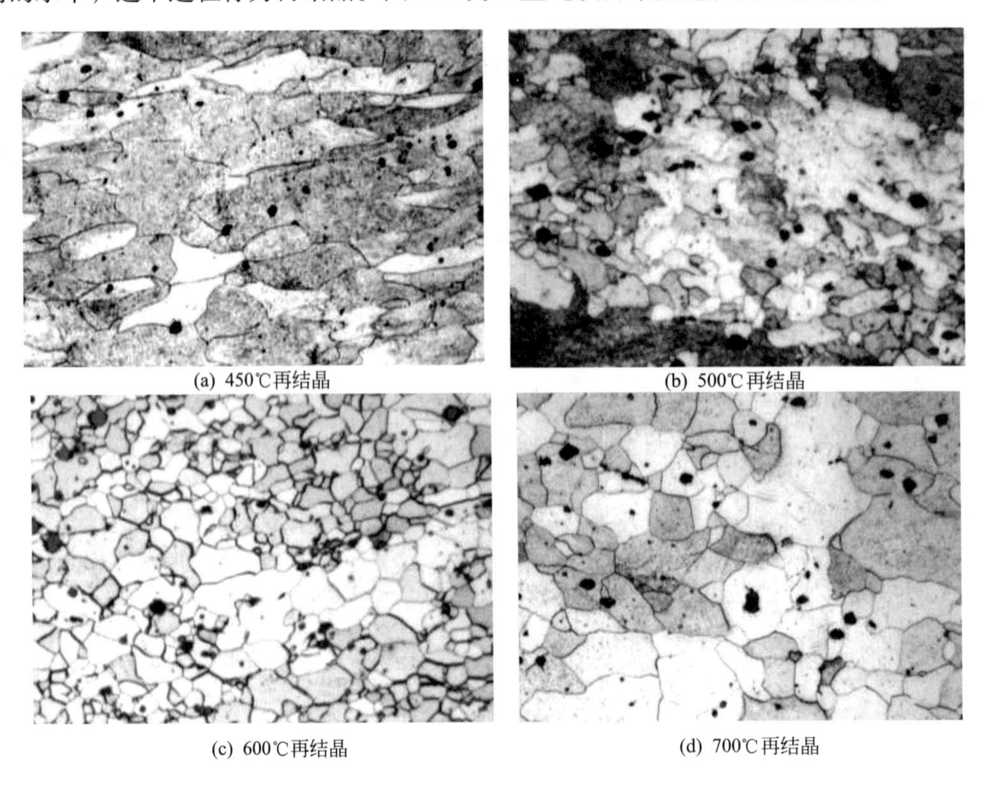

(a) 450℃再结晶　(b) 500℃再结晶　(c) 600℃再结晶　(d) 700℃再结晶

图6-14　工业纯铁再结晶过程的显微组织（200×）

再结晶也是一个晶核形成和长大的过程，但不是相变过程。再结晶前后晶粒的晶格类型和成分完全相同，也可以说只有显微组织变化而没有晶格结构变化，故称为再结晶，以区别于各种相变的结晶（重结晶）。

变形后的金属发生再结晶的温度是一个温度范围，并非某一恒定温度。一般将金属开始再结晶的最低温度称为再结晶温度（$T_{再}$），通常用经大变形量（70%以上）的冷塑性变形的金属，经1h加热后能完全再结晶的最低温度来表示。最低再结晶温度与该金属的熔点有如下关系：

$$T_{再}=(0.35\sim0.4)T_{熔点}$$

式中的温度单位为热力学温度（K）。

影响金属再结晶温度的因素有金属的预先变形度、金属的化学成分、加热速度和保温时间等。金属中的微量杂质和合金元素会阻碍原子扩散和晶界迁移，故可显著提高再结晶温度。

由于塑性变形后的金属加热发生再结晶后，可消除加工硬化现象，恢复金属的塑性和韧性，因此生产中常用再结晶退火工艺来恢复金属塑性变形的能力，以便继续进行形变加工。例如生产铁铬铝电阻丝时，在冷拔到一定的变形度后，要进行氢气保护再结晶退火，以继续冷拔获得更细的丝材。在实际生产中为缩短生产周期，通常再结晶退火温度比再结晶温度高100~200℃。

6.3.3　晶粒长大

再结晶完成后的晶粒是细小的，如再延长加热时间或提高加热温度，则晶粒会产生明显长大，成为粗晶组织，导致金属的强度、硬度、塑性、韧性等力学性能都显著降低。一般情况下晶粒长大是应当避免发生的现象。

冷变形金属再结晶后晶粒大小与加热温度、保温时间有关外，还与金属的预先变形程度有关。图6-15表示金属再结晶后的晶粒大小与其预先变形程度间的关系。由图可见，当变形程度很小时，金属不发生再结晶，因而晶粒大小不变。变形度达到2%~10%时，再结晶后其晶粒会出现异常的大晶粒，这个变形度称为临界变形度，不同的金属具体的临界变形度数值有所不同。随着变形程度的不断增加，由于各晶粒变形愈趋均匀，再结晶时形核率愈大，因而使再结晶后的晶粒逐渐变细。当变形量很大（≥90%）时，某些金属再结晶后又会出现晶粒异常长大现象。图6-16是纯铝片经不同变形度拉伸，再结晶后的显微组织（晶粒大小）。

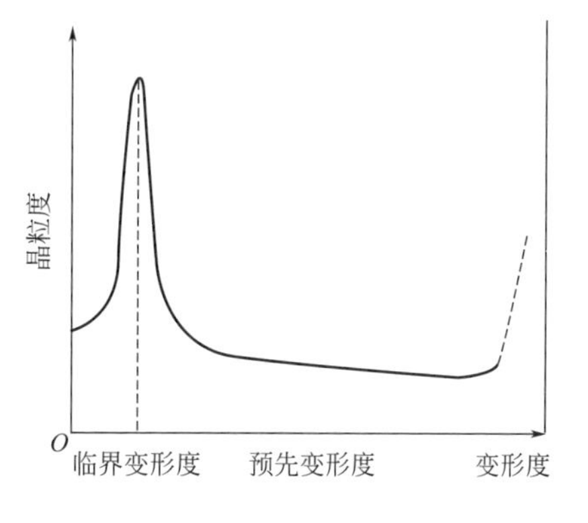

图6-15　变形度对再结晶后的晶粒大小的影响

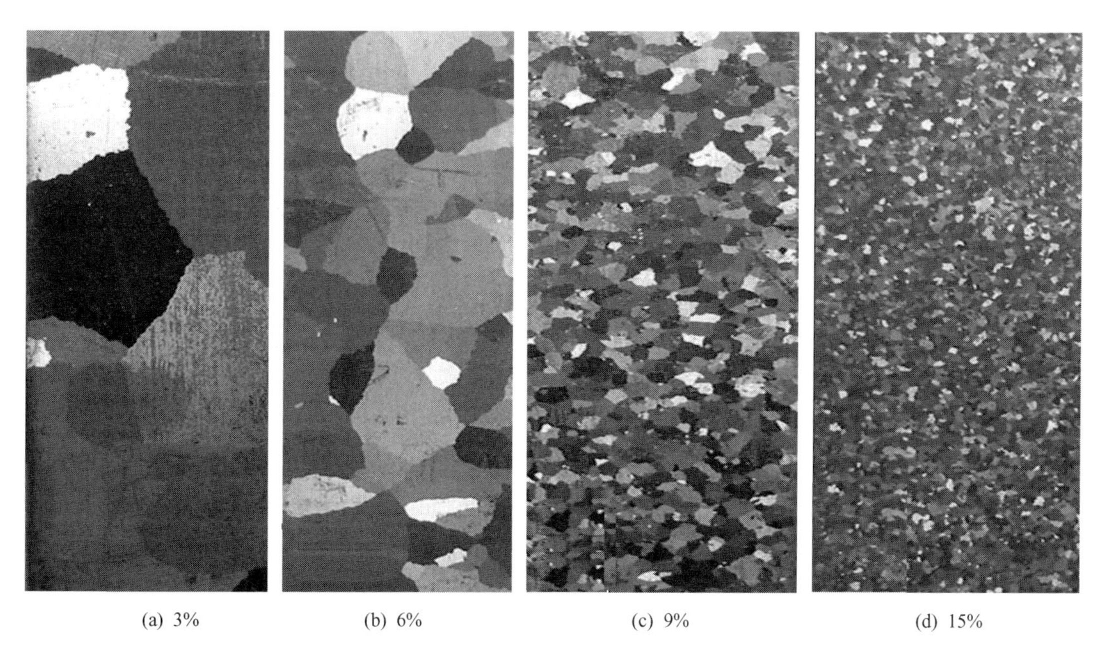

(a) 3%　(b) 6%　(c) 9%　(d) 15%

图6-16　纯铝片拉伸后，变形度对再结晶后晶粒大小的影响（200×）

6.4　金属的热变形加工

6.4.1　冷、热变形加工的区别

金属塑性变形的加工方法有热加工和冷加工两种。

热加工和冷加工不是根据变形时是否加热来区分，而是根据变形时的温度处于再结晶温度以上还是以下来划分的，低于再结晶温度的加工为冷加工，而高于再结晶温度的加工为热加工。例如，Fe的再结晶温度为450℃，其在400℃以下的加工变形仍属冷加工。而Pb的再结晶温度为−33℃，则其在室温下的加工变形为热加工。

(1) 冷变形加工

金属在再结晶温度以下进行的塑性变形称为冷变形加工，如钢在常温下进行的冷冲压、冷轧、冷拔等。由于加工温度处于再结晶温度以下，金属材料发生塑性变形时不会伴随再结晶过程。因此冷加工对金属组织和性能的影响即是前面的所述塑性变形的影响规律。

冷变形工件没有氧化皮，可获得较高的公差等级，较小的表面粗糙度，强度和硬度较高。由于冷变形金属存在残余应力和塑性差等缺点，因此常常需要中间退火，才能继续变形。

(2) 热变形加工

金属在再结晶温度以上进行的塑性变形称为热变形，如热锻、热轧、热挤压等。在热变形加工时，由于温度处于再结晶温度以上，材料性能的变化是双向的，因为在发生加工硬化的同时，还发生着再结晶，也就是因为变形发生的硬化和因为再结晶发生的软化在同时进行着，哪一个方面占优势要看是变形度和加热温度的具体情况。

热变形与冷变形相比，其优点是塑性良好，变形抗力低，容易加工变形，但高温下金属容易产生氧化皮，所以制件的尺寸精度低，表面粗糙。

6.4.2 热变形加工对金属组织和性能的影响

(1) 消除铸态金属的某些缺陷

在热变形加工中，金属经塑性变形及再结晶，可使原来存在的不均匀、晶粒粗大的组织得以改善，或将铸锭组织中的气孔、缩松等压合，得到更致密的再结晶组织，提高金属的力学性能。

热加工能打碎铸态金属中的粗大树枝晶和柱状晶，并通过再结晶获得等轴细晶粒，而使金属的力学性能全面提高。

基于以上原因，只要热变形加工的工艺条件适当，热变形加工的工件力学性能要高于铸件。所以，受力复杂、负荷较大的重要工件一般都是选用锻件，不用铸件。但是，热变形加工工艺参数不当，也会降低热变形加工工件的性能。例如，加热温度过高可能使热变形后的工件晶粒粗大、强度和塑性下降；若热变形加工停止的温度过低可能带来加工硬化、残余应力加大、甚至出现裂纹等问题。

(2) 热变形纤维组织（流线）

热变形加工使铸态金属中残存的枝晶偏析、可变形夹杂物和第二相等随金属变形，沿金属流动方向被拉长，并逐渐形成纤维状。这些夹杂物在再结晶时不会改变其纤维状分布特点，在钢材的纵向截面上经抛光和酸浸后，用肉眼或放大20倍就可以看到一条条沿变形方向的细线，这种宏观组织称为热变形纤维组织，通常称为流线。

流线使金属的性能呈各向异性。当分别沿着流线方向和垂直流线方向拉伸时，前者有较高的抗拉强度。当分别沿着流线方向和垂直方向剪切时，后者有较高的抗剪强度。在设计和制造机器零件时，必须考虑锻造流线的合理分布，使零件工作时的正应力与流线方向垂直，并尽量使锻造流线与零件的轮廓相符而不被切断。例如锻造曲轴的合理流线分布，可保证曲轴工作时所受的最大拉应力与流线一致，而外加剪切应力或冲击力与流线垂直，使曲轴不易断裂。而切削加工制成的曲轴，其流线分布不合理，易沿轴肩发生断裂。如图6-17所示。

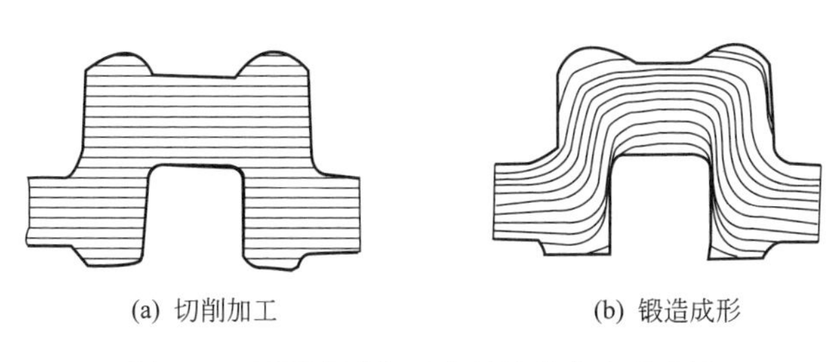

(a) 切削加工　　(b) 锻造成形

图6-17　不同方法加工曲轴流线分布示意图

(3) 带状组织

在热加工亚共析钢时，常发现钢中的铁素体与珠光体常沿变形方向呈带状分布，这种组织称为带状组织，如图6-18所示。

图6-18　亚共析钢中的带状组织（100×）

带状组织与枝晶偏析被沿加工方向拉长有关，由于钢材在热变形加工后的冷却过程中发生相变时，铁素体优先在由枝晶偏析和非金属夹杂延伸而成的条带中析出，形成铁素体带，铁素体带之间为珠光体，两者相间成层分布。

带状组织能造成材料的各向异性，降低钢的强度、塑性和冲击韧性，应加以注意。避免在两相区变形、减少夹杂元素含量、采用高温扩散退火或正火可以消除带状组织。

复习与思考题6

一、名词解释

滑移、滑移系、晶粒细化、加工硬化、形变织构、回复、再结晶、再结晶温度、热变形加工、冷变形加工。

二、填空题

1.常温下，金属单晶体的塑性变形方式为_____和_____两种。

2.与单晶体比较，影响多晶体塑性变形的两个主要因素是_______和_______。

3.在金属学中，冷加工和热加工的界限是以_____来划分的，因此Cu（熔点为1083℃）在室温下变形加工称为_____加工，Sn（熔点为232℃）在室温的变形加工称为_____加工。

4.再结晶温度是指_________，其数值与熔点间的大致关系为_________。

5.再结晶后晶粒度的大小取决于_________、_________和_________。

6.强化金属材料的基本方法有_________、_________、_________、_________和_________。

三、判断题

1.由于再结晶的过程是一个形核长大的过程，因而再结晶前后金属的晶格结构发生变化。(　　)

2.因为体心立方晶格与面心立方晶格具有相同数量的滑移系，所以两种晶体的塑性变形能力完全相同。(　　)

3.金属的预变形度越大，其开始再结晶的温度越高。(　　)

4.滑移变形不会引起金属晶体结构的变化。(　　)

5.热加工是指在室温以上的塑性变形加工。(　　)

6.为了保持冷变形金属的强度和硬度，应采用再结晶退火。(　　)

7.热加工过程，实际上是加工硬化和再结晶这两个重叠的过程。(　　)

8.孪生变形所需的切应力要比滑移变形时所需的小得多。(　　)

四、简答题

1.金属的塑性变形方式有哪几种?

2.叙述滑移变形的概念和特点。

3.为什么滑移优先发生在原子密度最大的晶面?

4.什么叫滑移系?面心立方晶体、体心立方晶体和密排六方晶体（$a/c \geq 1.633$）各有多少个潜在的滑移系?

5.为什么具有面心立方晶格的铜、铝比具有体心立方晶格的铁塑性好?而铁的塑性又比具有密排六方晶格的锌好?

6.为什么通过位错的移动实现滑移时需要的力量小?

7.试述晶界在多晶体变形中的作用。

8.为什么具有细小晶粒的材料力学性能好?

9.位错密度对材料的力学性能有什么影响?

10.金属经过冷塑性变形后，组织和性能有什么样变化?

11.什么是加工硬化?举例说明加工硬化在实际工程中的利弊。

12.变形残余应力分几种?各对材料产生什么影响?

13.用冷拔紫铜管进行冷弯，加工成输油管，为避免冷弯时开裂，应采用什么措施?为什么?

14.在回复、再结晶过程中材料的组织和性能发生哪些变化?在实际中有什么意义?

15.用冷拉钢丝绳向电炉内吊装一大型工件，并随工件一起加热。在加热完毕后向炉外吊远时钢丝绳发生断裂，这是为什么?

16.简要比较液态金属结晶、重结晶和再结晶。

17.金属铸件能否通过再结晶退火来细化晶粒?为什么?

18.固溶强化、晶粒细化、加工硬化有什么相同之处和不同之处?

19.锡片被子弹穿透后，靠近弹孔边缘晶粒很细小，随着与洞远离，晶粒逐渐变粗，在距孔洞边缘一定距离处晶粒粗大，超过这一距离后，晶粒又很细小，试解释这个现象。

20.什么叫热加工、冷加工?

21.金属材料热加工后，组织和性能有什么变化?

22.用下述三种方法制成齿轮，哪种方法较为理想?为什么?

（1）用厚钢板切出圆饼再加工成齿轮。

（2）用粗钢棒切下圆饼再加工成齿轮。

（3）由圆棒锻成圆饼再加工成齿轮。

第7章　低合金钢和合金钢

教学提示：

为满足工程构件或机械零件对钢材力学性能、物理化学性能以及工艺性能的要求，在日常生活和工业生产中广泛应用各种低合金钢和合金钢。

与非合金钢相比，低合金钢和合金钢用量（按重量计）虽少，但种类繁多，工程意义重大。本章主要讲述常用的低合金钢、机械零件用钢、合金工具钢和特殊性能钢等。

学习目标：

通过本章的学习，了解合金元素在钢中的作用，掌握低合金钢与合金钢的分类、化学成分特点、性能和应用。

7.1　低合金钢与合金钢概述

7.1.1　低合金钢和合金钢

随着科学技术和工业的发展，对材料提出了更高的要求，如更高的强度，更高的抗高温性、耐低温性、耐腐蚀性、耐磨性以及其他特殊物理、化学性能的要求。

非合金钢虽然具有较好的力学性能和工艺性能，并且产量大、价格低，在机械工程上应用十分广泛，但其也有明显的不足，如强度级别低、淬透性较低、回火稳定性差、无特殊性能等。

为了改善或提高钢的力学性能和工艺性能，在非合金钢的基础上，有意添加某些合金元素所冶炼而成的钢称为低合金钢和合金钢。

在低合金钢与合金钢中，常用的合金元素有硅（Si）、锰（Mn）、铬（Cr）、镍（Ni）、钼（Mo）、钨（W）、钒（V）、钛（Ti）、铌（Nb）、锆（Zr）、钴（Co）、铝（Al）、铜（Cu）、硼（B）、稀土（RE）等。磷（P）、硫（S）、氮（N）等在某些情况下也起合金元素的作用。

这些元素在钢中主要以两种形式存在：一是溶解于非合金钢原有的相中；另一种是与碳形成化合物，生成一些非合金钢中所没有的新相。

钢的合金化是对其改性的两种基本途径之一。合金化思想的基本原则是：一要考虑合金元素对钢性能的影响；二要考虑合金元素的资源情况。

7.1.2 低合金钢和合金钢的分类

低合金钢和合金钢的种类繁多，为了便于生产、使用和研究，可以按照合金元素含量、用途、金相组织等对其进行分类。

（1）按合金元素含量分类

低合金钢和合金钢按合金元素的含量可分为低合金钢（合金元素总量<5%）、中合金钢（合金元素总量为5%~10%）和高合金钢（合金元素总量>10%）三类。

低合金钢和合金钢按主要合金元素的种类可分为锰钢、铬钢、硼钢、铬镍钢、硅锰钢等。

（2）按用途分类

低合金钢和合金钢按用途可分为合金结构钢、合金工具钢和特殊性能钢三大类。

合金结构钢又分为工程构件用钢和机器零件用钢两部分。工程构件用钢包括建筑工程用钢、桥梁工程用钢、船舶工程用钢、车辆工程用钢。机器零件用钢包括调质钢、弹簧钢、滚动轴承钢、渗碳和渗氮钢等。这类钢一般属于低、中合金钢。

合金工具钢分为刃具钢、量具钢、模具钢，主要用于制造各种刃具、模具和量具，这类钢除模具钢中包含中碳合金钢外，一般多属于高碳、高合金钢。

特殊性能钢分为不锈钢、耐热钢、耐磨钢等。这类钢主要用于各种特殊要求的场合，如化学工业用的不锈耐酸钢、核电站用的耐热钢等。

（3）按金相组织分类

按钢退火态的金相组织可分为亚共析钢、共析钢、过共析钢三种。

按钢正火态的金相组织可分为珠光体钢、贝氏体钢、马氏体钢、奥氏体钢、铁素体钢等。

7.2 合金元素在钢中的作用

合金元素提高钢的力学性能，改善钢的工艺性能，并赋予钢某些特殊的物理化学性能，其根本原因是合金元素与钢的基本组元铁和碳发生相互作用，改变了钢的组织结构，并影响钢热处理时加热、冷却过程中的相变过程，这就是合金元素在钢中的作用。

7.2.1 合金元素与铁、碳的作用

铁、碳是钢中两种基本元素，二者形成非合金钢中的三个基本相，即铁素体、奥氏体和渗碳体。所以，合金元素与铁碳之间的作用是钢内部组织结构变化的基础。

（1）合金元素与铁的作用

几乎所有的合金元素（除Pb外）都可溶入铁中，形成合金铁素体或合金奥氏体。其中原子直径较小的合金元素（如氮、硼）与铁形成间隙固溶体，原子直径较大的合金元素（如锰、镍、钴等）与铁形成置换固溶体。

合金元素溶入铁中时，形成合金铁素体或合金奥氏体，能产生固溶强化效果，使钢的强度、硬度提高，但塑性、韧性有所下降。图7-1和图7-2是几种合金元素对铁素体硬度和韧性的影响。

由图7-1可知，与铁有不同晶格类型的合金元素，如硅、锰等，能显著提高钢的强度和硬度，因此，这两种资源丰富的元素常被用于强化目的。由图7-2可知，当铬、锰、镍三种元素在含量适当时（$w_{Cr}≤2\%$，$w_{Mn}≤1.5\%$，$w_{Ni}≤5\%$），既能提高钢的强度，又能提高钢的韧

性。虽然铬、镍是全球稀缺元素，但由于它们在钢中的重要作用，仍被广泛使用。

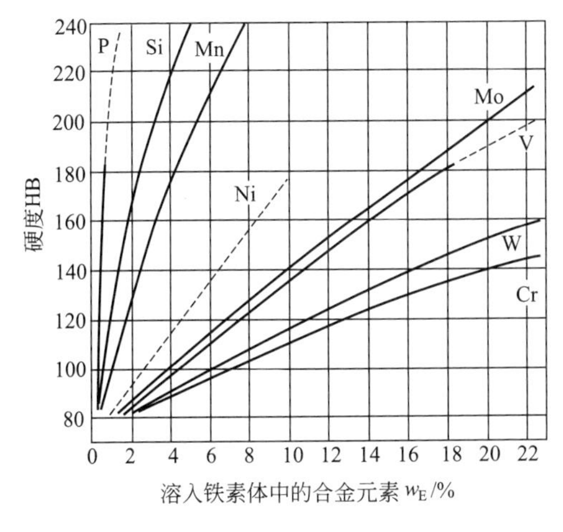

图7-1 合金元素对铁素体硬度的影响

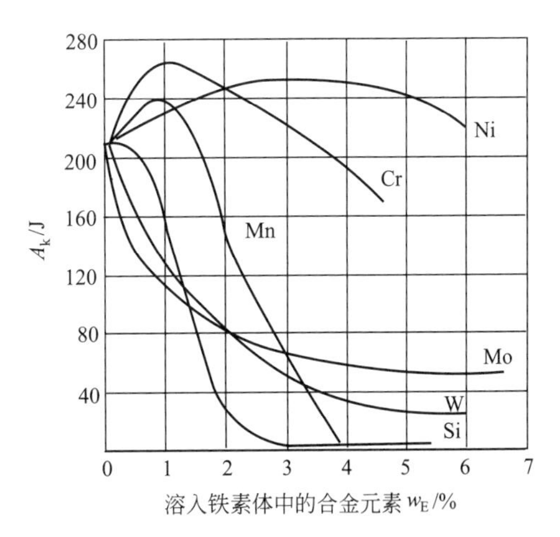

图7-2 合金元素对铁素体韧性的影响

(2) 合金元素与碳的作用

在一般的合金化理论中，按与碳亲和力的大小，可将合金元素分为碳化物形成元素与非碳化物形成元素两大类。

凡是在化学元素周期表中排在铁（第26号）右侧的合金元素，它们与碳的亲和力小于铁，都是非碳化物形成元素，它们是Ni、Co、Cu、Si、Al、N、B等。由于不能形成碳化物，除了在极少数高合金钢中可形成金属间化合物外，这些元素几乎都溶解在铁素体或奥氏体中。

凡是在化学元素周期表中排在铁左侧的合金元素，它们与碳的亲和力大于铁，都是碳化物形成元素，与碳结合形成合金渗碳体或碳化物。而且离铁越远，越易形成比Fe_3C更稳定的碳化物。按它们与碳亲和的能力，由强到弱为：Ti、Zr、Nb、V、W、Mo、Cr、Mn、Fe。

碳化物形成元素中，有些元素（如Mn）与碳的亲和力较弱，除少量可溶于渗碳体中形成合金渗碳体外，大部分仍溶于铁素体或奥氏体中。而与碳亲和力较强的一些碳化物形成元素（如Cr、Mo、W等），当其含量较少时，多半溶于渗碳体中，形成合金渗碳体；当含量较高时，则可能形成新的特殊的合金碳化物，如$Cr_{23}C_6$。与碳亲和力很强的碳化物形成元素（如Nb、Ti、Zr等），几乎总是与碳形成特殊的碳化物，仅在缺碳或高温的条件下，才以原子状态进入固溶体中。

碳化物是钢中的重要相之一，碳化物的类型、数量、大小、形状及分布对钢的性能有很重要的影响。碳化物的特点是熔点高、硬度高，且很稳定，加热时很难溶于奥氏体中，不易分解。因此，碳化物对钢的力学性能及工艺性能有很大影响，尤其是对于刃具钢和模具钢意义重大。

7.2.2 合金元素对铁碳相图的影响

合金元素对非合金钢中的相平衡关系有很大影响，加入合金元素后，将使Fe-Fe_3C相图发生变化。

(1) 对奥氏体相区的影响

合金元素会使奥氏体的单相区扩大或缩小，如图7-3所示。

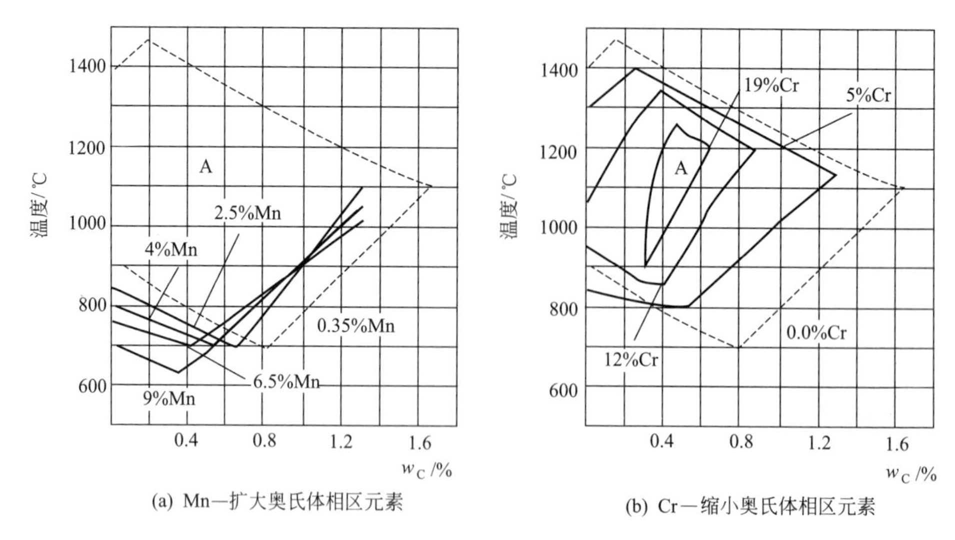

(a) Mn—扩大奥氏体相区元素　　(b) Cr—缩小奥氏体相区元素

图7-3　合金元素对铁碳相图中奥氏体单相区的影响

Mn、Ni、Co、C、N、Cu等元素扩大了奥氏体相区，即使A_3点下降，图7-3(a) 表示锰对奥氏体区域位置的影响。其中与γ-Fe无限互溶的元素镍或锰的含量较多时，可使钢在室温下获得单相奥氏体组织，成为奥氏体钢，如$w_{Ni}>8\%$的18-8型不锈钢和$w_{Mn}>13\%$的ZGMn13耐磨钢均属奥氏体钢。

Cr、W、Mo、V、Ti、Si、Al等元素使A_1和A_3温度升高，使S点、E点向左上方移动，从而使奥氏体区域缩小，图7-3(b) 表示铬对奥氏体区域位置的影响。当加入的元素超过一定含量后，则奥氏体可能完全消失，使钢在包括室温在内的广大温度范围内获得单相铁素体，成为铁素体钢，如含17%~28%Cr的Cr17、Cr25、Cr28不锈钢就是铁素体不锈钢。

(2) 合金元素对*S*、*E*点的影响

扩大奥氏体相区的元素使$Fe-Fe_3C$相图中的共析转变温度（A_1）下降，缩小奥氏体相区的元素则使其上升，如图7-4所示。几乎所有元素均使S点和E点左移，如图7-5所示。

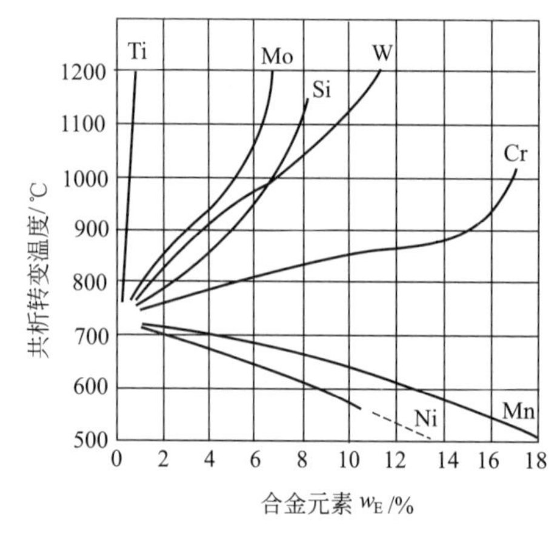

图7-4　合金元素对共析转变温度（A_1）的影响

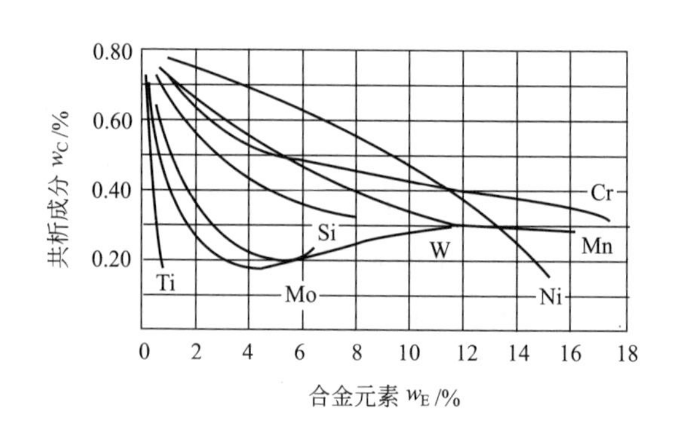

图7-5　合金元素对共析成分（S点）的影响

由于共析温度降低或升高，直接地影响热处理加热的温度，所以锰钢、镍钢的淬火温度低于非合金钢，在热处理加热时容易出现过热现象；而含有缩小奥氏体相区元素的钢，其淬火温度就相应地提高了。

S点向左移动，意味着共析成分降低，与同样碳的质量分数的亚共析钢相比，合金钢组织中的珠光体数量增加，而使钢得到强化。由于E点的左移，又会使发生共晶转变的碳的质量分数降低，在其较低时，使钢具有莱氏体组织。如在高速钢中，虽然碳的质量分数只有0.7%~0.8%，但是由于E点的左移，在铸态下会得到莱氏体组织，成为莱氏体钢。

7.2.3 合金元素对热处理的影响

合金元素的作用，大多要通过热处理才能发挥出来，除低合金钢外，合金钢在使用前一般都经过热处理。

(1) 合金元素对加热转变的影响

合金元素对热处理加热转变的影响实际上就是对奥氏体化过程的影响，主要体现在以下两个方面。

① 大多数合金元素（除镍、钴以外）都延缓钢的奥氏体化过程。含有碳化物形成元素的钢，由于碳化物不易分解，使奥氏体化过程大大减缓。因此，合金钢在热处理时，要相应地提高加热温度或延长保温时间，才能保证奥氏体化过程的充分进行。

Al、Si、Mn等对奥氏体形成速度影响不大。

② 大部分合金元素能阻止奥氏体晶粒的长大，细化晶粒。尤其是中、强碳化物形成元素，如钛、矾、钼、钨、铌、锆等，它们在钢中形成的碳化物非常稳定，如TiC、VC、MoC等，在加热时很难溶解，能强烈地阻碍奥氏体晶粒的长大。此外，一些晶粒细化剂，如AlN等在钢中可形成弥散质点分布于奥氏体晶界上，阻止奥氏体晶粒的长大，细化晶粒。所以，与相应的非合金钢相比，在同样加热条件下，合金钢的组织较细，力学性能更高。

镍对热处理时奥氏体晶粒细化作用不明显，而锰在中碳时则有促进奥氏体晶粒长大的倾向。

(2) 合金元素对冷却转变的影响

① 合金元素对热处理冷却过程的影响就是对过冷奥氏体冷却转变图（C曲线）的影响。除钴以外，大多数合金元素都能提高过冷奥氏体的稳定性，使C曲线位置右移，淬火临界冷却速度减小，从而提高钢的淬透性。所以对于合金钢就可以采用冷却能力较低的淬火剂淬火，如采用油淬或空冷，以减小零件的淬火变形和开裂倾向。

对于非碳化物形成元素和弱碳化物形成元素，如镍、锰、硅等，仅会使C曲线右移，如图7-6(a) 所示。而对中、强碳化物形成元素，如铬、钨、钼、矾等，溶于奥氏体后，不仅使C曲线右移，提高钢的淬透性，而且把珠光体转变与贝氏体转变明显地分为两个独立的区域，改变了C曲线的形状，使其出现两个“鼻尖”，如图7-6(b) 所示。

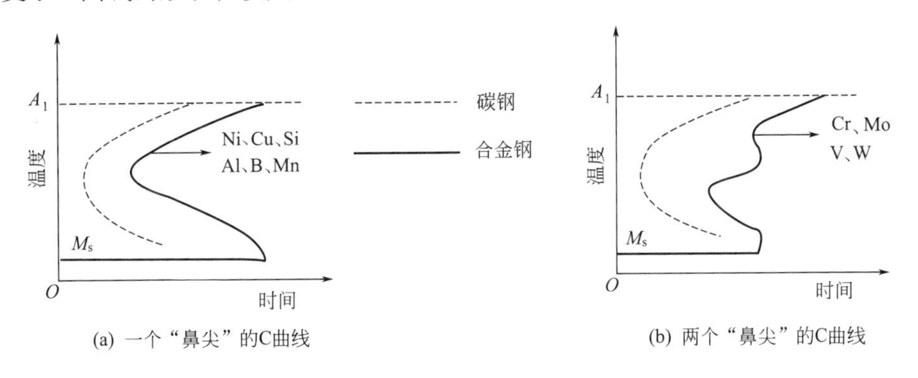

图7-6 合金元素对C曲线的影响

钢中常用的提高淬透性的合金元素有：铬、锰、钼、钨、镍、硅、硼等。两种或多种合金元素的同时加入（多元少量的合金化原则），比单个元素对淬透性的影响要强得多。如铬-镍、铬-锰、硅-锰等组合。硼是显著影响淬透性的元素，合金钢中即使只含十万分之一的硼，也能显著提高钢的淬透性。但硼的这种影响仅对低、中非合金钢有效，对高非合金钢完全无效。

必须指出，加入的合金元素只有在热处理加热完全溶于奥氏体时，才能提高淬透性。如果未完全溶解，则碳化物会成为珠光体的核心，反而降低钢的淬透性。

② 除钴、铝外，多数合金元素溶入奥氏体后，使马氏体转变温度M_s和M_f点下降。M_s和M_f点的下降，使淬火后钢中残余奥氏体量增多。残余奥氏体量过多时，可进行冷处理（冷至M_f点以下），以使其转变为马氏体；或进行多次回火，这时残余奥氏体因析出合金碳化物会使M_s、M_f点上升，并在冷却过程中转变为马氏体或贝氏体（即发生所谓二次淬火）。

（3）合金元素对淬火钢回火转变的影响

① 淬火钢在回火过程中抵抗硬度下降的能力称为回火稳定性或回火抗力。由于合金元素阻碍马氏体分解和碳化物聚集长大过程，使回火的硬度降低过程变缓，从而提高钢的回火稳定性。对合金钢的回火稳定性影响比较显著的元素有钒、钨、钛、铬、钼、钴、硅等；影响不明显的元素有铝、锰、镍等元素。可以看出，碳化物形成元素，对回火抗力的提高作用特别显著。钴和硅虽属不形成碳化物元素，但它们对渗碳体晶核的形成和长大有强烈的延迟作用，因此，也有提高回火稳定性的作用。

合金钢的回火稳定性比非合金钢高，一般是有利的。在要求达到相同的回火硬度时，合金钢的回火温度比同样碳的质量分数的非合金钢来的高，回火的时间也长，内应力消除得好，钢的塑性和韧性指标就高。而在相同的温度下回火时，合金钢的强度、硬度高于非合金钢。

② 一些Mo、W、V含量较高的高合金钢回火时，硬度不是随回火温度升高而单调降低，而是到某一温度（约400℃）后反而开始增大，并在另一更高温度（一般为550℃左右）达到峰值，这一现象称为二次硬化。

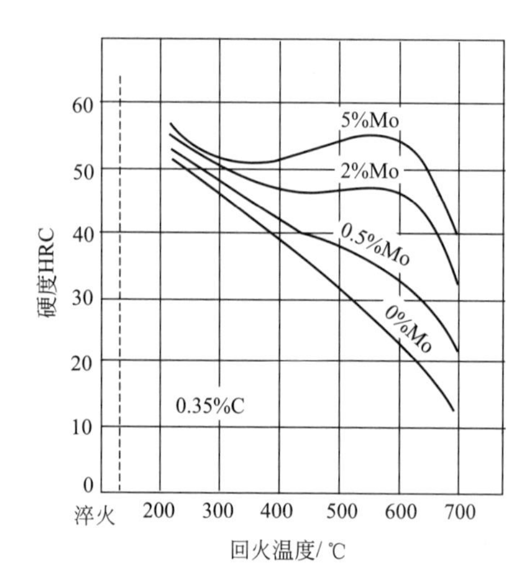

图7-7 元素钼在钢中造成二次硬化的示意图

二次硬化现象与回火析出物的性质有关。当回火温度低于450℃时，钢中析出渗碳体；在450℃以上渗碳体溶解，钢中开始沉淀出弥散稳定的难溶碳化物Mo_2C、W_2C、VC等，使硬度重新升高，称为沉淀硬化。回火时冷却过程中残余奥氏体转变为马氏体的二次淬火也可导致二次硬化。

二次硬化现象对需要较高热硬性的合金工具钢很有价值。图7-7是元素钼在钢中造成二次硬化的示意图。

综上所述，低合金钢与合金钢的性能比非合金钢优良，主要是合金元素提高了钢的淬透性和回火稳定性，细化了奥氏体晶粒，固溶强化铁素体，使珠光体组织数量增多等所致。

7.2.4 合金元素对钢的工艺性能的影响

合金元素对钢的工艺性能的影响同样是一个重要问题。材料没有良好的工艺性能，在实际中很难获得广泛的应用。

(1) 合金元素对铸造性能的影响

钢的铸造性能主要由铸造时金属的流动性、收缩特点、偏析倾向等来综合评定。它们与钢的固相线和液相线温度的高低及结晶温度范围的大小有关。固、液相线的温度愈低和结晶温度范围愈窄，铸造性能愈好，一般共晶成分合金的铸造性能最好。因此，合金元素对铸造性能的影响，主要体现在其对相图的影响。另外，加入高熔点的合金元素如铬、钼、钒、钛、铝等，在钢中形成高熔点碳化物或氧化物质点，增大了钢液的黏度，降低其流动性，使铸造性能恶化。

(2) 合金元素对锻造性能的影响

由于合金元素的影响，许多合金钢，特别是含有大量碳化物的合金钢与普通碳钢相比，高温强度很高，热塑性明显下降，锻造时容易锻裂。由于合金元素使钢的导热性能下降，所以锻造加热必须缓慢，以免造成热应力。所以，与普通碳钢相比，合金钢的锻造性能明显下降。

(3) 合金元素对焊接性能的影响

在钢的焊接性能中，最重要的是钢的焊后开裂敏感性和焊接区的硬度，主要取决于钢的淬透性、回火稳定性和碳的质量分数。

碳的质量分数是影响焊接性能的最重要的因素，碳的质量分数越低，钢的焊接性能越好。在相同的碳质量分数下，合金元素的含量越高，钢的淬透性越好，容易在接头处出现淬硬组织，使该处脆性增大，容易出现焊接裂纹，则焊接性能变差。所以高合金钢焊接时最好采用保护作用好的氩弧焊。

(4) 合金元素对切削性能的影响

由于许多合金钢含有大量硬而脆的碳化物，所以其切削加工性能比普通碳钢差。而有些合金钢的加工硬化能力很强，其切削加工性能也是很差的。

为了提高钢的切削加工性能，可以在钢中加入一些改善切削性能的合金元素，得到所谓易切削钢。最常用的元素是硫，在易切削钢中，硫含量可高达0.08%~0.2%。易切削钢不但使工具寿命延长，动力消耗减少，表面光洁程度提高，而且断屑性好，因此广泛用于自动车床上的高速切削，这对于大批生产的一般零件是很有利的。

上述的合金元素在钢中的作用，大都是定性地指单一合金元素的影响。实际上低合金钢与合金钢中往往存在几种合金元素，因相互作用和复合影响，效果要复杂得多。

7.3 低合金钢与合金钢的编号

低合金钢与合金钢品种繁多，为了管理和使用的方便，每一种钢都应该有一个简明的编号。虽然世界上各国低合金钢与合金钢的编号方法不一样，但其是有原则和规律的，从钢的牌号中可以大致看出该钢的成分或该钢的用途。

7.3.1 合金结构钢的编号

合金结构钢编号是以“两位数字+元素+数字+…”的方法表示。牌号的前两位数字表示平均碳的质量分数的万分之几。合金元素以化学元素符号表示，合金元素后面的数字则表示该元素的含量，一般以百分之几表示。凡合金元素的平均含量小于1.5%时，牌号中一般只标明元素符号而不标明其含量。如果平均含量≥1.5%、≥2.5%、≥3.5%……，则相应地在元素符号后面标以2、3、4……如为高级优质钢，则在其牌号后加“高”或“A”。钢中的V、Ti、

Al、B、RE等合金元素，虽然它们的含量很低，但在钢中能起相当重要的作用，故仍应在牌号中标出。

如20CrMnTi表示平均碳的质量分数为0.20%，主要合金元素Cr、Mn含量均低于1.5%，并含有微量Ti的合金结构钢；60Si2Mn表示平均碳的质量分数为0.60%，主要合金元素Mn含量低于1.5%，Si含量为1.5%~2.5%的合金结构钢。

7.3.2 合金工具钢与特殊性能钢的编号

合金工具钢的牌号以“一位数字（或没有数字）+元素+数字+…”表示。其编号方法与合金结构钢大体相同，区别在于碳的质量分数的表示方法，当碳的质量分数<1.0%时，则在牌号前以千分之几表示它的平均碳的质量分数；而当碳的质量分数≥1.0%时，则不予标出。如9CrSi钢，平均碳的质量分数为0.90%，主要合金元素为铬、硅，含量都小于1.5%。又如Cr12MoV钢，碳的质量分数为1.45%~1.70%（大于1.0%），主要合金元素铬的质量分数为12%，钼和钒的质量分数均小于1.5%。

对于含铬量低的钢，其含铬量以千分之几表示，并在数字前加“0”，以示区别。如平均Cr=0.6%的低铬工具钢的牌号为“Cr06”。

特殊性能钢的牌号和合金工具钢的表示相同，如不锈钢2Cr13表示碳的质量分数为0.20%，含铬量为12.5%~13.5%。当碳的质量分数小于0.08%时，在牌号前标“0”；当碳的质量分数小于0.03%，在牌号前标“00”。

7.3.3 专用钢的编号

专用钢是指某些用于专门用途的钢种，如压力容器用钢、桥梁用钢、滚动轴承钢等。一般在专用钢的牌号首或牌号尾标注表示其用途名称的汉语拼音第一个字母，表明该钢的类型。

例如压力容器用钢，在其牌号尾标注大写字母R，表示“容”。其牌号可用屈服强度也可用碳的质量分数或含合金元素表示。如Q345R，再如20R、16MnR、15MnVR、15MnVNR、15CrMoR等均用碳的质量分数或含合金元素来表示。

又如滚珠轴承钢在牌号前标以G，表示“滚”。其后为铬（Cr）+数字，数字表示铬含量平均值的千分之几，如“滚铬15”（GCr15）。这里应注意牌号中铬元素后面的数字是表示含铬量为1.5%，其他元素仍按百分之几表示，如GCr15SiMn表示含铬为1.5%，Si、Mn均小于1.5%的滚动轴承钢。

再如易切钢前标以“Y”字，Y40Mn表示含碳量约0.4%，含锰量小于1.5的易切钢。

7.4 低合金钢

低合金钢是指含有少量合金元素，具有较好力学性能和工艺性能，用于各种工程构件的钢种，在我国曾经称之为低合金钢、低合金结构钢、普通低合金钢、低合金高强度钢等。低合金钢作为近几十年发展快、性能好、产量大、应用范围广的钢种，受到了世界各国的重视，各发达工业国家的低合金钢产量约占钢产量的10%。

7.4.1 低合金钢的分类

根据国家标准《钢分类》第二部分，低合金钢分类如下。

① 按主要质量等级分　低合金钢按主要质量等级分为普通质量低合金钢、优质低合金

钢、特殊质量低合金钢三类。

② 按主要性能和使用特性分　低合金钢按主要性能及使用特性可分为低合金高强度结构钢、低合金耐候钢、低合金钢筋钢、铁道用低合金钢、矿用低合金钢、其他低合金钢等。

7.4.2 低合金高强度钢（HSLA）

(1) 化学成分特点

低合金高强度钢的化学成分以低碳和低硫为主要特征。由于对塑性、韧性、焊接性和冷成形性能的要求，其碳质量分数不超过0.20%。

在低合金高强度钢中常用的合金元素有Mn、Si、Mo、Cu、Nb、Ti、Zr、B、P和N等，总量一般在3%以下。

在这种钢中主加元素为锰（Mn），其主要作用是通过溶入铁素体中，起固溶强化作用；还通过细化晶粒，改善塑性、韧性，是一种固溶强化效果显著又比较便宜的元素，为保证钢的塑性和韧性，其加入量不超过1.8%。铌、钛或钒等为辅加元素，少量的铌、钛或钒在钢中形成细碳化物或碳氮化物，一方面在热轧时阻止奥氏体晶粒长大，另一方面在冷却过程中碳氮化物析出，进一步提高钢的强度和韧性。此外，加入少量铜（≤0.4%）和磷（0.1%左右）等，可提高抗大气腐蚀性能。

加入少量稀土元素，可以脱硫、去气，使钢材净化，改善韧性和工艺性能。

(2) 性能特点

低合金高强度钢强度高，一般屈服强度在300MPa以上，所以1t低合金高强度钢可顶1.2~2.0t碳素结构钢使用，从而可减轻构件重量，提高构件使用的可靠性并节约钢材。

低合金高强度结构钢塑性、韧性好，具有良好的焊接性能和冷成形性能，并且韧脆转变温度低，抗大气腐蚀性高。

这类钢一般在热轧空冷状态下使用，采用焊接工艺成形，不需要进行专门的热处理。使用状态下的显微组织一般为铁素体+珠光体（索氏体）。有时也可淬火成低碳马氏体状态下使用。

(3) 常用钢种和用途

低合金高强度结构钢的牌号表示方法与碳素结构钢相同，也是以屈服强度级别为标准编号，用“Q+数字+字母+字母”表示。其中，“Q”字是钢材的屈服强度“屈”字的汉语拼音字首，紧跟后面的是屈服强度值，再其后分别是质量等级符号和脱氧方法。例如Q345-C表示R_{eL}≥345MPa、质量等级为C级的低合金高强度钢。

牌号中规定了A、B、C、D、E五种质量等级，A级质量等级最低，E级质量等级最高。

常用低合金高强度钢按其屈服强度的高低分为5个级别（300MPa、350MPa、400MPa、450MPa、500MPa），如表7-1所示。

在较低级别的钢中，Q345（16Mn）最具有代表性，它是目前我国用量最多，产量最大的一种低合金高强度结构钢，使用状态的组织为细晶粒的铁素体-珠光体，强度比碳素结构钢Q235高约20%~30%，耐大气腐蚀性能高20%~38%，这类钢多用于船舶、车辆、桥梁等大型钢结构，目前，在其基础上已经发展出了多种派生牌号和专用钢种，如16MnR等。南京长江大桥采用Q345比用碳素结构钢节约钢材15%以上，又如我国的载重汽车大梁采用Q345后，使载重比由1.05提高到1.25。

表7-1 常用低合金高强度钢的性能和用途

牌号	旧牌号	主要化学成分/%			力学性能			用途
		C	Si	Mn	R_{eL}/MPa	R_m/MPa	A/%	
Q295	09MnNb	≤0.12	0.20~0.60	0.80~1.20	300 280	420 400	23 21	桥梁、车辆
	12Mn	≤0.16	0.20~0.60	1.10~1.50	300 280	450 440	21 19	锅炉、容器、铁道车辆、油罐等
Q345	16Mn	0.12~0.20	0.20~0.60	1.20~1.60	350 290	520 480	21 19	桥梁、船舶、车辆、压力容器、建筑结构
	16MnRE	0.12~0.20	0.20~0.60	1.20~1.60	350	520	21	建筑结构、船舶、化工容器等
Q390	16MnNb	0.12~0.20	0.20~0.60	1.20~1.60	400 380	540 520	19 18	桥梁、起重设备等
	15MnTi	0.12~0.18	0.20~0.60	1.20~1.60	400 380	540 520	19 19	船舶、压力容器、电站设备等
Q420	14MnVTiRE	≤0.18	0.20~0.60	1.30~1.60	450 420	560 540	18 18	桥梁、高压容器、大型船舶、电站设备等
	15MnVN	0.12~0.20	0.20~0.60	1.30~1.70	450 430	600 580	17 18	大型焊接结构、大桥、管道等
Q460	14MnMoVB	0.10~0.18	0.20~0.50	1.20~1.60	500	650	16	中温高压容器(<500℃)
	18MnMoNb	0.17~0.23	0.17~0.37	1.35~1.65	520 500	650 650	17 16	锅炉、化工、石油高压厚壁容器(<500℃)

Q390钢（15MnVN）含V、Ti、Nb，中等级别强度钢中使用最多的钢种。强度较高，且韧性、焊接性及低温韧性也较好，被广泛用于制造桥梁、锅炉、船舶、中等压力的容器。

强度级别超过400MPa后，铁素体和珠光体组织难以满足要求，于是发展了低碳贝氏体钢。加入Cr、Mo、Mn、B等元素，有利于空冷条件下得到贝氏体组织，使强度更高，塑性、焊接性能也较好，多用于高压锅炉、高压容器等。

7.4.3 低合金耐候性钢

低合金耐候性钢即耐大气腐蚀钢，是近年来我国开始推广应用的新钢种。在这类钢中加入少量合金元素，如铜、磷、铬、镍 、钼、钛、铌、钒等，使其在钢表面形成一层致密的保护膜，提高了耐候性，具有良好的耐大气腐蚀能力，同时在海水、硫化氢等环境也有一定程度的抗蚀能力。

低合金耐候性钢常用的牌号有09CuPCrNi-A、09CuPCrNi-B、10MnPNbRE、12MoAlV等。主要用于铁道车辆、农业机械、起重运输机械、建筑、船舶等方面。如10MnPNbRE钢耐海洋大气和海水腐蚀，用于船舶、板桩、井架；12MoAlV钢适于制造炼油厂高温硫化氢设备；10MoWVNb钢在用于400℃氢、氮、氨高压管方面效果较好。

表7-2是焊接结构用耐候钢的牌号及化学成分。

表7-2 焊接结构用耐候钢的牌号及化学成分

牌号	化学成分(质量分数)/%						
	C	Si	Mn	P	S	Cu	Cr
Q235NH(16CuCr)	0.12~0.20	0.15~0.35	0.35~0.65	≤0.040	≤0.040	0.20~0.40	0.20~0.60
Q295NH(12MnCuCr)	0.08~0.15	0.15~0.35	0.60~1.00	≤0.040	≤0.040	0.20~0.40	0.30~0.65
Q355NH(15MnCuCr)	0.10~0.19	0.15~0.35	0.90~1.30	≤0.040	≤0.040	0.20~0.40	0.30~0.65
Q460NH(15MnCuCr-QT)	0.10~0.19	0.15~0.35	0.90~1.30	≤0.040	≤0.040	0.20~0.40	0.30~0.65

7.4.4 低温用钢

为了存储、运输液化天然气等液化气体需要大量低温压力容器、管道和运输船舶，这些设备和船舶必须采用具有特殊性能的低温用钢制造。

（1）低温用钢及其性能要求

通常把-10～-196℃的低温下使用的钢叫低温用钢，把在-196℃以下的低温下使用的钢叫深冷钢或超低温用钢。低温用钢一般按不同的使用温度，可分为-40℃、-60℃、-70℃、-80℃、-90℃、-100℃、-196℃、-253℃等几个级别。

对于低温用钢的技术要求一般是，在低温下具有足够的强度和充分的韧性，具有良好的焊接性和加工成形性，对所容纳的物质具有一定的耐腐蚀性，某些特殊用途还要求极低的磁导率、冷收缩率等。其中低温韧性，即低温下防止脆性破坏发生和扩展的能力是最重要的因素，钢材的低温性能主要是用低温冲击韧性来控制。所以，各国通常都规定出最低温度下的一定的冲击韧性值。

钢材的晶粒越细，其低温冲击韧性越好，通常加入钒、钛、稀土等细化晶粒的合金元素。锰、镍等元素也能使低温韧性提高。每增加1%的镍含量，韧脆转变温度约可降低20℃左右。

在低温用钢的化学成分中，一般认为，碳、硅、磷、硫、氮等元素使低温韧性恶化，其中磷的危害最大，所以在冶炼中应早期低温脱磷。

（2）常用的低温用钢

按照钢的组织，低温用钢大致可分为铁素体低温用钢和奥氏体低温用钢二大类。

① 铁素体低温用钢　低温用钢中大部分属于铁素体低温用钢。铁素体低温用钢一般存在明显的韧脆转变温度，当温度降低至某个临界值（或区间）会出现韧性的突然下降。因此，铁素体钢不宜在其转变温度以下使用，一般通过提高钢的纯净度和降低钢中磷、硫含量，加入Mn、Ni等合金元素，细化晶粒，控制钢中第二相的大小、形态和分布等，使铁素体钢的韧性-脆性转变温度降低。

铁素体低温用钢按成分分为低碳锰钢、低温高强度钢和镍系低温钢为三类，常用的牌号主要有09Mn2V（-70℃）、06MnNb（-90℃）和06AlNbCuN（-120℃），用于制作低温设备的零部件。

② 奥氏体低温用钢　奥氏体低温用钢具有稳定的奥氏体单相组织、面心立方晶格结构，最具特点的是它没有韧脆转变现象。通过固溶处理获得优良的低温韧性，甚至在-196℃的低温下韧性几乎没有损失，所以奥氏体不锈钢主要在超低温（-196℃）以下使用，用于液化天然气（LNG）的储藏、运输，在制造液氧和液氮等的低温设备等方面，获得了广泛的应用。

按合金成分不同，奥氏体低温用钢可分为Fe-Cr-Ni系、Fe-Cr-Ni-Mn和Fe-Cr-Ni-Mn-N系、Fe-Mn-Al系奥氏体低温无磁钢三个系列。常用的牌号有18-8型铬镍不锈钢、0Cr21Ni6Mn9N、0Cr16Ni22Mn9Mo2、15Mn26Al4等。

7.5 机器零件用钢

机器零件用钢是指用于制造各种机器零件，如轴类零件、齿轮、弹簧和轴承等所用的钢种，也称为机器制造用钢。

机器零件用钢对力学性能的要求是多方面的，不但要求钢材具有高的强度、塑性和韧性，而且要求钢材具有良好的疲劳强度和耐磨性。此外，合金结构钢还要求具有良好的工艺性能，主要指切削加工性能和热处理工艺性能。机器零件用钢一般都经过热处理后使用。

机器零件用钢按用途不同，可分为合金渗碳钢、合金调质钢、合金弹簧钢、滚动轴承钢等。

7.5.1 合金渗碳钢

许多常用零件是在受冲击和磨损条件下工作的，如汽车、拖拉机上的变速齿轮、内燃机上的凸轮、活塞销等，要求表面硬、耐磨，而零件心部则要求有较高的韧性和强度以承受冲击。为满足上述要求，常选用合金渗碳钢，合金渗碳钢属于表面硬化合金结构钢。

（1）化学成分

为了满足“外硬内韧”的要求，这类钢一般都采用低碳钢，碳质量分数一般为0.10%~0.25%，使零件心部有足够的塑性和韧性。主加合金元素的目的是提高淬透性，常加入Cr、Ni、Mn、B等。加入少量强碳化物形成元素Ti、V、W、Mo等，形成稳定的合金碳化物，阻碍奥氏体晶粒长大，细化晶粒。

（2）热处理特点

合金渗碳钢的热处理规范一般是渗碳后进行直接淬火、一次淬火或二次淬火，而后低温回火。低合金渗碳钢，经常采用直接淬火或一次淬火，而后低温回火；高合金渗碳钢则采用二次淬火和低温回火处理。

热处理零件表面组织为回火马氏体+碳化物+少量残留奥氏体，硬度达58~62HRC，满足耐磨的要求，而心部的组织是低碳马氏体，保持较高的韧性，满足承受冲击载荷的要求。对于大尺寸的零件，由于淬透性不足，零件的心部淬不透，仍保持原来的珠光体+铁素体组织。

（3）常用钢种

按照钢的淬透性大小，合金渗碳钢可分为三类。

① 低淬透性渗碳钢　低淬透性合金渗碳钢含合金元素总量<3%，如15Cr、20Cr、20Mn2。这类钢合金元素含量少，淬透性较低，水淬临界直径<25mm，渗碳淬火后，心部强韧性较低，只适于制造受冲击载荷较小的耐磨零件，如活塞销、凸轮、滑块、小齿轮等。

② 中淬透性渗碳钢　中淬透性合金渗碳钢含合金元素总量在4%左右。如20CrMn、20CrMnTi、20Mn2TiB。典型钢种为20CrMnTi，淬透性较高，油淬临界直径约为25~60mm；过热敏感性较小，渗碳过渡层比较均匀，具有良好的力学性能和工艺性能。主要用于制造承受中等载荷、要求足够冲击韧度和耐磨性的汽车、拖拉机齿轮等零件。

③ 高淬透性渗碳钢　高淬透性合金渗碳钢含合金元素总量在4%~6%。如18Cr2Ni4WA、20Cr2Ni4A等。这种钢淬透性很高，钢的油淬临界直径>100mm；且具有很好的韧性和低温冲击韧性。主要用于制造大截面、高载荷的重要耐磨件，如飞机、坦克中的曲轴、大模数齿轮等。

常用的渗碳钢牌号、热处理工艺、力学性能及用途见表7-3。

表7-3　常用的渗碳钢牌号、热处理工艺、力学性能及用途

类别	牌号	热处理/℃			力学性能(不小于)			用途
		渗碳	淬火	回火	R_m/MPa	R_e/MPa	A/%	
低淬透性	20Mn2	930	770~800油	200	820	600	10	小齿轮、小轴、活塞销等
	20Cr	930	800水，油	200	850	550	10	齿轮、小轴、活塞销等
	20MnV	930	880水，油	200	800	600	10	同20Cr，也用作锅炉、高压容器管道等

续表

类别	牌号	热处理/℃			力学性能(不小于)			用途
		渗碳	淬火	回火	R_m /MPa	R_e /MPa	A /%	
低淬透性	20CrV	930	800水,油	200	850	600	12	齿轮、小轴、顶杆、活塞销、耐热垫圈
中淬透性	20CrMn	930	850油	200	950	750	10	齿轮、轴、蜗杆、活塞销、摩擦轮
	20CrMnTi	930	860油	200	1100	850	10	汽车、拖拉机上的变速箱齿轮
	20Mn2TiB	930	860油	200	1150	950	10	代20CrMnTi
	20SiMnVB	930	780~800油	200	≥1200	≥100	≥10	代20CrMnTi
高淬透性	18Cr2Ni4WA	930	850空	200	1200	850	10	大型渗碳齿轮和轴类零件
	20Cr2Ni4A	930	780油	200	1200	1100	10	

7.5.2 合金调质钢

采用调质处理，即淬火+高温回火后使用的合金结构钢，统称为合金调质钢。调质后得到回火索氏体组织，综合力学性能好，用于受力较复杂的重要结构零件。如汽车后桥半轴、连杆、螺栓以及各种轴类零件。与碳素调质钢相比，合金调质钢更能满足截面尺寸大、淬透性要求高的零件需要。

（1）化学成分特点

合金调质钢的碳的质量分数在0.30%~0.50%之间，属中碳钢。碳的质量分数在这一范围内可保证钢的综合性能，碳的质量分数过低，则影响钢的强度指标，碳的质量分数过高则韧性显得不足。对于合金调质钢，随合金元素的增加，碳的质量分数趋于下限。

主加合金元素为Cr、Mn、Ni、Si、B等，主要目的是提高淬透性。除硼（B）外，这些合金元素除了提高淬透性外，还能形成合金铁素体，提高钢的强度。如调质处理后的40Cr钢的强度比45钢高很多。

加入少量强碳化物形成元素Ti、V、W、Mo等，形成稳定的合金碳化物，阻碍奥氏体晶粒长大，细化晶粒和提高回火稳定性。其中W、Mo还可以防止第二类回火脆性，其适宜含量为：Mo的质量分数为0.15%~0.30%，W的质量分数为0.8%~1.2%。

（2）热处理特点

合金调质钢预备热处理的目的是为了改善热加工造成的晶粒粗大和带状组织，获得便于切削加工的组织和性能。对于珠光体型调质钢，在800℃左右进行一次退火代替正火，可细化晶粒，改善切削加工性。对马氏体型调质钢，因为正火后，可能得到马氏体组织，所以必须再在A_{c_1}以下进行高温回火，使其组织转变为粒状珠光体。回火后硬度可由380~550HBW降至207~240HBW，此时可顺利进行切削加工。

合金调质钢的最终热处理是淬火加高温回火（调质处理）。合金调质钢淬透性较高，一般都用油淬，淬透性特别大时甚至可以空冷，这能减少热处理缺陷。

合金调质钢的最终性能决定于回火温度。一般采用500~650℃回火。通过选择回火温度，可以获得所要求的性能（具体可查热处理手册中有关钢的回火曲线）。为防止第二类回火脆性，回火后快冷（水冷或油冷），有利于韧性的提高。当要求零件具有特别高的强度（R_m=1600~1800MPa）时，采用200℃左右回火，得到中碳马氏体组织。这也是发展超高强度钢的重要方向之一。

合金调质钢常规热处理后的组织是回火索氏体。对于表面要求耐磨的零件（如齿轮、主轴），再进行感应加热表面淬火及低温回火，表面组织为回火马氏体。表面硬度可达55~58HRC。

合金调质钢淬透调质后的屈服强度约为800MPa，冲击吸收功A_k>47J，心部硬度可达22~25HRC。若截面尺寸大而未淬透时，性能显著降低。

(3) 常用钢种

按淬透性的高低，合金调质钢大致可以分为三类。

① 低淬透性调质钢　这类钢合金元素总量<3%，油淬临界直径最大为30~40mm，广泛用于制造一般尺寸的重要零件，如轴、齿轮、连杆螺栓等。典型钢种是40Cr，而35SiMn、40MnB是为节约铬而发展的代用钢种。表7-4为常用的低淬透性调质钢的牌号、化学成分、热处理、力学性能及用途。

表7-4　常用低淬透性调质钢的牌号、化学成分、热处理、力学性能及用途

牌　号		35SiMn	40MnB	40MnVB	40Cr
化学成分/%	C	0.32~0.40	0.37~0.44	0.37~0.44	0.37~0.45
	Mn	1.10~1.40	1.10~1.40	1.10~1.40	0.50~0.80
	Si	1.10~1.40	0.20~0.40	0.20~0.40	0.20~0.40
	Cr				0.80~1.10
	其他		B0.001~0.0035	V0.05~0.10 B0.001~0.004	
热处理	淬火/℃	900,水	850油	850油	850油
	回火/℃	570,水、油	500水,油	500水,油	500水,油
力学性能≥	R_m/MPa	885	1000	1000	1000
	R_{eL}/MPa	735	800	800	800
	A/%	15	10	10	9
	A_k/J	47	47	47	47
用　途		除要求低温(-20℃以下)韧性很高的情况外,可全面代替40Cr	代替40Cr	可代替40Cr及部分代替40CrNi作重要零件,也可代替38CrSi作重要销钉	作重要调质件,如轴类件、连杆螺栓、进气阀和重要齿轮等

② 中淬透性调质钢　这类钢合金元素总量在4%左右，油淬临界直径最大为40~60mm，含有较多的合金元素，用于制造截面较大、承受较重载荷的零件，如曲轴、连杆等。典型钢种为40CrNi、35CrMo、40CrMn。表7-5为常用的中淬透性合金调质钢的牌号、化学成分、热处理、力学性能及用途。

③ 高淬透性调质钢　这类钢合金元素总量在4%~10%，油淬临界直径为60~100mm，多半为铬镍钢。铬、镍的适当配合，可大大提高淬透性，并能获得比较优良的综合力学性能。用于制造大截面、承受重负荷的重要零件，如汽轮机主轴、压力机曲轴、航空发动机曲轴等。常用钢种为40CrNiMoA、37CrNi3、25Cr2Ni4A。

常用高淬透性调质钢的牌号、化学成分、热处理、力学性能及用途见表7-6。

表7-5　常用中淬透性调质钢的牌号、化学成分、热处理、力学性能及用途

牌　号		38CrSi	30CrMnSi	40CrNi	35CrMo
化学成分/%	C	0.35~0.43	0.27~0.34	0.37~0.44	0.32~0.40
	Mn	0.30~0.60	0.80~1.10	0.50~0.80	0.40~0.70
	Si	1.00~1.30	0.90~1.20	0.17~0.37	0.20~0.40
	Cr	1.30~1.60	0.80~1.10	0.45~0.75	0.80~1.10
	其他			Ni1.00~1.40	Mo:0.15~0.25
热处理	淬火/℃	900油	880油	820油	850油

续表

牌号		38CrSi	30CrMnSi	40CrNi	35CrMo
热处理	回火/℃	600水，油	520水，油	500水，油	550水，油
力学性能≥	R_m/MPa	1000	1100	980	1000
	R_{eL}/MPa	850	800	785	850
	A/%	12	10	10	12
	A_k/J	55	63	55	63
用途		作载荷大的轴类件及车辆上的重要调质件	高强度钢，作高速载荷砂轮轴、车辆上内外摩擦片等	汽车、拖拉机、机床、柴油机的轴、齿轮、螺栓等	重要调质件，如曲轴、连杆及代40CrNi作大截面轴

表7-6 常用高淬透性合金调质钢的牌号、化学成分、热处理、力学性能及用途

牌号		38CrMoA1A	37CrNi3	40CrMnMo	25Cr2Ni4WA	40CrNiMoA
主要化学成分/%	C	0.35~0.42	0.34~0.41	0.37~0.45	0.21~0.28	0.37~0.44
	Mn	0.30~0.60	0.30~0.60	0.90~1.20	0.30~0.60	0.50~0.80
	Si	0.20~0.40	0.20~0.40	0.20~0.40	0.17~0.37	0.20~0.40
	Cr	1.35~1.65	1.20~1.60	0.90~1.20	1.35~1.65	0.60~0.90
	其他	Mo0.15~0.25 Al0.70~1.10	Ni3.00~3.50	Ni0.20~0.30	Ni4.00~4.50 W0.80~1.20	Ni1.25~1.75 Mo0.15~0.25
热处理	淬火/℃	940水，油	820油	850油	850油	850油
	回火/℃	550水，油	500水，油	600水，油	550水	600水，油
力学性能≥	R_m/MPa	1000	1150	1000	1100	1000
	R_{eL}/MPa	850	1000	800	950	850
	A/%	14	10	10	11	12
	A_k/J	63	71	63	71	78
用途		作氮化零件，如高压阀门、缸套等	作大截面并要求高强度、高韧性的零件	相当于40CrNi-Mo的高级调质钢	作力学性能要求很高的大截面零件	作高强度零件，如航空发动机轴，在<500℃工作的喷气发动机承载零件

7.5.3 合金弹簧钢

(1) 弹簧钢的性能要求

合金弹簧钢是一种专用结构钢，主要用于制造各种弹簧和弹性元件。合金弹簧钢应具有高的弹性极限R_e，尤其是高的屈强比R_{eL}/R_m，以保证弹簧有足够高的弹性变形能力和较大的承载能力；具有高的疲劳强度，以防止在振动和交变应力作用下产生疲劳断裂；具有足够的韧性，以免受冲击时脆断。

此外，弹簧钢还要求有较好的淬透性，不易脱碳和过热，容易绕卷成形等。一些特殊弹簧钢还要求耐热性、耐蚀性等。

(2) 化学成分特点

弹簧钢碳的质量分数一般为0.45%~0.70%。碳的质量分数过高，塑性和韧性降低，疲劳极限也下降。可加入的合金元素有锰、硅、铬、钒和钨等。加入硅、锰主要是提高淬透性，同时也提高屈强比，其中硅的作用更为突出。硅、锰元素的不足之处是硅会促使钢材表面在加热时脱碳，锰则使钢易于过热。因此，重要用途的弹簧钢必须加入铬、钒、钨等。它们不仅使钢材有更高的淬透性，不易脱碳和过热，而且有更高的高温强度和韧性。

此外，弹簧的冶金质量对疲劳强度有很大的影响，所以弹簧钢均为优质钢或高级优质钢。

（3）常用钢种

65Mn和60Si2Mn是以Si、Mn为主要合金元素的弹簧钢。这类钢的价格便宜，淬透性明显优于碳素弹簧钢，Si、Mn的复合合金化，性能比只用Mn好得多。这类钢主要用于汽车、拖拉机上的板簧和螺旋弹簧。

50CrVA为含Cr、V、W等元素的弹簧钢 。Cr、V复合合金化，不仅大大提高钢的淬透性，而且还提高钢的高温强度、韧性和热处理工艺性能。这类钢可制作在350~400℃温度下承受重载的较大弹簧。

常用合金弹簧钢的牌号、热处理工艺、力学性能及用途见表7-7。

表7-7　常用合金弹簧钢的牌号、热处理、力学性能及用途

牌　号		65Mn	60Si2Mn	55SiMnVB	60Si2CrVA	50CrVA
主要成分/%	C	0.62~0.70	0.57~0.65	0.52~0.60	0.56~0.64	0.46~0.54
	Mn	0.90~1.20	0.60~0.90	1.00~1.30	0.40~0.70	0.50~0.80
	Si	0.17~0.37	1.50~2.00	0.70~1.00	1.40~1.80	0.17~0.80
	其他	0.17~0.37Cr	≤0.30Cr	0.0005~0.035B 0.08~0.16V	0.9~1.20Cr 0.10~0.20V	0.80~1.10Cr
热处理	淬火/℃	830(油)	870(油)	880(油)	850(油)	850(油)
	回火/℃	540	480	460	410	500
力学性能	R_m/MPa	785	1275	1373	1900	1300
	R_{eL}/MPa	981	1177	1225	1700	1150
	A/%	8	5	5	6(A5)	10(A5)
	Z/%	30	25	30	20	40
用　途		截面≤25mm的弹簧，例如车厢板簧，弹簧发条等	截面25~30mm的弹簧，例如汽车板簧，机车螺旋弹簧；还可用于工作温度小于250℃的耐热弹簧	代替60Si2Mn制造重型、中型、小型汽车的板簧和其他中等截面的板簧和螺旋弹簧	截面≤50mm的承受高载荷及工作温度低于350℃的重要弹簧，如调速器弹簧、汽轮机汽封弹簧等	截面30~50mm承受高载荷的重要弹簧及工作温度低于400℃的阀门弹簧、活塞弹簧、安全弹簧等

（4）弹簧钢的生产方式和热处理

根据弹簧钢的生产方式，可分为热成形弹簧和冷成形弹簧两类，所以其热处理工艺也分为两类。

对于热成形弹簧，一般可在淬火加热时成形，然后淬火+中温回火，获得回火托氏体组织，具有很高的屈服强度和弹性极限，并有一定的塑性和韧性。如在汽车钢板弹簧的生产中，首先采用中频感应设备将钢板加热到适当温度，然后热压成形，并随之在油中淬火，使成形与热处理结合起来，实现了形变热处理，取得了良好效果。

对于冷成形弹簧，通过冷拔（或冷拉）、冷卷成形。冷卷后的弹簧不必进行淬火处理，只需要进行一次消除内应力和稳定尺寸的定型处理，即加热到250~300℃，保温一段时间，从炉内取出空冷即可使用。钢丝的直径越小，则强化效果越好，强度越高，强度极限可达1600MPa以上，而且表面质量很好。

如果弹簧钢丝直径太大，如$\phi>15$mm，板材厚度$h>8$mm，会出现淬不透现象，导致弹性极限下降，疲劳强度降低，所以弹簧钢材的淬透性必须和弹簧选材直径尺寸相适应。

弹簧的弯曲应力、扭转应力在表面处最高，因而它的表面状态非常重要。热处理时的氧化脱碳是最忌讳的，加热时要严格控制炉气，尽量缩短加热时间。

弹簧经热处理后，一般进行喷丸处理，使表面强化并在表面产生残余压应力，以提高疲劳强度。

7.5.4 滚动轴承钢

（1）滚动轴承钢的性能要求

主要用来制造滚动轴承的滚动体（滚珠、滚柱、滚针）、内外套圈的钢称为滚动轴承钢，属专用结构钢，如图7-8所示。

滚动轴承是一种高速转动的零件，工作时接触面积很小，不仅有滚动摩擦，而且有滑动摩擦，承受很高、很集中的周期性交变载荷，所以常常是接触疲劳破坏。因此要求滚动轴承钢具有高而均匀的硬度，高的弹性极限和接触疲劳强度，足够的韧性和淬透性以及一定的抗腐蚀能力。

图7-8 滚动轴承

（2）成分特点及钢种

滚动轴承钢是一种高碳低铬钢。碳质量分数一般为0.95%~1.10%，以保证其高硬度、高耐磨性和高强度。主加铬为基本合金元素，可提高淬透性，使淬火、回火后整个截面上获得较均匀的组织；形成合金渗碳体（Fe，Cr）$_3$C呈细密、均匀分布，提高钢的耐磨性，特别是疲劳强度；溶入奥氏体中的铬，又可提高马氏体的回火稳定性；适宜的铬质量分数为0.40%~1.65%。加入硅、锰、钒等进一步提高淬透性，便于制造大型轴承。V部分溶于奥氏体中，部分形成碳化物VC，提高钢的耐磨性并防止过热。

合金轴承钢中非金属夹杂和碳化物的不均匀性对钢的性能尤其是接触疲劳强度影响很大。因此，轴承钢一般采用电炉冶炼和真空去气处理。

铬轴承钢最常用的是GCr15，使用量占轴承钢的绝大部分。添加Mn、Si、Mo、V的轴承钢淬透性更高，可制造大型轴承，如GCr15SiMn、GCr15SiMnMoV等。为了节约铬，加入Mo、V可得到无铬轴承钢，如GSiMnMoV、GSiMnMoVRE等，其性能与GCr15相近。

常用滚动轴承钢的牌号、热处理、力学性能及用途见表7-8。

表7-8 常用滚动轴承钢牌号、热处理、力学性能及用途

牌号	化学成分/%				淬火温度/℃	回火温度/℃	回火后硬度HRC	主要用途
	C	Cr	Si	Mn				
GCr6	1.05~1.15	0.40~0.70	0.15~0.35	0.20~0.40	800~820	150~170	62~66	<10mm的滚珠、滚柱和滚针
GCr9	1.0~1.10	0.9~1.2	0.15~0.35	0.20~0.40	800~820	150~160	62~66	20mm以内的各种滚动轴承
GCr9SiMn	1.0~1.10	0.9~1.2	0.40~0.70	0.90~1.20	810~830	150~200	61~65	壁厚<14mm，外径<250mm的轴承套。25mm~50mm的钢球
GCr15	0.95~1.05	1.40~1.65	0.15~0.35	0.20~0.40	820~840	150~160	62~66	与GCr9SiMn同
GCr15SiMn	0.95~1.05	1.40~1.65	0.40~0.65	0.90~1.20	820~840	170~200	>62	壁厚≥14mm，外径250mm的套圈。直径20~200mm的钢球。其他同GCr15

从化学成分看，滚动轴承钢属于工具钢范畴，所以这类钢也经常用于制造各种精密量具、冷冲模具、丝杠、冷轧辊和高精度的轴类等耐磨零件。

(3) 滚动轴承钢的热处理

滚动轴承钢的预先热处理是球化退火，钢经下料、锻造后的组织是索氏体+少量粒状二次渗碳体，硬度为255~340HBW，采用球化退火的目的在于获得粒状珠光体组织，调整硬度至207~229HBW，以便于切削加工及得到高质量的表面。一般加热到790~810℃烧透后再降低至710~720℃保温3~4h，使碳化物全部球化。

滚动轴承钢的最终热处理为淬火+低温回火，淬火切忌过热，淬火后立即回火，经150~160℃回火2~4h，以去除应力，提高韧性和稳定性。滚动轴承钢淬火、回火后得到极细的回火马氏体；分布均匀细小的粒状碳化物（5%~10%）以及少量残留奥氏体（5%~10%），硬度为62~66HRC。

生产精密轴承或量具时，由于低温回火不能彻底消除内应力和残留奥氏体，在长期保存及使用过程中，因应力释放、奥氏体转变等原因造成尺寸变化。所以淬火后立即进行一次冷处理，并在回火及磨削后，于120~130℃进行10~20h的尺寸稳定化处理。

7.6 合金工具钢

用来制造刀具、模具和量具的合金钢称为合金工具钢，相应地称为合金刃具钢、合金模具钢和量具钢，但实际应用界限并不十分严格。

7.6.1 低合金刃具钢

(1) 低合金刃具钢的化学成分特点

为了克服碳素工具钢淬透性差，易变形和开裂及热硬性（指钢在高温下保持高硬度的能力）差等缺点，在碳素工具钢的基础上加入少量的合金元素，一般不超过3%~5%，就形成了低合金刃具钢。

低合金刃具钢的碳的质量分数一般为0.75%~1.50%，高的碳的质量分数可保证钢的高硬度及形成足够的合金碳化物，提高耐磨性。

合金元素的作用主要是为了保证钢具有足够的淬透性和热硬性。钢中常加入的合金元素有硅、锰、铬、钼、钨、钒等。其中，硅、锰、铬、钼提高淬透性作用显著，还可强化铁素体；铬、钼、钨、钒可细化晶粒使钢进一步强化，提高钢的强度；作为碳化物形成元素铬、钼、钨、矾等在钢中形成合金渗碳体和特殊碳化物，从而提高钢的硬度、耐磨性和热硬性。

硅虽然是非碳化物形成元素，但能在400℃以下提高回火稳定性，使钢在250~300℃仍能保持60HRC以上。锰能使过冷奥氏体稳定性增加，淬火获得较多的残留奥氏体，减小刃具淬火时的变形量。

(2) 常用钢种及用途

低合金刃具钢中常用的有9SiCr、9Mn2V、CrWMn等。9SiCr钢有较高的淬透性和回火稳定性，且碳化物均匀细小，油淬临界直径可达40~50mm，热硬性可达250~300℃，耐磨性高，不易崩刀。9SiCr过冷奥氏体中温转变区的孕育期较长，可采用分级或等温淬火，以减少变形，因而常用于制作形状复杂的、要求变形小的刃具，如用于制作丝锥、板牙等。

硅使钢在加热时容易脱碳，退火后硬度偏高（217~241HBW），造成切削加工困难，热处理时要予以注意。

CrWMn钢的碳的质量分数为0.90%~1.05%，铬、钨、锰同时加入，使钢具有更高的硬度（64~66HRC）和耐磨性，但热硬性不如9CrSi。但CrWMn钢热处理后变形小，故称微变形钢。主要用来制造较精密的低速刀具，如长铰刀、拉刀等。

常用的低合金刃具钢牌号、化学成分、热处理、力学性能及用途如表7-9所示。

表7-9 常用低合金刃具钢牌号、化学成分、热处理、力学性能及用途

牌号	化学成分/%						热处理				用途
	C	Si	Mn	Cr	W	V	淬火温度/℃	硬度HRC	回火温度/℃	硬度HRC	
9SiCr	0.85~0.95	1.20~1.60	0.30~0.60	0.95~1.25			820~860油	≥62	180~200	60~62	制作板牙、丝锥、铰刀、钻头、齿轮铣刀、拉刀等，也可制作冷冲模、冷轧辊等
Cr06	1.30~1.45	≤0.40	≤0.40	0.50~0.70			780~810水	≥64			制作刮刀、锉刀、剃刀、外科手术刀、刻刀等
9Mn2V	0.85~0.95	≤0.30	1.70~2.00			0.10~0.25	780~810	≥62	150~200	60~62	小冲模、冷压模、雕刻模、各种变形小的量规、丝锥、板牙、铰刀等
CrWMn	0.90~1.05	≤0.40	0.80~1.10	0.90~1.20	1.20~1.60		820~840	≥62	140~160	62~65	板牙、拉刀、量规、形状复杂高精度的冲模等

（3）低合金刃具钢的热处理

低合金刃具钢的热处理工艺是先进行球化退火，最终热处理为淬火+低温回火，其组织为回火马氏体+未溶碳化物+残留奥氏体，硬度为60~65HRC。图7-9为9SiCr钢制板牙的热处理工艺曲线。

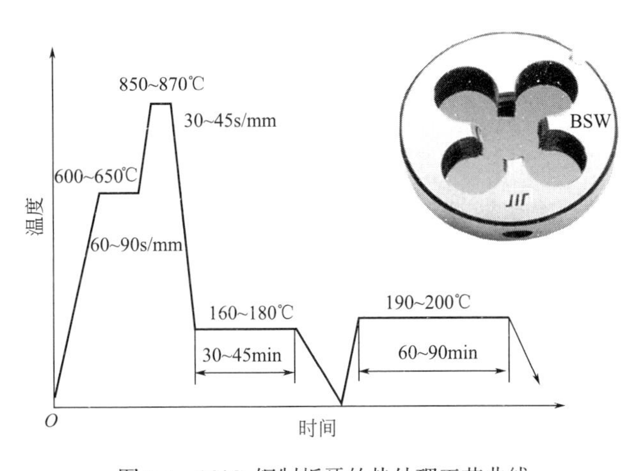

图7-9 9SiCr钢制板牙的热处理工艺曲线

7.6.2 高速工具钢

高速工具钢（High Speed Steel，HSS）是高速切削用钢的简称，因用它制作的刃具能够承受更高的切削速度而得名，又名风钢或锋钢，意思是淬火时即使在空气中冷却也能硬化，并且很锋利。它在高速切削产生高热情况下（约500℃）仍能保持高的硬度（>60HRC）。这就是高速钢最主要的特性——较高的热硬性。

（1）化学成分特点

高速钢是一种成分复杂的合金钢，含有钨、钼、铬、钒等碳化物形成元素，合金元素总量达10%~25%左右。

① 高速钢中碳的质量分数较高，为0.7%~1.65%。其作用是既保证淬火后有足够的硬度，又保证能够与合金元素形成足够多的碳化物。其具体数值可根据钢合金元素含量用定比碳公式算出，最高可达1.6%，如W6Mo5Cr4V5SiNbAl钢，碳的质量分数为1.56%~1.65%。

② 高速钢中的主要合金元素是钨，它是提高钢热硬性的主要元素。在退火状态下，W以M_6C型碳化物形式存在。这类碳化物一部分在淬火后存在于马氏体中，在随后的560℃回火时，形成W_2C弥散分布，造成二次硬化，这种碳化物在500~600℃温度范围内非常稳定，从而使钢具有良好的热硬性。在淬火加热时未溶的碳化物能阻止晶粒长大。

随钨含量的增多，钢热硬性增加，但当钨含量大于18%时，热硬性增加不明显，碳化物不均匀性增加，塑性降低，造成加工困难。故常用的钨系高速工具钢中含钨量在18%左右。

由于世界范围钨资源的缺少，使人们找到了以Mo、Co元素代替W元素而保持高的热硬性的方法。在高速钢1%的Mo取代2%的W，称为“一钼抵二钨”。

③ 铬在高速钢中的作用是提高钢的淬透性，并能形成碳化物强化相，Cr在高温下可形成$Cr_{23}C_6$，能起到钝化膜的保护作用。一般认为Cr含量在4%左右为宜，高于4% Cr，使马氏体转变温度M_s下降，淬火后造成残留奥氏体量增多的不良结果。

④ 钒在高速钢中主要提高耐磨性。V与C形成的碳化物（VC）非常稳定，即使淬火温度在1260~1280℃时，VC也不会全部溶于奥氏体中。VC的最高硬度可达到83~85HRA，在高温多次回火过程中VC呈弥散状析出，进一步提高了高速钢的硬度、强度和耐磨性。在高速钢中V的含量应小于3%，否则锻造性能和磨削性能变差。

为了提高高速钢的某些方面的性能，还可以加入适量的Al、Co、N等合金元素。

（2）常用钢种

高速钢的牌号表示方法类似于合金工具钢，但在高速钢中无论碳的质量分数为多少，一律不标。只有当合金元素相同，仅碳的质量分数不同时，对高碳者牌号前冠以“C”或碳的质量分数的千分数。如W18Cr4V与9W18Cr4V，前者碳的质量分数为0.70%~0.80%，后者为0.90%~1.00%。常用高速钢的牌号、化学成分、热处理、力学性能及用途见表7-10。

在我国，最常用的高速钢是W18Cr4V和W6Mo5Cr4V2，通常简称18-4-1和6-5-4-2。前者的过热敏感性小，热处理硬度可达63~66HRC，抗弯强度可达3500MPa，可磨性好，但由于热塑性差，通常适于制造一般高速切削刀具，如车刀、铣刀、铰刀等；后者具有碳化物细小分布均匀，耐磨性高，成本低等一系列优点，韧性及热塑性比W18Cr4V提高50%，只是它的脱碳敏感性稍强，适于制造耐磨性和韧性很好配合的高速刀具，如丝锥、齿轮铣刀、插齿刀等。

（3）高速钢的铸态组织与锻造

由于高速钢的合金元素含量多，使Fe-Fe_3C相图中的E点左移，这样在高速钢铸态组织中出现大量的共晶莱氏体组织、鱼骨状的莱氏体及大量分布不均匀的大块碳化物，使得铸态高速钢既脆又硬，无法直接使用，如图7-10所示。

表7-10 常用高速钢的牌号、化学成分、热处理、力学性能及用途

牌号	化学成分/%					热处理				用途
	C	Cr	W	V	Mo	淬火温度/℃	HRC	回火温度/℃	HRC	
W18Cr4V	0.70~0.80	3.80~4.40	17.50~19.00	1.00~1.40	≤0.30	1260~1280油	≥63	550~570（三次）	63~66	制作中速切削用车刀、刨刀、钻头、铣刀等
9W18Cr4V	0.90~1.00	3.80~4.40	17.50~19.00	1.00~1.40	≤0.30	1260~1280油	≥63	570~580（三次）	67~68	在切削不锈钢及其他硬或韧的材料时，可显著提高刀具寿命与被加工零件的光洁度
W6Mo5Cr4V2	0.80~0.90	3.80~4.40	5.50~6.75	1.75~2.20	4.50~5.50	1220~1240油	≥63	540~560（三次）	63~66	制作要求耐磨性和韧性相配合的中速切削刀具，如丝锥、钻头等
W6Mo5Cr4V3（6-5-4-3）	1.10~1.25	3.80~4.40	5.75~6.75	2.80~3.30	4.75~5.75	1220~1240油	≥63	540~560（三次）	>65	制造要求耐磨性和热硬性较高的，耐磨性和韧性较好配合的，形状稍为复杂的刀具
W9Mo3Cr4V	0.77~0.87	3.80~4.40	8.50~9.50	1.30~1.70	2.70~3.30	1210~1230油	≥63	540~560（三次）	≥63	通用型高速钢

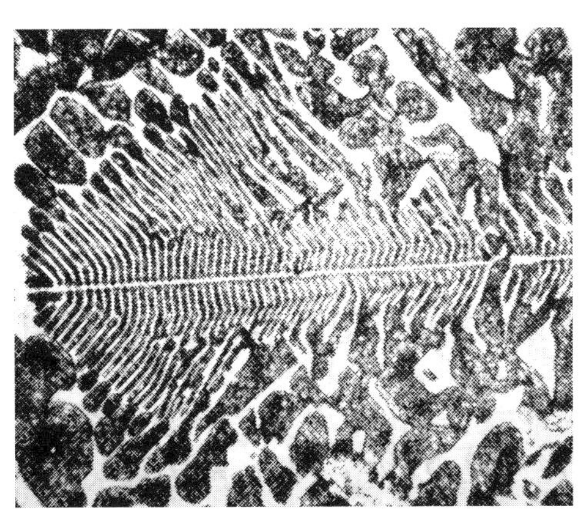

图7-10 W18Cr4V钢的铸态组织（400×）

高速钢铸造后的组织，不能用热处理办法消除，必须借助锻造或轧制等热加工方法，将粗大的共晶碳化物和二次碳化物破碎，并使它们均匀分布在基体中。碳化物分布的均匀程度影响着高速钢的工艺性能和力学性能。锻造或轧制后，钢锭要缓慢冷却，以防止产生过高应力甚至开裂。

（4）高速钢的热处理

高速钢的热处理工艺较为复杂，必须经过退火、淬火、回火等一系列过程。W18Cr4V

高速钢的热处理工艺曲线如图7-11所示。

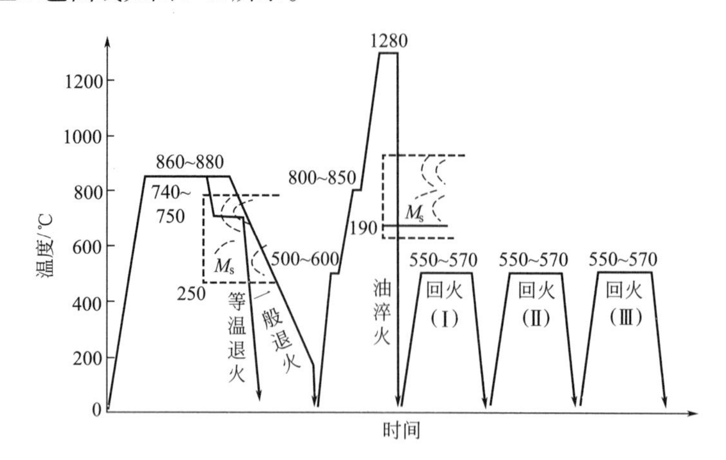

图7-11　W18Cr4V高速钢的热处理工艺曲线

① 退火　高速钢锻造后必须进行退火，目的在于消除应力，降低硬度，使显微组织均匀，便于淬火。具体工艺可采用等温退火，加热到860~880℃保温，然后冷却到720~750℃保温，炉冷至550℃以下出炉。硬度为207~225HBW，组织为索氏体+碳化物，如图7-12所示。

② 淬火　高速钢的淬火加热温度很高，一般1220~1280℃，目的是使较多的W、V（提高刃具热硬性的元素）溶入奥氏体中。在1000℃以上加热淬火，W、V在奥氏体中的溶解度急速增加；1300℃左右加热，各合金元素在奥氏体中的溶解度也大为增加。但时间稍长，会造成晶粒长大，甚至出现晶界熔化，这也就是淬火温度和加热时间需精确掌握的原因所在。另外，高碳高合金元素的存在，高速钢的导热性很差，所以淬火加热时采用分级预热，一次预热温度600~650℃，二次预热800~850℃，这样的加热工艺可避免由热应力而造成的变形或开裂，工厂均采用盐炉加热。淬火冷却采用油中分级淬火法。淬火后组织为马氏体+碳化物+残留奥氏体（25%~30%），如图7-13所示。

图7-12　W18Cr4V钢的退火组织（400×）

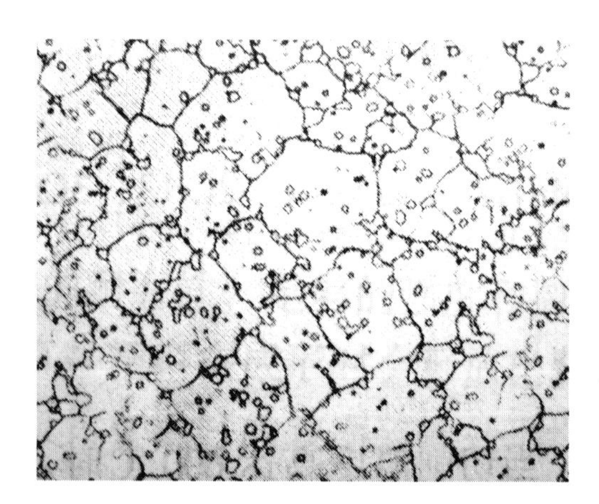

图7-13　W18Cr4V钢的正常淬火组织（400×）

③ 回火　为了消除淬火应力，减少残留奥氏体量，稳定组织，达到性能要求，高速钢淬火后要立即回火。高速钢的回火，一般进行三次，回火温度560℃，每次1~1.5h。

高速钢淬火组织中的碳化物在回火时不发生变化，只有马氏体和残留奥氏体发生转变引起性能的变化，图7-14是W18Cr4V高速钢的回火曲线。由图可知，在550~570℃回火时，使碳化物析出量增多，产生二次硬化现象，硬度最高。所以，高速钢多采用在560℃回火。

高速钢淬火后残留奥氏体量大约为30%，第一次回火只对淬火马氏体起回火作用，在回火冷却过程中，发生残留奥氏体的转变，同时产生新的内应力。经第二次回火，没有彻底转变的残留奥氏体继续发生新的转变，又产生新的内应力。这就需要进行第三次回火。三次回火后仍保留有1%~3%（体积分数）的残留奥氏体。

为了减少回火次数，也可在淬火后立即进行冷处理（−60~−80℃），将残留奥氏体量减少到最低程度，然后再进行一次560℃回火。

高速钢正常淬火、回火后的组织应是极细的回火马氏体、粒状碳化物等，如图7-15所示。

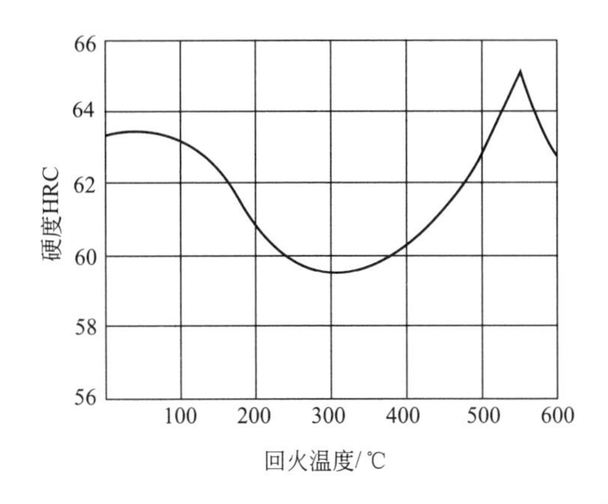

图7-14 W18Cr4V高速钢的回火曲线

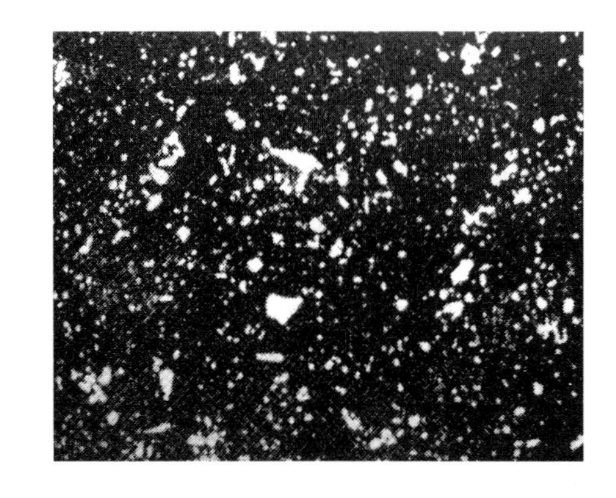

图7-15 W18Cr4V高速钢560℃三次回火后的显微组织（400×）

7.6.3 合金模具钢

根据工作条件的不同，合金模具钢又可分为使金属在冷态下成形的冷作模具钢、在热态下成形的热作模具钢和塑料模具用钢。

（1）冷作模具钢

冷作模具钢用于制造在冷态下变形的模具，如冷冲模、冷镦模、拉丝模、冷轧辊等，工作温度不超过200~300℃。冷模具工作时承受很大的压力、弯曲力、冲击载荷和摩擦。主要失效形式是磨损，也常出现崩刃、断裂和变形等失效现象。

① 冷作模具钢的性能要求

a.高的硬度和耐磨性。在冷态下冲制螺钉、螺帽、硅钢片、面盆等，被加工的金属在模具中产生很大的塑性变形，模具的工作部分承受很大的压力和强烈的摩擦，要求有高的硬度和耐磨性，通常要求硬度为58~62HRC，以保证模具的几何尺寸和使用寿命。

b.较高的强度和韧性。冷作模具在工作时，承受很大的冲击和负荷，甚至有较大的应力集中，因此要求其工作部分有较高的强度和韧性，以保证尺寸的精度并防止崩刃。

c.良好的工艺性。要求热处理的变形小，淬透性高。

② 冷作模具钢的成分特点和常用钢种　冷作模具钢的碳质量分数较高，多在1.0%以上，个别甚至达到2.0%，目的是保证高的硬度和高耐磨性。加入Cr、Mo、W、V等合金元素形成难溶碳化物，提高耐磨性，尤其是Cr。

对于尺寸小、形状简单、工作负荷不大的模具可采用碳素工具钢或低合金刃具钢，钢种有T8A、T10A、T12A、Cr2、9Mn2V、9SiCr、CrWMn、Cr6WV等。这类钢的优点是价格便宜，加工性能好，能基本上满足模具的工作要求。缺点是淬透性差，热处理变形大，耐磨性较差，使用寿命较低。

目前最常用的冷作模具钢属于高碳高铬模具钢，即Cr12型冷作模具钢。这类钢的碳的质量分数为1.4%~2.3%，含铬量为11%~12%。碳的质量分数高是为了保证与铬形成碳化物，在淬火加热时，其中一部分溶于奥氏体中，以保证淬火后钢有足够的硬度，而未溶的碳化物作为第二相，则起到细化晶粒的作用，在使用状态下起到提高耐磨性的作用。含铬量高，其主要作用是提高淬透性和细化晶粒，截面尺寸为200~300mm时，在油中可以淬透；形成铬的碳化物，提高钢的耐磨性。含铬量一般为12%，过高的含铬量会使碳化物分布不均；钼和钒的加入，能进一步提高淬透性，细化晶粒，其中钒可形成VC，因而可进一步提高耐磨性和韧性，钼和钒的加入，可适当降低钢的碳的质量分数，以减少碳化物的不均匀性，所以Cr12MoV钢较Cr12钢的碳化物分布均匀，强度和韧性高、淬透性高，用于制作截面大、负荷大的冷冲模、挤压模、滚丝模、冷剪刀等。

Cr12型钢由于淬透性好，淬火变形小，耐磨性好，广泛用于制造负荷大、尺寸大、形状复杂的模具。牌号有Cr12、Cr12MoV等。

常用的冷作模具钢的牌号、化学成分、热处理和用途如表7-11所示。

表7-11　常用的冷作模具钢的牌号、化学成分、热处理和用途

牌号			9Mn2V	9CrWMn	Cr12	Cr12MoV		Cr6WV
化学成分/%		C	0.85~0.95	0.85~0.95	2.00~2.30	1.45~1.70		1.00~1.15
		Si	≤0.40	≤0.40	≤0.40	≤0.40		≤0.40
		Mn	1.70~2.00	0.90~1.20	≤0.40	≤0.40		≤0.40
		Cr	—	0.50~0.80	11.50~13.50	11.00~12.50		5.50~6.00
		Mo	—	—	—	0.40~0.60		—
		W	—	0.50~0.80	—	—		1.10~1.50
		V	0.10~0.25	—	—	0.15~0.30		0.50~0.70
热处理	退火	温度/℃	750~770	760~790	870~900	850~870		830~850
		硬度HBW	≤229	190~230	207~255	207~255		≤229
	淬火	温度/℃	780~820	790~820	950~1000	1020~1040	1115~1130	950~970
		冷却介质	油	油	油	油	硝盐	油
	回火	温度/℃	150~200	150~260	200~450	150~425	510~520	150~210
		硬度/HRC	60~62	57~62	58~64	55~63	60~62	58~62
用途			滚丝模、冷冲模、冷压模、塑料模	冷冲模、塑料模	冷冲模、拉延模、压印模、滚丝模	冷冲模、压印模、冷镦模、冷挤压模	零件模、拉延模	代Cr12MoV钢

③ 冷作模具钢的热处理　Cr12型钢的预先热处理是球化退火。球化退火的目的是消除应力、降低硬度、便于切削加工，退火后硬度为207~255HBW，退火组织为球状珠光体+均匀分布的碳化物。

Cr12型钢的最终热处理有两种方案可选。

a.一次硬化法。在较低温度（950~1000℃）下淬火，然后低温（150~180℃）回火，硬度可达61~64HRC，使钢具有较好的耐磨性和韧性，适用于重载模具。

b.二次硬化法。在较高温度（1100~1150℃）下淬火，然后于510~520℃多次（一般为三次）回火，产生二次硬化，使硬度达60~62HRC，热硬性和耐磨性都较高（但韧性较差）。适用于在400~450℃温度下工作的模具。

Cr12型钢热处理后组织为回火马氏体、碳化物和残留奥氏体。

(2) 热作模具钢

热作模具用于热态金属的成形加工，如热锻模、压铸模、热挤压模等。

热作模具工作时受到比较高的冲击载荷，同时模腔表面要与炽热金属接触并发生摩擦，局部温度可达500℃以上，并且还要不断反复受热与冷却，常因热疲劳而使模腔表面龟裂，故要求热作模具钢在高温下具有较高的综合力学性能，如高的热硬性和高温耐磨性、高的抗氧化性能、高的热强性和足够的韧性，尤其是受冲击较大的热锻模钢；高的热疲劳抗力，以防止龟裂破坏；由于热作模具一般较大，所以还要求热模具钢有高的淬透性和导热性。

① 成分特点和常用钢种　热作模具钢的碳质量分数一般为0.3%~0.6%，对于压铸模为0.30%，为中碳钢，以保证高强度、高韧性、较高的硬度（35~52HRC）和较高的热疲劳抗力，获得综合力学性能。

合金元素有Cr、Mn、Ni、Mo、W、Si、V等，其中Cr、Mn、Ni主要作用是提高淬透性，使模具表里的硬度趋于一致。Mo、W、V等元素能产生二次硬化，提高高温强度和回火稳定性。Mo还能防止第二类回火脆性，Cr、W、Mo、Si通过提高共析温度，使模具在反复加热和冷却过程中不发生相变，提高钢的耐热疲劳性。

5CrMnMo和5CrNiMo是最常用的热锻模具钢，其中5CrMnMo常用来制造中小型热锻模，5CrNiMo常用于制造大中型热锻模；对于受静压力作用的模具（如压铸模、挤压模等），应选用3Cr2W8V或4Cr5W2VSi钢。

常用热作模具钢的牌号、化学成分、热处理及用途见表7-12。

表7-12　常用热作模具钢的牌号、化学成分、热处理及用途

牌号			5CrMnMo	5CrNiMo	3Cr2W8V	4Cr5MoVSi	3Cr3Mo3V
化学成分/%		C	0.50~0.60	0.50~0.60	0.30~0.40	0.32~0.42	0.25~0.35
		Si	0.25~0.60	≤0.40	≤0.40	0.80~1.20	≤0.50
		Mn	1.20~1.60	0.50~0.80	≤0.40	≤0.40	≤0.50
		Cr	0.60~0.90	0.50~0.80	2.20~2.70	4.50~5.50	2.50~3.50
		Mo	0.15~0.30	0.15~0.30		1.00~1.50	2.50~3.50
		W			7.50~9.00		
		V			0.20~0.50	0.30~0.50	0.30~0.60
		Ni		1.40~1.80			
热处理	退火	温度/℃	780~800	780~800	830~850	840~900	845~900
		硬度/HBW	197~241	197~241	207~255	109~229	
	淬火	温度/℃	830~850	840~860	1050~1150	1000~1025	1010~1040
		冷却介质	油	油	油	油	空气
	回火	温度/℃	490~640	490~660	600~620	540~650	550~600
		硬度/HRC	30~47	30~47	50~54	40~54	40~54
用途			中型锻模(模高275~400mm)	大型锻模(模高>400mm)	压铸模、精锻或高速锻模、热挤压模	热镦模、压铸模、热挤压模、精锻模	热镦模

② 热作模具钢的热处理　对热作模具钢，要反复锻造，其目的是使碳化物均匀分布。锻造后的预先热处理一般是完全退火，其目的是消除锻造应力、降低硬度（197~241HBW），以便于切削加工。

热作模具钢最终热处理根据其用途有所不同，热锻模钢的热处理和调质钢相似，淬火后高温（550℃左右）回火，以获得回火索氏体或回火屈氏体组织；热压模钢淬火后在略高于二次硬化峰值的温度（600℃左右）下回火，组织为回火马氏体、粒状碳化物和少量残留奥氏体，与高速钢类似。

为了保证热硬性，要进行多次回火。

7.6.4 量具钢

量具钢是用于制造量具的钢，如卡尺、千分尺、块规、塞尺等。

（1）量具钢的性能要求

量具在使用过程中主要是受到磨损，因此对量具钢的主要性能要求是：工作部分有高的硬度和耐磨性，以防止在使用过程中因磨损而失效；组织稳定性高，在使用过程中尺寸不变，以保证高的尺寸精度；还有良好的磨削加工性，使量具能达到很小的粗糙度值；形状复杂的量具还要求淬火变形小。

（2）常用钢种

为了满足上述高硬度、高耐磨性的要求，量具用钢的成分与低合金刃具钢相似，即为高碳（0.9%~1.5%）和加入提高淬透性的元素Cr、W、Mn等，通过淬火得到马氏体。碳素工具钢、低合金刃具钢、滚动轴承钢等都可用来制作各种量具。

碳素工具钢由于采用水淬火，淬透性低，变形大，因此常用于制作尺寸小，形状简单，精度要求低的量具。

低合金刃具钢和滚动轴承钢由于加入少量的合金元素，则提高了淬透性；由于采用油淬火，因此变形小。另外，合金元素在钢中还形成合金碳化物，也提高钢的耐磨性。在这类钢中GCr15用得最多，这是由于滚动轴承钢本身也比较纯净，钢的耐磨性和尺寸稳定性都较好。

还可采用低变形钢，如铬锰钢、铬钨锰钢等。这类钢由于含锰，可使M_s点降低，因此淬火后的残留奥氏体增加，因而造成钢的淬火变形减少，所以有低变形钢之称。

表7-13为常用的量具钢和应用实例。

表7-13 常用量具钢和应用举例

量 具	钢 号
平样板或卡板	10、20或50、55、60、60Mn、65Mn
一般量规与块规	T10A、T12A、9SiCr
高精度量规与块规	Cr(刃具钢)、CrMn、GCr15
高精度且形状复杂的量规与块规	CrWMn(低变形钢)
抗蚀量具	4Cr13、9Cr18(不锈钢)

（3）量具钢的热处理

量具钢的热处理与刃具钢基本相同，先进行球化退火，然后进行淬火、低温回火，为保证量具的硬度和耐磨性，其回火温度略低一些。

量具热处理的关键在于减少热处理变形和提高其尺寸稳定性，这是一个很复杂的问题，必须正确选材和采用正确的热处理工艺。

最终淬火前进行调质处理，得回火索氏体。由于马氏体与回火索氏体之间的体积差小，而马氏体与珠光体之间的体积差大，则淬火后的变形就小。

量具在使用过程中尺寸变化的重要因素是残留奥氏体转变为马氏体、马氏体的正方度（c/a）降低、残余内应力的重新分布和降低等。所以在保证硬度的前提下，尽量降低淬火温度，以减少残留奥氏体；淬火后立即进行−70~−80℃的冷处理，使残留奥氏体尽可能地转变为马氏体，然后进行低温回火。

精度要求高的量具，在淬火、冷处理和低温回火后，尚需进行120~130℃，几小时至几十小时的时效处理，使马氏体正方度降低、残留奥氏体稳定和消除残余应力。

7.7 特殊性能钢

特殊性能钢是指具有特殊的物理、化学性能的钢，用来制造除要求具有一定力学性能外，还要求具有特殊性能的零件。它的种类很多，并且正在迅速发展。其中最主要的是不锈钢、耐热钢和耐磨钢。

7.7.1 不锈钢

不锈钢包括不锈钢和耐酸钢，能抵抗大气腐蚀的钢称为不锈钢；而在一些酸、碱、盐等化学介质中能抵抗腐蚀的钢，称为耐酸钢；但习惯上将这两种钢合称为不锈钢。

常用的不锈钢根据其组织特点，可分为马氏体不锈钢、铁素体不锈钢和奥氏体不锈钢、奥氏体-铁素体不锈钢及沉淀硬化型不锈钢几种类型。

（1）不锈钢的化学成分特点

金属表面与外界介质不断作用而逐渐受到破坏的现象称为腐蚀，通常可分为化学腐蚀和电化学腐蚀两种类型，其中电化学腐蚀是金属被腐蚀的主要原因。

为提高金属的耐腐蚀能力，不锈钢的化学成分和组织应满足下列要求。

① 尽量使金属在获得均匀的单相组织条件下使用，这样金属在电解质溶液中只有一个极，使微电池难以形成。如在钢中加入大量的Cr或Ni，会使钢在常温下获得单相的铁素体或奥氏体组织。

② 加入合金元素提高金属基体的电极电位，例如在钢中加入大于13%的Cr，则铁素体的电极电位由−0.56V提高到0.2V，从而使金属的抗腐蚀性能提高。

铬是不锈钢合金化的主要元素。钢中加入铬，提高电极电位，从而提高钢的耐腐蚀性能。当含铬量达n/8原子分数值（n=1、2、3…），即达到1/8、2/8、3/8…（也即12.5%、25%、37.5%…）原子分数时，电极电位（V）呈台阶式跃升，而腐蚀量（ΔW）呈台阶式下降，称之为n/8规律，如图7-16所示。所以铬钢中的含铬量只有超过台阶值［如n=1，换成质量分数则为12.5%×(52/55.8)=11.7%］时，钢的耐蚀性才明显提高。

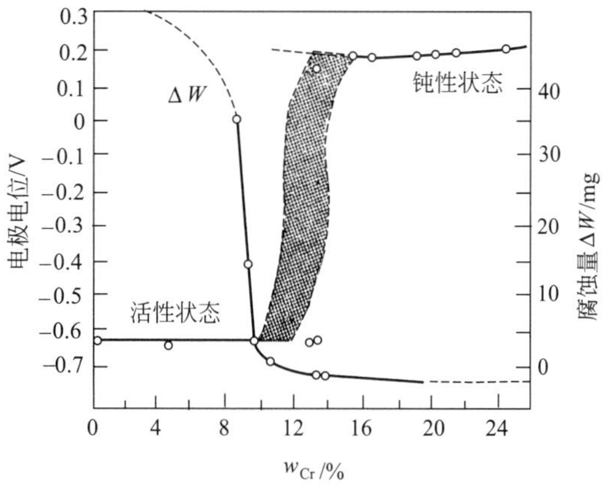

图7-16 铬含量对Fe-Cr合金电极电位的影响（大气条件）

此外，铬在氧化性介质（如水蒸气、大气、海水、氧化性酸等）中极易钝化，生成致密的氧化膜，使钢的耐蚀性大大提高。

③ 加入Cr、Si、Al等合金元素，在金属表面形成一层致密的氧化膜，又称钝化膜，把金属与介质分隔开，从而防止进一步的腐蚀。

④ 为防止碳与铬形成碳化物，保证钢的耐腐蚀性，不锈钢的碳质量分数较低，大多数不锈钢的碳质量分数为0.1%~0.2%。对要求提高碳质量分数时（可达0.85%~0.95%），应相

应地提高铬含量。

(2) 马氏体不锈钢

常用马氏体不锈钢就是指Cr13型不锈钢，典型牌号有1Cr13、2Cr13、3Cr13等。这类不锈钢的碳的质量分数为0.1%~0.45%，含铬量为12%~14%，属于铬不锈钢，淬火后得到马氏体组织。这类钢一般用来制作既能承受载荷又需要耐蚀性的各种阀、机泵等零件以及一些不锈工具等。

碳在不锈钢中具有双重性。随着碳的质量分数越高，马氏体不锈钢的强度和硬度就越高，但碳与铬形成碳化物量也就越多，其耐蚀性就变得越差一些。为保证马氏体不锈钢的耐蚀性，钢中碳的质量分数一般不超过0.4%。

1Cr13和2Cr13具有抗大气、水蒸气等介质腐蚀的能力，常作为耐蚀的结构钢使用。为了获得良好的综合性能，常采用淬火+高温回火（600~700℃），得到回火索氏体，来制造汽轮机叶片、锅炉管附件等。而3Cr13和4Cr13钢，由于碳的质量分数高一些，耐蚀性就相对差一些，通过淬火+低温回火（200~300℃），得到回火马氏体，具有较高的强度和硬度（>50HRC），因此常作为工具钢使用，制造医疗器械、刃具、热油泵轴等。

Cr13型不锈钢的不足是硬度低、耐磨性不好，这就是一些家用刀具容易钝的原因。近来一些厂家使用7Cr17Mo取得了成功。

(3) 铁素体不锈钢

常用的铁素体不锈钢的碳的质量分数低于0.15%，含铬量为12%~30%，也属于铬不锈钢，典型牌号有0Cr13、1Cr17、1Cr17Ti、1Cr28等。由于铬是缩小奥氏体相区元素，所以这种钢从室温加热到高温（960~1100℃），其显微组织始终是单相铁素体组织。其耐蚀性、塑性、焊接性均优于马氏体不锈钢。对于高铬铁素体不锈钢，其抗氧化性介质腐蚀的能力较强，随含铬量增加，耐蚀性又进一步提高。

这类钢在退火或正火状态下使用，强度较低、塑性很好，可用形变强化提高强度。主要用作耐蚀性要求很高而强度要求不高的构件，广泛用于硝酸和氮肥工业中，也可用于家用餐具、建筑装饰件等。

近来在轿车上铁素体不锈钢的用量正逐渐增加，如活塞环、排气管等。

常用的马氏体不锈钢和铁素体不锈钢见表7-14。

表7-14 常用马氏体不锈钢和铁素体不锈钢的牌号、热处理、力学性能和用途

类别		马氏体不锈钢				铁素体不锈钢	
牌号		1Cr13	2Cr13	3Cr13	7Cr17Mo	0Cr13Al	1Cr17
热处理		1000~1050℃油或水淬 700~790℃回火	1000~1050℃油或水淬 700~790℃回火	1000~1050℃油淬 200~300℃回火	1010~1070℃油淬 100~180℃回火	780~830℃空冷或缓冷	750~800℃空冷或缓冷
力学性能	R_m/MPa	≥600	≥660			412	≥400
	R_{eL}/MPa	≥420	≥450			177	≥250
	A/%	≥20	≥16			20	≥20
	Z/%	≥60	≥55			≥60	≥50
	硬度	≥192HBW	≥217HBW	≥48HRC	≥54HRC	≤183HBW	≤183HBW
用途		制作能抗弱腐蚀性介质、能承受冲击载荷的零件,如汽轮机叶片、水压机阀、结构架、螺栓、螺帽等		制作具有较高硬度和耐磨性的医疗工具、量具、滚珠轴承等	制作轴承、刃具、阀门、量具等	高温下冷却不产生显著硬化,制作汽轮轴材料、淬火部件等	耐蚀性好的通用钢种,制作硝酸工厂设备、建筑装饰、家用电器部件等

(4) 奥氏体不锈钢

当钢中含有17%~19%Cr和8%~11%Ni，便可得到稳定的奥氏体组织，这就是奥氏体不锈钢，常称为18-8型不锈钢，是目前应用最多的一类不锈钢。

18-8型不锈钢在退火状态下呈现奥氏体+碳化物的组织，碳化物的存在，对钢的耐腐蚀性有很大影响，故通常采用固溶处理方法，即把钢加热到1100℃后水冷，使碳化物溶解在高温下所得到的奥氏体中，再通过快冷，就在室温下获得单相的奥氏体组织。

奥氏体不锈钢在450~850℃加热，或在焊接后冷却时缓慢通过该温度区间，由于在晶界析出铬的碳化物（$Cr_{23}C_6$），使晶界附近的含铬量降低，引起晶间腐蚀。因此常在钢中加入稳定碳化物元素钛、铌等，使之优先与碳结合形成稳定性高的TiC或NbC，使铬保留在基体中，避免晶界贫铬，从而减轻钢的晶界腐蚀倾向。另外，由于TiC和NbC在晶内析出呈弥散分布，且高温下不易长大，所以可提高钢的高温强度。如常用的1Cr18Ni9Ti、1Cr18Ni11Nb等奥氏体不锈钢，既是无晶间腐蚀倾向的不锈钢，也是可在600~700℃高温下长期使用的耐热钢。

为了防止晶间腐蚀，也可以进一步降低钢的碳的质量分数，即生产超低碳的不锈钢，如0Cr18Ni9、00Cr18Ni9等（其碳的质量分数分别为≤0.08%和≤0.03%）。

对于已产生晶间腐蚀倾向的零件，只要可能，也可通过固溶处理消除。

奥氏体不锈钢呈顺磁性，不仅耐腐蚀性能好，而且钢的冷热加工性和焊接性也很好，广泛用于制造工业中要求耐蚀的某些设备及管道、建筑及生活用品等。我国常用的奥氏体不锈钢见表7-15。

表7-15　常用奥氏体不锈钢的牌号、化学成分、热处理、力学性能及用途

牌号		0Cr19Ni9	1Cr19Ni9	0Cr18Ni9Ti	1Cr18Ni9Ti
化学成分/%	C	≤0.08	≤0.14	≤0.08	≤0.12
	Cr	17~19	17~19	17~19	17~19
	Ni	18~12	8~12	8~11	8~11
	Ti			5×(C%−0.02)~0.8	5×(C%−0.02)~0.8
	其他				
热处理		1050~1100℃ 固溶处理	1100~1150℃ 固溶处理	1100~1150℃ 固溶处理	
力学性能	R_m/MPa	≥500	≥560	≥560	
	R_e/MPa	≥180	≥200	≥200	
	A/%	≥40	≥45	≥40	
	Z/%	≥60	≥50	≥55	
	硬度HBW	187			
用途		具有良好的耐蚀及耐晶间腐蚀性能，为化学工业用的良好耐蚀材料	制作耐硝酸、冷磷酸、有机酸及盐、碱溶液腐蚀的设备零件	耐酸容器及设备衬里，输送管道等设备和零件，抗磁仪表，医疗器械，具有较好的耐晶间腐蚀性	

应该指出，尽管奥氏体不锈钢是一种优良的耐蚀钢，但在有应力的情况下，在某些介质中，特别是在含有氯化物的介质中，常产生应力腐蚀破裂，而且介质温度越高越敏感。这也可说是奥氏体不锈钢的一个缺点，值得注意。

奥氏体-铁素体双相不锈钢和沉淀硬化不锈钢这里不作介绍，有兴趣的读者可参阅有关文献资料。

7.7.2 耐热钢

（1）耐热钢的一般概念

具有高的耐热性的钢称为耐热钢，用于制造加热炉、锅炉、燃气轮机等高温装置中的零部件。

钢的耐热性包括高温抗氧化性和高温强度两方面的含义。金属的高温抗氧化性是指金属在高温下对氧化作用的抗力；而高温强度是指钢在高温下承受机械负荷的能力。所以，耐热钢既要求高温抗氧化性能好，又要求高温强度高。

① 高温抗氧化性　金属的高温抗氧化性，主要取决于金属在高温下与氧接触时，表面能形成致密且熔点高的氧化膜，以避免金属的进一步氧化。

为了提高钢的抗氧化性能，一般是采用合金化方法，加入铬、硅、铝等元素，使钢在高温下与氧接触时，在表面上形成致密的高熔点的Cr_2O_3、SiO_2、Al_2O_3等氧化膜，牢固地附在钢的表面，使钢在高温气体中的氧化过程难以继续进行。如在钢中加15%Cr，其抗氧化温度可达900℃；在钢中加20%~25%Cr，其抗氧化温度可达1100℃ 。

② 高温强度　金属在高温下所表现的力学性能与室温下大不相同。在室温下的强度值与载荷作用的时间无关，但金属在高温下，当工作温度大于再结晶温度、工作应力大于此温度下的弹性极限时，随时间的延长，金属会发生极其缓慢的塑性变形，这种现象叫做“蠕变”。在高温下，金属的强度是用蠕变极限和持久强度来表示。蠕变极限是指金属在一定温度下，一定时间内，产生一定变形量所能承受的最大应力。而持久强度是指金属在一定温度下，一定时间内，所能承受的最大断裂应力。

为了提高钢的高温强度，通常采用以下几种措施。

a.固溶强化。固溶体的热强性首先取决于固溶体自身的晶体结构，由于面心立方的奥氏体晶体结构比体心立方的铁素体排列得更紧密，因此奥氏体耐热钢的热强性高于铁素体为基的耐热钢。在钢中加入合金元素，形成单相固溶体，提高原子结合力，减缓元素的扩散，提高再结晶温度，能进一步提高热强性。

b.析出强化。在固溶体中沉淀析出稳定的碳化物、氮化物、金属间化合物，也是提高耐热钢热强性的重要途径之一。如加入铌、钒、钛等，形成NbC、TiC、VC等，在晶内弥散析出，阻碍位错的滑移，提高塑变抗力，提高热强性。

c.强化晶界。材料在高温下其晶界强度低于晶内强度，晶界成为薄弱环节。通过加入钼、锆、钒、硼等晶界吸附元素，降低晶界表面能，使晶界碳化物趋于稳定，使晶界强化，从而提高钢的热强性。

（2）常用的耐热钢

选用耐热钢时，必须注意钢的工作温度范围以及在这个温度下的力学性能指标，按照使用温度范围和组织可分为以下几种。

① 珠光体耐热钢　这类钢属于低合金耐热钢，其显微组织为珠光体+铁素体，其工作温度为350~550℃。由于含合金元素量少，工艺性好，常用于制造锅炉、化工压力容器、热交换器等耐热构件，如15CrMo主要用于锅炉零件。

这类钢在长期的使用过程中，会发生珠光体的球化和石墨化，从而显著降低钢的蠕变极限和持久强度。为此，这类钢力求降低碳的质量分数和含锰量，并适当加入铬、钼等元素，抑制球化和石墨化倾向。除此之外，钢中加入铬是为了提高抗氧化性，加入钼是为了提高钢的高温强度。

常用珠光体耐热钢的牌号、化学成分、热处理及用途如表7-16所示。

表7-16　常用珠光体耐热钢的牌号、化学成分、热处理及用途

牌　号		12CrMo	15CrMo	20CrMo	12CrMoV	24CrMoV
化学成分/%	C	≤0.15	0.12~0.18	0.17~0.24	0.08~0.15	0.20~0.28
	Si	0.17~0.37	0.17~0.37	0.17~0.37	0.17~0.37	0.17~0.37
	Mn	0.40~0.70	0.40~0.70	0.40~0.70	0.40~0.70	0.40~0.60
	Cr	0.40~0.60	0.80~1.10	0.80~1.10	0.40~0.60	1.20~1.50
	Mo	0.40~0.55	0.40~0.55	0.15~0.25	0.25~0.35	0.50~0.60
	V	—	—	—	0.15~0.30	0.15~0.25
	S	≤0.04	≤0.04	≤0.04	≤0.04	≤0.04
	P	≤0.04	≤0.04	≤0.04	≤0.04	≤0.04
热处理		正火：920~930℃空冷 高温回火：720~740℃空冷	正火：910~940℃空冷 高温回火：650~720℃空冷	调质淬火：860~880℃油冷 回火:600℃空冷	正火：960~980℃空冷 高温回火:700~760℃	淬火：880~900℃油冷 回火：550~650℃回火
用　途		用于制造蒸汽参数450℃的汽轮机零件，如隔板、耐热螺栓、法兰盘以及壁温达475℃的各种蛇形管，以及相应的锻件	用于介质温度<550℃的蒸汽管路、法兰等锻件，并用于高压锅炉壁温≤560℃的水冷壁管和壁温≤560℃的联箱和蒸汽管等	可在500~520℃使用，用作汽轮机隔板、隔板套，并作汽轮机叶片	用作蒸汽参数≤540℃主汽管、转向导叶片、汽轮机隔板、隔板套以及壁温≤570℃的各种过热器管、导管和相应的锻件	用于直径<500mm，在450~550℃下长期工作的汽轮发电机转子、叶轮和轴，在锅炉制造中，用于要求高强度的，工作温度在350~525℃范围内的耐热法兰和螺母

② 马氏体耐热钢　马氏体耐热钢铬含量一般为7%~13%，还在钢中加入钼、钨、钒、铌、钛、氮、硼等合金元素，使钢的热强性能明显提高。在650℃以下有较高的高温强度、抗氧化性及耐水汽腐蚀性能，但焊接性较差。

马氏体耐热钢有良好的综合力学性能，较好的热强性、耐蚀性及振动衰减性能，广泛用作汽轮机、燃气轮机叶片，高压锅炉管，汽车进排气阀等材料。

常用马氏体耐热钢的牌号、化学成分、热处理及用途如表7-17所示。

表7-17　常用马氏体耐热钢的牌号、化学成分、热处理及用途

牌　号		1Cr13	2Cr13	1Cr11MoV	4Cr9Si2	4Cr10Si2Mo
化学成分/%	C	≤0.15	0.16~0.24	0.11~0.18	0.35~0.50	0.35~0.45
	Cr	12.0~14.0	12.0~14.0	10.0~11.5	8.0~10.0	9.0~10.5
	Ni	—	—	—	—	≤0.5
	Si	≤0.6	≤0.6	≤0.5	2.0~3.0	1.90~2.60
	Mo	—	—	0.5~0.7	—	0.70~0.90
	其他	—	—	V0.25~0.40	—	—
热处理		淬火：950~1050℃油冷 回火：700~750℃空冷	淬火：950~1050℃油冷 回火：700~750℃空冷	淬火：1050~1100℃油冷 回火：720~740℃空冷	淬火：950~1050℃油冷 回火：700~850℃空冷	淬火:950~1050℃油冷 回火:750~800℃

续表

牌号	1Cr13	2Cr13	1Cr11MoV	4Cr9Si2	4Cr10Si2Mo
用途	主要用于汽轮机，作变速轮及其他各级动叶片，并经氧化后制造一些承受摩擦又在腐蚀介质中工作的零件	多用于大容量的机组中作末级动叶片，它们的工作温度都低于450℃。并还可作高压汽轮发电机中的阀件螺钉、螺帽等	工作温度为535~540℃的汽轮机静叶片、动叶片及氮化零件	适用于700℃以下受动载荷的部件，如汽车发动机、柴油机的排气阀，也可用作900℃以下的加热炉构件，如料盘、炉底板等	用于制造正常载荷及高载荷的汽车发动机和柴油机排气阀，以及中等功率的航空发动机的进气阀和排气阀，亦可作温度不太高的炉子构件

③ 奥氏体耐热钢　奥氏体耐热钢的耐热性能优于珠光体耐热钢和马氏体耐热钢，含有较多的镍、锰、氮等奥氏体形成元素，在600℃以上时，有较好的高温强度和组织稳定性。这类钢的冷塑性变形性能和焊接性能都很好，一般工作温度在600~700℃，广泛用于航空、舰艇、石油化工等工业部门制造汽轮机叶片、发动机汽阀等。

奥氏体耐热钢的典型钢种有1Cr18Ni9Ti、1Cr23Ni13、1Cr25Ni20Si2、2Cr20Mn9Ni2Si2N、4Cr14Ni14W2Mo、4Cr25Ni20（HK40）等。

4Cr25Ni20（HK40）是石化装置上大量使用的高碳奥氏体耐热钢。这种钢在铸态下的组织是奥氏体基体+骨架状共晶碳化物，在900℃工作寿命达10万小时。铬是抗氧化性能的主要元素，铬和镍同时加入，其主要作用是得到单相稳定的奥氏体，提高钢的高温强度。

常用奥氏体耐热钢的牌号、化学成分、热处理及用途如表7-18所示。

表7-18　常用奥氏体耐热钢的牌号、化学成分、热处理及用途

牌号		1Cr18Ni9Ti	1Cr18Ni9Mo	4Cr25Ni20	4Cr14Ni14W2Mo
化学成分/%	C	<0.12	<0.14	0.35~0.40	0.4~0.5
	Cr	16~20	16~20	24~26	13~15
	Ni	8~11	8~11	19~26	13~15
	Si	—	—	—	—
	Mo	—	2.5	—	0.25~0.40
	其他	Ti0.8		—	W1.75~2.25
热处理		1100~1150℃水冷	1100~1150℃水冷	铸态	1100℃空冷 750℃时效5h
用途		在锅炉和汽轮机方面，用来制作610℃以下长期工作的过热气管道以及构件、部件等		石化装置中裂解炉管、合成氨转化管等，可在1300℃以下使用	适用于制造航空、船舶、载重汽车的发动机进气、排气阀门，以及蒸汽和气体管道

另外，目前在900~1000℃可使用镍基合金。它是在Cr20Ni80合金系基础上加入钨、钼、钴、钛、铝等元素发展起来的一类合金。主要通过析出强化及固溶强化提高合金的耐热性，用于制造汽轮机叶片、导向片、燃烧室等。

7.7.3　高锰耐磨钢

高锰钢是工程中最常用的耐磨钢，主要用于运转过程中承受严重磨损和强烈冲击的零件。高锰钢常用的牌号是ZGMn13，其碳的质量分数为0.9%~1.4%，以保证钢的耐磨性和强度，碳质量分数过高，淬火后韧性下降，且易在高温时析出碳化物。锰是扩大奥氏体区的元素，锰和碳的质量分数比值约为10~12（锰质量分数为11%~14%），保证完全获得奥氏体组织。铸造高锰钢的牌号、化学成分如表7-19所示。

表7-19 铸造高锰钢的牌号及化学成分

<table>
<tr><th rowspan="2">牌 号</th><th colspan="5">化学成分(质量分数)/%</th></tr>
<tr><th>C</th><th>Mn</th><th>Si</th><th>S</th><th>P</th></tr>
<tr><td>ZGMn13-1</td><td>1.00~1.45</td><td rowspan="5">11.00~14.00</td><td rowspan="2">0.30~1.00</td><td>≤0.040</td><td>≤0.090</td></tr>
<tr><td>ZGMn13-2</td><td>0.90~1.35</td><td>≤0.040</td><td>≤0.070</td></tr>
<tr><td>ZGMn13-3</td><td>0.95~1.35</td><td rowspan="2">0.30~0.80</td><td>≤0.035</td><td>≤0.070</td></tr>
<tr><td>ZGMn13-4</td><td>0.90~1.30</td><td>≤0.040</td><td>≤0.070</td></tr>
<tr><td>ZGMn13-5</td><td>0.75~1.30</td><td>0.30~1.00</td><td>≤0.040</td><td>≤0.070</td></tr>
</table>

高锰钢机械加工比较困难，基本上都是铸造成形后使用。铸造成形后，组织中碳化物沿奥氏体晶界析出，使钢呈现硬而脆。为了获得单相奥氏体组织，高锰钢都必须进行水韧处理，即将钢加热到1050~1100℃，保温，使碳化物全部溶解，然后在水中快冷，在室温下获得均匀单一的奥氏体组织。此时钢的硬度很低（约为210HBW），而韧性很高。

高锰钢经过热处理后具有单一奥氏体组织，韧性很好，但硬度并不高，但这种奥氏体有很高的加工硬化速率，受到强烈冲击或严重摩擦而变形时，表面层产生强烈的加工硬化，并且还发生马氏体转变，使硬度显著提高（约为550HBW），心部则仍保持原来的高韧性状态，使高锰钢既耐磨又抗冲击。因此，高锰钢具有高耐磨性的重要条件是承受强烈冲击或严重摩擦，否则是不耐磨的。

高锰钢广泛应用于制造要求耐磨、耐冲击的一些零件，在铁路运输业中，可用高锰钢制造铁道上的辙尖、辙岔、转辙器及小半径转弯处的轨条；在建筑、矿山、冶金业中，长期使用高锰钢制造的挖掘机铲斗，各种碎石机颚板、衬板、磨板；高锰钢还大量用于挖掘机、拖拉机、坦克车履带板、主动轮和支承滚轮等。又因高锰钢组织为单一无磁性奥氏体，也可用于既耐磨又抗磁化的零件，如吸料器的电磁铁罩。

复习与思考题7

一、填空题

1.按钢中合金元素含量，可将合金钢分为________钢、________钢和________钢，其合金元素含量分别为________、________、________。

2.合金钢按用途分类可分为________、________和________三类。

3.除____元素外，其他所有的合金元素都使C曲线向______移动，使钢的临界冷却速度________、淬透性________。

4.扩大奥氏体区域的合金元素有__________________________等；扩大铁素体区域的合金元素有__________________________等。

5.除________元素以外，几乎所有的合金元素都能阻止奥氏体晶粒长大，起到________的作用。

6.W18Cr4V是________钢，碳的质量分数为________，W的主要作用是________，Cr的主要作用是________，V的主要作用是________，可制造________。

7.根据合金元素在钢中与碳的相互作用，合金元素可分为________和________两大类。其中碳化物形成元素有________。

8.工具钢按用途可分________、________和________。

二、判断题

1.所有的合金元素都能提高钢的淬透性。(　　)

2.在钢中加入多种合金元素比加入单一元素的效果好些，因而合金钢将向合金元素多元少量方向发展。(　　)

3.调质钢加入合金元素主要是考虑提高其热硬性。　(　　)

4.高速钢需要反复锻造是因为硬度高不易成形。(　　)

5.奥氏体型不锈钢不能进行淬火强化。(　　)

6.滚动轴承钢GCr15的含铬量为15%。(　　)

三、简答题

1.低合金钢和合金钢常加入哪些合金元素?

2.合金元素通过哪些途径提高或改善钢的力学性能和工艺性能?

3.为什么比较重要的大截面的结构零件都必须用合金钢制造?与碳钢比较，合金钢有何优点?

4.为什么同样碳质量分数的合金钢比碳素钢奥氏体化加热温度高?

5.为什么非合金钢在室温下不存在单一奥氏体或单一铁素体组织，而合金钢中有可能存在这类组织?

6.从资源情况分析我国低合金钢与合金钢的合金化方案的特点。

7.什么是低合金高强度结构钢?它有哪些成分和性能特点?主要应用在哪些场合?

8.试述渗碳钢的合金化思想及热处理特点。

9.为什么调质钢的碳的质量分数多为中碳?调质钢中常含有哪些合金元素?它们在钢中各起什么作用?

10.为什么合金弹簧钢以硅为重要的合金元素?弹簧淬火后为什么要进行中温回火?为了提高弹簧的使用寿命，在热处理后应采用什么有效措施?

11.简述刃具对钢的性能要求；并对比碳素工具钢、低合金工具钢、高速钢的性能用各适用于什么样的刀具。

12.有人说：“由于高速钢中含有大量合金元素，故淬火之后其硬度比其他工具钢高；正是由于其硬度高才适合于高速切削。”这种说法是否正确?为什么?

13.W18Cr4V钢的A_{c_1}为820℃，若以一般工具钢A_{c_1}+30~50℃的常规方法来确定其淬火温度，最终热处理后能否达到高速切削刀具所要求的性能，为什么?其实际淬火温度是多少?W18Cr4V钢刀具在正常淬火后都要进行560℃三次回火，这又是为什么?

14.不锈钢为什么会不锈?不锈钢的固溶处理的目的各是什么?

15.ZGMn13钢为什么具有优良的耐磨性和良好的韧性?

16.钢的耐热性主要是解决什么问题?耐热钢中靠加入哪些合金元素来达到这个目的?加入这些合金元素后钢为什么能耐热?

17.填表

牌　号	类　别	牌号中符号和数字的含义	用　途
Q345			
20Cr			
40Cr			
60Si2Mn			
GCr15			
9SiCr			
W18Cr4V			
3Cr13			
0Cr19Ni9			
ZGMn13			
Cr12MoV			
5CrNiMo			
4Cr9Si2			

四、解释现象

1.碳的质量分数相同时，含碳化物形成元素的合金钢比非合金钢具有较高的回火稳定性。

2.碳的质量分数≥0.4%，含铬量12%的铬钢属于过共析钢，而含碳1.0%、含铬12%的钢属于莱氏体钢。

3.在相同碳的质量分数下，除了镍、锰的合金钢外，大多数合金钢的热处理温度都比非合金钢高。

4.高速钢经热锻或热轧后，经空冷获得马氏体组织。

5.在相同碳的质量分数下，合金钢的淬火变形和开裂现象不易产生。

6.含Cr、Ni、Mn元素的调质钢在回火后需快冷至室温。

7.高速钢需高温淬火和多次回火。

五、工艺分析

1.直径为25mm的40CrNiMo棒料毛坯，经正火处理后硬度高很难切削加工，这是什么原因？设计一个最简单的热处理方法以提高其加工性能。

2.一些中、小工厂在用Cr12型钢制造冷作模具时，往往是用原钢料直接进行机械加工或稍加改锻后进行机械加工，热处理后送交使用，经这种加工的模具寿命一般都比较短。改进的措施是将毛坯进行充分锻造，这样的模具使用寿命有明显提高。这是什么原因？

3.要制造机床主轴、拖拉机后桥齿轮、铰刀、汽车板簧等。拟选择合适的钢种，并提出热处理工艺。其最后组织是什么？性能如何？

第8章 铸 铁

教学提示：

在常用合金铸件生产中，铸铁件的应用最为广泛，约占铸件总重的70%~75%。本章主要介绍铸铁的石墨化及影响因素，各种铸铁的化学成分、组织、性能和应用范围。

学习目标：

通过本章的学习，应掌握铸铁的特点和分类；了解铸铁石墨化的概念以及影响因素；掌握灰铸铁、可锻铸铁、球墨铸铁的组织、性能、牌号及应用；了解蠕墨铸铁和合金铸铁的特点。

8.1 铸铁及其石墨化

8.1.1 铸铁的特点和分类

(1) 铸铁

铸铁是碳质量分数大于2.11%的铁碳合金。除铁、碳元素之外，铸铁中含有较多的硅、锰、硫、磷等杂质元素。为了提高铸铁的力学性能或改善其物理化学性能常加入一定量的合金元素，获得合金铸铁。

铸铁的生产设备和工艺比较简单，价格便宜，并具有许多优良的使用性能和工艺性能，所以应用非常广泛，是历史上使用得较早的材料，也是最便宜的金属材料之一。如果按重量百分比计算，在各种机械中铸铁件约占40%~60%，在机床和重型机械中，可达60%~90%。

铸铁制成零件毛坯只能用铸造方法，不能用锻造或轧制方法。

(2) 铸铁的分类

铸铁的分类方法很多，按化学成分可分为普通铸铁和合金铸铁；按铸铁中碳的存在形式可分为白口铸铁、灰口铸铁和麻口铸铁；按生产方法可分为普通灰铸铁、蠕墨铸铁、球墨铸铁、孕育铸铁、可锻铸铁和特殊性能铸铁等。

① 白口铸铁 简称为白口铁，完全按照Fe-Fe_3C相图进行结晶而得到的铸铁。其中碳全部以渗碳体（Fe_3C）形式存在，断口呈银白色。由于存在有大量硬而脆的Fe_3C，硬度高，脆性大，很难切削加工。白口铸铁的脆性特别大，又特别坚硬，作为零件在工业上很少用，只有少数的部门采用，例如农业上用的犁，除此之外多作为炼钢用的原料，作为原料时，通

常称它为生铁。

② 灰口铸铁　铸铁中碳的主要存在形式是碳的单质，即游离状态石墨，断口为暗灰色，常见的铸铁件多数是灰口铸铁。

③ 麻口铸铁　介于白口铸铁与灰口铸铁之间为麻口铸铁，其中的碳既有游离石墨又有渗碳体。

在铸铁中还有一类特殊性能铸铁，如耐热铸铁、耐蚀铸铁、耐磨铸铁等，它们都是为了改善铸铁的某些特殊性能加入一定的合金元素Cr、Ni、Mo、Si等，所以又把这类铸铁叫合金铸铁。

8.1.2　铸铁的石墨化

（1）$Fe\text{-}Fe_3C$和Fe-C双重相图

在前面重点学习的$Fe\text{-}Fe_3C$相图中，自液态冷却下来的铁碳合金在固态下一般结晶为铁素体及渗碳体两相。实际上渗碳体只是一个亚稳定相，石墨才是稳定相。因此描述铁碳合金组织转变的相图实际上有两个：一个是$Fe\text{-}Fe_3C$系相图，另一个是Fe-C系相图。把两者叠合在一起，就得到一个双重相图，见图8-1。图中的实线表示$Fe\text{-}Fe_3C$系相图，部分实线再加上虚线表示Fe-C系相图。铸铁自液态冷却到固态时，若按$Fe\text{-}Fe_3C$相图结晶，就得到白口铸铁。若是按Fe-C相图结晶，就析出和形成石墨，即发生石墨化过程。若是铸铁自液态冷却到室温，既按$Fe\text{-}Fe_3C$相图，同时又按Fe-C相图进行，则固态由铁素体、渗碳体及石墨三相组成。

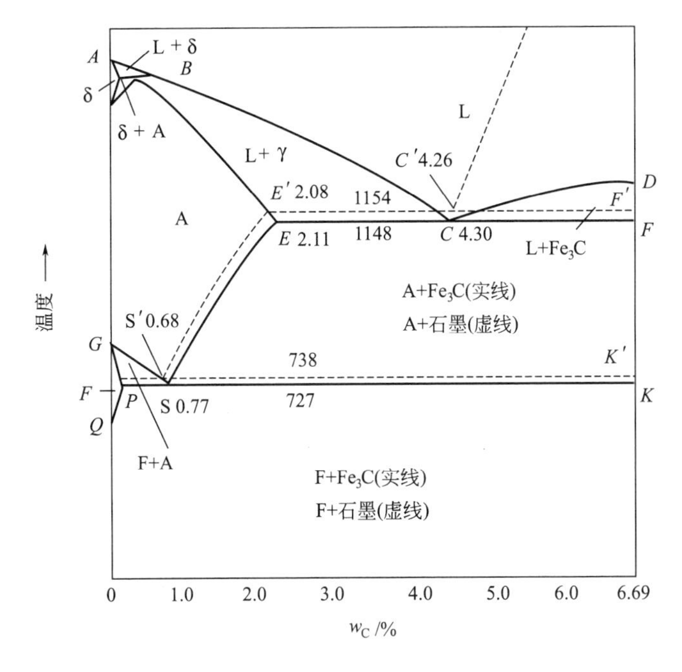

图8-1　$Fe\text{-}Fe_3C$和Fe-C双重相图

（2）铸铁的石墨化过程

按Fe-C相图铸铁液冷却过程中，碳除溶解于铁素体外均以石墨形成析出，这一过程称为石墨化。现以过共晶合金的铁液为例，当它以极缓慢的速度冷却，并全部按Fe-C（G）相图进行结晶时，则铸铁的石墨化过程可分为如下三个阶段。

第一阶段石墨化：它包括过共晶成分的铸铁，直接从自液体中析出“一次石墨”；在共晶线*E'C'F'*（温度1154℃），共晶成分（*C'*点含4.26%C）的液体转变为奥氏体与共晶石墨组成的共晶组织。其反应式可写成

$$L \longrightarrow L_{C'}+G_{I}$$

$$L_{C'} \xrightarrow{1154℃} A_{E'}+G_{共晶}$$

中间阶段石墨化：奥氏体低于共晶温度，沿*E'S'*线冷却时，从奥氏体中析出“二次石墨”。其反应式可写成

$$A_{E'} \xrightarrow{1154\sim738℃} A_{S'}+G_{II}$$

第二阶段石墨化：在共析温度（738℃）的*P'S'K'*线以下，共析成分（*S'*点，含0.68%C）的奥氏体转变为由铁素体与石墨组成的共析组织。其反应式可写成

$$A_{S'} \xrightarrow{738℃} F_{P'}+G_{共析}$$

理论上，在*P'S'K'*线共析温度以下冷却至室温，还可能铁素体中析出“三次石墨”，因为数量极微，常忽略。

如果按照上述三个阶段的石墨化均充分进行，铸铁成形后由铁素体与石墨（包括一次、共晶、二次、共析石墨）两相组成。在实际生产中，由于化学成分、冷却速度等各种工艺制度不同，各阶段石墨化过程进行的程度也不同，从而可获得各种不同金属基体的铸态组织。表8-1是一般铸铁经不同程度石墨化后所得到的显微组织。

表8-1 铸铁组织与石墨化进行程度之间的关系

名　称	石墨化程度			显微组织
	第一阶段	中间阶段	第二阶段	
灰口铸铁	充分进行	充分进行	充分进行	F+G
	充分进行	充分进行	部分进行	F+P+G
	充分进行	充分进行	不进行	P+G
麻口铸铁	部分进行	部分进行	不进行	L'_d+P+G
白口铸铁	不进行	不进行	不进行	L'_d+P+Fe_3C_{II}

由表8-1可知，常用各类铸铁的组织是两部分组成的，一部分是石墨，另一部分是基体，基体可以是铁素体、珠光体或铁素体加珠光体，相当于工业纯铁或钢的组织。所以，铸铁的组织可以看成铁或钢的基体上分布着不同形态的石墨。

铸铁的性能“来源于基体，受制于石墨”，即在基体组织一定后，其性能与石墨的形状、大小和分布有密切关系。

8.1.3 影响石墨化程度的主要因素

由于铁的晶体结构与石墨的晶体结构差异很大，而铁与渗碳体的晶体结构要接近一些，所以普通铸铁在一般铸造条件下只能得到白口铸铁，而不易获得灰口铸铁。因此，必须通过添加合金元素和改善铸造工艺等手段来促进铸铁石墨化，形成灰口铸铁。铸铁的化学成分和结晶过程中的冷却速度是影响石墨化的内外因素。

（1）化学成分的影响

按对石墨化的作用，可分为促进石墨化的元素（C、Si、Al、Cu、Ni、Co等）和阻碍石墨化的元素（Cr、W、Mo、V、Mn、S等）两大类。

在促进石墨化元素中以碳和硅的作用最强烈，在生产实际中，调整碳和硅的含量是控制铸铁组织和性能的基本措施之一。一般铸造条件下铸铁中较高的含碳量是石墨化的必要条

件，保证一定量的硅是石墨化的充分条件，碳与硅含量越高越易石墨化。若碳、硅含量过低，易出现白口，力学性能与铸造性能都较差。但如果碳、硅含量过高，将导致石墨数量多且粗大，基体内铁素体量多，力学性能下降。因此，一般灰口铸铁的碳、硅含量控制在下列范围：2.8%~3.5%C，1.4%~2.7%Si。

(2) 温度和冷却速度

在高温缓慢冷却的条件下，由于原子具有较高的扩散能力，通常按Fe-C相图进行，铸铁中的碳以游离态（石墨相）析出。当冷却速度较快时，由液态析出的是渗碳体而不是石墨。这是因为渗碳体的含碳量（6.69%）比石墨（100%）更接近合金的含碳量（2.5%~4.0%），因此，一般铸件冷却速度越慢，石墨化进行越充分。冷却速度快，碳原子很难扩散，石墨化进行困难。

在生产中经常发现同一铸件厚壁处为灰铸铁，而表面或薄壁处出现白口铸铁的现象，这说明在化学成分相同的情况下，铸铁结晶时，厚壁处由于冷却速度慢，有利于石墨化过程的进行，表面和薄壁处由于冷却速度快，不利于石墨化过程的进行。

综上所述，当铸铁液的碳、硅含量较高，结晶过程中的冷却速度较慢时，易于形成灰口铸铁。反之，则易形成白口铸铁。

8.2 灰 铸 铁

石墨呈片状的铸铁称为灰铸铁。灰铸铁是价格便宜、应用最广泛的铸铁材料，在铸铁总产量中，灰铸铁占80%以上。

灰铸铁的成分大致范围为：2.5%~4.0%C，1.0%~3.0%Si，0.25%~1.0%Mn，0.02%~0.20%S，0.05%~0.50%P。具有上述成分范围的液体铁水在进行缓慢冷却凝固时，将发生石墨化，析出片状石墨。

8.2.1 灰铸铁的组织

灰铸铁的组织由片状石墨和不同基体组织组成，根据不同阶段石墨化程度的不同，灰铸铁有三种不同的基体组织，即铁素体基体灰铸铁、铁素体+珠光体基体灰铸铁和珠光体基体灰铸铁，如图8-2所示。

(a) 铁素体基体灰铸铁

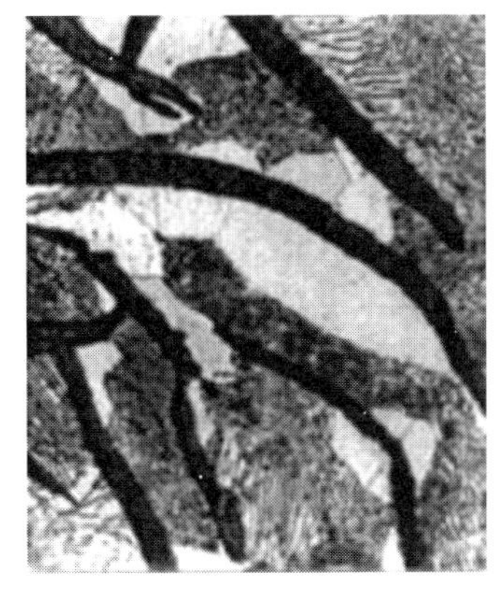
(b) 铁素体+珠光体基体灰铸铁

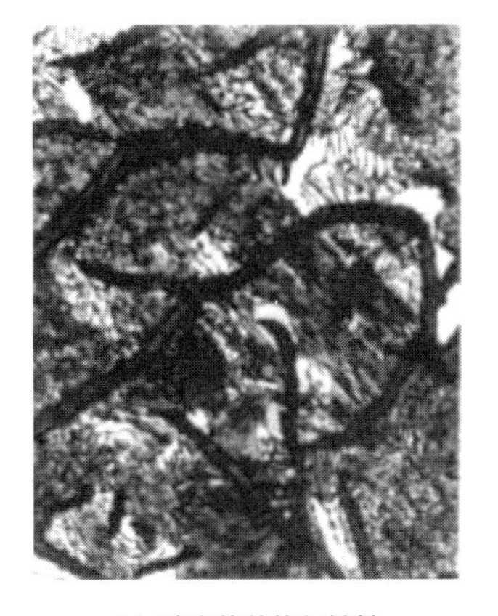
(c) 珠光体基体灰铸铁

图8-2 灰铸铁的显微组织（200×）

8.2.2 灰铸铁的性能

（1）力学性能

灰铸铁的基体组织与普通碳钢无异，其基体的强度与硬度不低于相应的钢，但灰铸铁的抗拉强度和塑性韧性都远远低于普通碳钢。这是由于灰铸铁中片状石墨（相当于微裂纹）的存在，不仅在其尖端处引起应力集中，而且破坏了基体的连续性，这是灰铸铁抗拉强度很差，塑性和韧性几乎为零的根本原因。石墨片的数量愈多，尺寸愈粗大，分布愈不均匀，对基体的割裂作用和应力集中现象愈严重，则铸铁的强度、塑性与韧性就愈低。

但是，灰铸铁在受压时石墨片破坏基体连续性的影响则大为减轻，其抗压强度是抗拉强度的2.5~4倍。所以常用灰铸铁制造机床床身、底座等耐压零部件。

为了提高灰铸铁的力学性能，生产上常进行孕育处理（亦称变质处理）。孕育处理就是在浇注前往铁液中加入少量孕育剂（硅铁和硅钙合金等），改变铁液的结晶条件，从而获得细珠光体基体加上细小均匀分布的片状石墨的组织。经孕育处理后的铸铁称为孕育铸铁。

铸铁经孕育处理后不仅强度有较大提高，而且塑性和韧性也有所改善。同时，由于孕育剂的加入，还可使铸铁对冷却速度的敏感性显著减少，使各部位都能得到均匀一致的组织。所以孕育铸铁常用来制造力学性能要求较高、截面尺寸变化较大的铸件。

（2）工艺性能

灰铸铁的工艺性能与其力学性能形成了鲜明的对比，同样是由于石墨的存在，使灰铸铁具有非常优良的工艺性能。

① 铸造性能好　由于灰铸铁含碳量高，接近于共晶成分，故熔点比较低，流动性良好，收缩率小，因此适宜于铸造结构复杂或薄壁铸件。

② 减摩性与减振性好　由于铸铁中石墨有利于润滑及储油，所以耐磨性好。同样，由于石墨的存在，能吸收振动波，使灰铸铁减振能力约比钢大10倍，故常作为承受压力和振动的机床底座、机架、机身和箱体等零件的材料。

③ 切削性能好　由于石墨使切削加工时易形成断屑，且石墨对刀具具有一定润滑作用，使刀具磨损减小。所以灰铸铁的可切削加工性优于钢。

④ 缺口敏感性较低　钢常因表面有缺口（如油孔、键槽、刀痕等）造成应力集中，使力学性能显著降低，故钢的缺口敏感性大。灰铸铁中石墨本身就相当于很多小的缺口，致使外加缺口的作用相对减弱，所以灰铸铁具有低的缺口敏感性。

8.2.3 灰铸铁的牌号和用途

灰铸铁的牌号、力学性能及用途如表8-2所示。牌号中“HT”表示“灰铁”二字汉语拼音的大写字头，在“HT”后面的数字表示最低抗拉强度值。

表8-2　灰铸铁的牌号、力学性能及用途

<table>
<tr><th>牌 号</th><th>抗拉强度
R_m/MPa</th><th>抗压强度
R_{mc}/MPa</th><th>基 体</th><th>石 墨</th><th>用 途</th></tr>
<tr><td>HT100</td><td>100</td><td>500</td><td>F</td><td>粗片</td><td>低载荷和不重要零件，如盖、外罩、手轮、支架、重锤等</td></tr>
<tr><td>HT150</td><td>150</td><td>650</td><td>F+P</td><td>较粗片</td><td>中等载荷的零件，如支柱、底座、齿轮箱、刀架、阀体、管路附件等</td></tr>
<tr><td>HT200</td><td>200</td><td>750</td><td rowspan="2">P</td><td rowspan="2">中等片状</td><td rowspan="2">较大载荷和重要零件，如汽缸体、齿轮、飞轮、缸套、活塞、联轴器、轴承座等</td></tr>
<tr><td>HT250</td><td>250</td><td>1000</td></tr>
<tr><td>HT300</td><td>300</td><td>1100</td><td rowspan="2">P</td><td rowspan="2">较细片状</td><td rowspan="2">高载荷的重要零件，如齿轮、凸轮、高压油缸、滑阀壳体等</td></tr>
<tr><td>HT350</td><td>350</td><td>1200</td></tr>
</table>

应当指出的是，灰铸铁的强度与铸件壁厚大小有关，在同一牌号中，随着铸件壁厚的增加，其抗拉强度降低。因此，根据零件的性能要求去选择铸铁牌号时，必须注意铸件壁厚的影响，如铸件的壁厚过大或过小，应根据具体情况，适当提高或降低铸铁的牌号。

8.2.4 灰铸铁的热处理

热处理不能改变石墨的形态和分布，对提高灰铸铁整体力学性能作用不大，因此生产中主要用来消除铸件内应力、改善切削加工性能和提高表面耐磨性等。

(1) 消除内应力退火

一些形状复杂和尺寸稳定性要求较高的重要铸件，如机床床身、柴油机汽缸等，为了防止变形和开裂，须进行消除内应力退火。

普通灰铸铁去应力退火温度以550℃为宜，低合金灰铸铁以600℃为宜，高合金灰铸铁可提高到650℃，保温时间的长短取决于加热温度和铸件壁厚。

(2) 消除铸件白口、降低硬度的退火

灰铸铁件表层和薄壁处产生白口组织难以切削加工，需要退火以降低硬度。退火在共析温度以上的850~950℃进行，使渗碳体分解成石墨，所以又称高温退火。

(3) 表面淬火

有些铸件如机床导轨、缸体内壁等，因需要提高硬度和耐磨性，可进行表面淬火处理，如高频加热表面淬火、接触电阻加热表面淬火和激光加热表面淬火等。表面淬火层的深度可达0.20~0.30mm，组织为极细的马氏体（或隐针马氏体）+片状石墨，表面硬度可达50~55HRC。

8.3 球墨铸铁

灰铸铁经孕育处理后虽然细化了石墨片，但未能改变石墨的形态。改变石墨形态是大幅度提高铸铁力学性能的根本途径，而球状石墨则是最为理想的一种石墨形态。石墨呈球状分布的铸铁，称为球墨铸铁，简称球铁。

球墨铸铁是一种高强度铸铁材料，其综合力学性能接近于钢，因其铸造性能好，成本低廉，生产方便，在工业中得到了广泛的应用，所谓“以铁代钢”，主要是指球墨铸铁。

8.3.1 球墨铸铁的化学成分和组织特征

球墨铸铁的成分要求比较严格，大致化学成分范围是：3.6%~3.9%C，2.2%~2.8%Si，0.6%~0.8%Mn，<0.07%S，<0.1%P。与灰铸铁相比，球墨铸铁的碳当量较高，一般为过共晶成分，通常在4.5%~4.7%范围内变动，以利于石墨球化。

球墨铸铁的球化处理必须伴随着孕育处理，通常是在铁水中同时加入一定量的球化剂和孕育剂。我国普遍使用稀土镁球化剂。镁是强烈阻碍石墨化的元素，为了避免白口，并使石墨球细小、均匀分布，一定要加入孕育剂。常用的孕育剂是质量分数为75%硅铁和硅钙合金等。

球墨铸铁的显微组织由球形石墨和金属基体两部分组成。随着成分和冷却速度的不同，球铁在铸态下的金属基体可分为铁素体、铁素体+珠光体、珠光体三种，见图8-3。

8.3.2 球墨铸铁的牌号、性能和应用

我国球墨铸铁牌号由“QT+数字-数字”组成。其中“QT”是“球铁”二字汉语拼音的大写字母，数字分别表示其最低抗拉强度值（MPa）和伸长率值（%）。球墨铸铁的牌号、组织、力学性能和用途见表8-3。

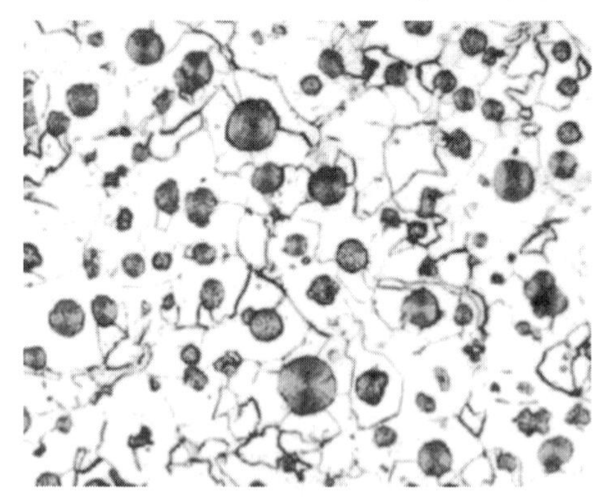

(a) 铁素体球墨铸铁

(b) 铁素体+珠光体球墨铸铁

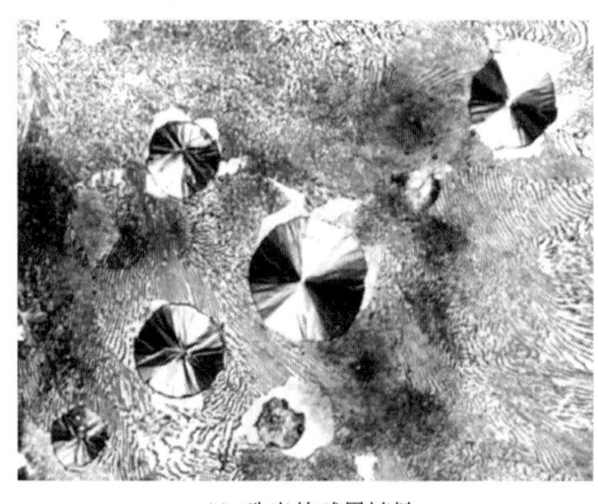

(c) 珠光体球墨铸铁

图8-3　球墨铸铁的显微组织（450×）

与灰铸铁相比，球墨铸铁具有较高的抗拉强度和弯曲疲劳极限，也具有相当良好的塑性及韧性。这是由于球形石墨对金属基体截面削弱作用较小，使得基体比较连续，且在拉伸时引起应力集中的效应明显减弱，从而使基体的有效承载面积可以从灰铸铁的30%~50%提高到70%~90%。

不同基体的球墨铸铁，性能差别很大。珠光体球墨铸铁的抗拉强度比铁素体基体高50%以上，而铁素体球墨铸铁的伸长率为珠光体基的3~5倍。

球墨铸铁可以在一定条件下代替铸钢、锻钢等，用以制造受力复杂、负荷较大和要求耐磨的铸件。如具有高强度与耐磨性的珠光体球墨铸铁常用来制造内燃机曲轴、凸轮轴、轧钢机轧辊等；具有高韧性和塑性的铁素体球墨铸铁常用来制造阀门、汽车后桥壳、犁铧、收割机导架等。

8.3.3 球墨铸铁的热处理

由于球墨铸铁中金属基体是决定其力学性能的主要因素，所以球墨铸铁可通过合金化和热处理强化的方法进一步提高它的力学性能。球墨铸铁的热处理主要有退火、正火、调质、等温淬火等。

（1）退火

退火的目的是使球墨铸铁得到铁素体基体，提高韧性，根据铸造组织可采用两种退火工艺。

当球墨铸铁组织中存在自由渗碳体时，为使其分解，必须进行高温退火，加热温度为到920~980℃，保温2~5h，随炉冷却至600℃左右空冷。当铸态组织为铁素体+珠光体+石墨，而无自由渗碳体时，为使珠光体中的渗碳体分解，必须进行低温退火，加热温度为700~760℃，保温3~6h，随炉冷却600℃出炉空冷。

（2）正火

正火的目的在于得到珠光体基体并细化组织，提高强度和耐磨性。根据加热温度不同，分高温正火和低温正火两种。

表8-3 球墨铸铁的牌号、组织、力学性能和用途

牌号	基体	力学性能					用途
		R_m/MPa	$R_{r0.2}$/MPa	A/%	A_k/J	HBW	
QT400-17	F	400	250	17	48	≤179	汽车、拖拉机床底盘零件；大气压阀门的阀体、阀盖
QT420-10	F	420	270	10	24	≤207	
QT500-5	F+P	500	350	5	—	147~241	机油泵齿轮
QT600-2	P	600	420	2	—	229~302	柴油机、汽油机曲轴；磨床、铣床、车床的主轴；空压机、冷冻机缸体、缸套
QT700-2	P	700	490	2	—	229~302	
QT800-2	S	800	560	2	—	241~321	
QT1200-1	$B_下$	1200	840	1	24	≥38HRC	汽车、拖拉机传动齿轮

高温正火是将球墨铸铁件加热到880~950℃，保温1~3h，然后出炉空冷，最终得到珠光体型的基体组织。低温正火是将球墨铸铁件加热到860~880℃，保温1~2h，然后出炉空冷，最终得到珠光体+铁素体的基体组织，其强度比高温正火略低，但塑性和韧性较高。

（3）调质

要求综合力学性能较高的球墨铸铁零件，如连杆、曲轴等，可采用调质处理。其工艺为：加热到850~900℃，使基体转变为奥氏体，在油中淬火得到马氏体，然后经550~600℃回火，空冷，获得回火索氏体+球状石墨。回火索氏体基体不仅强度高，而且塑性、韧性比正火得到的珠光体基体好。表面要求耐磨的零件可以再进行表面淬火及低温回火。

（4）等温淬火

球墨铸铁经等温淬火后可获得高的强度，同时具有良好的塑性和韧性。等温淬火工艺为：加热到奥氏体区（840~900℃左右），保温后在300℃左右的等温盐浴中冷却并保温，使基体在此温度下转变为下贝氏体+球状石墨。

等温淬火后，球墨铸铁的强度可达1200~1450MPa，冲击吸收功A_k为24~30J，硬度为38~51HRC。等温盐浴的冷却能力有限，一般只能用于截面不大的零件，例如受力复杂的齿轮、曲轴、凸轮轴等。

8.4 蠕墨铸铁

蠕墨铸铁是近年来发展起来的一种新型工程材料。它是在一定成分的铁水中加入适量的蠕化剂而炼成的，其方法和程序与球墨铸铁基本相同。蠕化剂目前主要采用镁钛合金、稀土镁钛合金或稀土镁钙合金等。

8.4.1 蠕墨铸铁的化学成分和组织特征

蠕墨铸铁的化学成分一般为：3.4%~3.6%C，2.4%~3.0%Si，0.4%~0.6%Mn，≤0.06%S，≤0.07%P。对于珠光体蠕墨铸铁，要加入珠光体稳定元素，使铸态珠光体量提高。

蠕墨铸铁的石墨具有介于片状和球状之间的中间形态，在光学显微镜下为互不相连的短片，与灰铸铁的片状石墨类似，所不同的是，其石墨片的长厚比较小，端部较钝，如图8-4所示。

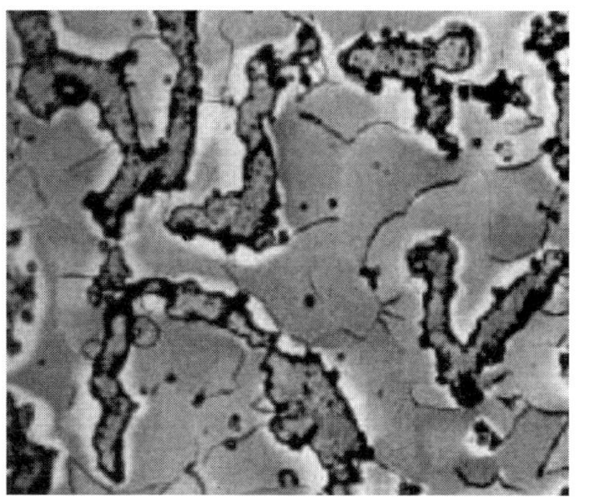

图8-4 蠕墨铸铁石墨的显微组织（200×）

8.4.2 蠕墨铸铁的牌号、性能特点

蠕墨铸铁的牌号、力学性能如表8-4所示。牌号中“RuT”表示“蠕铁”二字汉语拼音的大写字头，在“RuT”后面的数字表示最低抗拉强度。

表8-4 蠕墨铸铁的牌号、力学性能

牌 号	抗拉强度R_m/MPa	屈服强度$R_{r0.2}$/MPa	伸长率A/%	硬度值 HBW	组 织
	不小于				
RuT420	420	335	0.75	200~280	珠光体+石墨
RuT380	380	300	0.75	193~274	珠光体+石墨
RuT340	340	270	1.0	170~249	珠光体+铁素体+石墨
RuT300	300	240	1.5	140~217	铁素体+珠光体+石墨
RuT260	260	195	3	121~197	铁素体+石墨

由于蠕墨铸铁的组织是介于灰铸铁与球墨铸铁之间的中间状态，所以蠕墨铸铁的性能也介于两者之间，即强度和韧性高于灰铸铁，但不如球墨铸铁。蠕墨铸铁的耐磨性较好，它适用于制造重型机床床身、机座、活塞环、液压件等。

蠕墨铸铁的导热性比球墨铸铁要高得多，几乎接近于灰铸铁，它的高温强度、热疲劳性能大大优于灰铸铁，适用于制造承受交变热负荷的零件，如钢锭模、结晶器、排气管和汽缸盖等。蠕墨铸铁的减振能力优于球墨铸铁，铸造性能接近于灰铸铁，铸造工艺简便，成品率高。

8.5 可锻铸铁

可锻铸铁是由白口铸铁经长时间石墨化退火而获得的一种高强度铸铁，又叫玛钢。白口铸铁中的渗碳体在退火过程中分解出团絮状石墨，所以明显减轻了石墨对基体的割裂作用。与灰铸铁相比，可锻铸铁的强度和韧性有明显提高。

8.5.1 可锻铸铁的化学成分和石墨化退火

（1）可锻铸铁的化学成分

由于生产可锻铸铁的先决条件是浇注出白口铸铁，所以促进石墨化的碳硅元素含量不能太高，以促使铸铁完全白口化；但碳、硅含量也不能太低，否则使石墨化退火困难，退火周期增长。可锻铸铁的化学成分大致为：2.5%~3.2%C，0.6%~1.3%Si，0.4%~0.6%Mn，0.1%~0.26%P，0.05%~1.0%S。

（2）可锻铸铁的生产和石墨化退火

可锻铸铁的石墨是通过白口铸件退火形成的。通常是将先形成的白口铸铁加热到900~960℃，长时间保温，使共晶渗碳体分解为团絮状石墨，完成第一阶段的石墨化过程。随后以较快的速度（100℃/h）冷却通过共析转变温度区，得到珠光体基体的可锻铸铁。若第一阶段石墨化保温后慢冷，使奥氏体中的碳充分析出，完成第二阶段石墨化，并在冷至720~760℃后继续保温，使共析渗碳体充分分解，完成第三阶段石墨化，在650~700℃出炉冷却至室温，可以得到铁素体基体的可锻铸铁。

可锻化退火时间常常要几十小时，为了缩短时间，并细化组织，提高力学性能，可在铸造时采取孕育处理。孕育剂能强烈阻碍凝固时形成石墨和退火时促进石墨化。采用0.001%硼、0.006%铋和0.008%铝的孕育剂，可将退火时间由70h以上缩短至30h。

(3) 可锻铸铁的组织特点

可锻铸铁的组织有两种，即铁素体基体+团絮状石墨和珠光体（或珠光体及少量铁素体）基体+团絮状石墨，如图8-5所示。

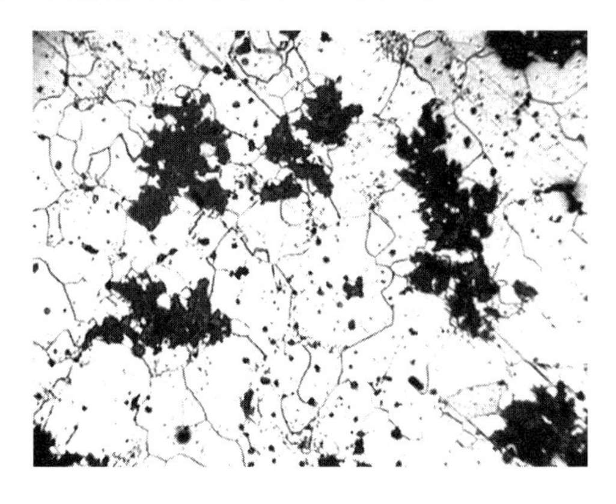

(a) 铁素体基体可锻铸铁

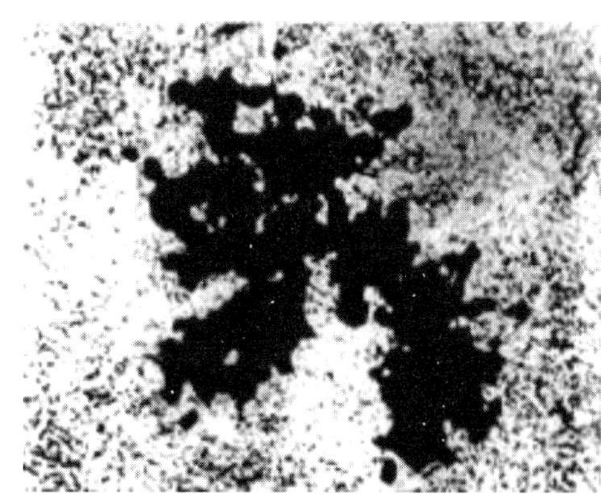

(b) 珠光体基体可锻铸铁

图8-5 可锻铸铁的显微组织（200×）

铁素体基体+团絮状石墨的可锻铸铁断口呈黑灰色，俗称黑心可锻铸铁，这种铸铁件的强度与塑性均较灰铸铁的高，非常适合铸造薄壁零件，是最为常用的一种可锻铸铁。珠光体基体或珠光体与少量铁素体共存的基体+团絮状石墨的可锻铸铁件断口呈白色，俗称白心可锻铸铁，这种可锻铸铁应用不多。

8.5.2 可锻铸铁的牌号、性能特点及用途

可锻铸铁的牌号、力学性能及用途见表8-5。牌号中的“KT”表示“可铁”二字汉语拼音的大写字头，“H”表示“黑心”，“Z”表示珠光体基体。牌号后面的两组数字分别表示其最低抗拉强度值（MPa）和伸长率值（%）。

表8-5 可锻铸铁的牌号、力学性能及用途

分 类	牌 号	抗拉强度 R_m/MPa	伸长率 A/%	硬度 HBW	用 途
铁素体基体	KTH300-6	300	6	120~163	弯头、三通等管件
	KTH330-8	330	8	120~163	螺丝扳手等，犁刀、犁柱、车轮壳等
	KTH350-10	350	10	120~163	汽车拖拉机前后轮壳、减速器、壳、转向节壳、制动器等
	KTH370-12	370	12	120~163	
珠光体基体	KTZ450-5	450	5	152~219	曲轴、凸轮轴、连杆、齿轮、活塞环、轴套、万向接头、棘轮、扳手、传动链条
	KTZ500-4	500	4	179~241	
	KTZ600-3	600	3	201~269	
	KTZ700-2	700	2	240~270	

可锻铸铁常用来制造形状复杂、承受冲击和振动载荷、并且壁厚<25mm的铸件，如汽车拖拉机的后桥外壳、管接头、低压阀门等。这些零件用铸钢生产时，因铸造性不好，工艺上困难较大；而用灰铸铁时，又存在性能不能满足要求的问题。与球墨铸铁相比，可锻铸铁具有成本低、质量稳定、铁水处理简单、容易组织流水生产等优点。尤其对于薄壁件，若采用球墨铸铁易生成白口，需要进行高温退火，采用可锻铸铁更为适宜。

8.6 特殊性能铸铁

工业上除了要求铸铁有一定的力学性能外，有时还要求它具有较高的耐磨性以及耐热性、耐蚀性。为此，在普通铸铁的基础上加入一定量的合金元素，制成特殊性能铸铁（合金铸铁）。它与特殊性能钢相比，熔炼简便，成本较低。缺点是脆性较大，综合力学性能不如钢。

8.6.1 耐磨铸铁

有些零件如机床的导轨、托板，发动机的缸套，球磨机的衬板、磨球等，要求更高的耐磨性，一般铸铁满足不了工作条件的要求，应当选用耐磨铸铁。耐磨铸铁根据组织可分为下面几类。

(1) 白口铸铁

在磨粒磨损条件下工作的铸铁应具有高而均匀的硬度。白口铸铁就属这类耐磨铸铁。但白口铸铁脆性较大，不能承受冲击载荷，因此在生产中常采用激冷的办法来获得激冷铸铁。即用金属型铸造铸件的耐磨表面，其他部位采用砂型；同时调整铁水的化学成分，利用高碳低硅，保证白口层的深度，而心部为灰铸铁组织，有一定的强度。用激冷方法制造的耐磨铸铁，已广泛应用于轧辊和车轮等的铸造生产。

(2) 耐磨灰铸铁

在灰铸铁中加入少量合金元素（如磷、钒、铬、钼、锑、稀土等）可以增加金属基体中珠光体数量，且使珠光体细化，同时也细化了石墨。由于铸铁的强度和硬度升高，显微组织得到改善，使得这种灰铸铁具有良好的润滑性和抗咬合抗擦伤的能力。耐磨灰铸铁广泛用于制造机床导轨、汽缸套、活塞环、凸轮轴等零件。

为了进一步改善珠光体灰铸铁的耐磨性，常将铸铁的磷的质量分数提高到0.4%~0.6%（高磷铸铁），生成磷共晶（$F+Fe_3P$，$P+Fe_3P$或$F+P+Fe_3P$），呈断续网状的形态分布在珠光体基体上，磷共晶硬度高，有利于耐磨。在此基础上，还可加入Cr、Mo、W、Cu等合金元素，改善组织，提高基体强度和韧性，从而使铸铁的耐磨性能等得到更大的提高，如高铬耐磨铸铁、奥-贝球墨铸铁等都是近十几年来发展起来的新型合金铸铁。

(3) 中锰球墨铸铁

在稀土-镁球铁中加入5.0%~9.5%Mn，3.3%~5.0%Si，其组织为马氏体+奥氏体+渗碳体+贝氏体+球状石墨，具有较高的冲击韧性和强度，适用于同时承受冲击和磨损条件下使用，可代替部分高锰钢和锻钢。中锰球铁常用于农机具耙片、犁铧、球磨机磨球等零件。

8.6.2 耐热铸铁

普通灰铸铁的耐热性较差，只能在小于400℃左右的温度下工作，而在高温下工作的铸铁，如炉底板、换热器、坩埚、热处理炉内的运输链条等，必须使用耐热铸铁。耐热铸铁是指在高温下具有良好的抗氧化和抗热生长能力的铸铁。所谓热生长是指氧化性气氛沿石墨片边界和裂纹渗入铸铁内部，形成内氧化以及因渗碳体分解成石墨而引起体积的不可逆膨胀，结果将使铸件失去精度和产生显微裂纹。

在铸铁中加入硅、铝、铬等合金元素，一方面能在铸件表面形成一层致密的氧化膜，如SiO_2、Al_2O_3、Cr_2O_3等，使其内部不再继续氧化；另一方面，这些元素还会提高铸铁的临界点，使基体变为单相铁素体，使其在所使用的温度范围内不发生固态相变，以减少由此造成的体积变化，防止显微裂纹的产生，从而改善铸铁的耐热性。

球墨铸铁中，石墨为孤立分布，互不相连，不形成气体渗入通道，故其耐热性更好。

耐热铸铁按其成分可分为硅系、铝系、硅铝系及铬系等。其中铝系耐热铸铁脆性较大，而铬系耐热铸铁的价格较贵，所以我国多采用硅系和硅铝系耐热铸铁，如表8-6所示。

表8-6 耐热铸铁的化学成分和力学性能

名 称	化学成分(质量分数)/%				耐热温度/℃	在室温下的力学性能	
	C	Si	Al	Cr		R_m/MPa	HBW
含铬耐热铸铁RTCr-0.8	2.8~3.6	1.5~2.5		0.5~1.1	600	>180	207~285
含铬耐热铸铁RTCr-1.5	2.8~3.6	1.7~2.7		1.2~1.9	650	>150	207~285
高铬铸铁	0.5~1.0	0.5~1.3		26~30	1000~1100	380~410	220~207
高硅耐热铸铁RTSi-5.5	2.2~3.0	5.0~6.0		0.5~0.9	850	>100	140~255
高硅耐热球墨铸铁RTSi-5.5	2.4~3.0	5.0-6.0		—	900~950	>220	228~321
高铝铸铁	1.2~2.0	1.3~2.0	20~24		900~950	110~170	170~200
高铝球墨铸铁	1.7~2.2	1.0~2.0	21~24		1000~1100	250~420	260~300
铝硅耐热球铁	2.4~2.9	4.4~5.4	4.0~5.0		950~1050	220~275	—

8.6.3 耐蚀铸铁

耐蚀铸铁主要用于化工部件，如阀门、管道、泵、容器等。普通铸铁的耐蚀性差，因为组织中的石墨和渗碳体促进铁素体腐蚀。

提高铸铁耐蚀性的主要途径是合金化。在铸铁中加入硅、铝、铬等合金元素，能在铸铁表面形成一层连续致密的保护膜，可有效地提高铸铁的抗蚀性。而在铸铁中加入铬、硅、钼、铜、镍、磷等合金元素，可提高铁素体的电极电位，以提高抗蚀性。另外，通过合金化，还可获得单相金属基体组织，减少铸铁中的微电池，从而提高其抗蚀性。

目前应用较多的耐蚀铸铁有高硅铸铁（STSi15）、高硅钼铸铁（STSi15Mo4）、铝铸铁（STA15）、铬铸铁（STCr28）抗碱球铁（STQNiCrR）等。

复习与思考题8

一、名词解释

石墨化、孕育（变质）处理、球化退火、石墨化退火。

二、填空题

1.白口铸铁中碳的主要以________的形式存在，灰口铸铁中碳主要以________的形式存在。

2.普通灰铸铁、可锻铸铁、球墨铸铁及蠕墨铸铁中石墨的形态分别为________、________、________和________。

3.灰铸铁的基体有________、________和________三种。

4.促进石墨化的元素有____________，阻碍石墨化的元素有____________。

5.铸铁的石墨化过程分为三个阶段，分别为____________、____________和____________。

6.可锻铸铁铸件的生产方法是先____________，然后再进行____________。

7.球墨铸铁采用____________作球化剂。

三、判断题

1.石墨化是指铸铁中碳原子析出形成石墨的过程。（　　）

2.可锻铸铁可在高温下进行锻造加工。（　　）

3.热处理可以改变铸铁中的石墨形态。（　　）

4.球墨铸铁可通过热处理来提高其力学性能。(　　)

5.采用整体淬火的热处理方法，可以显著提高灰铸铁的力学性能。(　　)

6.采用热处理方法，可以使灰铸铁中的片状石墨细化，从而提高其力学性能。(　　)

7.铸铁可以通过再结晶退火使晶粒细化，从而提高其力学性能。(　　)

8.灰铸铁的减振性能比钢好。(　　)

四、简答题

1.试总结铸铁石墨化发生的条件和过程。

2.试述石墨形态对铸铁性能的影响。

3.白口铸铁、灰铸铁和碳钢，这三者在成分、组织和性能有何主要区别?

4.为什么一般机器的支架、机床的床身用灰铸铁铸造?

5.出现下列不正常现象时，应采取什么有效措施予以防止和改善?

(1) 灰铸铁磨床床身铸造以后就进行切削，在切削加工后发生不允许的变形。

(2) 灰铸铁薄壁处出现白口组织，造成切削加工困难。

6.为什么球墨铸铁可以代替钢制造某些零件呢?

7.识别下列铸铁牌号:

HT150、HT300、KTH300-06、KTZ450-06、QT400-18、QT600-03、RuT260。

第9章　有色金属及其合金

教学提示：

在工业生产中，通常把钢铁材料和铬、锰及其合金材料称为黑色金属，而把其他的金属材料称为有色金属。与黑色金属材料相比，有色金属材料具有许多优良的特性，是现代工业中不可缺少的材料。

本章主要介绍工业中广泛使用的铝合金、铜合金等有色金属的性能特点，为合理选用材料打下基础。鉴于钛合金的应用日益广泛，对此也作了介绍。

学习目标：

通过本章的学习，掌握铝合金、铜合金的分类、牌号、性能及其应用。了解镁合金、钛合金的分类、牌号、性能及其应用。

9.1　铝及铝合金

9.1.1　纯铝的性能与用途

纯铝是一种银白色的轻金属，熔点为660℃，具有面心立方晶格，没有同素异构转变。纯铝的密度小（2.72g/cm^3），约为钢的1/3。纯铝的导电、导热性能仅次于银、铜、金而居于第四位，比铁几乎大三倍。虽然纯铝化学性质活泼，在大气中极易与氧作用，但能在表面形成一层牢固致密的氧化膜，可以阻止进一步氧化，有很高的钝化能力，从而使它在大气和淡水中具有良好的耐蚀性。纯铝在低温下，甚至在超低温下都具有良好的塑性和韧性，在0~−253℃之间塑性和冲击韧性不降低。

由于纯铝的强度很低（其抗拉强度R_m=80~100MPa），但塑性很好（A=35%~40%）所以一般不宜直接作为工程结构材料和机械零件。

纯铝不能通过热处理强化，通过加工硬化可提高纯铝的强度，但塑性下降。

纯铝具有一系列优良的工艺性能，易于铸造，易于切削，也易于通过压力加工制成各种规格的半成品。根据上述特点，工业纯铝的主要用途为：代替较贵重的铜制作导线、电缆；以及配制铝合金和作铝合金的包覆层。

纯铝分未压力加工产品（铸造纯铝）和压力加工产品（变形铝）两种。根据GB/T 8063

《铸造有色金属及其合金牌号表示方法》的规定，铸造纯铝牌号由“Z”和铝的化学元素符号及表明铝含量的数字组成，例如ZAl99.5表示w_{Al}=99.5%的铸造纯铝。根据GB/T 16474《变形铝及铝合金牌号表示方法》的规定，变形铝牌号用四位字符体系的方法命名，即用1×××表示，牌号的最后两位数字表示铝的最低百分含量×100后的小数点后面两位数字，牌号第二位的字母表示原始纯铝的改型情况，如字母为A，则表示为原始纯铝。例如，牌号1A30的变形铝表示w_{Al}=99.30%的原始纯铝，若为其他字母，则表示原始纯铝的改型。

9.1.2 铝合金的分类

铝合金是指在纯铝中加入一些元素，如铜、镁、锌、锰、硅等元素形成的合金。根据铝合金的成分、组织和工艺特点，可以将其分为铸造铝合金与变形铝合金两大类，如图9-1所示。

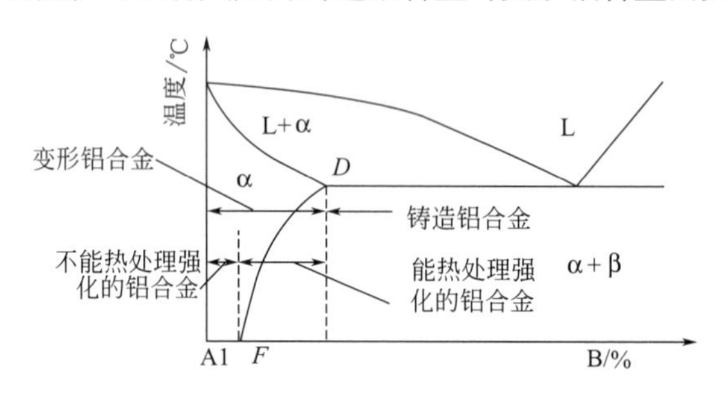

图9-1　铝合金相图的一般类型

① 变形铝合金　变形铝合金是将铝合金铸锭通过压力加工（轧制、挤压、模锻等）制成半成品或模锻件，所以要求有良好的塑性变形能力。在图9-1中，凡位于相图上*D*点成分以左的合金，在加热至高温时能形成单相固溶体组织，合金的塑性较高，适用于压力加工，均属于变形铝合金。

对于变形铝合金来说，位于*F*点以左成分的合金，在固态始终是单相的，不能进行热处理强化，被称为不能热处理强化的铝合金。成分在*F*和*D*之间的铝合金，由于合金元素在铝中有溶解度的变化会析出第二相，可通过热处理使合金强度提高，所以称为能热处理强化铝合金。

这类铝合金要经冷、热加工成各种型材，因此要求具有良好的冷热加工工艺性能，组织中不允许有过多的脆性第二相。所以变形铝合金中合金元素的含量比较低，合金元素总量<5%。

② 铸造铝合金　铸造铝合金是将熔融的合金直接浇铸成形状复杂的甚至是薄壁的成型件，所以要求合金具有良好的铸造流动性。凡位于*D*点成分以右的合金，在高温时可以发生共晶转变，熔点较低，液态流动性较高，适用于铸造，所以称为铸造铝合金。

一般而言，具有共晶成分的合金具有优良的铸造性能。铸造铝合金为了保证足够的力学性能，并不完全都是共晶成分，只是合金元素含量较高，在8%~25%之间。

9.1.3 铝合金的时效硬化

由于铝没有同素异构转变，所以其热处理相变与钢不同。铝合金的热处理强化主要是合金元素在铝合金中有较大的固溶度，且随温度的降低而急剧减小并析出第二相所致。

把铝合金加热到α相区，保温后在水中快冷，得到单相过饱和的α固溶体，这种处理方式称为固溶处理或淬火。

固溶处理或淬火后，铝合金的强度、硬度并没有上升，而塑性却得到改善。但这种在固溶处理后的铝合金放置在室温或加热到某一温度时，其强度和硬度随时间的延长而增高，但塑性、韧性则降低，这个过程称为时效硬化或沉淀硬化。淬火加时效处理是铝合金强化的重要手段。在室温下进行的时效称为自然时效，在加热条件下进行的时效称为人工时效。

图9-2表示含4%Cu的铝合金铝淬火后，在室温下强度随时间变化的曲线。

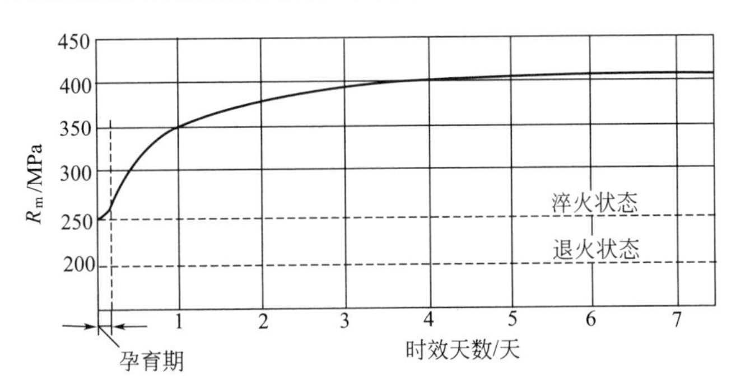

图9-2　含4%Cu的铝合金自然时效强度变化曲线

由图9-2可知，自然时效在最初一段时间内，对铝合金的强度影响不大，这段时间称为孕育期。在这段时内，对淬火后的铝合金可进行冷加工（如铆接、弯曲、校直等），随着时间的延长，铝合金才能逐渐被显著强化，至4~5天达到峰值。

合金时效强化的效果还与加热温度有关，图9-3表示不同温度下的人工时效对强度的影响。时效温度越高，时效强化过程越快，强度峰值越低，强化效果越小；如果时效温度在室温以下，原子扩散不易进行，则时效过程进行很慢。低温使固溶处理获得的过饱和固溶体保持相对的稳定性，抑制时效的进行。例如，在−50℃以下长期放置，淬火铝合金的力学性能几乎没有变化。生产中，某些需要进一步加工变形的零件（铝合金铆钉等），可以在淬火后于低温状态下保存，使其在需要加工变形时仍具有良好的塑性。若人工时效时间过长（或温度过高），反而使合金软化，这种现象称为过时效。

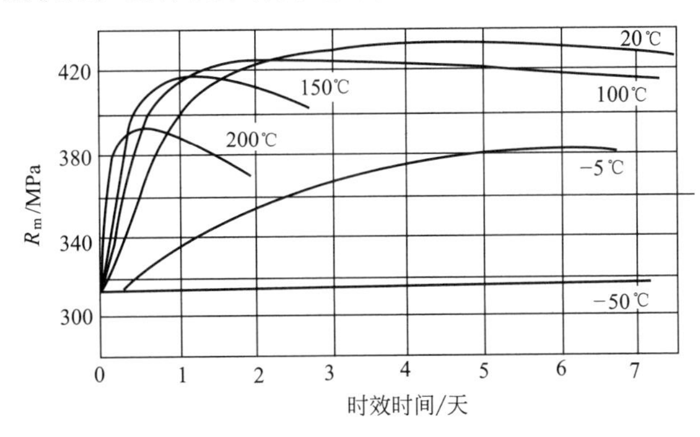

图9-3　含4%Cu的铝合金在不同温度下的人工时效曲线

已经时效硬化的铝合金，如若需恢复其塑性，可在230~250℃作短时间加热，然后快冷至室温，合金将重新恢复塑性，即性能恢复到淬火状态。若在室温下放置，则与新淬火合金一样，仍能进行正常的自然时效与人工时效，这种现象称为回归现象。但每次回归处理后，其再时效后强度逐次下降。

回归处理在生产中具有实用意义。如零件在使用过程发生变形，可在校形修复前进行回归处理；已时效强化的铆钉，在铆接前可施行回归处理。

9.1.4 变形铝合金

(1) 分类和编号

变形铝合金，按其化学成分与主要性能特点，分为防锈铝、硬铝、超硬铝和锻铝四种，见表9-1。

表9-1 变形铝合金的牌号、力学性能及用途

类别	牌号	原代号	力学性能			用途
			R_m/MPa	A/%	HBW	
防锈铝	5A50	LF5	265	15	70	中载零件、铆钉、油管
	3A21	LF21	130	20	30	管道、容器、铆钉、轻载零件
硬铝	2A01	LY1	300	24	70	中等强度、100℃以下工作的铆钉
	2A11	LY11	380	15	100	中等强度构件，如骨架
	2A12	LY12	430	10	105	高强度构件及150℃以下工作的零件
超硬铝	7A04	LC4	540	6	150	主要受力构件及高强度载荷零件，如飞机大梁、起落架
锻铝	2A50	LD5	390	10	100	形状复杂和中等强度锻件
	6A02	LD2	400	5	120	高温下工作的复杂锻件、构件

按GB/T 16474—2011规定，变形铝合金牌号用四位字符体系表示，牌号的第一、三、四位为数字，第二位为字母“A”。牌号中第一位数字是依主要合金元素Cu、Mn、Si、Mg、Mg+Si、Zn的顺序来表示变形铝合金的组别。依其主要合金元素的排列顺序分别标示为2、3、4、5、6、7。例如，5A50，表示以镁为主要合金元素的变形铝合金，后两位数字用以标识同一组别的不同铝合金。

(2) 常用的变形铝合金

① 防锈铝合金　防锈铝合金中主要合金元素是Mn和Mg，Mn的主要作用是提高铝合金的耐蚀能力，并起到固溶强化作用。Mg也可起到强化作用，并使合金的比重降低，其制成品比纯铝还轻。但其对耐蚀性能有轻微损害。

防锈铝合金锻造退火后是单相固溶体，耐腐蚀能力高，塑性好。这类铝合金不能进行时效硬化，属于不能热处理强化的铝合金，但可冷变形加工，利用加工硬化来提高合金的强度。常用来制造需弯曲、冷拉或冲压的零件，如管道、容器、飞机油箱、铆钉、飞机行李架等。

② 硬铝合金　硬铝合金为Al-Cu-Mg系合金，还含有少量的Mn。各种硬铝合金都可以进行时效强化，属于可以热处理强化的铝合金，亦可进行变形强化。合金中的Cu、Mg是为了形成强化相θ相及S相。Mn主要是提高合金的耐蚀性，并有一定的固溶强化作用，但Mn的析出倾向小，不参与时效过程。少量的Ti或B可细化晶粒和提高合金强度。

硬铝主要分为三种：低合金硬铝，合金中Mg、Cu含量低；标准硬铝，合金元素含量中等；高合金硬铝，合金元素含量较多。

硬铝也存在着许多不足之处，一是耐蚀性差，特别是在海水等环境中；二是焊接性较差、固溶处理的加热温度范围很窄，这给其生产工艺的实现带来了困难。所以在使用或加工硬铝时应予以注意，对于板材可包覆一层高纯铝，通常还要进行阳极氧化处理和表面涂装，为提高其耐蚀性一般采用自然时效。

硬铝合金常制成板材和管材，用于航空制造业结构件的制造，主要用于飞机螺旋桨、叶片、隔框、蒙皮、支架、承受高负荷的铆钉等。

③ 超硬铝合金　超硬铝合金为Al-Mg-Zn-Cu系合金，并含有少量的Cr和Mn。Zn、Cu、Mg与Al可以形成固溶体和多种复杂的第二相，通过时效强化和形成的强化相，使铝合金达

到最高的硬度和强度，它是强度最高的一种铝合金。

超硬铝合金疲劳性能较差，耐热性和耐蚀性也不高；表面通常包覆铝锌合金，零构件也要进行阳极化防腐蚀处理；一般采用淬火+人工时效的热处理强化工艺。用于制造工作温度较低、受力大的重要结构件，如飞机蒙皮、壁板、大梁、起落架部件等。

④ 锻铝合金　锻铝合金为Al-Mg-Si-Cu系和Al-Cu-Mg-Ni-Fe系合金。合金中的元素种类多但用量少，具有良好的热塑性和良好的铸造性能、锻造性能，并可通过固溶处理和人工时效来提高铝合金的力学性能。

锻铝合金适于制造航空及仪表工业中各种形状复杂、要求中等强度、高塑性和耐热性的锻件、模锻件，如各种叶轮、框架，或高温条件下（200~300℃以下）工作的零件，如内燃机的活塞及汽缸等。

9.1.5 铸造铝合金

（1）分类和编号

用来制作铸件的铝合金，称为铸造铝合金。按照主要合金元素的不同，铸造铝合金分为铝-硅系、铝-铜系、铝-镁系和铝-锌系四种。其中铝-硅系应用最广。

铸造铝合金的牌号表示法如下：例如，ZAlSi7Mg，Z——汉语拼音“铸”字的第一个大写字母，Al——铝的元素符号，Si——硅的元素符号，7——硅的质量分数，Mg——镁的元素符号。

铸造铝合金的代号用“ZL”（铸铝的拼音字首）加三位数字表示。在三位数字中，第一位数字表示合金类别：1——Al-Si系，2——Al-Cu系，3——Al-Mg系，4——Al-Zn系，第二、第三位表示顺序号。

（2）铸造铝硅合金

Al-Si铸造铝合金通常称为铝硅明，含11%~13%Si的简单铝硅明（ZL102）铸造后几乎全部是共晶组织。因此，这种合金流动性好，铸件产生的热裂倾向小，适用于铸造复杂形状的零件。它的耐腐蚀性能高，有较低的膨胀系数，可焊性良好。该合金的不足之处是铸造时吸气性高，结晶时能产生大量分散缩孔，使铸件的致密度下降。

由于Al-Si铸造铝合金组织中的共晶硅呈粗大的针状，如图9-4（a）所示，使合金的力学性能降低，所以必须采用变质处理，即在浇铸前向合金液中加入占合金质量2%~3%的变质剂（常用钠盐混合物：2/3NaF+1/3NaCl）以细化合金组织，显著提高合金的强度及塑性。经变质处理后的组织是细小均匀的共晶体+初生晶α固溶体，获得亚共晶组织是加入钠盐后，铸造冷却较快时共晶点右移的缘故，如图9-4（b）所示。

(a) 变质前(100×)

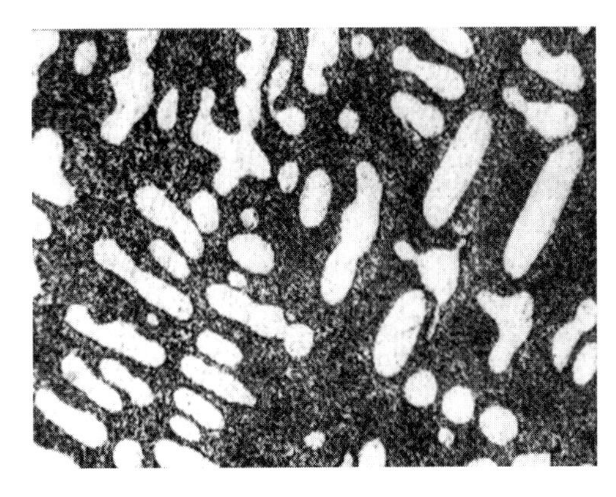

(b) 变质后(100×)

图9-4　ZL102的显微组织

Al-Si铸造铝合金一般用来制造质轻、耐蚀、形状复杂但强度要求不高的铸件，如发动机汽缸、手提电动工具或风动工具，以及仪表的外壳等。同时，加入Mg、Cu的铝硅铸造合金（ZL108），还具有较好的耐热性与耐磨性，常用于制造内燃机的活塞等。

（3）其他铸造铝合金

Al-Cu系铸造铝合金：有较高的强度、耐热性，但密度大、耐蚀性差，铸造性能不好，常用代号有ZL201、ZL202、ZL203等，主要用于制造较高温度下工作的要求高强度的零件，如内燃机汽缸头、增压器导风叶轮等。

Al-Mg系铸造铝合金：耐蚀性好，强度高，密度小，但铸造性能差，耐热性低。常用代号有ZL301、ZL303等，主要用于制造在腐蚀介质下工作的承受一定冲击载荷的形状较为简单的零件，如舰船配件、氨用泵体等。

Al-Zn系铸造铝合金：铸造性能好，强度较高，但密度大，耐蚀性较差。常用代号有ZL401、ZL402等，主要用于制造受力较小、形状复杂的汽车、飞机、仪器零件。

常用铸造铝合金的牌号、化学成分、力学性能及用途见表9-2。

表9-2 常用铸造铝合金的牌号、化学成分、力学性能及用途

类 别	合金代号与牌号	铸造方法①	R_m/MPa	A/%	用 途
铝硅合金	ZL101 ZAlSi7Mg	J，T5 S，T5	202 192	2 2	形状复杂的砂型、金属型和压力铸造零件。如飞机、仪器的零件等
	ZL102 ZAlSi12	J，F SB，T2	153 133	2 4	形状复杂的砂型、金属型和压力铸造零件；要求气密性的零件
	LZ105 ZAlSi5Cu1Mg	J，T5 S，T5 S，T6	231 212 222	0.5 1.0 0.5	形状复杂的砂型、金属型和压力铸造零件，在225℃以下工作的零件。如风冷发动机的汽缸头、机匣、油泵壳体等
	ZL108 ZAlSi12Cu2Mg1	J，T1 J，T6	192 251		砂型、金属型铸造、要求高温强度及低膨胀系数的零件。如高速内燃机活塞等
铝铜合金	ZL201 ZAlCu5Mn	S，T4 S，T5	290 330	8 4	砂型铸造在175~300℃以下工作的零件。如缸头、活塞、支臂等
	ZL202 ZAlCu10	S，J，F S，J，T6	104 163	— —	形状简单、表面粗糙度值要求较低的中等承载零件
铝镁合金	ZL301 ZAlMg10	S，J，T4	280	9	砂型铸造的在大气或海水中工作的零件，承受大振动载荷、工作温度低于150℃的零件
铝锌合金	ZL401 ZAlZn11Si7	J，T1 S，T1	241 192	1.5 2.0	压力铸造的零件，工作温度不超过200℃，结构复杂的汽车、飞机零件

① J—金属型铸造；S—砂型铸造；B—变质处理；F—铸态；T1—人工时效；T2—退火（290℃±10℃）；T4—淬火+自然时效；T5—淬火+不完全人工时效（时效温度低或时间短）；T6—淬火+人工时效。

9.2 铜及铜合金

9.2.1 纯铜

铜是重有色金属，其全世界产量仅次于铁和铝。纯铜是玫瑰红色金属，表面形成氧化铜膜后呈紫色，故工业纯铜常称紫铜。纯铜的密度为8.96g/cm^3，熔点为1083℃，面心立方晶格，无同素异构转变。

纯铜突出的优点是具有优良的导电性、导热性及良好的耐蚀性（耐大气及海水腐蚀），其导电性、导热性均仅次于银，在金属中居第二位。此外，纯铜无磁性、无打击火花，对于制造不允许受磁性干扰的磁学仪器，如罗盘、航空仪表和炮兵瞄准环等具有重要价值。

纯铜的强度不高（R_m=230~240MPa），硬度很低（40~50HBW），塑性很好（A=40%~50%）。冷塑性变形后，可以使铜的强度R_m提高到400~500MPa。但伸长率急剧下降到2%左右。纯铜的强度低，不宜直接用作结构材料。

冷变形加工可显著提高纯铜的强度和硬度，但塑性、电导率降低，经退火后可消除加工硬化现象。

根据杂质的含量，工业纯铜可分为四种：T1、T2、T3、T4。“T”为铜的汉语拼音字头，编号越大，纯度越低。工业纯铜的牌号、成分及用途见表9-3。

表9-3 工业纯铜的牌号、成分及用途

类别	牌号	含铜量/%不小于	杂质/%不大于		杂质总量/%不大于	用途
			Bi	Pb		
一号铜	T1	99.85	0.002	0.005	0.05	导电材料和配制高纯度合金
二号铜	T2	99.80	0.002	0.005	0.1	导电材料，制作电线、电缆
三号铜	T3	99.70	0.002	0.01	0.3	一般用铜材，电气开关、垫圈、铆钉等
四号铜	T4	99.50	0.003	0.05	0.5	

纯铜除工业纯铜外，还有一类叫无氧铜，其含氧量极低，不大于0.003%。牌号有TU1、TU2，主要用来制作电真空器件及高导电性铜线。这种导线能抵抗氢的作用，不发生氢脆现象。

9.2.2 铜合金的分类及牌号表示方法

(1) 分类

为了满足制作结构件的要求，在铜中加入合金元素，通过固溶强化、时效强化及过剩相强化等途径提高合金的强度，获得高强度的铜合金。

铜合金按化学成分可以分为黄铜、青铜和白铜三大类。

黄铜是指以锌为主要合金元素的铜合金，在此基础上加入的其他合金元素称为特殊黄铜。白铜指以镍为主要合金元素的铜合金。青铜是指除了黄铜和白铜以外的所有铜合金。

(2) 牌号

压力加工黄铜的牌号表示方法是用“黄”字的汉语拼音首位字母“H”加数字表示，数字代表含铜量。例如H68，表示w_{Cu}约为68%，余量为锌的普通黄铜。铸造黄铜的牌号前加字母“Z”，例如ZCuZn38，表示锌的质量分数为38%的铸造黄铜。

特殊黄铜的牌号表示方法是：H+主加合金元素的化学符号+铜及各合金元素的名义质量分数。例如，HPb59-1，表示铜的名义质量分数为59%，铅的名义质量分数为1%的铅黄铜。

压力加工青铜的牌号表示方法是：“青”字的汉语拼音字头“Q”+第一个主加元素符号及其名义质量分数+数字（其他合金元素的名义质量分数），如QSn10，表示锡的质量分数为10%的锡青铜。铸造青铜的牌号表示方法和铸造铝合金的牌号表示方法相同。例如ZCuSn10P1，表示锡的名义质量分数为10%，磷的质量分数小于或等于1.0%，余量为铜的铸造锡青铜。

白铜的牌号表示方法是：“白”字的汉语拼音字头“B”加数字表示，数字代表含镍量。例如B30，表示w_{Ni}约为30%，余量为铜的普通白铜。特殊黄铜的牌号表示方法是：B+主加合金元素的化学符号+镍及各合金元素的名义质量分数。例如，BMn40-1.5，表示镍的名义质量分数为40%，锰的名义质量分数为1.5%的锰白铜。

9.2.3 黄铜

黄铜具有良好的塑性和耐腐蚀性，良好的变形加工性能和铸造性能，在工业中有很强的应用价值。按化学成分的不同，黄铜可分为普通黄铜和特殊黄铜两类。

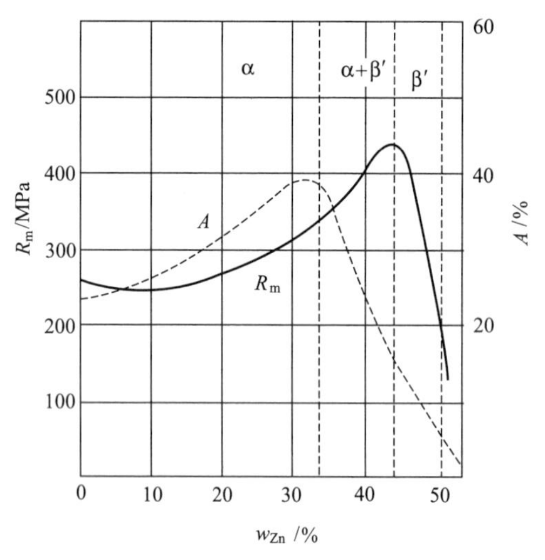

图9-5 锌含量对黄铜力学性能的影响

（1）普通黄铜

普通黄铜是铜锌二元合金。黄铜的性能与它的成分和组织有关。轧制退火状态的黄铜，其力学性能随着含锌量的增加而发生变化。当w_{Zn}≤30%~32%时，组织为单相固溶体，随着含锌量的增加，强度和伸长率都升高；当w_{Zn}>32%后，因组织中出现β'相，塑性开始下降，而强度在w_{Zn}=45%附近达到最大值；含Zn更高时，黄铜的组织全部为β'相，强度与塑性急剧下降；如图9-5所示。

普通黄铜分为单相黄铜和双相黄铜两种类型，如图9-6所示。从变形特征来看，单相黄铜适宜于冷、热加工，而双相黄铜只能热加工。

(a) α 单相黄铜 (100×)

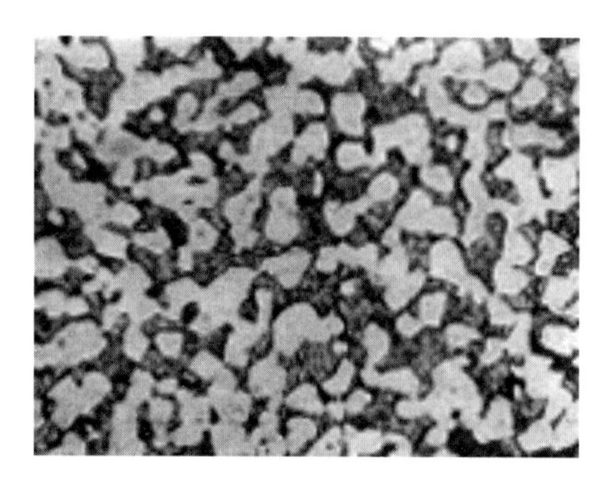

(b) (α+β′) 双相黄铜 (100×)

图9-6 普通黄铜的显微组织（200×）

常用的单相黄铜牌号有H80、H70、H68等，它们的组织为单相α，塑性很好，可进行冷、热压力加工，适于制作冷轧板材、冷拉线材、管材及形状复杂的深冲零件。而常用双相黄铜的牌号有H62、H59等，退火状态组织为（α+β'）。由于室温β'相很脆，冷变形性能差，而高温β相塑性好，因此它们可以进行热加工变形。通常双相黄铜热轧成棒材、板材，再经机加工制造各种零件。

（2）特殊黄铜

为了获得更高的强度、耐蚀性和良好的铸造性能，在铜锌合金中加入铝、铁、硅、锰、镍等元素，形成各种特殊黄铜，特殊黄铜都是双相黄铜。

① 锡黄铜　锡可显著提高黄铜在海洋大气和海水中的耐蚀性，也可使黄铜的强度有所提高。压力加工锡黄铜广泛应用于制造船舶零件，有“海军黄铜”之称，如HSn62-1。

② 铝黄铜　铝能提高黄铜的强度和硬度，但使塑性降低。铝能使黄铜表面形成保护性的氧化膜，因而改善黄铜在大气中的耐蚀性。铅铝黄铜可制作船舶零件及其他机器的耐蚀零件。铅铝黄铜中加入适量的镍、锰、铁后，可得到高强度、高耐蚀性的特殊黄铜，常用于制作大型蜗杆、船舶用螺旋桨等需要高强度、高耐蚀性的重要零件，如HAl60-1-1。

③ 硅黄铜　硅能显著提高黄铜的力学性能、耐磨性和耐蚀性。硅黄铜具有良好的铸造性能，并能进行焊接和切削加工。主要用于制造船舶及化工机械零件，如HSi65-1.5-3。

④ 锰黄铜　锰能提高黄铜的强度，不降低塑性，也能提高在海水中及过热蒸汽中的耐蚀性。锰黄铜常用于制造船舶零件及轴承等耐磨部件，如HMn55-5。

常用黄铜的牌号、化学成分、力学性能和用途见表9-4。

表9-4　常用黄铜的牌号、化学成分、力学性能和用途

类　别	牌　号	化学成分/%		状　态	力学性能			用　途
		Cu	其他		R_m/MPa	A/%	HBW	
黄铜	H96	95.0~97.0	Zn余量	T L	240 450	50 2	45 120	冷凝管、散热器及导电零件
	H62	60.5~63.5	Zn余量	T L	330 600	49 3	56 164	铆钉、螺帽、垫圈、散热器零件
特殊黄铜	HPb59-1	57.0~60.0	Pb0.8~0.9 Zn余量	T L	420 550	45 5	75 149	用于热冲压和切削加工制作的各种零件
	HMn58-2	57.0~60.0	Sn1.0~2.0 Zn余量	T L	400 700	40 10	90 178	腐蚀条件下工作的重要零件和弱电流工业零件
铸造黄铜	ZCuZn38	57.0~63.0	Zn余量	S J	295 295	30 30	59 69	一般结构件及耐蚀零件，如法兰
	ZCuZn31Al2	66.0~68.0	Al2.0~3.0	S J	295 390	12 15	79 89	制作电机、仪表等压铸件及耐蚀件
	ZCuZn16Si4	79.0~81.0	Si2.5~4.5 Zn余量	S J	345 390	15 20	89 98	船舶零件、燃机零件，在水、油中的零件

注：T—退火状态；L—冷变形状态；S—砂型铸造；J—金属型铸造。

9.2.4　青铜

青铜原指铜锡合金，是我国历史上使用得最早的金属材料，我国公元前2000多年的夏商时期就开始使用青铜铸造钟、鼎、武器、镜等，因颜色呈青灰色，故称青铜。为了改善合金的工艺性能和力学性能，大部分青铜内还加入其他合金元素，如铅、锌、磷等。由于锡是一种稀缺元素，所以工业上还使用许多不含锡的无锡青铜，它们不仅价格便宜，还具有所需要的特殊性能，无锡青铜主要有铝青铜、铍青铜、锰青铜、硅青铜等。青铜也可分为压力加工青铜（以青铜加工产品的形式供应）和铸造青铜两类。

（1）锡青铜

锡青铜也称传统青铜，是最常用的有色金属之一。锡青铜器的力学性能与含锡量有着极为密切的关系。在一般铸造状态下，锡质量分数低于6%的锡青铜能获得α固溶体单相组织。α相是锡溶于铜中的固溶体，具有面心立方晶格，塑性良好，容易冷、热变形。锡质量分数大于6%时，组织中出现（α+δ）共析体。δ相极硬和脆，虽然能使青铜的强度继续升高，但塑性却会下降，只能进行热加工。当锡质量分数大于10%时，锡青铜失去塑性加工能力，只适合铸造。当含锡量大于20%时，由于出现过多的δ相，使合金变得很脆，强度也显著下降，失去利用价值，因此，工业上用的锡青铜的含锡量一般为3%~14%。如图9-7所示。

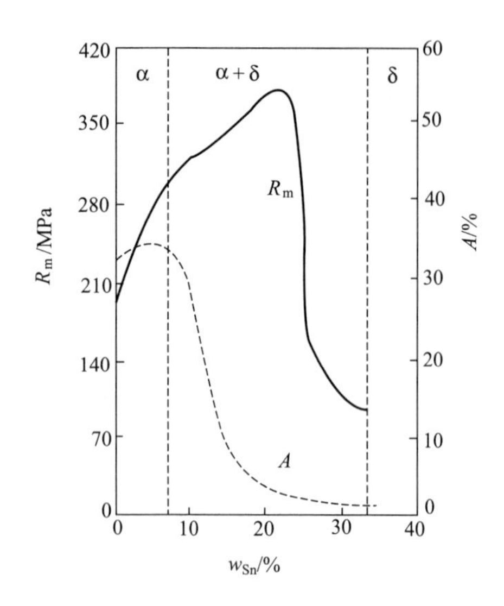

图9-7　锡含量对青铜力学性能的影响

锡青铜的铸造收缩率很小，可铸造形状复杂的零件。但铸件易生成分散缩孔，使密度降低，在高压下容易渗漏。锡青铜在大气、海水、淡水以及蒸汽中的耐蚀性比纯铜和黄铜好，但在盐酸、硫酸和氨水中的耐蚀性较差。锡青铜中加入少量铅，可提高耐磨性和切削加工性能；加入磷可提高弹性极限、疲劳极限及耐磨性；加入锌可缩小结晶温度范围，改善铸造性能。

锡青铜在造船、化工、机械、仪表等工业中广泛应用，常用锡青铜有QSn4-3、QSn6.5-0.4、ZCuSn10Pb1等，主要制造轴承、轴套等耐磨零件和弹簧等弹性元件，以及耐蚀、耐磁零件等，也可用来制造与酸、碱、蒸汽接触的、温度低于200℃的蒸汽管系和阀件。

（2）铝青铜

以铝为主要合金元素的铜合金称为铝青铜，铝质量分数为5%~11%，是无锡青铜中应用最广的一种。铝青铜的耐蚀性优良，在大气、海水、碳酸及大多数有机酸中的耐蚀性，均比黄铜和锡青铜高。铝青铜的强度和耐磨性亦比黄铜和锡青铜好。此外，铝青铜具有在受到磨损、冲击时不产生火花等特性。

铝青铜也有缺点，它的体积收缩率比锡青铜大，铸件内容易产生难熔的氧化铝，难于钎焊，在过热蒸汽中不稳定。

铝青铜作为锡青铜的代用品，常用铝青铜分为低铝和高铝两种。低铝青铜如QAl5、QAl7等，具有一定的强度，较高的塑性和耐蚀性，一般在压力加工状态使用，主要用于制造高耐蚀弹性元件；高铝青铜如QAl9-4、QAl10-4-4等，具有较高的强度、耐磨性、耐蚀性，主要用于制造齿轮、轴承、摩擦片、蜗轮、螺旋桨等。

（3）铍青铜

以铍为基本合金元素的铜合金称铍青铜，铍质量分数为1.7%~2.5%。铍溶于铜中形成α固溶体，固溶度随温度变化很大，它是唯一可以固溶时效强化的铜合金。铍青铜在淬火状态下塑性好，可进行冷变形和切削加工，制成零件。经过淬火和人工时效后，可获得很高的力学性能，抗拉强度可高达1250~1500MPa，硬度达可达350~400HBW，远远超过任何铜合金，可与高强度合金钢媲美。

铍青铜具有很高的弹性极限、疲劳强度、耐磨性和抗蚀性，导电、导热性极好，并有无磁性、耐寒、受冲击时不产生火花等一系列优点，但铍是稀有金属，价格昂贵，在使用上受到限制。

铍青铜主要用于制作精密仪器的重要弹簧和其他弹性元件，钟表齿轮，高速高压下工作的轴承及衬套等耐磨零件，以及电焊机电极、防爆工具、航海罗盘等重要机件。常用的铍青铜牌号有QBe2、QBe1.5、QBe1.7等。

常用青铜的牌号、化学成分、力学性能和用途见表9-5。

表9-5 常用青铜的牌号、化学成分、力学性能和用途

类别	牌号	化学成分/%		状态	力学性能			用途
		主加元素	其他		R_m/MPa	A/%	HBW	
锡青铜	QSn4-3	Sn3.5~4.5	Zn2.7~3.7 Cu余量	T L	350 550	40 4	60 160	制作弹性元件、化工设备的耐蚀零件、抗磁零件
	QSn7-0.2	Sn6.0~8.0	P0.1~0.25 Cu余量	T L	360 500	64 15	75 180	制作中等负荷、中等滑动速度下承受摩擦的零件，如轴套、蜗轮等
	ZCuSn10P1	Sn9.0~11.0	P0.5~1.0 Cu余量	S J	220 250	3 5	79 89	用于高负荷和高滑速下工作的耐磨件，如轴瓦等
铅青铜	ZCuPb30	Pb27.0~33.0	Cu余量	J			25	要求高滑速双金属轴瓦减摩零件
铝青铜	ZCuAl9Mn2	Al8.5~10.0 Mn 1.5~2.5	Cu余量	S J	390 440	20 20	83 93	耐磨、耐蚀零件、形状简单的大型铸件和要求气密性高的铸件
	QAl7	Al6.0~8.0	Cu余量	L	637	5	157	重要用途弹簧和弹性元件
铍青铜	QBe2	Be 1.9~2.2	Ni0.2~0.5 Cu余量	T L	500 850	40 4	90 250	重要的弹簧及弹性元件，耐磨零件及在高速、高压和高温下工作的轴承

注：T—退火状态，L—冷变形状态；S—砂型铸造；J—金属型铸造。

9.2.5 白铜

白铜是以镍为主要添加元素的铜基合金，呈银白色，故名白铜。在固态下，铜与镍无限固溶，因此工业白铜的组织为单相α固溶体。它有较好的强度和优良的塑性，能进行冷、热变形。冷变形能提高强度和硬度。它的抗蚀性很好，电阻率较高。

白铜广泛用于造船、石油、化工、建筑、电力、精密仪表、医疗器械、乐器制作等部门作耐蚀结构等，常用白铜B30、B19、B5、BZn15-20、BMn3-12、BMn40-1.5等。工业上有名的锰铜、康铜、考铜就是不同含锰量的锰白铜（BMn3-12锰铜、BMn40-1.5康铜、BMn43-0.5考铜），它们是制造精密电工测量仪器、变阻器、热电偶、电热器等不可缺少的电工材料。

9.3 钛及钛合金

9.3.1 钛及钛合金的种类和性能

（1）纯钛

人类广泛使用的金属最早是铜，其次是钢铁，然后是铝，据估计，21世纪钛将成为铁和铝之后的第三金属。

钛是银白色金属，熔点为1668℃，密度为4.5g/cm^3，比铝大，但比钢轻43%。钛的矿物在自然界中分布很广，约占地壳重的0.6%，仅次于铝、铁、钙、钠、钾和镁，而比铜、锡、锰、锌等在地壳中的含量要多几倍甚至几十倍。

钛有两种同素异构体，在882.5℃以下为密排六方晶格，用α-Ti表示；在882.5℃以上直到熔点为体心立方晶格，用β-Ti表示。

工业纯钛按其杂质含量不同，分为TA1、TA2、TA3三个牌号。牌号顺序数字增大杂质含量增加，钛的强度增加，塑性降低。工业纯钛主要用于制造在350℃以下工作的、强度要求不高的化工设备零件，船舶用零件和化工用热交换器等。

(2) 钛合金

钛虽然具有密度小、熔点高、耐蚀性能好等一系列特性，但工业纯钛的力学性能不高，又不能热处理强化，因而限制了在工业上的应用。在工业中广泛使用的是钛合金。

工业用钛合金中的主要合金元素有铬、锰、钼、钒、铁、铝和锡等。合金元素溶入α-Ti中形成α固溶体，溶入β-Ti中形成β固溶体。铝、碳、氮、氧、硼等元素使同素异晶转变温度升高，称为α稳定化元素；而铁、钼、镁、铬、锰、钒等元素使同素异晶转变温度下降，称为β稳定化元素；锡、锆等元素对转变温度影响不明显，称为中性元素。

根据使用状态的组织，钛合金可分为α钛合金、β钛合金和（α+β）钛合金三类，牌号分别以TA、TB、TC加上编号表示。

(3) 钛及钛合金的性能

钛及钛合金以其优越的特性已被广泛应用到工业和生活的各个领域，并发挥着越来越重要的作用。

钛及钛合金的性能主要有以下方面。

① 密度小，比强度高　金属钛的密度高于铝而低于钢、铜、镍，退火后工业纯钛的抗拉强度达550~700MPa，约为铝的6倍，所以钛的比强度（强度/密度）在结构材料中是很高的，是航空航天飞行器中理想的结构材料。

② 弹性模量低　钛的弹性模量在常温时为106.4GPa，与人体骨骼的弹性模量相近，再加上钛无毒且与人体组织及血液有好的相容性，所以被医疗界采用，被称为“亲生物金属”。但是，钛合金弹性模量较小，不利于结构的刚度，不宜制作细长杆和薄壁件；钛成形时的回弹力大，不易成形和校直。

③ 耐蚀性高　虽然钛是一种非常活泼的金属，但在许多介质中很稳定，如钛在氧化性、中性和弱还原性等介质中是耐腐蚀的。这是因为钛和氧有很大的亲和力，在空气中或含氧的介质中，钛表面生成一层致密的、附着力强、惰性大的氧化膜，保护了钛基体不被腐蚀，即使由于机械磨损也会很快自愈或重新再生。钛的耐蚀性远远优于不锈钢。化工厂的反应罐、输液管道如果用钛钢复合材料来代替不锈钢，使用寿命会大大延长。

④ 耐低温性能好　以钛合金TA7（Ti-5Al-2.5Sn）、TC4（Ti-6Al-4V）和Ti-2.5Zr-1.5Mo等为代表的低温钛合金，其强度随温度的降低而提高，但塑性变化却不大。在−196~−253℃低温下保持较好的塑性及韧性，避免了金属冷脆性，是低温容器、储箱等设备的理想材料。

⑤ 抗阻尼性能强　钛受到机械振动、电振动后，与钢、铜金属相比，其自身振动衰减时间最长。利用钛的这一性能可作音叉、医学上的超声粉碎机振动元件和高级音响扬声器的振动薄膜等。

⑥ 耐热性能好　新型钛合金可在600℃或更高的温度下长期使用。

⑦ 屈强比高　钛的抗拉强度与其屈服强度接近，其屈强比（屈服强度/抗拉强度）高，这使得金属钛材料在成形时塑性变形能力差。

⑧ 导热系数小　钛的导热系数小，只有低碳钢的1/5，铜的1/25，加上钛的摩擦系数大（μ=0.42），使切削、磨削加工困难。

此外，由于钛在高温时异常活泼，因此，钛及其合金的熔炼、浇铸、焊接和热处理等都要在真空或惰性气体中进行，加工条件严格，成本较高，使它的应用受到限制。

9.3.2 常用的钛合金

(1) α钛合金

由于α钛合金的组织全部为α固溶体，因而具有很好的强度、韧性及塑性。在常温状态下也能加工成某种半成品，如板材、棒材等。它在高温下组织稳定，抗氧化能力较强，热强性较好。在高温（500~600℃）时的强度为三类合金中较高者。但它的室温强度一般低于β和（α+β）钛合金，α钛合金是单相合金，不能进行热处理强化。α钛合金不能淬火强化，主要依靠固溶强化，热处理只进行退火（变形后的消除应力退火或消除加工硬化的再结晶退火）。常用的α钛合金有TA5、TA6、TA7。TA7成分为Ti-5Al-2.5Sn，其使用温度不超过500℃，主要用于制造导弹的燃料罐、超音速飞机的蜗轮机匣等。

（2）β钛合金

全部是β相的钛合金在工业上很少应用。因为这类合金密度较大，耐热性差及抗氧化性能低。当温度高于700℃时，合金很容易受大气中的杂质气体污染，生产工艺复杂，因而限制了它的使用。但β钛合金由于是体心立方结构，合金具有良好的塑性，为了利用这一特点，发展了一种介稳定的β相钛合金，此合金在淬火状态为全β组织，便于进行加工成形，随后的时效处理又能获得很高的强度。

β钛合金的典型牌号为TB1，成分为Ti-3Al-8Mo-11Cr，一般在350℃以下使用，适于制造压气机叶片、轴、轮盘等重载的回转件，以及飞机构件等。

（3）（α+β）钛合金

（α+β）钛合金兼有α和β钛合金两者的优点，耐热性和塑性都比较好，并且可进行热处理强化，这类合金的生产工艺也比较简单。因此，（α+β）钛合金的应用比较广泛，其中以TC4（Ti-6Al-4V）合金应用最广、最多，TC4强度高，塑性好，在400℃时组织稳定，蠕变强度较高，低温时有良好的韧性，并有良好的抗海水应力腐蚀及抗热盐应力腐蚀的能力，适于制造在400℃以下长期工作的零件，要求一定高温强度的发动机零件，以及在低温下使用的火箭、导弹的液氢燃料箱部件等。

工业纯钛和部分钛合金的牌号、化学成分、力学性能及用途见表9-6。

表9-6 工业纯钛和部分钛合金的牌号、化学成分、力学性能及用途

类别	牌号	化学成分	热处理	室温力学性能		高温力学性能		用途
				R_m/MPa	A/%	温度/℃	R_m/MPa	
工业纯钛	TA1	Ti(杂质极微)	T	300~500	30~40	—	—	在350℃以下工作，强度要求不高的零件
	TA2	Ti(杂质极微)	T	450~600	25~30	—	—	
	TA3	Ti(杂质极微)	T	550~700	20~25	—	—	
α钛合金	TA4	Ti-3Al	T	700	12	—	—	在500℃下工作的零件，导弹燃料罐、超音速飞机的蜗轮轴匣
	TA5	Ti-4Al-0.005B	T	700	15	—	—	
	TA6	Ti-5Al	T	700	12~20	350	430	
β钛合金	TB1	Ti-3Al-8Mo-11Cr	C CS	T1100 1300	16 5	—	—	在350℃下工作的零件，压气机叶片、轴、轮盘、飞机构件
	TB2	Ti-5Mo-5V-8Cr-3Al	C CS	<1000 1350	20 8	—	—	
α+β钛合金	TC1	Ti-2Al-1.5Mn	T	600~800	20~25	350	350	在400℃以下工作的零件，有一定的高温强度的发动机零件，低温用部件
	TC2	Ti-3Al-1.5Mn	T	700	12~15	350	430	
	TC3	Ti-5Al-4V	T	900	8~10	500	450	
	TC4	Ti-6Al-4V	T CS	900 1200	10 8	400	630	

注：T—退火状态；C—淬火状态；CS—淬火+时效状态。

9.4 滑动轴承合金

滑动轴承具有承压面积大，承载能力强，工作平稳，无噪声，装拆方便等优点，大轴承一般采用滑动轴承。滑动轴承的结构由轴承体（轴承座）和轴瓦构成，轴瓦与轴直接接触，如图9-8所示。

制造滑动轴承中轴瓦及内衬的合金称为滑动轴承合金，由于轴是机器上的重要零件，其制造工艺复杂，成本高，更换困难，为确保轴受到最小的磨损，轴瓦的硬度应比轴颈低得多，必要时可更换被磨损的轴瓦而继续使用轴。

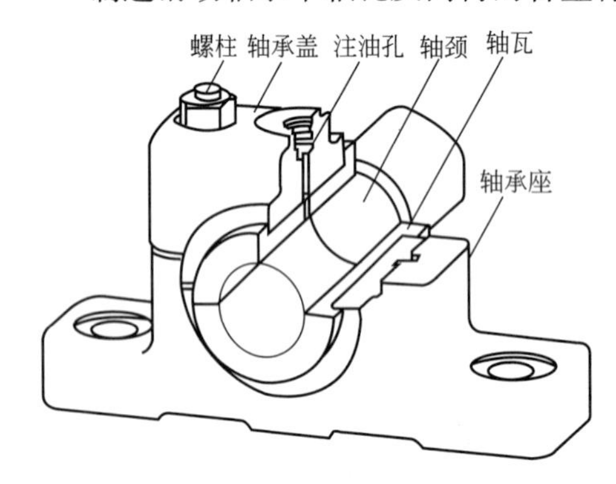

图9-8 滑动轴承的结构

按主要化学成分可分为锡基、铅基、铝基、铜基、铁基等轴承合金。

9.4.1 滑动轴承合金的性能和组织要求

(1) 性能要求

为满足工作要求，滑动轴承合金应具有下列性能特点。

① 工作温度下有足够的抗压强度，以承受轴颈较大的单位压力。足够的塑性和韧性，高的疲劳强度，以承受轴颈的周期性载荷，并抵抗冲击和振动。

② 良好的磨合能力，使其与轴能较快地紧密配合。为此，硬度要合适，太低易变形，不耐磨，太高不易同轴颈磨合。

③ 良好的耐蚀性、导热性、较小的膨胀系数，防止摩擦升温而与轴咬死（抱轴）。

④ 良好的减摩性（摩擦系数要小），与轴的摩擦系数小，并能保留润滑油，减轻磨损。

⑤ 良好的工艺性能，使之制造容易，价格便宜。

一种材料无法同时满足上述性能要求，可将滑动轴承合金用铸造的方法镶铸在08钢的轴瓦上，形成一层薄而均匀内衬。这种工艺称为“挂衬”，挂衬后就制成双金属轴承。

(2) 组织要求

轴承合金既要求有较高的强度，又要求有较好的减摩性，针对这两个对立的性能要求，轴承合金应具备软硬兼备的理想组织。

① 软基体和均匀分布的硬质点轴承跑合后，软的基体被磨损而压凹，可以储存润滑油，以便能形成连续的油膜，同时，软的基体还能承受冲击和振动，并使轴和轴承能很好磨合；软的基体还能起嵌藏外来硬质点的作用，以保证轴颈不被擦伤，如图9-9所示。但这类组织承受高负荷能力差，属于这类组织的有锡基和铅基轴承合金，又称为巴氏合金（Babbitt alloy）。

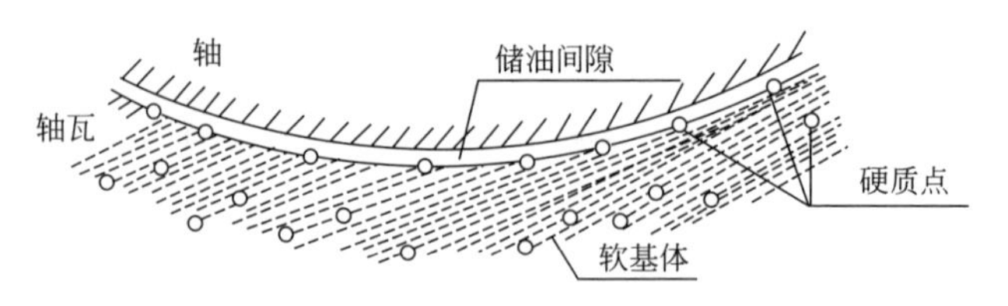

图9-9 滑动轴承合金理想组织示意图

② 硬基体上分布着软质点 对高转速、高载荷轴承，强度是主要问题，这就要求轴承有较硬的基体组织来提高单位面积上能够承受的压力。这类组织虽然有较大的承载能力，但

磨合能力较差，属于这类组织的有铝基和铜基轴承合金。

9.4.2 锡基和铅基轴承合金（巴氏合金）

（1）锡基轴承合金

锡基轴承合金是以锡为基本元素，加入锑、铜等元素组成的合金。锡基轴承合金的牌号表示方法与其他铸造有色金属的牌号表示方法相同，例如ZSnSb4Cu4表示含锑的平均质量分数为4%、含铜的平均质量分数为4%的锡基轴承合金。巴氏合金的价格较贵，且力学性能较低，通常是采用铸造的方法将其镶铸在钢（08钢）的轴瓦上形成双金属轴承使用。

最常用的锡基轴承合金为ZSnSb11Cu6，其显微组织为α+β'+Cu_6Sn_5，如图9-10所示。其中黑色部分是α相软基体（24~30HBW），白方块是β'相硬质点（110HBW），白针状或星状组成物是Cu_6Sn_5。α相是锑溶解于锡中的固溶体，为软基体。β'相是以化合物SnSb为基的固溶体，为硬质点。铸造时，由于β'相较轻，易发生严重的密度偏析，所以加入铜，生成Cu_6Sn_5，使其作树枝状分布，阻止β'相上浮，有效地减轻密度偏析。Cu_6Sn_5的硬度比β'相高，也起硬质点作用，进一步提高合金的强度和耐磨性。

锡基轴承合金的摩擦系数和膨胀系数小，具有良好的导热性、塑性和耐蚀性，适于制造高速重负荷条件。但其疲劳强度低，许用温度也较低（不高于150℃），由于锡较贵，条件允许的情况下，采用铅基轴承代替锡基轴承合金。

（2）铅基轴承合金

铅基轴承合金是以铅-锑为基的合金。典型牌号有ZPbSb16Sn16Cu2，成分为16%Sb、16%Sn、2%Cu，其余为Pb，其显微组织为（α+β)+β+Cu_6Sn_5，如图9-11所示。(α+β)共晶体为软基体（7~8HBW），白方块为以SnSb为基的β固溶体，起硬质点作用，白针状晶体为化合物Cu_6Sn_5。

图9-10 锡基轴承合金ZSnSb11Cu6的显微组织（100×）

图9-11 铅基轴承合金ZPbSb16Sn16Cu2的显微组织（100×）

铅基轴承合金的强度、塑性、韧性及导热性均较锡基合金低，但价格较便宜，可用于制造中、低载荷的轴瓦，例如汽车、拖拉机曲轴的轴承等。

9.4.3 铜基和铝基轴承合金

（1）铜基轴承合金

铜基轴承合金有铅青铜、锡青铜等。与巴氏合金相比，铜基轴承合金具有高的疲劳强度和承载能力，优良的耐磨性、导热性和低的摩擦系数，因此可作为承受高载荷、高速度及高温下工作的轴承。

常用铜基轴承合金有ZCuSn10P1、ZCuSn5Pb5Zn5等锡青铜和ZCuPb30等铅青铜，铜和铅在固态时互不溶解，显微组织为Cu+Pb，Cu为硬基体，粒状Pb为软质点。前者适于制造中速、中载下工作的轴承，如电动机、泵及金属切削机床上的轴承；后者适于制造高速、重载下工作的轴承，如高速柴油机、汽轮机上的轴承。

因铜基轴承合金价格较高，有被新型滑动轴承合金取代的趋势。

（2）铝基轴承合金

铝基轴承合金是以铝为基体加入锑、锡等合金元素所组成的合金，密度小，导热性和耐蚀性好，疲劳强度高，原料丰富，价格低廉，广泛应用于高速、重载下工作的汽车、拖拉机及柴油机轴承等。它的线膨胀系数大，运转时容易与轴咬合使轴磨损，但可通过提高轴颈硬度，加大轴承间隙和降低轴承和轴颈表面粗糙度值等办法来解决。

目前广泛使用的铝基轴承合金有铝锑镁轴承合金和高锡铝轴承合金两种，常与08钢作衬背制成双金属轴承。

铝锑镁轴承合金是Sb的质量分数为3.5%~5%、Mg的质量分数为0.3%~0.7%的铝合金，具有较高的疲劳极限，适用于制造高速、载荷不超过20MPa、滑动速度不大于10m/s的工作条件下柴油机轴承。

高锡铝轴承合金是Sn的质量分数为5%~40%、Cu的质量分数为0.8%~1.2%的铝合金，以Sn的质量分数为17.5%~22.5%合金最常用。该合金具有较高的疲劳极限，良好的耐磨性、耐热性和耐蚀性，是应用最广泛的铝基轴承合金，适用于制造高速、重载下工作的轴承，如汽车、拖拉机、内燃机轴承。

复习与思考题9

一、名词解释

固溶处理、时效硬化、回归、黄铜、锡青铜。

二、填空题

1.铝合金按其成分及生产工艺特点，可分为________和________。

2.变形铝合金按热处理性质可分为________铝合金和________铝合金两类。

3.铝合金的时效方法可分为________和________两种。

4.铜合金按其合金化系列可分为________、________和________三类。

5.铸造铝合金，按成分可分为________系、________系、________系和________系四类。

6.H62是________的一个牌号，其中62是指含________量为________。

7.钛有两种同素异构体，在882.5℃以下为________，在882.5℃以上为________。

8.钛合金根据其退火状态下组织可分________、________和________三类。

三、简答题

1.有色金属及其合金的强化方法与钢的强化方法有何不同？

2.铝合金性能上有何特点？为什么在工业上能得到广泛的应用？

3.何谓硅铝明合金？为什么在浇注之前要对其进行变质处理？

4.如果铝合金的晶粒粗大，能否用重新加热的方法细化？

5.何谓时效硬化？铝合金的淬火和钢的淬火有什么不同？

6.硬铝、防锈铝、超硬铝、锻铝的牌号、成分、性能和用途如何？

7.铜合金的性能有何特点？在工业上的主要用途有哪些。

8.锡青铜属于什么合金？为什么工业用锡青铜的含锡量一般不超过14%？

9.为什么含锌量较多的黄铜，经冷加工后不适宜在潮湿的大气、海水及含有氨的环境下使用？用什么方法改善其耐蚀性？

10.轴承合金在性能上有何要求？在组织上有何特点？

11.常用的滑动轴承合金有哪些种类？其牌号如何表示？性能和用途如何？

12.钛合金有哪些优良特性？

13.认识下列有色金属及其合金的牌号：

LF5、LY11、LC4、LD7、ZL102、TU2、H90、H70、H62、HSn10、HPb59-1、QSn10、QPb30、QAl7、ZSnSb11Cu6、ZPbSb16Sn16Cu2。

第10章 非金属材料及复合材料

教学提示：

非金属材料是指除金属材料和复合材料以外的其他材料。非金属材料原料来源广泛，成形工艺简单，并具有金属材料所不及的某些特殊性能。

由几种不同材料复合而成的复合材料，不仅克服了单一材料的缺点，而且产生了单一材料不具备的新的功能。特别是玻璃纤维、碳纤维复合材料在船舶、航空航天等领域具有广阔的发展前景。

本章主要介绍在机械工程中常用的塑料、橡胶、陶瓷和复合材料。

学习目标：

熟悉常用塑料、陶瓷和复合材料的种类、性能和应用；并注意联系工作、生活中接触到的塑料、橡胶、陶瓷和复合材料制品，以进一步了解不同材料的特性及其用途。

10.1 塑　料

10.1.1 塑料的组成

塑料是以合成树脂为主要原料，加入必要的添加剂，在一定的温度和压力条件下，塑制而成的具有一定塑性的材料。

树脂是由低分子化合物通过缩聚或加聚反应合成的高分子化合物，如酚醛树脂、聚乙烯等，是塑料的主要组成部分，塑料的性质主要由树脂决定的，同时树脂也起胶黏剂作用。塑料中树脂的含量一般为30%~50%。

添加剂主要用于改善塑料的使用性能和工艺性能，常用的添加剂有填充剂、固化剂、增塑剂和稳定剂等。

10.1.2 塑料的分类

（1）按树脂的性质

根据树脂在加热和冷却时所表现的性质，可分为热塑性塑料和热固性塑料。

热塑性塑料加热时软化并熔融，可塑造成形，冷却后即成形并保持既得形状，而且该过程可反复进行。这类塑料有聚乙烯、聚丙烯、聚苯乙烯、聚酰胺（尼龙）、聚甲醛、聚碳酸酯等。这类塑料加工成形简便，具有较高的力学性能，但耐热性和刚性比较差。

热固性塑料初加热时软化，可塑造成形，但固化后再加热将不再软化，也不溶于溶剂。这类塑料有酚醛、环氧、氨基、不饱和聚酯等。它们具有耐热性高，受压不易变形等优点，但力学性能不好，不过可通过加入填料提高强度。

(2) 按使用范围

按照应用范围，塑料分为通用塑料、工程塑料和特种塑料三种。

通用塑料应用范围广、生产量大，主要有聚氯乙烯、聚苯乙烯、酚醛塑料和氨基塑料等，其产量约占塑料总产量的3/4以上。

工程塑料是综合工程性能（包括力学性能、耐热耐寒性能、耐蚀性能和绝缘性能等）良好的各种塑料。主要有聚甲醛、聚酰胺（尼龙）、聚碳酸酯和ABS等。

特种塑料是具有某些特殊性能，满足某些特殊要求的塑料。这类塑料产量少，价格贵，只用于特殊需要的场合，如医用塑料和耐热塑料等。常见的有聚四氟乙烯、聚三氟氯乙烯、有机硅树脂、环氧树脂等。

10.1.3 塑料的特性

(1) 成形工艺性好

塑料的加工成形方法很多，大多数塑料都可直接采用注射或挤出成形，方法简单，生产率高。热塑性的塑料在很短的时间内即可成形出制品，比金属加工成零件的车、铣、刨、钻、磨等工序简单得多。塑料也可以采用机加工，大多数塑料便于焊接。

(2) 密度小，比强度高

塑料密度为0.9~2.2 g/cm^3，一般为钢铁的1/4，铜的1/9~1/5，铝的1/2。这对于全面减轻船舶、车辆或其他产品的重量有特殊意义。虽然塑料的强度平均为100MPa，比金属低得多，但由于密度小，故比强度高。

(3) 良好的耐腐蚀性

塑料在水、水蒸气、酸、碱、盐、汽油等化学介质中大多比较稳定，在某些强腐蚀性介质中，有的塑料的耐蚀性甚至超过某些贵金属，尤其是被誉为塑料王的聚四氟乙烯，不仅耐强酸、强碱等强腐蚀剂，甚至在沸腾的王水中也很稳定。

(4) 优良的电绝缘性

大多数塑料有优良的电绝缘性，可与陶瓷、橡胶相媲美。在高频电压下，可以作为电容器的介电材料和绝缘材料，也可以应用于电视、雷达等装置中。

(5) 耐磨、减摩性好

塑料的硬度比金属低，有些塑料（如聚四氟乙烯、尼龙）还具自润滑性，可减低摩擦系数。塑料制成的机械传动部件，机械动力的损耗小，有的甚至可以不加润滑剂，或用水润滑即可，这是金属材料所无法相比的。

塑料的主要缺点是耐热性低、易老化、易蠕变。常用热塑性塑料，如聚乙烯、聚氯乙烯、尼龙等，长期使用温度一般在100℃以下；热固性塑料，如酚醛塑料，为130~150℃；耐高温塑料，如有机硅塑料等，可在200~300℃使用。

10.1.4 常用塑料

(1) 聚乙烯（PE）

聚乙烯是乙烯经聚合制得的一种热塑性树脂。当前，世界聚烯烃聚合物的产量有35000

万吨，其中聚乙烯占65%，而占塑料总产量的30%以上，为用量最大的通用塑料。

聚乙烯无嗅、无毒，手感似蜡，具有优良的耐低温性能（最低使用温度可达-70~-100℃），化学稳定性好，能耐大多数酸碱的侵蚀（不耐具有氧化性质的酸），常温下不溶于一般溶剂，吸水性小，电绝缘性能优良；但聚乙烯对于环境应力（化学与机械作用）是很敏感的，耐热老化性差。

聚乙烯的性质因品种而异，主要取决于分子结构和密度。采用不同的生产方法可得不同密度（0.91~0.96g/cm^3）的产物。

① 低密度聚乙烯（LDPE），密度为0.910~0.925g/cm^3，因其为高压法（ICI）聚合所得的聚乙烯，也称为高压聚乙烯。因支链较多，强度低，多用来生产薄膜制品。

② 高密度聚乙烯（HDPE），密度为0.941~0.965g/cm^3，因为在低压下生产，又称低压聚乙烯，含有较多长键，因此密度高。主要用于制造各种注塑、吹塑和挤出成型制品。

③ 中密度聚乙烯（MDPE），密度为0.926~0.940g/cm^3，又称双峰聚乙烯，其性能介于高密度聚乙烯（HDPE）和低密度聚乙烯（LDPE）两者之间。MDPE因其良好的抗环境应力开裂性、焊接性和使用寿命长等，近年来应用发展迅速，用量增加很快，MDPE被认为是目前世界上通迅电缆、光纤光缆最合适用的护套材料。

聚乙烯可用一般热塑性塑料的成形方法加工。用途十分广泛，主要用来制造薄膜、容器、管道、单丝、电线电缆、日用品等，并可作为电视、雷达等的高频绝缘材料。

（2）聚氯乙烯（PVC）

聚氯乙烯是由氯乙烯聚合而成。具有较高的机械强度和较好的耐蚀性。可用于制作化工、纺织等工业的废气排污排毒塔、气体液体输送管，还可代替其他耐蚀材料制造储槽、离心泵、通风机和接头等。当增塑剂加入量达30%~40%时，便制得软质聚氯乙烯，其伸长率高，制品柔软，并具有良好的耐蚀性和电绝缘性，常制成薄膜，用于工业包装、农业育秧和日用雨衣、台布等，还可用于制作耐酸耐碱软管、电缆外皮、导线绝缘层等。

（3）聚苯乙烯（PS）

聚苯乙烯由苯乙烯单体聚合而成。聚苯乙烯刚度大、耐蚀性好、电绝缘性好，透光性仅次于有机玻璃，缺点是抗冲击性差，易脆裂、耐热性不高。可用以制造纺织工业中的纱管、纱锭、线轴；电子工业中的仪表零件、设备外壳；化工中的储槽、管道、弯头；车辆上的灯罩、透明窗；电工绝缘材料等。

（4）ABS塑料

ABS塑料是丙烯腈、丁二烯和苯乙烯的三元共聚物。具有“硬、韧、刚”的特性，综合力学性能良好，同时尺寸稳定，容易电镀和易于成形，耐热性较好，在-40℃的低温下仍有一定的机械强度。

ABS塑料在造船、机械、汽车、电气、纺织、航空、化工、日用品方面得到了广泛应用。

（5）聚酰胺（PA）

由二元胺与二元酸缩聚而成，或由氨基酸脱水成内酰胺再聚合而得，聚酰胺又称尼龙，有尼龙610、尼龙66、尼龙6等多个品种。尼龙具有突出的耐磨性和自润滑性能；良好的韧性，强度较高（因吸水不同而异）；耐蚀性好，如耐水、油、一般溶剂、许多化学药剂，抗霉、抗菌，无毒；成形性能也好。

聚酰胺常用来代替金属（尤其是铜）作减摩、耐磨材料，如制造齿轮、叶轮、蜗轮、阀体、电器外壳、船用轴承等。

（6）聚碳酸酯（PC）

聚碳酸酯誉称“透明金属”，具有优良的综合性能。冲击韧性和展延性突出，在热塑性塑料中是最好的；弹性模量较高，不受温度的影响；抗蠕变性能好，尺寸稳定性高。透明度高，可染成各种颜色；吸水性小。绝缘性能优良，在10~130℃间介电常数和介质损耗近于不变。制造精密齿轮、蜗轮、蜗杆、齿条等。利用其高的电绝缘性能，制造垫圈、垫片、套管、电容器等绝缘件，并可作电子仪器仪表的外壳、护罩等。由于透明性好，聚碳酸酯是一种不可缺少的制造信号灯、挡风玻璃、座舱罩、头盔等的重要材料。

(7) 聚四氟乙烯（F-4）

聚四氟乙烯是氟塑料中的一种，具有很好的耐高、低温，耐腐蚀等性能。聚四氟乙烯几乎不受任何化学药品的腐蚀，它的化学稳定性超过了玻璃、陶瓷、不锈钢，甚至金、铂，俗称“塑料王”。由于聚四氟乙烯的使用范围广，化学稳定性好，介电性能优良，自润滑和防粘性好，所以在国防、科研和工业中占有重要地位。

(8) 聚甲基丙烯酸甲酯（PMMA）

俗称有机玻璃，有机玻璃的透明度比无机玻璃还高，透光率达92%，密度也只有后者的一半，为1.18g/cm^3。力学性能比普通玻璃高得多（与温度有关）。

有机玻璃的力学性能比普通玻璃高得多，抗拉强度可达到50~77MPa，弯曲强度可达到90~130MPa，这些性能数据的上限已达到甚至超过某些工程塑料。其断裂伸长率仅2%~3%，故基本上属于硬而脆的塑料，且具有缺口敏感性，在应力下易开裂，但断裂时断口不像聚苯乙烯和普通无机玻璃那样尖锐参差不齐。

有机玻璃的用途极为广泛。可用于制作飞机、船舶、汽车的座舱盖、风挡和弦窗，大型建筑的天窗（可以防破碎）、电视和雷达的屏幕、仪器和设备的防护罩、电迅仪表的外壳、望远镜和照相机上的光学镜片。

(9) 聚甲醛（POM）

聚甲醛具有优异的综合性能，抗拉强度在70MPa左右，并有较高的冲击韧性、耐疲劳性和刚性；还具有良好的耐磨性和自润滑性，摩擦系数低且稳定，在干摩擦条件下尤为突出。使用温度为-50~110℃，可在170~200℃的温度下加工，如注射、挤出、吹塑等。

聚甲醛主要用作工程塑料，广泛用于制造齿轮、轴承、凸轮、阀门、仪表外壳、化工容器、叶片、运输带等。

(10) 酚醛塑料（PF）

酚醛塑料俗称电木，是一种热固性塑料。酚醛塑料具有一定的机械强度和硬度，耐磨性好，绝缘性良好，耐热性较高，耐蚀性优良。缺点是性脆、不耐碱。

酚醛塑料可与木粉混合得到的酚醛压缩粉，俗称胶木粉，是常用的热固性塑料；以纸片、棉布或玻璃布作为填料的层压酚醛塑料，力学性能更高。酚醛塑料广泛用于制作插头、开关、电话机、仪表盒、汽车刹车片、内燃机曲轴皮带轮、纺织机和仪表中的无声齿轮、化工用耐酸泵、日用用具等。

(11) 环氧塑料

为环氧树脂加入固化剂后形成的热固性塑料。环氧塑料强度较高，韧性较好；尺寸稳定性高和耐久性好；具有优良的绝缘性能；耐热、耐寒；化学稳定性很高；成形工艺性能好。缺点是有某些毒性。环氧树脂是很好的胶黏剂，对各种材料（金属及非金属）都有很强的胶粘能力，有“万能胶”之称。环氧塑料用于制作塑料模具、精密量具、配制飞机漆、油船漆、罐头涂料、印刷线路板。

10.2 橡　　胶

橡胶是一种具有极高弹性的高分子材料。橡胶的弹性模量很低，只有1MPa，其弹性变形量可达100%~1000%，而且回弹性好，回弹速度快。同时，橡胶还有一定的耐磨性，很好的绝缘性和不透气、不透水等优点。它是常用的弹性材料、密封材料、减振防振材料和传动材料。

10.2.1 橡胶制品的组成

橡胶是以生胶（天然或合成的）为主要成分，再加入一定量的配合剂组成的。

生胶在橡胶制备过程中不仅起着粘接其他配合剂的作用，而且决定橡胶的性能。生胶要先进行塑炼，使其处于塑性状态，再加入各种配合剂，经过混炼成形、硫化处理，才能成为可以使用的橡胶制品。

配合剂主要包括硫化剂、硫化促进剂、补强填充剂等。其中最重要的是硫化剂，其作用是通过硫化处理，提高橡胶的弹性和耐磨性。常用的硫化剂有硫黄、含硫化合物、硒、过氧化物等。

10.2.2 橡胶的分类

按材料来源可分为天然橡胶和合成橡胶两大类。常用的有丁苯橡胶、顺丁橡胶、氯丁橡胶、异戊橡胶、丁基橡胶、乙丙橡胶和丁腈橡胶。

按其性能和用途可分为通用橡胶和特种橡胶两大类。

凡是性能与天然橡胶相同或接近，物理性能和加工性能较好，能广泛用于轮胎和其他一般橡胶制品的橡胶称为通用橡胶。通用橡胶有：天然橡胶（NR）、丁苯橡胶（SBR）、顺丁橡胶（BR）等。

凡是具有特殊性能，专供耐热、耐寒、耐化学腐蚀、耐油、耐溶剂、耐辐射等特殊性能橡胶制品使用的称为特种橡胶。特种橡胶有：丁腈橡胶（NBR）、硅橡胶、氟橡胶、聚氨酯橡胶、聚硫橡胶、聚丙烯酸酯橡胶（UR）、氯醚橡胶、氯化聚乙烯橡胶（CPE）、氯磺化聚乙烯（CSM）等。

实际上，通用橡胶和特种橡胶之间并无严格的界限，如乙丙橡胶兼具上述两方面的特点。介于通用橡胶与特种橡胶之间的有：氯丁橡胶（CR）、乙丙橡胶（EPDM）、丁基橡胶（IIR）。

10.2.3 常用的橡胶

（1）丁苯橡胶（SBR）

丁苯橡胶是以丁二烯和苯乙烯为单体共聚而成。具有较好的耐磨性、耐热性、耐老化性，价格便宜。主要用于制造轮胎、胶带、胶管及生活用品。

丁苯橡胶在高温下可抗老化、耐腐蚀、耐水性，气密性也较好；但弹性、抗拉裂性和黏着性不如天然橡胶。一般它与天然橡胶掺和使用，主要用于制造船用货舱盖橡胶密封条及角接头、电绝缘材料等。

（2）顺丁橡胶（BR）

顺丁橡胶是由丁二烯聚合而成。顺丁橡胶的弹性、耐磨性、耐热性、耐寒性均优于天然橡胶，是制造轮胎的优良材料。缺点是强度较低、加工性能差、抗撕裂性差。主要用于制造船用橡胶护舷、耐热胶管、电绝缘制品等。

（3）氯丁橡胶（CR）

氯丁橡胶是由氯丁二烯聚合而成。氯丁橡胶的力学性能和天然橡胶相似，但耐油性、耐磨性、耐热性、耐燃烧性、耐溶剂性、耐老化性能均优于天然橡胶，所以称为“万能橡胶”。

它既可作为通用橡胶，又可作为特种橡胶。但氯丁橡胶耐寒性较差（-35℃），密度较大（为$1.23g/cm^3$），生胶稳定性差，成本较高。石油工业中大量使用氯丁橡胶制品制胶管、垫圈等；在其他领域用于制造船舶电线、电缆的外皮、胶管、输送带；船用橡胶轴承、船用橡胶抛缆球等。

(4) 丁腈橡胶（NBR）

丁腈橡胶是丁二烯和丙烯腈的共聚物，它以其优异的耐油性及对有机溶液的耐蚀性而著称，有时也被称为耐油橡胶。此外，还有较好的耐热、耐磨和耐老化性。但其耐寒性和电绝缘性较差，加工性能也不好。它主要用于制造耐油制品，如输油管、耐油耐热密封圈、储油箱等。

(5) 氟橡胶

氟橡胶是以碳原子为主链、含有氟原子的高聚物。氟橡胶具有很高的化学稳定性，它在酸、碱、强氧化剂中的耐蚀能力居各类橡胶之首，其耐热性也很好，缺点是价格昂贵、耐寒性差、加工性能不好。主要用于高级密封件、高真空密封件及化工设备中的衬里，火箭、导弹的密封垫圈。

几种常用橡胶的力学性能归纳于表10-1。

表10-1 几种常用橡胶的力学性能

种类	名称(代号)	强度R_m/MPa	硬度HBW	使用温度/℃	用途举例
通用橡胶	天然橡胶(NR)	17~35	65	-70~110	轮胎、胶带、胶管
	丁苯橡胶(SBR)	15~20	80	-50~140	轮胎、胶板、胶布、胶带、胶管
	顺丁橡胶(BR)	18~25		-70~120	轮胎、V带、耐寒运输带、绝缘件
	氯丁橡胶(CR)	25~27	70	-35~130	电线(缆)包皮,耐燃胶带、胶管,汽车门窗嵌条,油罐衬里
	丁腈橡胶(NBR)	15~30	80	-35~175	耐油密封圈、输油管、油罐衬里
特种橡胶	氟橡胶	20~22	75	-50~300	高级密封件,高耐蚀件,高真空橡胶件
	硅橡胶	4~10	70	-100~300	耐高低温制品和绝缘件
	聚氨酯橡胶(UR)	20~35		-30~80	耐磨件、实心轮胎、胶辊

10.3 陶 瓷

10.3.1 陶瓷的定义和分类

传统上，陶瓷材料是指无机硅酸盐类材料，如陶器和瓷器，也包括玻璃、搪瓷、耐火材料、砖瓦等。现今意义上，陶瓷材料是各种无机非金属材料的通称，是现代工业中最有发展前途的一类材料。对于陶瓷，可以这样定义：

陶瓷是以共价键或（和）离子键为主要结合键的无机材料。

除玻璃、水泥、耐火材料外，按成分和用途不同，陶瓷分为普通陶瓷、特种陶瓷和金属陶瓷三类。

普通陶瓷是由黏土、石英和长石经混合烧结而成的，杂质较多，常用作日用陶瓷、建筑陶瓷、化工陶瓷、多孔陶瓷等。

特种陶瓷是以人工合成、纯度较高的化合物为原料制成的，如氧化物、氮化物、碳化物等烧结材料。它们具有独特的物理化学性能和力学性能，可满足工程上的特殊需要，常见的有高温陶瓷、压电陶瓷、磁性陶瓷、电容器陶瓷等。工程上最重要的是高温陶瓷，包括氧化物陶瓷、硼化物陶瓷、氮化物陶瓷和碳化物陶瓷。现在特种陶瓷已由单一的氧化物陶瓷发展到了氮化物等多种陶瓷；品种上由传统的烧结体发展到了单晶、薄膜、纤维等。普通陶瓷与特种陶瓷的区别见表10-2。

表10-2　普通陶瓷与特种陶瓷的区别

项　目	化学成分	组织结构	烧结温度	力学性能
普通陶瓷	多元化合物、复合物、天然矿物	多孔体，表面上釉	小于1300℃	强度、韧性低
特种陶瓷	人工提炼、合成，高纯组元	致密无孔，不上釉	大于1300℃	强度、韧性高

金属陶瓷是由金属与陶瓷组成的非均质复合材料，它应属于复合材料，但习惯上仍被看做是陶瓷的一种。由于粉末冶金材料的生产工艺与陶瓷类似，因此粉末冶金生产的金属材料也被称为金属陶瓷。

陶瓷材料如果按应用可分为结构陶瓷材料与功能陶瓷材料。

10.3.2　陶瓷的生产过程

陶瓷产品的生产过程是指从投入原料开始，一直到把陶瓷产品生产出来为止的全过程。一般来说，陶瓷生产过程包括坯料制备、坯体成形、烧成与烧结三个基本阶段。

① 坯料制备　将矿物原料经拣选、粉碎后配料、混合、磨细得到坯料。

② 坯料成形　将坯料加工成一定形状和尺寸并有一定机械强度和致密度的半成品。包括可塑成形（如传统陶瓷）、注浆成形（如形状复杂、精度要求高的普通陶瓷）和压制成形（如特种陶瓷和金属陶瓷）。

③ 烧成与烧结　干燥后的坯料加热到高温，进行一系列的物理、化学变化而成瓷的过程。烧成是使坯件瓷化的工艺（1250~1450℃）；烧结是指烧成的制品开口气孔率极低、而致密度很高的瓷化过程。

陶瓷的质量可以用原料的纯度和细度、坯料混合均匀性、成形密度及均匀性、烧成或烧结温度、炉内气氛、升降温速度等指标来衡量。

10.3.3　陶瓷的性能

陶瓷材料大都是离子键和共价键结合，键合牢固并有明显的方向性。因此，它的强度、硬度、弹性模量、耐磨性、耐蚀性和耐热性优于金属，而塑性、韧性、可加工性、抗热振性以及使用可靠性不如金属材料。

（1）物理化学性能

① 热性能　陶瓷材料的熔点高，具有比金属材料高得多的耐热性，是重要的高温结构材料之一。此外陶瓷的线膨胀系数很低，比高聚物低，比金属更低，是优良的绝热材料。

② 化学稳定性　陶瓷的组织结构非常稳定，因金属原子被屏蔽在紧密排列的间隙中，很难再同介质中的氧发生作用，对酸、碱、盐等腐蚀性很强的介质均有较强的抵抗能力，与许多金属的熔体也不发生作用，因此陶瓷具有良好的抗氧化性和耐蚀性，是很好的耐火材料、坩埚材料和耐蚀材料。

③ 导电性　陶瓷材料的导电性变化范围很广，由于缺乏电子导电机制，多数陶瓷是良好的绝缘体。但不少陶瓷既是离子导体，又有一定的电子导电性；许多氧化物（ZnO、NiO、Fe_3O_4）是重要的半导体材料。此外，最近几年被科技界高度关注的超导材料，大多数也是陶瓷材料。

(2) 力学性能

① 刚度　陶瓷刚度（由弹性模量衡量）在各类材料中最高，因为陶瓷具有很强的结合键。弹性模量对组织不敏感，气孔降低弹性模量，温度升高弹性模量也降低。

② 硬度　陶瓷硬度是各类材料中最高的，因其结合键强度高。陶瓷硬度一般为1000~5000HV，而淬火钢为500~800HV，高聚物最硬不超过20HV。陶瓷的硬度随温度的升高而降低，但在高温下仍有较高的数值。

表10-3列出了一些常见材料的弹性模量和硬度。

表10-3　常见材料的弹性模量和硬度

材　料	弹性模量/MPa	硬度HV	材　料	弹性模量/MPa	硬度HV
橡胶	6.9	很低	钢	207000	300~800
塑料	1380	约17	碳化钛	390000	约3000
铝合金	72300	约170	金刚石	1171000	6000~10000

③ 强度　陶瓷材料的强度与其组织结构关系十分密切，特别是陶瓷内部存在的气孔、微裂纹、玻璃相、应力集中以及晶粒粗大等现象，将对陶瓷的强度产生决定性的影响。如刚玉（Al_2O_3）陶瓷块抗拉强度为280MPa，而刚玉陶瓷纤维（缺陷少），抗拉强度为2100 MPa，提高1~2个数量级。

陶瓷强度对应力状态特别敏感，抗拉强度很低，抗弯强度较高；抗压强度很高，因为受压时裂纹不易扩展。陶瓷材料的抗压强度约为其抗拉强度的10倍以上，因此，陶瓷常作为抗压部件广泛使用，所以，抗压强度也是陶瓷材料的重要性能指标。

④ 塑性　陶瓷在室温下几乎没有塑性。在高温慢速加载，特别是组织中存在玻璃相时，陶瓷也表现出一定的塑性。

⑤ 韧性　陶瓷是非常典型的脆性材料：冲击韧性1J/cm^{2}以下，断裂韧性值很低。而且对表面状态特别敏感，由于表面划伤、化学侵蚀、热胀冷缩不均等，很易产生细微裂纹；受载时，裂纹尖端产生很高的应力集中，由于不能由塑性变形使高的应力松弛，所以裂纹很快扩展，表现出很高的脆性，这也是陶瓷材料的致命弱点。

改善陶瓷韧性的方法是防止在陶瓷中特别是表面上产生缺陷；在陶瓷表面形成压应力（如加预压应力可做成“不碎”陶瓷）；消除陶瓷表面的微裂纹等。

10.3.4　常用的陶瓷

(1) 普通陶瓷

普通陶瓷是由黏土（$Al_2O_3 \cdot 2SiO_2 \cdot 2H_2O$）、石英（$SiO_2$）和长石（$K_2O \cdot Al_2O_3 \cdot 6SiO_2$）经混合烧结而成的。其特点是坚硬而脆性较大，绝缘性和耐蚀性极好；制造工艺简单、成本低廉，各种陶瓷中用量最大。

普通陶瓷按用途分为日用陶瓷和工业陶瓷。

① 普通日用陶瓷　普通陶瓷用于日用器皿和瓷器，有良好光泽度、透明度，热稳定性和较高的机械强度。

普通陶瓷按原料不同有长石质瓷（国内外常用的日用瓷，作一般工业瓷制品）、绢云母质瓷（我国的传统日用瓷）、骨质瓷（近些年得到广泛应用，主要作高级日用瓷制品）和滑石质瓷（我国发展的综合性能好的新型高质瓷）。

② 普通工业陶瓷　普通工业陶瓷有炻器和精陶。炻器是陶器和瓷器之间的一种瓷。工业陶瓷按用途分为建筑卫生瓷、化学化工瓷、电工瓷等。

建筑卫生瓷用于装饰板、卫生间装置及器具等，通常尺寸较大，要求强度和热稳定性好。化学化工瓷用于化工、制药、食品等工业及实验室中的管道设备、耐蚀容器及实验器皿等，通常要求耐各种化学介质腐蚀的能力要强。电工瓷主要指电器绝缘用瓷，也叫高压陶瓷，要求力学性能高、介电性能和热稳定性好。

(2) 特种陶瓷

特种陶瓷也叫现代陶瓷、精细陶瓷或高性能陶瓷，包括特种结构陶瓷和功能陶瓷两大类，如压电陶瓷、磁性陶瓷、电容器陶瓷、高温陶瓷等。工程上最重要的是高温陶瓷，包括氧化物陶瓷、碳化物陶瓷和氮化物陶瓷等。

① 氧化物陶瓷　氧化物陶瓷的熔点大多在2000℃以上，烧成温度约为1800℃；单相多晶体结构，有时有少量气相；其强度随温度的升高而降低，但在1000℃以下时一直保持较高强度，随温度变化不大；纯氧化物陶瓷在任何高温下都不会氧化。常用的氧化物陶瓷有氧化铝（刚玉）陶瓷、氧化铍陶瓷和氧化锆陶瓷等。

氧化铝陶瓷是应用最广泛的氧化物陶瓷。氧化铝陶瓷的熔点达2050℃，抗氧化性好，广泛用于耐火材料。较高纯度的Al_2O_3粉末压制成形、高温烧结后得到刚玉耐火砖、高压器皿、坩埚、电炉炉管、热电偶套管等。微晶刚玉的硬度极高（仅次于金刚石），红硬性达1200℃，可作要求高的工具如切削淬火钢刀具、金属拔丝模等。氧化铝陶瓷有很高的电阻率和低的热导率，是很好的电绝缘材料和绝热材料。氧化铝陶瓷的强度和耐热强度均较高（是普通陶瓷的5倍），是很好的高温耐火结构材料，如可作内燃机火花塞、空压机泵零件等。单晶体氧化铝可作蓝宝石激光器；氧化铝管坯可作钠蒸气照明灯泡。

② 碳化物陶瓷　碳化物陶瓷有很高的熔点、硬度（近于金刚石）和耐磨性（特别是在浸蚀性介质中），缺点是耐高温氧化能力差（约900~1000℃）、脆性极大。

碳化物陶瓷主要有碳化硅陶瓷、碳化硼陶瓷、碳化钼陶瓷、碳化铌陶瓷、碳化钽陶瓷、碳化钨陶瓷和碳化锆陶瓷等，最常用的碳化硅陶瓷。碳化硅陶瓷一般用于制造加热元件，如高温电炉中的硅碳棒，石墨表面保护层以及砂轮及磨料等。

③ 氮化物陶瓷　氮化物陶瓷主要包括氮化硅陶瓷和氮化硼陶瓷。碳化硅（Si_3N_4）陶瓷是优良的耐磨减摩材料、优良的高温结构材料和优良的耐腐蚀材料，常用于制造各种泵的耐蚀、耐磨密封环、高温轴承、转子叶片、静叶片以及加工难切削材料的刀具等。六方氮化硼也叫“白色石墨”，硬度低，可进行各种切削加工；导热和抗热性能高，耐热性好，有自润滑性能；高温下耐腐蚀、绝缘性好，用于高温耐磨材料和电绝缘材料、耐火润滑剂等。

10.4 复合材料

10.4.1 复合材料的组成与基本类型

(1) 复合材料及其组成

根据国际标准化组织的定义，复合材料是由两种或两种以上物理和化学性质不同的材料（有机高分子、无机非金属或金属材料）通过复合工艺组合而成的一种多相固体材料。在复合材料中，通常有一连续相，称为基体；另一相为分散相，称为增强体。

日常生活的人工复合材料很多，如钢筋混凝土就是用钢筋与石子、砂子、水泥等制成的复合材料，轮胎是用人造纤维与橡胶复合而成的材料。

科学家们把复合材料的发展划分为三代：第一代复合材料的代表是玻璃钢（玻璃纤维增强塑料）；第二代是碳纤维强化树脂（CFRP）及硼纤维强化树脂（BFRP）；第三代是金属基、陶瓷基、碳/碳基复合材料。

（2）复合材料分类

复合材料是种类繁多的多相材料，分类方法很多，常用的有以下三种。

① 按基体类型分　复合材料按基体类型可分为金属基复合材料、高分子基复合材料和陶瓷基复合材料三类。目前应用最多的是高分子基复合材料和金属基复合材料。

② 按性能分　复合材料按性能可分为结构复合材料、功能复合材料和智能复合材料。后二者还处于研制阶段，已经大量研究和应用的主要是结构复合材料。

③ 根据增强体形态分　复合材料按增强体的种类和形状可分为颗粒增强复合材料、纤维增强复合材料和层状增强复合材料。其中，发展最快、应用最广的是各种纤维（玻璃纤维、碳纤维、硼纤维、SiC纤维等）增强的复合材料。

10.4.2　复合材料的性能特点

（1）比强度和比模量

比强度（强度/密度）和比模量（弹性模量/密度）是衡量材料承载能力的重要指标。许多船舶动力设备和结构，不但要求强度高，而且要求重量轻，这就要求使用比强度和比模量高的材料。复合材料的比强度和比模量都比较大，例如碳纤维和环氧树脂组成的复合材料，其比强度是钢的七倍，比模量比钢大三倍。

（2）耐疲劳性能

在复合材料中疲劳破坏总是从承载能力比较薄弱的纤维处开始的，然后逐渐扩展到基体和增强纤维间的结合面上，而基体和增强纤维间的结合面能够有效地阻止疲劳裂纹的扩展，所以复合材料的疲劳极限比较高。例如碳纤维-聚酯树脂复合材料的疲劳极限是拉伸强度的70%~80%，而金属材料的疲劳极限只有强度极限值的40%~50%。

（3）减振性能

许多船舶机械、设备的振动问题十分突出。结构的自振频率除与结构本身的质量、形状有关外，还与材料的比模量的平方根成正比。复合材料的比模量大、自振频率高、阻尼特性好（纤维与基体的界面吸振能力强），在工作状态下越不易产生共振而引起的早期破坏。即使产生了振动，振动也会很快衰减。

（4）耐高温性能

由于各种增强纤维一般在高温下仍可保持高的强度，所以用它们增强的复合材料的高温强度和弹性模量均较高，特别是金属基复合材料。例如，一般铝合金，在400℃时，弹性模量接近于零，强度值也从室温时的500MPa降至30~50MPa。而碳纤维或硼纤维增强组成的复合材料，在400℃时，强度和弹性模量可保持接近室温下的水平。

除以上几个特点外，许多复合材料都有良好的断裂安全性、化学稳定性、减摩性、隔热性以及良好的成形工艺等性能。

目前，复合材料应用中存在的主要问题是，各向异性，断裂伸长率小，抗冲击性能尚不够理想，生产工艺方法中手工操作多，难以自动化生产，间断式生产周期长，效率低，加工出的产品质量不够稳定等。增强纤维的价格很高，尤其是碳纤维等，使复合材料的成本比其他工程材料高得多。

10.4.3 常用复合材料

（1）纤维增强复合材料

① 玻璃纤维增强复合材料 是指以树脂为基体，以玻璃纤维增强的复合材料，又称玻璃钢。玻璃纤维是由玻璃熔化后以极快的速度抽制而成，直径多为5~9μm，柔软如丝，单丝的抗拉强度达到1000~3000MPa，且具有很好的韧性，是目前复合材料中应用最多的增强纤维材料。根据复合材料基体不同可分为热塑性和热固性两种。玻璃钢力学性能优良，抗拉强度和抗压强度都超过一般钢和硬铝，而比强度更为突出，现在已广泛应用于各种机器护罩、复杂壳体、车辆、船舶、仪表、化工容器、管道等。如越来越多的帆船、游艇、交通艇、救生艇、渔轮及扫雷艇等都改用玻璃钢制造；许多新建的体育馆、展览馆、商厦的巨大屋顶都是由玻璃钢制成的，它不仅质轻、强度大，还能透过阳光。

② 碳纤维增强复合材料 碳纤维是将各种纤维（目前主要使用的是聚丙烯腈系碳纤维）在隔绝的空气中经高温碳化制成，一般在2000℃烧成的是碳纤维，若在2500℃以上石墨化后可得到石墨纤维（或称高模量碳纤维）。碳纤维比玻璃纤维的强度略高，而弹性模量则是玻璃纤维的4~6倍，并且碳纤维具有较好的高温力学性能。碳纤维可以和树脂、碳、金属以及陶瓷等组成复合材料，常与环氧树脂、酚醛树脂、聚四氟乙烯等复合，既保持了玻璃钢的优点，而且许多性能优于玻璃钢。如碳纤维-环氧树脂复合材料的弹性模量接近于高强度钢，而其密度比玻璃钢小，同时还具有优良的耐磨、减摩、耐热和自润滑性；不足之处是碳纤维与树脂的结合力不够大，各向异性明显。

碳纤维复合材料多用于齿轮、活塞、轴承密封件；飞机构件、航天器外层、人造卫星和火箭机架、壳体等；也可用于化工设备、运动器材（如羽毛球拍等）、医学领域；发达国家还大量采用碳纤维增强的复合建筑材料，使建筑物具有良好的抗震性能。

③ 有机纤维增强复合材料 常用的是以芳香族聚酰胺纤维（芳纶）增强，以合成树脂为基体。这类纤维的密度是所有纤维中最小的，而强度和弹性模量都很高。主要品种有凯芙拉（Kevlar）、诺麦克斯（Nomex）等。凯芙拉材料在军事上有“装甲卫士”之称号，用于提高防弹衣、坦克、装甲车的防护性能。有机纤维与环氧树脂结合的复合材料已在航空、航天工业方面得到应用。可用于轮胎帘子线、皮带、电绝缘件等。

（2）层叠复合材料

层叠复合材料是用几种性能不同的板材经热压胶合而成。根据复合形式有夹层结构的复合材料、双层金属复合材料、塑料-金属多层复合材料。如夹层复合材料已广泛应用于飞机机翼、船舶、火车车厢、运输容器、安全帽、滑雪板等；将两种膨胀系数不同的金属板制成的双层金属复合材料可用于测量和控制温度的简易恒温器等；SF型三层复合材料（如钢-铜-塑料）可制作在高应力、高温及低温、无润滑条件下的轴承。

（3）颗粒增强复合材料

颗粒增强复合材料是由一种或多种颗粒均匀地分布在基体中所组成的材料。一般粒子的尺寸越小，增强效果越明显，颗粒的直径小于0.01~0.1μm的称为弥散强化材料。按需要不同，加入金属粉末可增加导电性；加入Fe_3O_4磁粉可改善导磁性；加入MoS_2可提高减摩性；而陶瓷颗粒增强的金属基复合材料具有高的强度、硬度、耐磨、耐蚀性和小的膨胀系数，用于制作刀具、重载轴承及火焰喷嘴等高温工作零件。

除上述复合材料外还有骨架增强复合材料（如多孔浸渍材料等）。

复习与思考题10

一、名词解释

热塑性塑料、热固性塑料、特种陶瓷、玻璃钢、碳纤维增强复合材料。

二、填空题

1.根据密度的不同，聚乙烯分为________、________和________三种。

2.聚苯乙烯泡沫塑料的密度只有________，是隔音、包装、打捞和救生的极好材料。

3.常用尼龙的品种有________等。

4.聚四氟乙烯的突出优点是________。

5.环氧树脂又称________，环氧塑料主要用于________等。

6.通用合成橡胶有________、________和________。

7.丁腈橡胶以耐油性著称，可用于制作________等耐油制品。

8.陶瓷材料分________、________和________三类。

9.现今意义上的陶瓷材料是指________的统称。

10.普通陶瓷的主要原料是________、________和________。

11.氧化物陶瓷熔点大多在________以上，烧成温度约________。

12.碳化硅陶瓷可制作________、________及________等。

13.玻璃钢是________和________的复合材料，分为________和________两大类。

三、简答题

1.塑料是由什么组成的？各起什么作用？

2.塑料王、电木、电玉、有机玻璃是指什么材料？有何用途？

3.与金属材料比较，高分子材料的优缺点是什么？

4.什么是ABS塑料？具有哪些优良的性能？

5.橡胶为什么具有高弹性？

6.陶瓷材料的优点是什么？简述其原因。

7.为什么复合材料的疲劳性能好？

8.航空工业中广泛应用的碳纤维复合材料具有哪些性能特点？

9.船舶工业中广泛应用的玻璃钢是什么材料？它具有哪些性能特点？

第11章　金属材料的失效与选材

教学提示：

本章综合应用前面几章学习的基础知识，研究金属材料的实际应用。根据零件或构件的工作条件、失效形式、性能要求，正确选择金属材料，并进行加工工艺路线分析。

学习目标：

通过本章的学习，了解金属材料的失效形式，掌握金属材料选材的原则和步骤，掌握热处理在加工工艺路线中的位置和作用。

11.1　金属材料的失效

由各种金属材料制造的机械零（构）件的设计质量再高，也不能永久使用，总有一天会达到使用寿命的终结而失效。为避免零（构）件发生早期失效，在选材初始，必须对零（构）件在使用过程中可能产生失效的原因及失效机制进行分析、了解，为选材和加工质量控制提供参考设计依据。

11.1.1　失效的概念

机械零（构）件由于某些原因丧失工作能力或达不到设计要求的性能时，称为失效。机械零（构）件的失效并不是单纯意味着破坏，可归纳为三种情况：完全不能工作；虽然能工作，但性能恶劣，超过规定指标；有严重损伤，失去安全工作能力。

零（构）件的失效有达到预期寿命的正常失效，也有远低于预定寿命的不正常的早期失效。正常失效是比较安全的，而早期失效则会带来经济损失，甚至可能造成人员和设备事故。

11.1.2　失效形式

机械零（构）件的失效可能有几种形式，也可以是相互组合而成的联合失效形式，但只有一种起决定性作用。

(1) 断裂失效

零（构）件在外加载荷作用下，某一危险截面上的应力超过零（构）件的强度极限时，就会造成断裂失效。在交变应力作用下，长时间工作的零（构）件容易发生疲劳断裂。由于超载、超温、腐蚀、疲劳、氢脆、蠕变等原因，也可造成零（构）件断裂失效。

断裂失效（尤其是脆性断裂）因其危险性而易受重视、且研究最多；疲劳断裂最普遍，是断裂失效的主要方式。图11-1是法兰连接螺栓的脆性断裂断口。

(2) 变形失效

零（构）件受载荷作用后发生弹性变形，过度的弹性变形会使零（构）件的机械精度降低，造成较大的振动，引起零（构）件的失效；当作用在零（构）件上的应力超过了材料的屈服强度，零（构）件会产生塑性变形，甚至发生断裂。在高温、载荷的长期作用下，零（构）件会发生蠕变变形，造成零（构）件的变形失效。

图 11-1　法兰连接螺栓断口

(3) 表面损伤失效

零（构）件在长期工作中，由于磨损、腐蚀、接触疲劳等原因，造成零（构）件尺寸变化超过了允许值而失效，或者由于腐蚀、冲刷、气蚀等而使零（构）件表面损伤失效。如齿轮表面由于接触疲劳产生麻点剥落而失效，如图 11-2 所示。

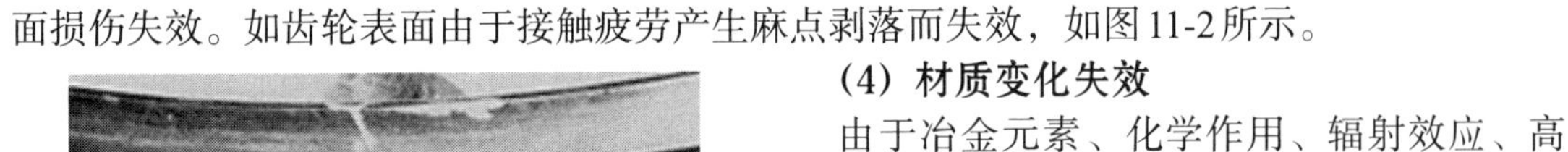

图 11-2　零（构）件表面接触疲劳失效

(4) 材质变化失效

由于冶金元素、化学作用、辐射效应、高温长时间作用等引起零（构）件的材质变化，使材料性能降低而发生失效。

(5) 破坏正常工作条件件而引起的失效

有些零（构）件只有在一定条件下才能正常工作，如带传动，只有当传递的有效圆周力小于临界摩擦力时，才能正常工作；液体摩擦的滑动轴承只有存在完整的润滑油膜时，才能正常工作。如果这些条件被破坏，将会发生失效。

11.1.3 失效的原因

一般来讲，失效不是自发过程，都是有条件的，引起失效的因素很多，涉及零（构）件的结构设计、加工制造工艺、装配和维护保养等，可归纳为六个方面，简称 5M1E——Man（人员）、Machine（设备系统）、Materials（材料）、Method（工艺方法）、Management（管理）、Environment（环境条件）。零（构）件失效原因示意图如图 11-3 所示。

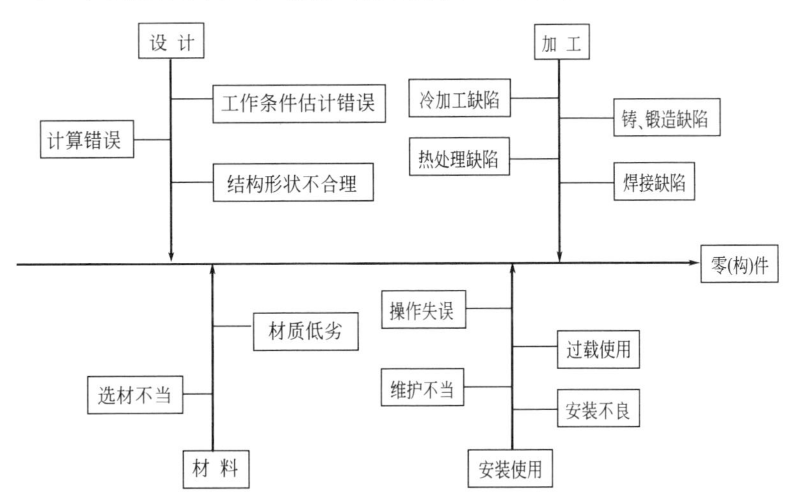

图 11-3　零（构）件失效原因示意图

(1) 结构设计因素

进行零（构）件结构设计时，如果对零（构）件的工作条件估计错误，安全系数过小，计算错误等，零（构）件的结构形状、尺寸等设计不合理，则机械零（构）件将不能使用或过早失效。

(2) 加工制造因素

加工制造条件往往是达不到设计要求而导致零（构）件失效的一个重要因素。如采用的工艺方法、工艺参数、技术措施不正确，可能在锻造过程中产生的夹层、冷热裂纹，焊接过程的未焊透、偏析、冷热裂纹，铸造过程的疏松、夹渣，机加工过程的尺寸公差和表面粗糙度不合适，热处理工艺产生的缺陷，如淬裂、硬度不足、回火脆性、硬软层硬度梯度过大，精加工磨削中的磨削裂纹等。

(3) 材质因素

选择材料错误，容易造成所选材料的性能不能满足使用要求。此外，材质内部缺陷、毛坯加工（铸锻焊）工艺或冷热加工（特别是热处理）工艺过程产生的缺陷是导致失效的重要因素。

(4) 装配调试因素

在安装过程中，如达不到所要求的质量指标，如啮合传动件（齿轮、杆、螺旋等）的间隙不合适（过松或过紧，接触状态未调整好），连接零（构）件必要的“防松”不可靠，铆焊结构的必要探伤检验不良，润滑与密封装置不良，在初步安装调试后，未按规定的进行逐级加载跑合等。

(5) 运转维修因素

机械在装配、安装过程中不按技术要求，使用过程中不按规程操作、保养、维修，超载使用等，都会加速零（构）件的失效。例如运转工况参数监控，定期大、中、小检修，润滑条件是否保证，冷却、加热和过滤系统功能是否正常，操作是否正确。

在影响失效的基本因素中，特别要强调人的因素，即注意人的素质条件的影响。

11.1.4 失效分析的一般过程

失效分析是一项系统工程，必须对零（构）件设计、选材、工艺、安装使用等各方面进行系统分析，才能找出失效原因。失效分析的一般过程为：事故（失效）——收集失效的残骸——全面调查（失效现场的调查）部位，特点，环境，时间——综合分析（分放区、工作状态、裂纹和断口分析、结构、受力、应力状态、材质、性能组织分析）——测试或模拟——找出失效原因——提出改进措施，如图11-4所示。

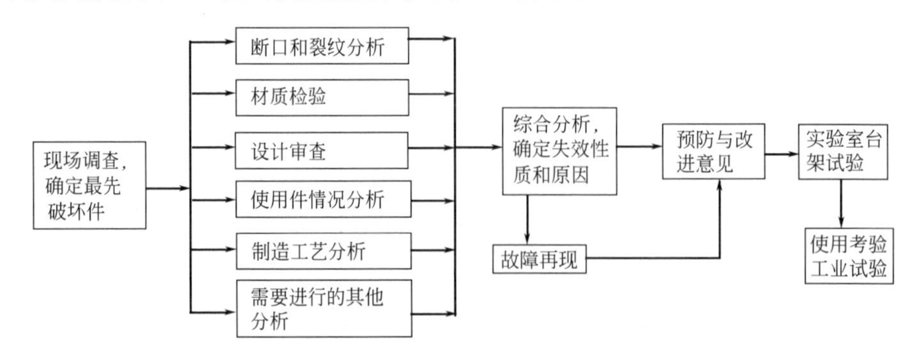

图11-4 失效分析过程示意图

11.2 金属材料的合理选用

合理地选择和使用金属材料是一项十分重要的工作，它不仅要考虑金属材料的性能应能够适应零（构）件的工作条件，使零（构）件经久耐用，做到“物尽其用”，而且还要求金属材料有较好的加工工艺性和经济性，以便提高机械零（构）件的生产率，降低成本等。因此，要做到合理选材，对工程技术人员来说，必须全面进行分析及综合考虑。

11.2.1 金属材料选材的一般原则

金属材料选材的一般原则是在满足使用性能的前提下，应考虑工艺性、经济性，并根据我国的资源情况，贯彻“自力更生”方针，优先选择国产材料。

（1）使用性原则

使用性原则是指材料所提供的使用性能指标对零（构）件功能和寿命的满足程度。使用性能主要指零（构）件在使用状态下应具有的力学性能、物理性能和化学性能。对大部分机器零件和工程构件，则主要是力学性能。对一些特殊条件下工作的零（构）件，则必须根据要求考虑到材料的物理、化学性能。金属材料的使用性能应满足使用要求。

在正常情况下，金属材料的使用性能是应使零（构）件完成设计规定的功能并达到预期的使用寿命，是选材时要考虑的首要原则。

根据使用性原则选材时，首先要分析零（构）件的工作条件、常见的失效形式，将零（构）件对使用性能的要求具体转化为实验室力学性能指标（如强度、韧性、塑性、硬度等）；然后根据工作应力、使用寿命或安全性，并通过力学计算确定零（构）件应具有的主要力学性能指标的具体数值，作为选材的依据。

表11-1是常用零（构）件的工作条件和失效形式。

表11-1 常用零（构）件的工作条件和失效形式

零(构)件	工作条件			常见的失效形式	要求的主要力学性能
	应力种类	载荷性质	受载状态		
紧固螺栓	拉、剪应力	静载	—	过量变形，断裂	强度，塑性
传动轴	弯、扭应力	循环，冲击	轴颈摩擦，振动	疲劳断裂，过量变形，轴颈磨损	综合力学性能
传动齿轮	压、弯应力	循环，冲击	摩擦，振动	齿折断，磨损，疲劳断裂，接触疲劳(麻点)	表面高强度及疲劳极限，心部强度、韧性
弹簧	扭、弯应力	交变，冲击	振动	弹性失稳，疲劳破坏	弹性极限，屈强比，疲劳极限
冷作模具	复杂应力	交变，冲击	强烈摩擦	磨损，脆断	硬度，足够的强度，韧性

（2）工艺性原则

工艺性原则指所选用的金属材料顺利地加工成合格的机械零（构）件，这是选材必须考虑的问题。

工艺性能是指零（构）件在各种加工过程中所表现出来的性能，主要包括冷加工性能（如冷变形加工和切削加工性能）和热加工性能（如铸造性能、焊接性能、锻造性能和热处理性能等）。

金属材料选择与工艺方法的确定应同步进行。理想情况下，所选材料应具有良好的工艺性能，即技术难度小、工艺简单、能量消耗低、材料利用率高，保证甚至提高产品的质量。

① 铸造工艺性　包括流动性、收缩性、热裂倾向性、偏析性及吸气性等。

② 锻造工艺性　包括可锻性、冷镦性、冲压性、锻后冷却要求等。

③ 焊接工艺性　主要为焊接性，即焊接接头产生工艺缺陷的敏感性及其使用性能。

④ 切削加工工艺性　是指材料接受切削加工的能力，如刀具耐用度、断屑能力等。

⑤ 热处理工艺性　包括淬透性、变形开裂倾向、过热敏感性、回火脆性倾向、氧化脱碳倾向等。

对于性能、质量要求不高的零件，其加工工艺路线一般为：毛坯→正火或退火→切削加工→零件。这类零件应选择铸铁或碳钢，只要注意采用适宜的毛坯制造方法，其工艺性能均能满足要求。

对于性能要求较高的零件（如轴、齿轮等），其加工工艺路线一般为：毛坯→预先热处理（正火、退火）→粗加工→最终热处理（淬火+回火，固溶时效，渗碳处理等）→精加工→零件。这类零件用材多为碳钢、合金钢、高强度铝合金等，其中有些材料的加工性能存在问题，因此选材时应注意对其工艺性能的分析。

对于性能和质量要求极高的零件（如精密丝杠），其加工工艺路线一般为：毛坯→预先热处理（正火、退火）→粗加工→最终热处理（淬火+低温回火，固溶时效或渗碳）→半精加工→稳定化处理（或氮化）→精加工→稳定化处理→零件。这类零（构）件在选材时应务必保证材料的工艺性能，如高合金钢。

（3）经济性原则

质优、价廉、寿命高，是保证产品具有竞争力的重要条件；在选择材料和制定相应的加工工艺时，应考虑选材的经济性原则，这是选材的根本性原则。

所谓经济性选材原则，不仅是指选择价格最便宜的材料或是生产成本最低的产品，而是指运用价值分析的方法，综合考虑材料对产品的功能与成本的影响，以达到最佳的技术经济效益。

金属材料的经济性主要从以下几个方面考虑。

① 材料本身价格应低　材料的价格在产品的总成本中占有较大的比重，据有关资料统计，在许多工业部门中可占产品价格的30%~70%，因此设计人员要十分关心材料的市场价格，表11-2是我国常用金属材料的相对价格。

表11-2　我国常用金属材料的相对价格

材　料	相对价格	材　料	相对价格
碳素结构钢	1	铬不锈钢	5
优质碳素结构钢	1.3~1.5	铬镍不锈钢	15
合金结构钢(Cr-Ni钢除外)	1.7~2.5	灰铸铁	0.85~1.4
低合金结构钢	1.2~1.7	铸造铝合金、铜合金	8~10
滚动轴承钢	3	普通黄铜	13~17
低合金工具钢	3~4	锡青铜、铝青铜	19
高速钢	16~20	钛合金	50~80
硬质合金	150~200	（工程塑料）	5~15

② 加工费用应低　在满足零（构）件性能要求的前提下，以铸代锻，以焊代锻，从零（构）件的生产的每一道工序都应尽量减少，提高材料利用率和再生利用率，在加工中尽量采用少切屑（如精铸、冷拉、模锻等）和无切屑新工艺，有效利用材料。例如汽车发动机曲轴，一直选用强韧性良好的钢制锻件，弯曲了的曲轴照样不能使用，改成铸造曲轴（球墨铸铁）使成本降低很多。

③ 国家的资源等因素　随着工业的发展，资源和能源的问题日渐突出，选用材料时必

须对此有所考虑，特别是对于大批量生产的零（构）件，所用材料应该来源丰富并顾及我国资源状况。另外，还要注意生产所用材料的能源消耗，尽量选用耗能低的材料。

11.2.2 金属材料选材的方法与步骤

（1）选材的方法

应以零（构）件最主要的力学性能要求作为选材的主要依据，同时兼顾其他性能要求，这是选材的基本要求。

① 以要求较高综合力学性能为主时的选材　在机械制造中有相当多的结构零件，如轴、杆、套类零件等，在工作时均不同程度地承受着静、动载荷的作用，其失效形式可能为变形失效和断裂失效，所以这类零件要求具有较高的强度和较好的塑性与韧性，即良好的综合力学性能，一般可选用中碳钢或中碳合金钢，采用调质处理或正火处理。

② 以疲劳强度为主时的选材　疲劳破坏是零件在交变应力作用下最常见的破坏形式，如发动机曲轴、齿轮、弹簧及滚动轴承等零件的失效，大多数是因疲劳破坏引起的。对承载较大的零件选用淬透性要求较高的材料，调质钢进行表面淬火、渗碳钢进行渗碳淬火、氮化钢进行氮化以及喷丸、滚压等处理。

③ 以抗磨损为主时的选材　可分为两种情况。一是磨损较大、受力较小的零（构）件，其主要失效形式是磨损，故要求材料具有高的耐磨性，如钻套、各种量具、刀具、顶尖等，选用高碳钢或高碳合金钢，进行淬火和低温回火处理，获得高硬度的回火马氏体和碳化物组织，即能满足耐磨的要求。二是同时受磨损及交变应力作用的零（构）件，基主要失效形式是磨损、过量的变形与疲劳断裂（如传动齿轮、凸轮等），应选用中碳钢或中碳合金钢，进行调质处理，获得具有综合力学性能的回火索氏体组织，即能满足使用要求。

（2）选材的步骤

① 分析零（构）件的工作条件、失效形式，确定零（构）件的性能要求（包括使用性能和工艺性能）和最关键的性能指标。一般主要考虑力学性能，必要时还应考虑物理、化学性能。

② 对同类产品进行调研，分析选材的合理性。

③ 选择合适的材料，确定热处理方法或其他强化方法。

④ 通过试验，检验所选材料及热处理方法能否达到各项性能要求。

上述选材步骤只是一般过程，并非一成不变。如对于某些重要零（构）件，如果有同类产品可供参考，则可不必试制而直接投产；对于某些不重要的零（构）件或小批量生产的非标准设备及维修中所用的材料，若对材料选择与热处理方法有成熟的经验和资料，则可不进行试验和试制。近年来，由于计算机与互联网的普遍应用以及材料数据库的建立，因此更便于用计算机检索和调用各种数据、资料来选择材料。

11.3 典型零构件的选材

本节介绍工业上应用最广泛的四大类典型工件（齿轮、轴类零件、刃具和箱体零件）的工作条件、失效形式、性能要求及选材分析，举例说明典型工件的工艺路线。

11.3.1 轴类零件的选材

轴类零件是机械设备中最主要零件之一，也是影响机械设备的精度和寿命的关键零件。

其作用是支承回转零件并传递运动和转矩，是影响运行精度和寿命的关键件。

(1) 轴类零件的工作条件

轴类零件工作时承受交变弯曲和扭转应力的复合作用，轴颈和花键部位承受较大的摩擦，轴在高速运转过程中会产生振动，使轴承受冲击载荷；多数轴会承受一定的过载载荷。

(2) 轴类零件的失效形式

长期交变载荷作用易导致疲劳断裂（包括扭转疲劳和弯曲疲劳断裂）；承受大载荷或冲击载荷会引起过量变形、断裂；长期承受较大的摩擦，轴颈及花键表面易出现过量磨损。

(3) 轴类零件的力学性能要求

轴类零件应具有良好的综合力学性能，足够的强度、塑性和一定的韧性，以防过载断裂、冲击断裂。对应力集中敏感性低。足够的刚度，以防工作过程中，轴发生过量弹性变形而降低加工精度；对轴颈处受摩擦部位要求高硬度和耐磨性，以防磨损失效。工艺性能上要求良好的切削加工性和淬透性；价格便宜。

(4) 轴类零件的选材

根据轴类零件的工作特点，可选择经锻造或轧制的低碳、中碳钢或合金钢（兼顾强度和韧性，同时考虑疲劳抗力）。一般轴类零件使用碳钢（便宜，有一定综合力学性能，对应力集中敏感性较小），如35、40、45、50钢，经正火、调质或表面淬火热处理改善性能；载荷较大并要限制轴的外形、尺寸和重量，或轴颈的耐磨性等要求高时采用合金钢，如40Cr、40MnB、40CrNiMo、20Cr、20CrMnTi等。

也可以采用球墨铸铁和高强度灰铸铁作曲轴的材料。

(5) 车床主轴的选材

C6132车床主轴如图11-5所示。该轴工作时受弯曲和扭转应力作用，但承受的应力和冲击力不大，运转较平稳，工作条件较好。主轴大端内锥孔、外圆锥面工作时需经常与顶尖、卡盘有相对摩擦；花键部位与齿轮有相对滑动或碰撞。该主轴在滚动轴承中运转。主轴热处理技术条件：主轴整体调质，硬度为220~250HBW；内锥孔和外圆锥面局部淬火，硬度为45~50HRC；花键部位高频感应淬火，硬度为48~53HRC。

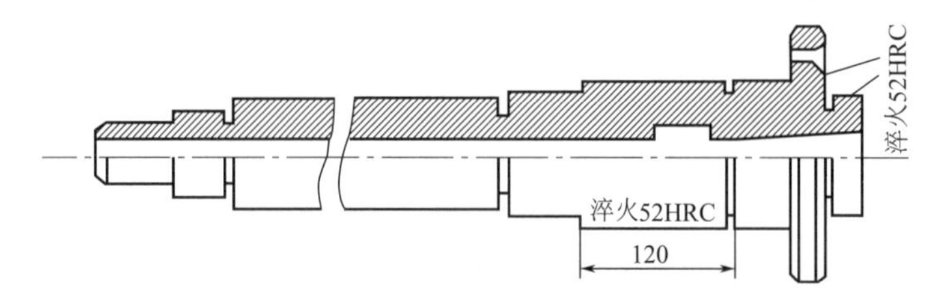

图11-5　C6132车床主轴简图

根据对上述工作条件的分析，主轴应具有良好的综合力学性能，并且花键（经常摩擦和碰撞）和大端内锥孔、外圆锥面（经常装拆，也有摩擦和碰撞）部位均要求有较高的硬度和耐磨性。C6132车床主轴属于中速、轻载荷、在滚动轴承中工作的主轴。

虽然45钢淬透性不如合金调质钢，但具有锻造性能和切削加工性能良好，价格低等特点，而且该主轴结构形状较简单，工作最大应力处于表层，因此选用45钢即可满足使用要求。

其工艺路线如下：

下料→锻造→正火（850~870℃空冷）→粗加工→调质（840~860℃盐淬至150℃左右再空冷，550~570℃回火）→半精加工（花键除外）→局部淬火、回火（锥孔、外锥面830~850℃盐淬，220~250℃回火）→粗磨（外圆、外锥面、锥孔）→铣花键→花键高频感应淬

火、回火（890~900℃高频感应加热，喷水冷却，180~200℃回火）→精磨（外圆、外锥面、锥孔）

因主轴结构形状较简单，一般情况下调质、淬火时不会出现开裂，但因轴较长，进行整体淬火，会产生较大变形，且难以保证锥孔与外圆锥面对两轴颈的同轴度要求，因此，改为锥部淬火与花键淬火分开进行，可以保证使用质量要求。

该轴工作应力很低，冲击载荷不大，45钢热处理后屈服强度可达400MPa以上，完全可满足要求。现在有部分机床主轴已经可以用球墨铸铁制造。

11.3.2 齿轮类零件的选材

（1）齿轮的工作条件

通过齿面接触传递动力，两齿面相互啮合，齿面相互滚动或滑动接触，承受很大的接触压应力及摩擦力的作用；齿根承受很大的交变弯曲应力。换挡、启动或啮合不均时，齿部承受一定冲击载荷。

（2）齿轮的失效形式

齿轮的失效形式主要有：轮齿因疲劳折断，主要从根部发生；由于齿面接触区摩擦，使齿厚变小，而造成齿面磨损；在交变接触应力作用下，齿面产生微裂纹，微裂纹的发展，引起齿面接触疲劳破坏，出现点状剥落（或称麻点）。此外还有因冲击载荷过大造成的断齿。

（3）齿轮材料的性能要求

高的弯曲疲劳强度、高的接触疲劳强度，高的表面硬度和耐磨性；适当的心部强度和足够的韧性。此外，还要求有较好的热处理工艺性能，如热处理变形小等。

（4）齿轮类零件的选材

齿轮材料一般选用低、中碳钢或低、中碳合金钢，经表面强化处理后，表面强度和硬度高，心部韧性好，工艺性能好，经济上也较合理。

冲击载荷小的低速齿轮也可采用HT250、HT350、QT500-5、QT600-2等铸铁制造。机床齿轮除选用金属齿轮外，有的还可改用塑料齿轮，如用聚甲醛齿轮、单体浇铸尼龙齿轮，工作时传动平稳，噪声减少，长期使用磨损很小。

（5）汽车传动齿轮的选材

汽车齿轮的工作条件远比机床齿轮恶劣，特别是主传动系统中的齿轮，它们受力较大，超载与受冲击频繁，因此对材料的要求更高。由于弯曲与接触应力都很大，用高频淬火强化表面不能保证要求，所以汽车的重要齿轮都用渗碳、淬火进行强化处理。因此这类齿轮一般都用合金渗碳钢20Cr或20CrMnTi等制造，特别是后者在我国汽车齿轮生产中应用最广。

为了进一步提高齿轮的使用寿命，除了渗碳、淬火外，还可以采用喷丸处理等表面强化处理工艺。喷丸处理后，齿面硬度可提高1~3HRC，使用寿命可提高7~11倍。

图11-6是北京吉普车后桥圆锥主动齿轮。

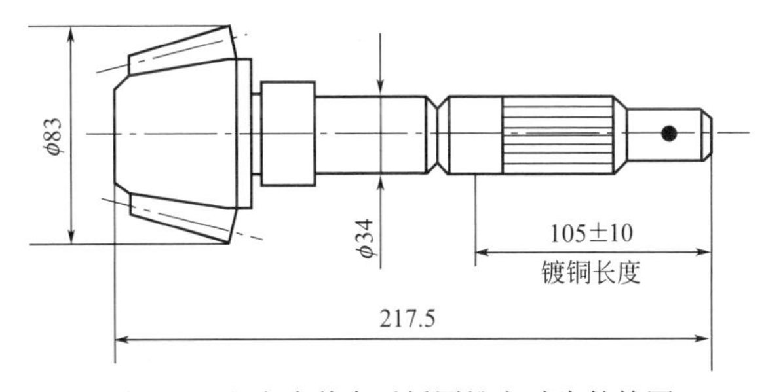

图11-6　北京吉普车后桥圆锥主动齿轮简图

材料：20CrMnTi钢。

热处理：渗碳、淬火、低温回火，渗碳层深1.2~1.6mm。

性能要求：齿面硬度58~62HRC，心部硬度33~48HRC。

工艺路线：下料→锻造→正火→切削加工→渗碳、淬火、低温回火→精磨加工。

汽车齿轮用材是合金渗碳钢20Cr或20CrMnTi，并经渗碳、淬火和低温回火。渗碳、淬火、回火后，还可采用喷丸处理，增大表面压应力，有利于提高疲劳强度，并清除氧化皮。

11.3.3 刃具的选材

（1）刃具的工作条件

刃具切削材料时，受到被切削材料的强烈挤压，刃部受到很大的弯曲应力，某些刃具（如钻头、铰刀）还会受到较大的扭转应力作用。刃具刃部与被切削材料强烈摩擦，刃部温度可升到500~600℃。此外，机用刃具往往承受较大的冲击与振动。

（2）刃具的失效形式

刃具的失效形式主要有磨损、断裂和刃部软化等。

由于摩擦，刃具刃部易磨损，这不但增加了切削抗力，降低切削零件表面质量，也由于刃部形状变化，使被加工零件的形状和尺寸精度降低；刃具在冲击力及振动的作用下常发生折断或崩刃；由于刃部温度升高，若刃具材料的红硬性低或高温性能不足，使刃部硬度显著下降，丧失切削加工能力。

（3）刃具材料的性能要求

① 高硬度与高耐磨性　金属切削刀具的硬度一般都在60HRC以上；其耐磨性不仅取决于钢的硬度，而且与钢中碳化物的性质、数量、大小和分布有关。

② 高热硬性　热硬性是指钢在高温下保持高硬度的能力，是刃具钢的重要指标。热硬性与钢的回火稳定性和特殊碳化物的弥散析出有关。

③ 足够的塑性和韧性　以防刃具受冲击振动时折断和崩刃。

④ 高的淬透性　可采用较低的冷速淬火，以防止刃具变形和开裂。

（4）刃具的选材

制造刃具的材料有碳素工具钢、低合金刃具钢、高速钢、硬质合金和陶瓷等，根据刃具的使用条件和性能要求不同进行选用。

手锯锯条、锉刀、木工用刨刀、凿子等简单、低速的手用刃具对红硬性和强韧性要求不高，主要的使用性能是高硬度、高耐磨性。因此可用碳素工具钢制造，如T8、T10、T12钢等。碳素工具钢价格较低，但淬透性差。

低速切削、形状较复杂的刃具，如丝锥、板牙、拉刀等，可选用9SiCr、9Mn2V、CrWMn钢制造，并经适当的热处理。因钢中加入了Cr、W、Mn等元素，使钢的淬透性和耐磨性大大提高，耐热性和韧性也有所改善，可在< 300℃的温度下使用。

高速切削用的刃具一般采用高速钢（W18Cr4V、W6Mo5Cr4V2等）制造。高速钢具有高硬度、高耐磨性、高的红硬性、好的强韧性和高的淬透性的特点，因此在刃具制造中广泛使用，用来制造车刀、铣刀、钻头和其他复杂、精密刀具。高速钢的硬度为62~68HRC，切削温度可达500~550℃，但价格较贵。

表11-3列出了部分常用五金工具的选材和硬度要求。

表11-3　常用五金工具的选材和硬度要求

工具名称	推荐材料	工作部分硬度HRC	工具名称	推荐材料	工作部分硬度HRC
钢丝钳	T7、T8	52~60	活动扳手	45、40Cr	41~47
钳工锤	50、T7、T8	49~56	丝锥、板牙	T12A、9SiCr、W18Cr4V	59~64
手锯条	T10、T11	60~64	钻头	W18Cr4V	55~62
螺丝刀	50、60、T7	48~52	民用剪刀	50、55、60、65Mn	54~61
锉刀	T12、T13	64~67	美工刀	T10、3Cr13、7Cr17Mo	55~60

(5) 板锉的选材与热处理

板锉是钳工常用的工具，用于锉削其他金属。其表面刃部要求有高的硬度（64~67HRC），柄部要求硬度< 35HRC，如图11-7所示。

作为一种手用工具，板锉切削速度低，主要性能要求是高硬度、高耐磨性，对韧性和热硬性要求不高，因此选择T12钢作为制造材料。板锉的加工工艺路线为：

热轧钢板（带）下料→锻（轧）柄部→球化退火→机加工→淬火→低温回火。

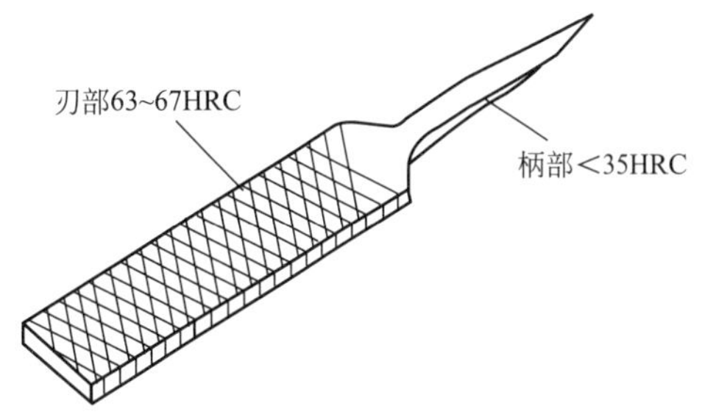

图11-7　板锉

球化退火的目的是使钢中碳化物呈粒状分布，细化组织，降低硬度，改善切削加工性能。同时为淬火准备好适宜的组织，使最终成品组织中含有细小的碳化物颗粒，提高钢的耐磨性。锉刀通常采用普通球化退火工艺。将毛坯加热到760~770℃，保温一定时间（2~4h），然后以30~50℃/h的速度冷却到550~600℃，出炉后空冷。处理后组织为球化体，硬度为180~200HBW。

淬火加热温度为770~780℃，可用盐浴加热或在保护气氛炉中加热，以防止表面脱碳和氧化，也可采用高频感应加热，加热后在水中冷却。由于锉刀柄部硬度要求较低，在淬火时先将齿部放在水中冷却，待柄部颜色变成暗红色时才全部浸入水中。当锉刀冷却到150~200℃时，提出水面，若锉刀有弯曲变形，用木锤将其校直。

回火温度为160~180℃，时间45~60min。若柄部硬度太高，可将柄部浸入500℃的盐浴中进行回火，或用高频加热回火，降低柄部硬度。

11.3.4　箱体类零件的选材

机床上的主轴箱、变速箱、进给箱和溜板箱、内燃机缸体和缸盖、泵壳、床身、变速机箱体等都属于箱体类零件。

箱体类零件主要承受压应力，也受一定的弯曲应力和冲击力。因此具有足够的刚度、抗拉强度和良好的减振性。同时应易于成形，易于加工。

对受力较大，要求高的抗拉强度，高韧性（或在高温高压下工作）的应选用铸钢。

对受力不大，且受静压力，不受冲击的应选用灰铸铁HT150、HT200。

相对运动（存在摩擦、磨损）的箱体类零件，应选用抗拉强度较高的灰铸铁或孕育铸铁，如HT250、HT300、HT350。

受力不大，要求轻且热导性好的小型箱体件，可选用铸造铝合金，如ZAlSi5Cu1Mg（ZL105）、ZAlCu5Mn（ZL201）。

受力较大，形状简单或单件的箱体类零件，选用型钢焊接，如Q235或45钢。

受力小，耐蚀且要求质轻的箱体类零件，应选用工程塑料，如ABS、有机玻璃、尼龙等。

复习与思考题11

一、填空

1.零件失效的三种基本类型是______、______和______。

2.断裂失效包括______、______、______失效。

3.机器零件选材的三大基本原则是______、______和______。

4.尺寸较大、形状较复杂而不能锻造的齿轮可用______制造，在无润滑条件下工作的低速无冲击齿轮可用______制造，要求表面硬、心部强韧的重载齿轮必须用______制造。

5.机床轻载主轴（载荷小，冲击不大，磨损较轻）用______钢制造并进行______热处理。机床中载主轴（载荷中等，磨损较严重）用______钢制造并进行______热处理。机床重载主轴（载荷大，磨损和冲击严重）用______制造并进行______热处理。

6.汽车发动机连杆（过量变形或断裂失效）用______钢制造，燃气轮机叶片（蠕变失效）用______钢制造。

7.手工钢锯锯条用______制造并进行______热处理；变速器外壳用______制造。

二、选择题

1.大功率内燃机曲轴选用（　　），中吨位汽车曲轴选用（　　），C6140车床主轴选用（　　），精密镗床主轴应选用（　　）。

A.45　　B.球墨铸铁　　C.38CrMoAl　　D.合金球墨铸铁

2.高精度磨床主轴用38CrMoAl制造，试在其加工工艺路线上，填入热处理工序名称。锻造→（　　）→精机加工→（　　）→精机加工→（　　）→粗磨加工→（　　）→精磨加工。

A.调质　　B.氮化　　C.消除应力　　D.退火

3.汽车板弹簧选用（　　）。

A.45　　B.60Si2Mn　　C.2Cr13　　D.Q345

4.机床床身选用（　　）。

A.Q235　　B.T10A　　C.HT150　　D.T8

5.受冲击载荷的齿轮选用（　　）。

A.KTH300-06　　B.GCr15　　C.Cr12MoV　　D.20CrMnTi

6.高速切削刀具选用（　　）。

A.T8A　　B.GCr15　　C.W6Mo5Cr4V2　　D.9CrSi

7.发动机汽阀选用（　　）。

A.40Cr　　B.1Cr18Ni9Ti　　C.4Cr9Si2　　D.Cr12MoV

三、判断题

1.武汉长江大桥用Q235钢制造的，虽然Q345钢比Q235钢贵，但南京长江大桥采用Q345钢制造，这是符合选材的经济性原则的。(　　)

2.火箭发动机壳体选用某超高强度钢制造，总是发生脆断，所以应该选用强度更高的钢材。(　　)

3.采用45钢制造$\phi30$和$\phi80$两根轴，都经调质处理后使用。轴的表面组织都是回火索氏体，因此这两根轴的许用设计应力相同。(　　)

4.弹簧（直径$\phi15$mm），材料用45钢，热处理采用淬火+低温回火，55~60HRC。(　　)

四、简答题

1.什么是机械零（构）件的失效？失效的基本类型有哪些？

2.金属失效分析的原因主要有哪些？

3.金属材料选材应遵循的原则是什么？

4. 试用一个失效案例来制定失效分析的实施步骤。

5. 为了减少零件的变形与开裂，一般应采用何种措施？

6. 在选择金属材料力学性能数据时应注意哪些？

7. 为什么在蜗杆传动中，蜗杆需采用低碳钢或中碳钢制造，而蜗轮则采用较软的锡青铜制造？

8. 汽车、拖拉机变速箱齿轮多半是渗碳用钢来制造，而机床变速箱齿轮又多采用调质用钢制造，原因何在？

9. 某工厂用T10钢制造的钻头对一批铸件进行钻ϕ10深孔，在正常切削条件下，钻几个孔后钻头很快磨损。据检验钻头材料、热处理工艺、金相组织及硬度均合格。试问失效原因，并提出解决办法。

10. 尺寸为ϕ30mm×300mm的轴，要求轴颈部位的硬度为53~55HRC。现用30钢制造经调质后表面高频淬火和低温回火，使用过程中发现轴颈部位严重磨损，试分析失效原因，并提出再生产时的改进措施。

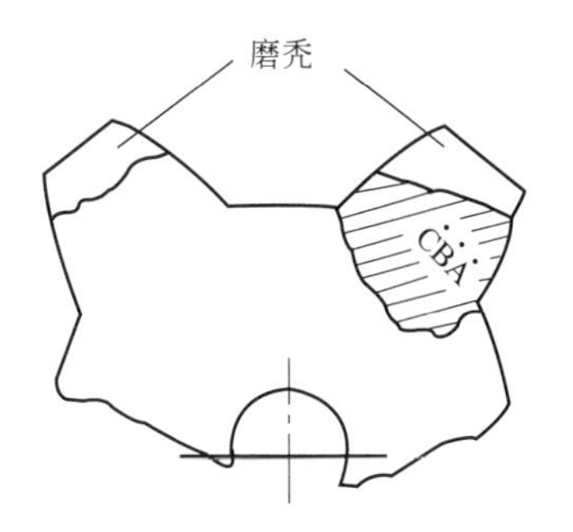

图11-8 第11题

11. 一从动齿轮，用20CrMnTi钢制造，使用一段时间后严重磨损、齿已磨秃，如图11-8所示。对齿轮剖面正中A、B、C三点取样进行化验，进行化学成分、金相组织和硬度分析，结果如下：

取样部位	碳质量分数/%	金相组织	硬度HRC
A	1.0	S+碳化物	30HRC
B	0.8	S	26HRC
C	0.2	F+S	86HRB

据查，齿轮的制造工艺是锻造→正火机加工→渗碳→预冷淬火→低温回火→精磨加工，并且与该齿轮同批加工的其他齿轮没有这种情况。试分析该齿轮失效的原因。

12. 指出下列工件在选材与制定热处理技术条件中的错误，并说明其理由及改正意见。

工件及要求	材料	热处理技术条件
表面耐磨的凸轮	45钢	淬火+回火，60HRC
ϕ30，要求综合力学性能的传动轴	40Cr	调质，40~45HRC
汽车钢板弹簧	45钢	淬火+回火，55~60HRC
板牙(M10)	9SiCr	淬火+回火，50~55HRC
低转速、表面耐磨及心部强度要求不高的齿轮	45钢	渗碳淬火，58~62HRC
钳工凿子	T12A	淬火+回火，60~62HRC

13. 指出下列工件各应采用所给材料中哪一种材料？并选定其热处理方法。

车辆缓冲弹簧、发动机排气阀门弹簧、自来水管弯头、机床床身、发动机连杆螺栓、机用大钻头、螺丝刀、镗床镗杆、化工容器、汽车底盘、车床丝杠螺母、电风扇机壳、普通机床地脚螺栓、啤酒瓶盖、弹壳。

材料：38CrMoAl、40Cr、45、Q235、T7、0Cr18Ni9、50CrVA、Q345、W18Cr4V、KTH300-06、60Si2Mn、ZL102、HT200、08F、H70。

附录A　实验指导书

实验一　金属的硬度测试

硬度试验设备简单，操作迅速方便，可直接在工件上测量而不伤工件，因此，在工业生产中被广泛用于产品质量的检验。更为重要的是硬度值与其他力学性能和某些工艺性能都有一定的关系，如强度、塑性、切削加工性和冷成形性等。所以，硬度试验在科研和生产中得到了广泛应用。

目前，在测定硬度的方法中最常用的是压入硬度法，其中以布氏硬度和洛氏硬度应用最为广泛。它们的试验原理都是用一定几何形状的压头，在一定载荷下压入被测的金属材料表面，根据压头被压入的程度来测定硬度值。

一、实验目的

1. 了解布氏硬度、洛氏硬度的测定方法和应用范围；

2. 掌握布氏硬度计和洛氏硬度计的主要结构和操作方法。

二、实验内容

本实验内容为用布氏硬度计、洛氏硬度计分别测量20、45、T8钢正火和淬火后的硬度。

三、实验设备和材料

布氏硬度计，洛氏硬度计，读数显微镜，砂纸，20、45、T8钢正火和淬火试样各两块。

1. 布氏硬度计

HB-3000型布氏硬度计的结构见附图A-1。

2. 洛氏硬度计

HR-150型布氏硬度计的结构见附图A-2。

3. 读数显微镜的使用方法

读数显微镜用于测量布氏硬度实验中的压痕直径，其使用方法如下。

（1）先把读数显微镜进行调零（注意要轻轻旋转旋钮，因为读数显微镜是高精度仪器且成本高，用力过大会导致精度降低）。

（2）然后将打上压痕的试样置于水平工作台面上。

（3）把读数显微镜置于试样上（当显微镜与试样置于一起时，手不要抖动，因为显微镜与工件的结合不是很紧固，稍不注意会造成读数误差），把透光孔对向光亮处。

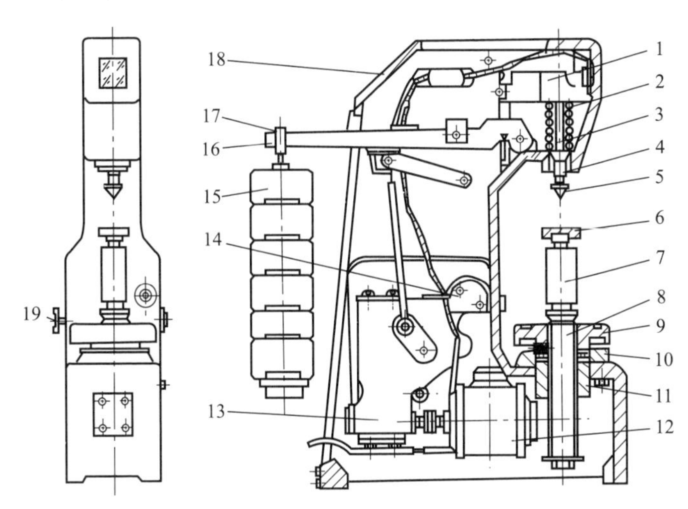

附图A-1　HB-3000型布氏硬度计结构示意图

1—小杠杆；2—弹簧；3—压轴；4—主轴衬套；5—压头；
6—可更换工作台；7—工作台立柱；8—螺杆；9—升降手轮；10—螺母；
11—套筒；12—电动机；13—减速器；14—换向开关；15—砝码；
16—大杠杆；17—吊环；18—机体；19—电源开关

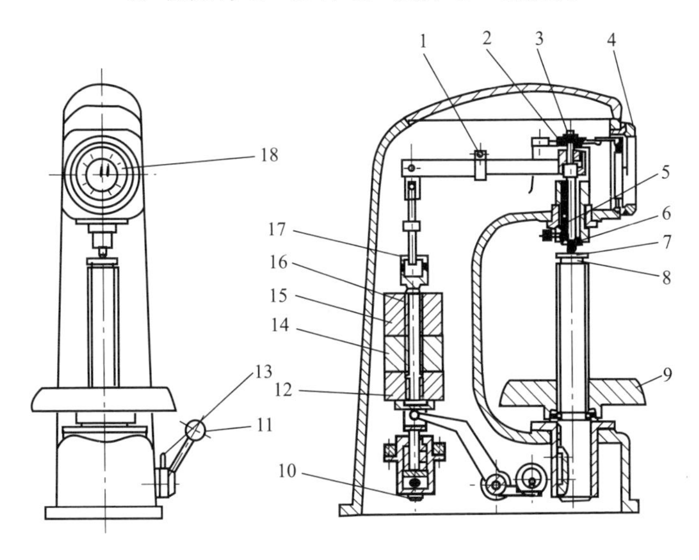

附图A-2　HR-150型布氏硬度计结构示意图

1—调整块；2—顶杆；3—调整螺钉；4—调整盘；5—按钮；
6—紧固螺母；7—试样；8—工作台；9—手轮；10—放油螺钉；
11—操纵手柄；12—砝码座；13—油针；14,15—砝码；
16—杆；17—吊套；18—指示器

（4）通过旋转螺母，使标线沿X轴左右移动。

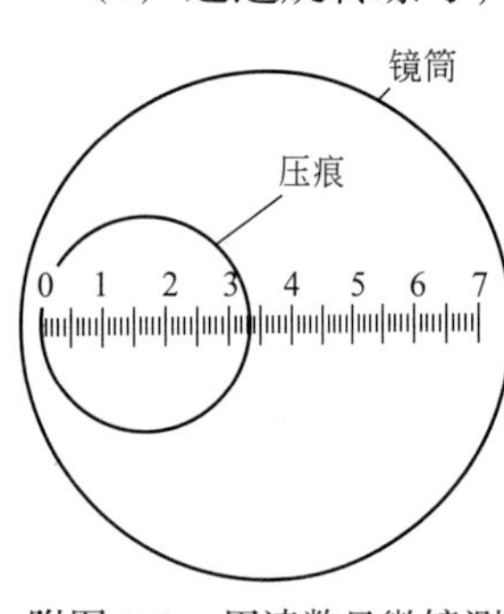

附图A-3　用读数显微镜测压痕直径

（5）标线与压痕的两侧分别相切，此时标线走过的距离即为压痕直径；如附图A-3所示。

（6）把工件旋转90°，再测量一次（但由于压痕通常为不规则形状，故要把试样工件旋转90°，再测量一次取平均值），取两次结果的平均值，即得到压痕的最终直径。

（7）记下读数后，把显微镜归零后收放到指定位置。

四、实验步骤和注意事项

全班分两组，分别进行布氏硬度和洛氏硬度试验。领取试样后，首先检查试样表面是否有氧化皮、油污或其他缺陷，如果有需先清洗干净；然后分别开始进行硬度测定，测定完后两组进行交换。

1.布氏硬度试验

（1）检查试样的试验面是否光滑，如有氧化现象或外来污物，应清理干净。

（2）将正火试样放在布氏硬度计载物台上，选好测试位置，顺时针旋转手轮，使压头与试样紧密接触，直到手轮螺母与丝轮杠之间产生滑动为止。

（3）按下按钮，启动电机加载，当载荷全部加上时，红色指示灯亮；持续一段时间后自动卸载，红色指示灯灭。当卸载完毕时，电动机停止转动。

（4）逆时针旋转手轮，取下试样。

（5）用读数显微镜测量压痕直径d，测二次取平均值，然后查附表得相应的硬度值并记录下来。

1.试样压痕平均直径d应在$0.25D$~$0.6D$之间，否则无效，应换用其他载荷做实验。

2.压痕中心距试样边缘距离不应小于压痕平均直径的2.5倍，两相邻压痕中心距离不应小于压痕平均直径的4倍，布氏硬度小于35HBS时，上述距离应分别为压痕平均直径的3倍和6倍。

2.洛氏硬度试验

（1）被测试样表面应平整光洁，不得带有污物、氧化皮、裂缝及显著的加工痕迹，支承面应保持清洁。

（2）将淬火试样放在洛氏硬度计的载物台上，选好测试位置，顺时针旋转手轮，加初载荷，使压头与试样紧密接触，直到小指针对准表盘上的小红点为止。

（3）将表盘上大指针对零（HRB、HRC对B-C；HRA对0）。

（4）轻轻推动手柄加主载荷，在大指针转动3~4s后拉回手柄，卸除主载荷，此时大指针回转若干格后停止，从表盘上读出大指针所指示的硬度值（HRA、HRC读外圈黑数字，HRB读内圈红数字），并记录下来。

（5）逆时针旋转手轮，使压头与试样分开，调换试样位置再次测量。共需测量三次，取平均值作为试样的洛氏硬度值。

1.试样两相邻压痕中心距离或任一压痕中心距试样边缘距离一般不小于3mm，在特殊情况下，这个距离可以减小，但不应小于直径的3倍。

2.被测试样的厚度应大于压痕残余深度的10倍，试样表面应光洁平整，不得有氧化皮，裂缝及其他污物沾染。

3.要记住手轮的旋转方向，顺时针旋转时工作台上升，反之下降。特别在试验快结束时需下降工作台卸除初载荷，取下试样或调换试样位置的时候，手轮不得转错方向，否则手轮转错使工作台上升，就容易顶坏压头。

实验数据记录表

附表 A-1　布氏硬度记录表

试样		压头		载荷/N	保持时间/s	压痕直径/mm			硬度值HB
牌号	热处理状态	材料	直径			1	2	平均	

附表 A-2　洛氏硬度记录表

试样		标尺		载荷/N	硬度值HRC			
牌号	热处理状态	符号	压头		1	2	3	平均

实验思考题

1.下列硬度要求或写法是否正确？为什么？

（1）12~15HRC；（2）550~600HBS；（3）70~75HRC；（4）230~260HBS；（5）HV600。

2.下列工件应采用什么方法测定硬度？写出硬度符号：

（1）钳工用板锉刀；（2）机床铸铁导轨；（3）硬质合金刀片；（4）数控车床刀柄；（5）轿车铝合金汽缸体；（6）黄铜制轴套。

3.布、洛氏硬度法分别有哪些优缺点？

实验二　金属的冲击实验

在实际工程中，有许多零件或构件常受到冲击载荷的作用，由于加载速度、作用时间等方面与静载荷不同，冲击载荷对材料的破坏作用较大，所以在机械设计中应尽量避免冲击载荷；但在另一方面，却可以利用冲击载荷实现静载荷难以达到的效果，例如锻锤、凿岩机等。为了解材料在冲击载荷下的性能，就必须做冲击实验。

在冲击实验中，还可以揭示在静载荷时不易发现的某些结构特点和服役条件对金属材料力学性能的影响，如应力集中、材料冶金缺陷，温度、化学成分、受力状态等。

一、实验目的

1.了解冲击实验的意义，了解一次摆锤冲击试验机的结构。

2.测量低碳钢和铸铁的冲击吸收功A_k值。

二、实验设备和材料

一次摆锤冲击试验机，低碳钢或中碳钢冲击试样。

三、实验步骤和注意事项

1.接通冲击试验机电源，机身上的绿色指示灯亮。

2.揿动控制面板上的电机开关，启动电动机。

3.按下控制面板上的“摆臂下降”键，使摆臂下降将摆锤拉起到规定高度H。

4.将冲击试样放在试验机的两支座上，并使试样的缺口背对摆锤。

5.按下控制面板上的“冲击”键，摆锤下降冲断试样，记录下试验温度和冲击功A_k。

6.关闭电源，试验完毕。

进行冲击试验时一定要注意安全，试验机两侧严禁站人，以免被摆锤或冲断的试样打伤！

实验数据记录表

附表 A-3　冲击试验结果记录表

试　样		温度/℃	摆锤量程/J	冲击吸收功/J		
牌号	热处理状态			1	2	平均

实验思考题

1.在进行冲击试验时为什么要记录试验温度？

2.金属的冲击韧性主要与哪些因素有关？

3.试举出在实际工程中避免和利用冲击载荷的例子。

实验三　金相显微镜的使用

利用肉眼或放大镜观察分析金属材料的组织和缺陷的方法称为宏观分析。正常人眼所能分辨的两点间的最小距离约为0.15~0.30mm，而在金属显微组织中，相与相之间或组织与组织之间的距离远远小于这个数值。因此，对金属材料进行显微组织分析必须借助于各种金相显微镜。

一、实验目的

1.了解光学金相显微镜的结构原理，熟悉各部件的作用。

2.掌握金相显微镜的使用方法。

二、实验内容

正确使用金相显微镜，以不同的放大倍数观察不同成分碳钢试样的显微组织。

三、概述

金相显微镜是研究金属显微组织的主要仪器，它与生物显微镜的不同之处在于，生物显微镜大多是利用透射光来观察透明的物体，使用的是自然光源；而金相显微镜观察的是不透明的金相试样，需自备光源，并借助于试样磨面的反射光来观察金属的显微组织。

金相显微镜的放大系统由两个凸透镜组成，对着金相试样的称为物镜，对着人眼的称为目镜，金相显微镜通过目镜和物镜两次放大而得到较高的放大像。金相显微镜的放大倍数等于物镜放大倍数与目镜放大倍数的乘积，例如，物镜为20X，目镜为10X，则放大倍数=20×10=200（倍）。一般金相显微镜的放大倍数为几十倍到2000倍。

金相显微镜的鉴别率是指在显微视场中能分辨出物体相邻两点的最小距离。由于物镜使被观察物体第一次放大，故显微镜的鉴别率主要取决于物镜的鉴别率。

金相显微镜按其构造形式分为台式、立式和卧式三大类。金相显微镜由光学系统、照明系统和机械系统组成，完善的金相系统还有照相装置和其他附件。最新的金相显微镜还有计算机图形数据分析、数码照相、摄像等多种功能，如德国的蔡司，日本的NIKON、OLIM-

PUS等品牌。

金相显微镜构造如附图A-4所示。它采用倒置式光路，用安装在圆盘形底座内的低压灯泡作为照明光源，利用偏轮8调整光源位置。光源聚光系统、反射镜、孔径光阑12都安装在底座内。

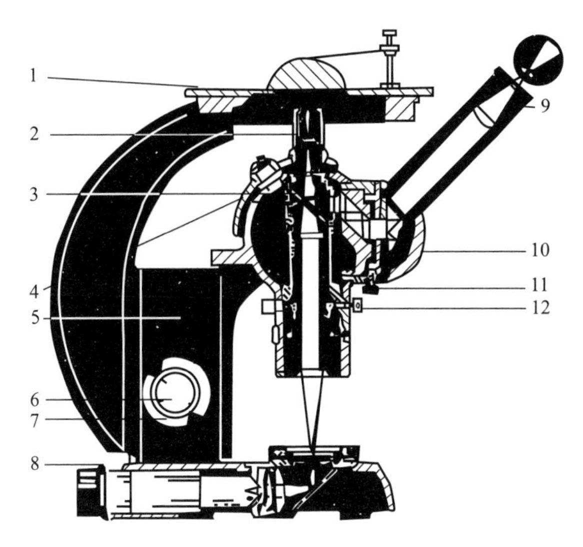

附图A-4　4X型金相显微镜结构图

1—载物台；2—物镜；3—半反光镜；4—物镜转换器；5—传动箱；
6—微调焦手轮；7—粗调焦手轮；8—偏轮；9—目镜；
10—目镜管；11—固定螺钉；12—孔径光阑

微调焦手轮6和粗调焦手轮7共轴安装在传动箱5的两侧。旋转粗调焦手轮能使载物台迅速上升或下降，达到粗略调焦的目的。

金相试样放在载物台1上，载物台与托盘之间有四方导架，并用黏性油加在两者之间，可使载物台沿任意方向移动。微调焦手轮通过多级齿轮传动机构，使物镜作缓慢升降运动，达到精确调焦的目的。

物镜2安装在物镜转换器4上，转换器上可同时安装三个不同放大倍数的物镜，通过转换器绕轴旋转而变换观察用的物镜。

目镜9安装在目镜管10上，目镜管用固定螺钉11固定在连接座上。目镜管成45度倾斜，便于操作者观察。

孔径光阑12用以调节射向物镜的入射光线束的粗细。一般调节到物像最清晰及使人感到舒适为原则。在更换物镜后必须重新调节孔径光阑。

视场光阑用以调节视场大小。一般调节到其边缘正好与目镜视场同样大小或略小为宜。

四、实验设备和材料

金相试样若干；4X型金相显微镜，10倍目镜，10倍及40倍物镜。

五、实验步骤和注意事项

1.结合4X型金相显微镜了解构造、各部件的功能及使用操作方法和维护事项。

2.接通电源，变压器输出电压选定6V。

3.按要求的放大倍数，将物镜装在物镜转换器上，将目镜插入目镜管筒的目镜筒中，试样置于载物台上，磨面朝下置于载物台中央。

4.用眼睛从目镜中观察，双手转动粗调焦手轮，使载物台慢慢上升，物镜缓慢接近试样，待看到组织后，再转动微调焦手轮，直至图像清晰为止。

5.用手轻轻推拉载物台来移动样品被照射的部位，转移视场，观察不同位置的显微图像。

6.像质调节：调节孔径光阑和视场光阑，观察成像质量的变化。

7.观察后，切断电源，取下镜头，附件放回原处。

金相显微镜是精密光学仪器，使用要小心，操作前应了解其基本原理、构造、操作方法和注意事项。使用中不允许剧烈震动，调焦时不要用力过大、动作过猛，不允许随意拆换显微镜上的零件，不能用手、纸或布擦拭镜头，若有脏物和油污，可用镜头纸、脱脂纱布沾少许二甲苯轻轻擦拭。

实验思考题

1.什么是金相显微镜的鉴别率？

2.金相显微镜的放大倍数如何确定？

实验四　铁碳合金平衡组织的观察

铁碳合金的显微组织是研究和分析钢铁材料性能的基础。所谓平衡组织是指合金在极为缓慢的冷却条件下（如退火状态，即接近平衡状态）所得到的组织，可根据Fe-Fe_3C相图来分析铁碳合金的平衡组织。

从铁碳相图可以看出，铁碳合金的基本相是铁素体、奥氏体和渗碳体。所有碳钢和白口铸铁的室温组织均由铁素体和渗碳体这两个基本相所组成，在碳钢中铁素体是基体相，渗碳体是一个强化相，由于碳的质量分数不同，铁素体和渗碳体的相对数量、析出条件以及分布情况均有所不同，因而呈现各种不同的组织状态。

一、实验目的

1.观察铁碳合金在室温下平衡状态的显微组织。

2.分析典型铁碳合金的显微组织特征，加深理解化学成分、组织与力学性能间的关系。

二、实验内容

用普通金相显微镜观察分析附表A-4所列碳钢和白口铸铁的组织，画出组织示意图。

附表A-4　试样材料及其使用的浸蚀剂

材　料	状　态	浸蚀剂	室温下的显微组织
工业纯铁	退火	4%硝酸酒精溶液	铁素体
20钢	退火	4%硝酸酒精溶液	铁素体+珠光体
45钢	退火	4%硝酸酒精溶液	铁素体+珠光体
60钢	退火	4%硝酸酒精溶液	铁素体+珠光体
T8钢	退火	4%硝酸酒精溶液	珠光体
T12钢	退火	4%硝酸酒精溶液	珠光体+二次渗碳体(白)
T12钢	退火	4%碱性苦味酸水溶液	珠光体+二次渗碳体(黑)
亚共晶白口铁	铸态	4%硝酸酒精溶液	珠光体+二次渗碳体+低温莱氏体
共晶白口铁	铸态	4%硝酸酒精溶液	低温莱氏体
过共晶白口铁	铸态	4%硝酸酒精溶液	一次渗碳体+低温莱氏体

三、实验设备和材料

1.金相显微镜。

2.金相试样与金相图谱。

四、实验步骤和注意事项

学生分组使用金相显微镜和平衡组织试样，按下列要求进行。

1.观察各金相试样，按组织确定合金类型（共析及亚共析、过共析钢；共晶及亚共晶、过共晶白口铸铁），掌握组织特征，选择典型区域，绘出其显微组织图。

绘图时要抓住各种组织组成物形态的特征，用示意的方法去画，而不必像照相似的描绘其切实的影像。绘制组织示意图一律用铅笔，黑白颜色应与真实组织相对应，不能以黑代白或以白代黑。绘制组织图必须在实验室内完成。

2.对照铁碳相图，研究各合金组织的形成过程，组织中各相的形态、分布特征和整个组织的特点。

3.分析一个未知试样，指出它是何种钢？是什么组织？估算其碳的质量分数。

实验数据记录表

材　　料____________
组织组成____________
浸 蚀 剂____________
放大倍数____________

材　　料____________
组织组成____________
浸 蚀 剂____________
放大倍数____________

材　　料____________
组织组成____________
浸 蚀 剂____________
放大倍数____________

材　　料______________
组织组成______________
浸 蚀 剂______________
放大倍数______________

材料名称或牌号________
组织组成______________
浸 蚀 剂______________
放大倍数______________

实验思考题

1. 在亚共析钢中随碳的质量分数增加，其组织组成发生哪些变化？
2. 计算45钢的平衡组织中珠光体的含量。
3. 过共析钢的平衡组织有什么特点？这些特点对钢的性能有什么影响？

实验五　钢的热处理

热处理是金属材料重要的加工工艺方法，是充分发挥金属材料性能潜力、提高零件质量和寿命的重要手段。热处理之所以能使金属材料的性能发生显著变化，主要是由于金属材料的内部组织结构发生了一系列的变化。采用不同的热处理工艺过程，将会使金属材料得到不同的组织结构，从而获得所需要的性能。加热温度、保温时间和冷却速度是热处理的三要素。

一、实验目的

1. 了解整体热处理“四把火”（退火、正火、淬火、回火）的工艺特点，初步掌握其基本工艺操作方法。

2. 分析加热温度、冷却速度、碳的质量分数以及回火温度对钢力学性能的影响。

二、实验内容

对20、45、T8和T12钢试样进行退火、正火、淬火、回火的操作，用布氏或洛氏硬度计测定试样的硬度。

三、实验设备和材料

1. 实验设备

（1）箱式实验电炉6台。

（2）砂轮机1台，洛氏硬度计2台，布氏硬度计1台。

（3）淬火水槽和油槽。

（4）热处理用夹钳及铁丝等。

2. 材料（推荐）

20钢、45钢、T8钢、T12钢试样若干。

四、实验步骤和注意事项

按实验内容，每班可分为两个大组，每组一课时。每个大组再分为四个小组。按下列实验目的，每组完成一项。

1.第1组：测定加热温度对淬火硬度的影响

将45钢分别加热到780℃、850℃、920℃保温15~20min后，水中淬火，用洛氏硬度计测试试样淬火后的硬度。

2.第二组：测定冷却速度对钢热处理性能的影响

将45钢加热至850℃保温15~20min后，分别进行水冷、油冷、空冷和随炉缓冷（退火试样可由该组同学第二天取出），用硬度测试试样热处理后的硬度。

3.第三组：测定碳的质量分数对淬火钢性能的影响

分别将T12和T8、45、20钢的试样在780℃、850℃和920℃的实验电炉中加热，保温15~20min后淬入水中，用洛氏硬度计分别测试试样的硬度。

4.第四组：测定回火温度对淬火钢回火后硬度的影响

将已淬过火的45、T8钢试样分别在200℃、400℃和600℃炉温的实验电炉中回火，保温30min后，出炉空冷，然后用洛氏硬度计分别测试试样的硬度。

往电炉中取放试样时必须先切断电源，以防触电，且必须戴手套，使用夹钳，以免烫伤。同时取放试样及开关炉门应迅速，以免温度下降，影响淬火质量。试样在淬火介质中淬火时应不断搅动，以保证充分均匀冷却。淬火时水温应保持在20~30℃左右，水温过高应及时换水。热处理后的试样磨去氧化皮后测试硬度值。

实验数据记录表

附表A-5　加热温度对淬火硬度的影响

序　号	材　料	加热温度/℃	冷却介质	淬火硬度HRC			
				1	2	3	平均

附表A-6　冷却速度对钢热处理后性能的影响

序　号	材　料	加热温度/℃	冷却介质	热处理后硬度HRC或HBS			
				1	2	3	平均

附表A-7　碳的质量分数对钢淬火硬度的影响

序　号	材　料	加热温度/℃	冷却介质	淬火硬度HRC			
				1	2	3	平均

附表 A-8　回火温度对淬火钢回火后硬度的影响

序　号	材　料	淬火硬度HRC	回火温度/℃	回火后硬度HRC			
				1	2	3	平均

实验思考题

1. 根据实验结果，分析碳的质量分数、加热温度、冷却速度对碳钢热处理后力学性能的影响。

2. 作出45钢的回火温度与硬度的关系曲线，分析碳钢回火时的组织转变。

实验六　钢的非平衡组织观察

钢热处理时的冷却速度一般较大，除退火外大多偏离了平衡状态，所以碳钢热处理后的组织为非平衡组织。钢非平衡组织和按铁碳相图结晶得到的平衡组织相比差别很大，决定了钢热处理后的性能。

一、实验目的

1. 观察碳钢正火、淬火、回火后的组织，认识碳钢热处理后非平衡组织的特征。

2. 进一步认识热处理工艺对钢的组织性能的影响。

二、实验内容

用光学金相显微镜观察附表A-9中所列试样的显微组织，画出组织示意图。

附表 A-9　实验用金相试样及组织

序 号	材 料	热处理状态	组　织
1	45	860℃水冷	M
2	45	860℃油冷	M+T
3	45	860℃空冷	F+S
4	45	780℃水冷	F+M
5	45	860℃水冷200℃回火	M'
6	45	860℃水冷400℃回火	T'
7	45	860℃水冷600℃回火	S'
8	T12	780℃球化退火	球状P
9	T12	780℃水冷	M+Fe_3C
10	T12	1000℃水冷	粗大M

三、实验设备和材料

金相显微镜、金相图谱、已制备好的金相试样。

四、实验步骤和注意事项

视显微镜情况分组，至少两人一台金相显微镜。分别观察金相试样的非平衡组织。根据试样的材料、热处理状态，对照金相图谱识别其组织，认清其特征。并根据教学要求选择所需试样的典型区域绘制金相组织示意图。

指导教师应利用多媒体及金相图谱或幻灯片等多种手段，帮助学生识别各种典型组织。

实验数据记录表

材　　料______________

组织组成______________

浸 蚀 剂______________

放大倍数______________

材　　料______________

组织组成______________

浸 蚀 剂______________

放大倍数______________

材　　料______________

组织组成______________

浸 蚀 剂______________

放大倍数______________

材　　料______________

组织组成______________

浸 蚀 剂______________

放大倍数______________

材　　料______________

组织组成______________

浸 蚀 剂______________

放大倍数______________

实验思考题

1. 比较45钢正火组织与退火组织的不同。

2.球（粒）状珠光体有哪些性能特点？实际生产中哪些材料应在切削和淬火前被处理成这种组织？

3.说明45钢860℃加热奥氏体化后油冷时，组织形成的原因。

实验七　合金钢、铸铁及非铁合金显微组织观察

一、实验目的

1.观察高速钢、奥氏体不锈钢、铸铁、铝合金、铜合金的滑动轴承合金的显微组织。

2.进一步认识这些金属材料的成分、显微组织和性能的关系及应用。

二、实验内容

用光学金相显微镜观察分析附表A-10所列各种金相试样的显微组织，画出组织示意图。

附表A-10　铸铁、铝合金和铜合金的金相组织

序 号	材　料	状　态	浸 蚀 剂	显微组织
1	W18Cr4V	铸态	4%硝酸酒精	L'_d+T+M
2	W18Cr4V	退火	4%硝酸酒精	S+K(碳化物)
3	W18Cr4V	淬火	4%硝酸酒精	M+K+Ar(残留奥氏体)
4	W18Cr4V	淬火+回火	4%硝酸酒精	M'+K
5	1Cr19Ni9	回溶处理	王水溶液	A
6	F基体灰铸铁	铸态	4%硝酸酒精	F+G
7	(F+P)基体灰铸铁	铸态	4%硝酸酒精	F+P+G
8	F基体球墨铸铁	铸态	4%硝酸酒精	F+G
9	(F+P)基体球墨铸铁	铸态	4%硝酸酒精	F+P+G
10	F基体可锻铸铁	铸态	4%硝酸酒精	F+G
11	硅铝明(ZL102)	铸态(变质前)	0.5%氢氟酸	(α+Si)
12	硅铝明(ZL102)	铸态(变质后)	0.5%氢氟酸	α +(α+Si)
13	单相黄铜(H68)	退火	氨水双氧水溶液	α
14	双相黄铜(H62)	铸态	氨水双氧水溶液	α+β'
15	锡基巴氏合金	铸态	4%硝酸酒精	α+β+Cu_6Sn_5

三、实验设备和材料

金相显微镜、金相图谱和各种金相试样。

四、实验和注意事项

学生分组使用金相显微镜和金相试样，按下列要求进行。

（1）领取各种类型合金材料的金相试样，在显微镜下进行观察，并分析其组织形态特征。

（2）观察金相试样，按组织确定合金类型，掌握组织类型，选择典型区域，绘出其显微组织图。

（3）对照金相图谱，研究各合金组织状态，以及各相的形态、分布特征，掌握其特点。

实验数据记录表

材　　料______________

组织组成______________

浸 蚀 剂______________

放大倍数______________

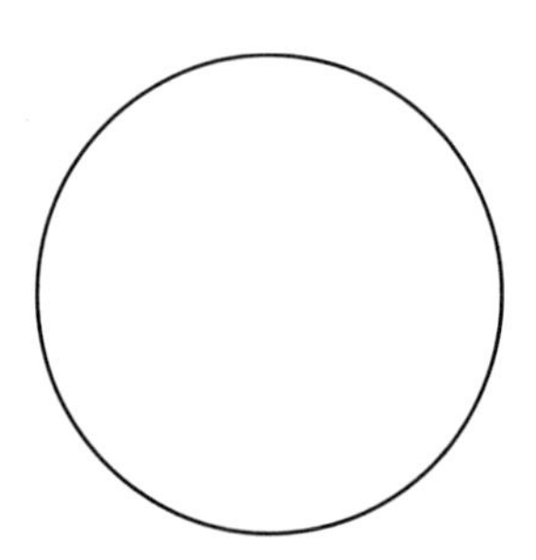

材　　料______________
组织组成______________
浸 蚀 剂______________
放大倍数______________

材　　料______________
组织组成______________
浸 蚀 剂______________
放大倍数______________

材　　料______________
组织组成______________
浸 蚀 剂______________
放大倍数______________

材　　料______________
组织组成______________
浸 蚀 剂______________
放大倍数______________

实验思考题

1. 合金钢与碳钢比较组织上有什么不同？性能上有什么差别？
2. 铸造Al-Si合金的成分是如何考虑的？为何要进行变质处理？变质处理与未变质处理的Al-Si合金前后的组织与性能有何变化？
3. 轴瓦材料的组织应如何设计（即它的组织应具有什么特点）？锡基巴氏合金的组织是什么？
4. 为什么高速钢（W18Cr4V）的淬火组织存在大量（30%~40%）的残留奥氏体？
5. 铸铁中石墨的形态对其性能有何影响？热处理能改变铸铁显微组织中石墨的形态吗？

附录B　平面布氏硬度值计算表

球直径 D/mm			试验力-压头球直径平方比率（$0.102F/D^2$）			球直径 D/mm			试验力-压头球直径平方比率（$0.102F/D^2$）		
			30	10	2.5				30	10	2.5
			试验力 F/N						试验力 F/N		
10	5	2.5	29420 7355 1839	9807 2452	2452	10	5	2.5	29420 7355 1839	9807 2452	2452
压痕平均直径 d/mm			布氏硬度(HBW)			压痕平均直径 d/mm			布氏硬度(HBW)		
2.40	1.2	0.6	653	218	54.5	2.73	1.365	0.6825	503	168	41.9
2.41	1.205	0.6025	648	216	54	2.74	1.37	0.685	499	166	41.6
2.42	1.21	0.605	643	214	53.6	2.75	1.375	0.6875	495	165	41.3
2.43	1.215	0.6075	637	212	53.1	2.76	1.38	0.69	492	164	41
2.44	1.22	0.61	632	211	52.7	2.77	1.385	0.6925	488	163	40.7
2.45	1.225	0.6125	627	209	52.2	2.78	1.39	0.695	485	162	40.4
2.46	1.23	0.615	622	207	51.8	2.79	1.395	0.6975	481	160	40.1
2.47	1.235	0.6175	617	206	51.4	2.80	1.4	0.7	478	159	39.8
2.48	1.24	0.62	612	204	51	2.81	1.405	0.7025	474	158	39.5
2.49	1.245	0.6225	607	202	50.6	2.82	1.41	0.705	471	157	39.2
2.50	1.25	0.625	602	201	50.1	2.83	1.415	0.7075	467	156	38.9
2.51	1.255	0.6275	597	199	49.7	2.84	1.42	0.71	464	155	38.7
2.52	1.26	0.63	592	197	49.3	2.85	1.425	0.7125	461	154	38.4
2.53	1.265	0.6325	587	196	48.9	2.86	1.43	0.715	457	152	38.1
2.54	1.27	0.635	583	194	48.5	2.87	1.435	0.7175	454	151	37.8
2.55	1.275	0.6375	578	193	48.2	2.88	1.44	0.72	451	150	37.6
2.56	1.28	0.64	573	191	47.8	2.89	1.445	0.7225	448	149	37.3
2.57	1.285	0.6425	569	190	47.4	2.90	1.45	0.725	445	148	37.1
2.58	1.29	0.645	564	188	47	2.91	1.455	0.7275	441	147	36.8
2.59	1.295	0.6475	560	187	46.7	2.92	1.46	0.73	438	146	36.5
2.60	1.3	0.65	555	185	46.3	2.93	1.465	0.7325	435	145	36.3
2.61	1.305	0.6525	551	184	45.9	2.94	1.47	0.735	432	144	36
2.62	1.31	0.655	547	182	45.6	2.95	1.475	0.7375	429	143	35.8
2.63	1.315	0.6575	543	181	45.2	2.96	1.48	0.74	426	142	35.5
2.64	1.32	0.66	538	180	44.9	2.97	1.485	0.7425	423	141	35.3
2.65	1.325	0.6625	534	178	44.5	2.98	1.49	0.745	420	140	35
2.66	1.33	0.665	530	177	44.2	2.99	1.495	0.7475	417	139	34.8
2.67	1.335	0.6675	526	175	43.9	3.00	1.5	0.75	415	138	34.6
2.68	1.34	0.67	522	174	43.5	3.01	1.505	0.7525	412	137	34.3
2.69	1.345	0.6725	518	173	43.2	3.02	1.51	0.755	409	136	34.1
2.70	1.35	0.675	514	171	42.9	3.03	1.515	0.7575	406	135	33.9
2.71	1.355	0.6775	511	170	42.5	3.04	1.52	0.76	404	135	33.6
2.72	1.36	0.68	507	169	42.2	3.05	1.525	0.7625	401	134	33.4

球直径 D/mm			试验力-压头球直径平方比率(0.102F/D²)			球直径 D/mm			试验力-压头球直径平方比率(0.102F/D²)		
			30	10	2.5				30	10	2.5
			试验力 F/N						试验力 F/N		
10	5	2.5	29420 7355 1839	9807 2452	2452	10	5	2.5	29420 7355 1839	9807 2452	2452
压痕平均直径 d/mm			布氏硬度(HBW)			压痕平均直径 d/mm			布氏硬度(HBW)		
3.06	1.53	0.765	398	133	33.2	3.46	1.73	0.865	309	103	25.8
3.07	1.535	0.7675	396	132	33	3.47	1.735	0.8675	307	102	25.6
3.08	1.54	0.77	393	131	32.8	3.48	1.74	0.87	306	102	25.5
3.09	1.545	0.7725	390	130	32.5	3.49	1.745	0.8725	304	101	25.3
3.10	1.55	0.775	388	129	32.3	3.50	1.75	0.875	302	101	25.2
3.11	1.555	0.7775	385	128	32.1	3.51	1.755	0.8775	300	100	25
3.12	1.56	0.78	383	128	31.9	3.52	1.76	0.88	298	99.5	24.9
3.13	1.565	0.7825	380	127	31.7	3.53	1.765	0.8825	297	98.9	24.7
3.14	1.57	0.785	378	126	31.5	3.54	1.77	0.885	295	98.3	24.6
3.15	1.575	0.7875	375	125	31.3	3.55	1.775	0.8875	293	97.8	24.4
3.16	1.58	0.79	373	124	31.1	3.56	1.78	0.89	292	97.2	24.3
3.17	1.585	0.7925	370	123	30.9	3.57	1.785	0.8925	290	96.6	24.2
3.18	1.59	0.795	368	123	30.7	3.58	1.79	0.895	288	96.1	24
3.19	1.595	0.7975	366	122	30.5	3.59	1.795	0.8975	287	95.5	23.9
3.20	1.6	0.8	363	121	30.3	3.60	1.8	0.9	285	95	23.7
3.21	1.605	0.8025	361	120	30.1	3.61	1.805	0.9025	283	94.4	23.6
3.22	1.61	0.805	359	120	29.9	3.62	1.81	0.905	282	93.9	23.5
3.23	1.615	0.8075	356	119	29.7	3.63	1.815	0.9075	280	93.4	23.3
3.24	1.62	0.81	354	118	29.5	3.64	1.82	0.91	278	92.8	23.2
3.25	1.625	0.8125	352	117	29.3	3.65	1.825	0.9125	277	92.3	23.1
3.26	1.63	0.815	350	117	29.1	3.66	1.83	0.915	275	91.8	22.9
3.27	1.635	0.8175	347	116	29	3.67	1.835	0.9175	274	91.3	22.8
3.28	1.64	0.82	345	115	28.8	3.68	1.84	0.92	272	90.7	22.7
3.29	1.645	0.8225	343	114	28.6	3.69	1.845	0.9225	271	90.2	22.6
3.30	1.65	0.825	341	114	28.4	3.70	1.85	0.925	269	89.7	22.4
3.31	1.655	0.8275	339	113	28.2	3.71	1.855	0.9275	268	89.2	22.3
3.32	1.66	0.83	337	112	28.1	3.72	1.86	0.93	266	88.7	22.2
3.33	1.665	0.8325	335	112	27.9	3.73	1.865	0.9325	265	88.2	22.1
3.34	1.67	0.835	333	111	27.7	3.74	1.87	0.935	263	87.8	21.9
3.35	1.675	0.8375	331	110	27.6	3.75	1.875	0.9375	262	87.3	21.8
3.36	1.68	0.84	329	110	27.4	3.76	1.88	0.94	260	86.8	21.7
3.37	1.685	0.8425	327	109	27.2	3.77	1.885	0.9425	259	86.3	21.6
3.38	1.69	0.845	325	108	27.1	3.78	1.89	0.945	257	85.8	21.5
3.39	1.695	0.8475	323	108	26.9	3.79	1.895	0.9475	256	85.4	21.3
3.40	1.7	0.85	321	107	26.7	3.80	1.9	0.95	255	84.9	21.2
3.41	1.705	0.8525	319	106	26.6	3.81	1.905	0.9525	253	84.4	21.1
3.42	1.71	0.855	317	106	26.4	3.82	1.91	0.955	252	84	21
3.43	1.715	0.8575	315	105	26.2	3.83	1.915	0.9575	251	83.5	20.9
3.44	1.72	0.86	313	104	26.1	3.84	1.92	0.96	249	83.1	20.8
3.45	1.725	0.8625	311	104	25.9	3.85	1.925	0.9625	248	82.6	20.7

续表

球直径 D/mm			试验力-压头球直径平方比率($0.102F/D^2$)			球直径 D/mm			试验力-压头球直径平方比率($0.102F/D^2$)		
			30	10	2.5				30	10	2.5
			试验力 F/N						试验力 F/N		
10	5	2.5	29420 7355 1839	9807 2452	2452	10	5	2.5	29420 7355 1839	9807 2452	2452
压痕平均直径 d/mm			布氏硬度(HBW)			压痕平均直径 d/mm			布氏硬度(HBW)		
3.86	1.93	0.965	246	82.2	20.5	4.26	2.13	1.065	200	66.8	16.7
3.87	1.935	0.9675	245	81.7	20.4	4.27	2.135	1.0675	199	66.5	16.6
3.88	1.94	0.97	244	81.3	20.3	4.28	2.14	1.07	198	66.2	16.5
3.89	1.945	0.9725	242	80.8	20.2	4.29	2.145	1.0725	198	65.9	16.5
3.90	1.95	0.975	241	80.4	20.1	4.30	2.15	1.075	197	65.5	16.4
3.91	1.955	0.9775	240	80	20	4.31	2.155	1.0775	196	65.2	16.3
3.92	1.96	0.98	239	79.6	19.9	4.32	2.16	1.08	195	64.9	16.2
3.93	1.965	0.9825	237	79.1	19.8	4.33	2.165	1.0825	194	64.6	16.1
3.94	1.97	0.985	236	78.7	19.7	4.34	2.17	1.085	193	64.3	16.1
3.95	1.975	0.9875	235	78.3	19.6	4.35	2.175	1.0875	192	64	16
3.96	1.98	0.99	234	77.9	19.5	4.36	2.18	1.09	191	63.6	15.9
3.97	1.985	0.9925	232	77.5	19.4	4.37	2.185	1.0925	190	63.3	15.8
3.98	1.99	0.995	231	77.1	19.3	4.38	2.19	1.095	189	63	15.8
3.99	1.995	0.9975	230	76.7	19.2	4.39	2.195	1.0975	188	62.7	15.7
4.00	2	1	229	76.3	19.1	4.40	2.2	1.1	187	62.4	15.6
4.01	2.005	1.0025	228	75.9	19	4.41	2.205	1.1025	186	62.1	15.5
4.02	2.01	1.005	226	75.5	18.9	4.42	2.21	1.105	186	61.8	15.5
4.03	2.015	1.0075	225	75.1	18.8	4.43	2.215	1.1075	185	61.5	15.4
4.04	2.02	1.01	224	74.7	18.7	4.44	2.22	1.11	184	61.2	15.3
4.05	2.025	1.0125	223	74.3	18.6	4.45	2.225	1.1125	183	61	15.2
4.06	2.03	1.015	222	73.9	18.5	4.46	2.23	1.115	182	60.7	15.2
4.07	2.035	1.0175	221	73.6	18.4	4.47	2.235	1.1175	181	60.4	15.1
4.08	2.04	1.02	220	73.2	18.3	4.48	2.24	1.12	180	60.1	15
4.09	2.045	1.0225	218	72.8	18.2	4.49	2.245	1.1225	179	59.8	14.9
4.10	2.05	1.025	217	72.4	18.1	4.50	2.25	1.125	179	59.5	14.9
4.11	2.055	1.0275	216	72.1	18	4.51	2.255	1.1275	178	59.3	14.8
4.12	2.06	1.03	215	71.7	17.9	4.52	2.26	1.13	177	59	14.7
4.13	2.065	1.0325	214	71.3	17.8	4.53	2.265	1.1325	176	58.7	14.7
4.14	2.07	1.035	213	71	17.7	4.54	2.27	1.135	175	58.4	14.6
4.15	2.075	1.0375	212	70.6	17.7	4.55	2.275	1.1375	174	58.2	14.5
4.16	2.08	1.04	211	70.3	17.6	4.56	2.28	1.14	174	57.9	14.5
4.17	2.085	1.0425	210	69.9	17.5	4.57	2.285	1.1425	173	57.6	14.4
4.18	2.09	1.045	209	69.6	17.4	4.58	2.29	1.145	172	57.3	14.3
4.19	2.095	1.0475	208	69.2	17.3	4.59	2.295	1.1475	171	57.1	14.3
4.20	2.1	1.05	207	68.8	17.2	4.60	2.3	1.15	170	56.8	14.2
4.21	2.105	1.0525	205	68.5	17.1	4.61	2.305	1.1525	170	56.6	14.1
4.22	2.11	1.055	204	68.2	17	4.62	2.31	1.155	169	56.3	14.1
4.23	2.115	1.0575	203	67.8	17	4.63	2.315	1.1575	168	56	14
4.24	2.12	1.06	202	67.5	16.9	4.64	2.32	1.16	167	55.8	13.9
4.25	2.125	1.0625	201	67.2	16.8	4.65	2.325	1.1625	167	55.5	13.9

续表

球直径 D/mm			试验力-压头球直径平方比率 ($0.102F/D^2$)			球直径 D/mm			试验力-压头球直径平方比率 ($0.102F/D^2$)		
			30	10	2.5				30	10	2.5
			试验力 F/N						试验力 F/N		
10	5	2.5	29420 7355 1839	9807 2452	2452	10	5	2.5	29420 7355 1839	9807 2452	2452
压痕平均直径 d/mm			布氏硬度(HBW)			压痕平均直径 d/mm			布氏硬度(HBW)		
4.66	2.33	1.165	166	55.3	13.8	5.06	2.53	1.265	139	46.3	11.6
4.67	2.335	1.1675	165	55	13.8	5.07	2.535	1.2675	138	46.1	11.5
4.68	2.34	1.17	164	54.8	13.7	5.08	2.54	1.27	138	45.9	11.5
4.69	2.345	1.1725	164	54.5	13.6	5.09	2.545	1.2725	137	45.7	11.4
4.70	2.35	1.175	163	54.3	13.6	5.10	2.55	1.275	137	45.5	11.4
4.71	2.355	1.1775	162	54	13.5	5.11	2.555	1.2775	136	45.4	11.3
4.72	2.36	1.18	161	53.8	13.4	5.12	2.56	1.28	135	45.2	11.3
4.73	2.365	1.1825	161	53.5	13.4	5.13	2.565	1.2825	135	45	11.2
4.74	2.37	1.185	160	53.3	13.3	5.14	2.57	1.285	134	44.8	11.2
4.75	2.375	1.1875	159	53.1	13.3	5.15	2.575	1.2875	134	44.6	11.1
4.76	2.38	1.19	158	52.8	13.2	5.16	2.58	1.29	133	44.4	11.1
4.77	2.385	1.1925	158	52.6	13.1	5.17	2.585	1.2925	133	44.2	11.1
4.78	2.39	1.195	157	52.4	13.1	5.18	2.59	1.295	132	44	11
4.79	2.395	1.1975	156	52.1	13	5.19	2.595	1.2975	132	43.9	11
4.80	2.4	1.2	156	51.9	13	5.20	2.6	1.3	131	43.7	10.9
4.81	2.405	1.2025	155	51.7	12.9	5.21	2.605	1.3025	130	43.5	10.9
4.82	2.41	1.205	154	51.4	12.9	5.22	2.61	1.305	130	43.3	10.8
4.83	2.415	1.2075	154	51.2	12.8	5.23	2.615	1.3075	129	43.1	10.8
4.84	2.42	1.21	153	51	12.7	5.24	2.62	1.31	129	42.9	10.7
4.85	2.425	1.2125	152	50.7	12.7	5.25	2.625	1.3125	128	42.8	10.7
4.86	2.43	1.215	152	50.5	12.6	5.26	2.63	1.315	128	42.6	10.6
4.87	2.435	1.2175	151	50.3	12.6	5.27	2.635	1.3175	127	42.4	10.6
4.88	2.44	1.22	150	50.1	12.5	5.28	2.64	1.32	127	42.2	10.6
4.89	2.445	1.2225	150	49.9	12.5	5.29	2.645	1.3225	126	42.1	10.5
4.90	2.45	1.225	149	49.6	12.4	5.30	2.65	1.325	126	41.9	10.5
4.91	2.455	1.2275	148	49.4	12.4	5.31	2.655	1.3275	125	41.7	10.4
4.92	2.46	1.23	148	49.2	12.3	5.32	2.66	1.33	125	41.6	10.4
4.93	2.465	1.2325	147	49	12.3	5.33	2.665	1.3325	124	41.4	10.3
4.94	2.47	1.235	146	48.8	12.2	5.34	2.67	1.335	124	41.2	10.3
4.95	2.475	1.2375	146	48.6	12.1	5.35	2.675	1.3375	123	41	10.3
4.96	2.48	1.24	145	48.4	12.1	5.36	2.68	1.34	123	40.9	10.2
4.97	2.485	1.2425	144	48.2	12	5.37	2.685	1.3425	122	40.7	10.2
4.98	2.49	1.245	144	47.9	12	5.38	2.69	1.345	122	40.5	10.1
4.99	2.495	1.2475	143	47.7	11.9	5.39	2.695	1.3475	121	40.4	10.1
5.00	2.5	1.25	143	47.5	11.9	5.40	2.7	1.35	121	40.2	10.1
5.01	2.505	1.2525	142	47.3	11.8	5.41	2.705	1.3525	120	40.1	10
5.02	2.51	1.255	141	47.1	11.8	5.42	2.71	1.355	120	39.9	9.97
5.03	2.515	1.2575	141	46.9	11.7	5.43	2.715	1.3575	119	39.7	9.93
5.04	2.52	1.26	140	46.7	11.7	5.44	2.72	1.36	119	39.6	9.89
5.05	2.525	1.2625	140	46.5	11.6	5.45	2.725	1.3625	118	39.4	9.85

续表

球直径 D/mm			试验力-压头球直径平方比率（$0.102F/D^2$）			球直径 D/mm			试验力-压头球直径平方比率（$0.102F/D^2$）		
			30	10	2.5				30	10	2.5
			试验力 F/N						试验力 F/N		
10	5	2.5	29420 7355 1839	9807 2452	2452	10	5	2.5	29420 7355 1839	9807 2452	2452
压痕平均直径 d/mm			布氏硬度（HBW）			压痕平均直径 d/mm			布氏硬度（HBW）		
5.46	2.73	1.365	118	39.3	9.82	5.74	2.87	1.435	105	35.2	8.79
5.47	2.735	1.3675	117	39.1	9.78	5.75	2.875	1.4375	105	35	8.76
5.48	2.74	1.37	117	38.9	9.74	5.76	2.88	1.44	105	34.9	8.72
5.49	2.745	1.3725	116	38.8	9.7	5.77	2.885	1.4425	104	34.8	8.69
5.50	2.75	1.375	116	38.6	9.66	5.78	2.89	1.445	104	34.6	8.66
5.51	2.755	1.3775	115	38.5	9.62	5.79	2.895	1.4475	103	34.5	8.62
5.52	2.76	1.38	115	38.3	9.58	5.80	2.9	1.45	103	34.4	8.59
5.53	2.765	1.3825	115	38.2	9.54	5.81	2.905	1.4525	103	34.2	8.56
5.54	2.77	1.385	114	38	9.51	5.82	2.91	1.455	102	34.1	8.52
5.55	2.775	1.3875	114	37.9	9.47	5.83	2.915	1.4575	102	34	8.49
5.56	2.78	1.39	113	37.7	9.43	5.84	2.92	1.46	101	33.8	8.46
5.57	2.785	1.3925	113	37.6	9.39	5.85	2.925	1.4625	101	33.7	8.43
5.58	2.79	1.395	112	37.4	9.36	5.86	2.93	1.465	101	33.6	8.39
5.59	2.795	1.3975	112	37.3	9.32	5.87	2.935	1.4675	100	33.4	8.36
5.60	2.8	1.4	111	37.1	9.28	5.88	2.94	1.47	99.9	33.3	8.33
5.61	2.805	1.4025	111	37	9.25	5.89	2.945	1.4725	99.6	33.2	8.3
5.62	2.81	1.405	111	36.8	9.21	5.90	2.95	1.475	99.2	33.1	8.27
5.63	2.815	1.4075	110	36.7	9.17	5.91	2.955	1.4775	98.8	32.9	8.24
5.64	2.82	1.41	110	36.6	9.14	5.92	2.96	1.48	98.4	32.8	8.2
5.65	2.825	1.4125	109	36.4	9.1	5.93	2.965	1.4825	98.1	32.7	8.17
5.66	2.83	1.415	109	36.3	9.07	5.94	2.97	1.485	97.7	32.6	8.14
5.67	2.835	1.4175	108	36.1	9.03	5.95	2.975	1.4875	97.3	32.4	8.11
5.68	2.84	1.42	108	36	9	5.96	2.98	1.49	97	32.3	8.08
5.69	2.845	1.4225	108	35.8	8.96	5.97	2.985	1.4925	96.6	32.2	8.05
5.70	2.85	1.425	107	35.7	8.92	5.98	2.99	1.495	96.2	32.1	8.02
5.71	2.855	1.4275	107	35.6	8.89	5.99	2.995	1.4975	95.9	32	7.99
5.72	2.86	1.43	106	35.4	8.86	6.00	3	1.5	95.5	31.8	7.96
5.73	2.865	1.4325	106	35.3	8.82						

附录C　常用钢种的临界温度

牌　号	临界温度(近似值)/℃				
	A_{c_1}	A_{c_3}	A_{r_3}	A_{r_1}	M_s
优质碳素结构钢					
08F,08	732	874	854	680	
10	724	876	850	682	
15	735	863	840	685	
20	735	855	835	680	
25	735	840	824	680	
30	732	813	796	667	380
35	724	802	774	680	
40	724	790	760	680	
45	724	780	751	682	
50	725	760	721	690	
60	727	766	743	690	
70	730	743	727	693	
85	725	737	695	—	220
15Mn	735	863	840	685	
20Mn	735	854	835	682	
30Mn	734	812	796	675	
40	726	790	768	689	
50Mn	720	760	—	660	
普通低合金结构钢					
16Mn	736	849-867	—	—	
09Mn2V	736	849-867	—	—	
15MnTi	734	865	779	615	
15MnV	700-720	830-850	780	635	
18MnMoNb	736	850	756	646	
合金结构钢					
20Mn2	725	840	740	610	400
30Mn2	718	804	727	627	340

续表

牌　号	临界温度(近似值)/℃				
	A_{c_1}	A_{c_3}	A_{r_3}	A_{r_1}	M_s
合金结构钢					
40Mn2	713	766	704	627	320
45Mn2	715	770	720	640	
25Mn2V	—	840	—	—	330
42Mn2V	725	770	—	—	330
35SiMn	750	830	—	645	305
50SiMn	710	797	703	636	
20Cr	766	838	799	702	
30Cr	740	815	—	670	355
40Cr	743	782	730	693	
45Cr	721	771	693	660	250
50Cr	721	771	693	660	
20CrV	768	840	704	782	218
40Cr	755	790	745	700	
38CrSi	763	810	755	680	
20CrMn	765	838	798	700	
30CrMnSi	760	830	705	670	
18CrMnTi	740	825	730	650	
30CrMnTi	765	790	740	660	
35CrMo	755	800	750	695	
40CrMnMo	735	780	—	680	
38CrMoAl	800	940	—	730	271
20CrNi	733	804	790	666	
40CrNi	731	769	702	660	
12CrNi3	715	830	—	670	
12Cr2Ni4	720	780	660	575	
20Cr2Ni4	720	780	660	575	
40CrNiMo	732	774	—	—	
20Mn2B	730	853	736	613	
20MnTiB	720	843	795	625	
20MnVB	720	840	770	635	
45B	725	770	720	690	
40MnB	735	780	700	650	
40MnVB	730	774	681	639	
弹簧钢					
65	727	752	730	696	220
70	730	743	727	693	270
85	723	737	695	—	305
65Mn	726	765	741	689	250
60Si2Mn	755	810	770	700	270
50CrMn	750	775	—	—	
50CrVA	752	788	746	688	
55SiMnMoVNb	744	775	656	550	
滚动轴承钢					
GCr9	730	887	721	690	
GCr15	745	—	—	700	
GCr15SiMn	770	872	—	708	

续表

牌号	临界温度(近似值)/℃				
	A_{c_1}	A_{c_3}	A_{r_3}	A_{r_1}	M_s
碳素工具钢					
T7	730	770	—	770	
T8	730	—	—	700	
T10	730	800	—	700	
T11	730	810	—	700	
T12	730	810	—	700	
合金工具钢					
6SiMnV	743	768	—	—	
5SiMnMoV	764	788	—	—	
9CrSi	770	870	—	730	
3Cr2W8V	820—830	1100	—	790	
CrWMn	750	940	—	710	
5CrNiMo	710	770	—	680	
高速工具钢					
W18Cr4V	820	1330	—		
W9Cr4V2	810	—	—		
W6Mo5Cr4V2Al	835	885	770	820	177
W6Mo5Cr4V2	835	885	770	820	177
W9Cr4V2Mo	810	—	—	760	
不锈钢、耐热钢					
1Cr13	730	850	820	700	
2Cr13	820	950	—	780	
3Cr13	820	—	—	780	
4Cr13	820	1100	—	—	
Cr17	860	—	—	810	
9Cr18	830	—	—	810	
Cr17Ni2	810	—	—	780	145
Cr6SiMo	850	890	790	765	357

附录D　金属热处理工艺的分类及代号

1.分类

热处理分类由基础分类和附加分类组成。

（1）基础分类　根据工艺类型、工艺名称和实践工艺的加热方法，将热处理工艺按三个层次进行分类，见附表D-1。

（2）附加分类　对基础分类中某些工艺的具体条件的进一步分类，包括退火、正火、淬火、化学热处理工艺加热介质（附表D-2）；退火冷却工艺方法（附表D-3）；淬火冷却介质和冷却方法（附表D-4）；渗碳和碳氮共渗后冷却工艺（附表D-5），以及化学热处理中非金属、渗金属、多元共渗、溶渗四种工艺按元素的分类。

2.代号

（1）热处理工艺代号　标记规定如下：

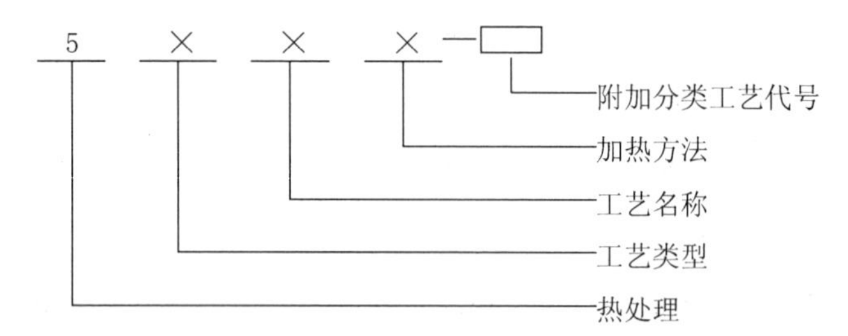

（2）基础工艺代号　用四位数字表示，第一位数字“5”为机械制造工艺分类与代号中表示热处理的工艺代号；第二、三、四位数字分别代表基础分类中的第二、三、四层次中的分类代号。当工艺中某个层次不需分类时，该层次用0代号。

（3）附加工艺代号　它用英文字母代表，接在基础分类工艺代号后面。

（4）多工序热处理工艺代号　多工序热处理工艺代号用破折号将各工艺代号连接组成，但除第一工艺外，后面的工艺均省略第一位数字“5”，如5151-331G表示调质和气体渗碳。

（5）常用热处理工艺代号　见附表D-6。

附表D-1　热处理工艺分类及代号

<table>
<tr><th>工艺总称</th><th>代号</th><th>工艺类型</th><th>代号</th><th>工艺名称</th><th>代号</th><th>加热方法</th><th>代号</th></tr>
<tr><td rowspan="20">热处理</td><td rowspan="20">5</td><td rowspan="8">整体热处理</td><td rowspan="8">1</td><td>退 火</td><td>1</td><td rowspan="3">加热炉</td><td rowspan="3">1</td></tr>
<tr><td>正 火</td><td>2</td></tr>
<tr><td>淬 火</td><td>3</td></tr>
<tr><td>正火和淬火</td><td>4</td><td rowspan="2">感应</td><td rowspan="2">2</td></tr>
<tr><td>调质</td><td>5</td></tr>
<tr><td>稳定化处理</td><td>6</td><td rowspan="3">火焰</td><td rowspan="3">3</td></tr>
<tr><td>固溶处理,水韧处理</td><td>7</td></tr>
<tr><td>固溶处理和时效</td><td>8</td></tr>
<tr><td rowspan="4">表面热处理</td><td rowspan="4">2</td><td>表面淬火和回火</td><td>1</td><td rowspan="2">电阻</td><td rowspan="2">4</td></tr>
<tr><td>物理气相沉淀</td><td>2</td></tr>
<tr><td>化学气相沉淀</td><td>3</td><td rowspan="2">激光</td><td rowspan="2">5</td></tr>
<tr><td>等离子体化学气相沉淀</td><td>4</td></tr>
<tr><td rowspan="8">化学热处理</td><td rowspan="8">3</td><td>渗碳</td><td>1</td><td rowspan="2">电子束</td><td rowspan="2">6</td></tr>
<tr><td>碳氮共渗</td><td>2</td></tr>
<tr><td>渗氮</td><td>3</td><td rowspan="2">等离子体</td><td rowspan="2">7</td></tr>
<tr><td>氮碳共渗</td><td>4</td></tr>
<tr><td>渗其他非金属</td><td>5</td><td rowspan="4">其他</td><td rowspan="4">8</td></tr>
<tr><td>渗金属</td><td>6</td></tr>
<tr><td>多元共渗</td><td>7</td></tr>
<tr><td>溶渗</td><td>8</td></tr>
</table>

附表 D-2　加热介质及代号

加热介质	固体	液体	气体	真空	保护气氛	可控气氛	流态床
代号	S	L	G	V	P	C	F

附表 D-3　退火工艺代号

退火工艺	去应力退火	扩散退火	再结晶退火	石墨化退火	去氢退火	球化退火	等温退火
代号	o	d	r	g	h	s	n

附表 D-4　淬火冷却介质和冷却方法及代号

冷却介质和方法	空气	油	水	盐水	有机水溶液	盐浴	压力淬火	双液淬火	分级淬火	等温淬火	形变淬火	冷处理
代号	a	o	w	b	y	s	p	d	m	n	f	z

附表 D-5　渗碳、碳氮共渗后冷却方法及代号

冷却方法	直接淬火	一次加热淬火	二次加热淬火	表面淬火
代号	g	r	t	b

附表 D-6　常用热处理工艺及代号

工　艺	代　号	工　艺	代　号
热处理	5000	石墨化退火	5111g
感应加热热处理	5002	去氢退火	5111h
火焰热处理	5003	球化退火	5111s
激光热处理	5005	等温退火	5121
电子束热处理	5006	正火	5121
离子热处理	5007	淬火	5131
真空热处理	5000V	空冷淬火	5131a
保护气氛热处理	5000P	油冷淬火	5131o
可控气氛热处理	5000C	水冷淬火	5131w
流态床热处理	5000F	盐水淬火	5131b
整体热处理	5100	有机水溶液淬火	5131y
退火	5111	盐浴淬火	5131s
去应力退火	5111o	压力淬火	5131p
扩散退火	5111d	双介质淬火	5231d
再结晶退火	5111r	分级淬火	5131m
变形淬火	5131f	等温淬火	5131n
淬火及冷处理	5131z	表面淬火和回火	5210
感应加热淬火	5132	感应淬火和回火	5212
真空加热淬火	5131V	火焰淬火和回火	5213
保护气氛加热淬火	51312P	电接触淬火和回火	5214
可控气氛加热淬火	5131C	激光淬火和回火	5215
流态床加热淬火	5131F	电子束淬火和回火	5216
盐浴加热分级淬火	5131L	物理气相沉积	5228
盐浴加热分级淬火	5131mL	化学气相沉积	5238
盐浴加热盐浴分级淬火	513Ls+m	等离子体化学气相沉积	5248
淬火和回火	514	化学热处理	5300
调质	5151	渗碳	5210
稳定化处理	5161	固体渗碳	5311S
固溶处理,水韧处理	5171	液体渗碳	5311L
固溶处理和时效	5181	气体渗碳	5311G
表面热处理	5200		

附录E 世界各国常用钢号对照表

钢种	中国	美国	英国	日本	德国
	GB	ASTM	BS	JIS	DIN
优质碳素结构钢	08F	1006	040A04	S09CK	C10
	08	1008	045M10	S9CK	C10
	10F	1010	040A10		
	10	1010,1012	045M10	S10C	C10,CK10
	15	1015	095M15	S15C	C15,CK15
	20	1020	050A20	S20C	C22,CK22
	25	1025		S25C	CK25
	30	1030	060A30	S30C	
	35	1035	060A35	S35C	C35,CK35
	40	1040	080A40	S40C	
	45	1045	080M46	S45C	C45,CK45
	50	1050	060A52	S50C	CK53
	55	1055	070M55	S55C	
	60	1060	080A62	S58C	C60,CK60
	15Mn	1016,1115	080A17	SB46	14Mn4
	20Mn	1021,1022	080A20		
	30Mn	1030,1033	080A32	S30C	
	40Mn	1036,1040	080A40	S40C	40Mn4
	45Mn	1043,1045	080A47	S45C	
	50Mn	1050,1052	030A52 080M50	S53C	
合金结构钢	20Mn2	1320,1321	150M19	SMn420	20Mn5
	30Mn2	1330	150M28	SMn433H	30Mn5
	35Mn2	1335	150M36	SMn438(H)	36Mn5
	40Mn2	1340		SMn443	
	45Mn2	1345		SMn443	46Mn7
	50Mn2				
	20MnV				20MnV6
	35SiMn		En46		37MnSi5
	42SiMn		En46		46MnSi4
	40B	TS14B35			
	45B	50B46H			
	40MnB	50B40			
	45MnB	50B44			
	15Cr	5115	523M15	SCr415(H)	15Cr3
	20Cr	5120	527A19	SCr420H	20Cr4
	30Cr	5130	530A30	SCr430	28Cr4
	35Cr	5132	530A36	SCr430(H)	34Cr4
	40Cr	5140	520M40	SCr440	41Cr4
	45Cr	5145,5147	534A99	SCr445	
	38CrSi				
	12CrMo		620CR.B		13CrMo44
	15CrMo	A-387Cr. B	1653	STC42 STT42 STB42	16CrMo44
	20CrMo	4119, 4118	CDS12 CDS110	SCT42 STT42 STB42	20CrMo44
	25CrMo	4125	En20A		25CrMo4
	30CrMo	4130	1717COS110	SCM420	
	42CrMo	4140	708A42 708M40		42CrMo4

续表

钢种	中国 GB	美国 ASTM	英国 BS	日本 JIS	德国 DIN
合金结构钢	35CrMo	4135	708A37	SCM3	34CrMo4
	12CrMoV				
	12Cr1MoV				13CrMoV42
	25Cr2Mo1VA				
	20CrV	6120			22CrV4
	40CrV	6140			42CrV6
	50CrVA	6150	735A30	SUP10	50CrV4
	15CrMn				
	20CrMn	5152	527A60	SUP9	
	30CrMnSiA				
	40CrNi	3140H	640M40	SNC236	40NiCr6
	20CrNi3A	3316			20NiCr14
	30CrNi3A	3325 3330	653M31	SNC631H	28NiCr10
	20MnMoB	80B20			
	38CrMoAlA		905M39	SACM645	41CrAlMo07
	40CrNiMoA	4340	871M40	SNCM439	40NiCrMo22
弹簧钢	60	1060	080A62	S58C	C60
	85	C1085 1084	080A86	SUP3	
	65Mn	1566			
	55Si2Mn	9255	250A53	SUP6	55Si7
	60Si2MnA	9260 9260H	250A61	SUP7	65Si7
	50CrVA	6150	735A50	SUP10	50CrV4
滚动轴承钢	GCr9	E51100 51100		SUJ1	105Cr4
	GCr9SiMn			SUJ3	
	GCr15	E52100 52100	534A99	SUJ2	100Cr6
	GCr15SiMn				100CrMn6
易切削钢	Y12	C1109		SUM12	
	Y15	B1113	220M07	SUM22	10S20
	Y20	C1120		SUM32	22S20
	Y30	C1130		SUM42	35S20
	Y40Mn	C1144	225M36		40S20
耐磨钢	ZGMn13			SCMnH11	X120Mn12
碳素工具钢	T7	W1-7		SK7,SK6	C70W1
	T8			SK6,SK5	
	T8A	W1-0.8C			C80W1
	T8Mn			SK5	
	T10	W1-1.0C	D1	SK3	
	T12	W1-1.2C	D1	SK2	C125W
	T12A	W1-1.2C			C125W2
	T13			SK1	C135W
合金工具钢	8MnSi				C75W3
	9SiCr		BH21		90CrSi5
	Cr2	L3			100Cr6
	Cr06	W5		SKS8	140Cr3
	9Cr2	L			100Cr6
	W	F1	BF1	SK21	120W4
	Cr12	D3	BD3	SKD1	X210Cr12
	Cr12MoV	D2	BD2	SKD11	X165CrMoV46

续表

钢种	中国 GB	美国 ASTM	英国 BS	日本 JIS	德国 DIN
合金工具钢	9Mn2V	02			90MnV8
	9CrWMn	01		SKS3	
	CrWMn	07		SKS31	105WCr6
	3Cr2W8V	H21	BH21	SKD5	X30WCrV93
	5CrMnMo			SKT5	40CrMnMo7
	5CrNiMo	L6		SKT4	55NiCrMoV6
	4Cr5MoSiV	H11	BH11	SKD61	X38CrMoV51
	4CrW2Si			SKS41	35WCrV7
	5CrW2Si	S1	BSi		45WCrV7
高速工具钢	W18Cr4V	T1	BT1	SKH2	S18-0-1
	W6Mo5Cr4V2	N2	BM2	SKH9	S6-5-2
	W18Cr4VCo5	T4	BT4	SKH3	S18-1-2-5
	W2Mo9Cr4VCo8	M42	BM42		S2-10-1-8
不锈钢	1Cr18Ni9	302 S30200	302S25	SUS302	X12CrNi188
	Y1Cr18Ni9	303 S30300	303S21	SUS303	X12CrNiS188
	0Cr19Ni9	304 S30400	304S15	SUS304	X5CrNi189
	00Cr19Ni11	304L S30403	304S12	SUS304L	X2CrNi189
	0Cr18Ni11Ti	321 S32100	321S12 321S20	SUS321	X10CrNiTi189
	0Cr13Al	405 S40500	405S17	SUS405	X7CrAl13
	1Cr17	430 S43000	430S15	SUS430	X8Cr17
	1Cr13	410 S41000	410S21	SUS410	X10Cr13
不锈钢	2Cr13	420 S42000	420S37	SUS420J1	X20Cr13
	3Cr13		420S45	SUS420J2	
	7Cr17	440A S44002		SUS440A	
	0Cr17Ni7Al	631 S17700		SUS631	X7CrNiAl177
耐热钢	2Cr23Ni13	309 S30900	309S24	SUH309	
	2Cr25Ni21	310 S31000	310S24	SUH310	CrNi2520
	0Cr25Ni20	310S S31008		SUS310S	
	0Cr17Ni12Mo2	316 S31600	316S16	SUS316	X5CrNiMo1810
	0Cr18Ni11Nb	347 S34700	347S17	SUS347	X10CrNiNb189
	1Cr13Mo			SUS410J1	
	1Cr17Ni2	431 S43100	431S29	SUS431	X22CrNi17
	0Cr17Ni7Al	631 S17700		SUS631	X7CrNiAl177

参考文献

［1］孙茂才.金属力学性能［M].哈尔滨：哈尔滨工业大学出版社，2003.

［2］束德林.工程材料力学性能［M].3版.北京：机械工业出版社，2016.

［3］胡赓祥，钱苗根.金属学［M].上海：上海科学技术出版社，1980.

［4］冯端，师昌绪.材料科学导论［M].北京：化学工业出版社，2002.

［5］石德珂.材料科学基础［M].北京：机械工业出版社，1999.

［6］王晓敏.工程材料学［M].4版.哈尔滨：哈尔滨工业大学出版社，2017.

［7］崔忠圻.金属学与热处理［M].北京：机械工业出版社，2007.

［8］齐宝森等.机械工程材料［M].哈尔滨：哈尔滨工业大学出版社，2003.

［9］崔崑.钢铁材料及有色金属材料［M].北京：机械工业出版社，1981.

［10］机械工程手册编辑委员会.机械工程手册：材料工程卷［M].北京：机械工业出版社，1996.

［11］《热处理手册》编委会.热处理手册.2版.［M].北京：机械工业出版社，1992.

［12］RWK Honeycombe.Steels—Microstructure and Properties［M].London：Edward Arnold，1981.

［13］王运炎.机械工程材料［M].北京：机械工业出版社，2001.

［14］朱张校.工程材料［M].北京：清华大学出版社，2002.

［15］荆秀芝，陈文，等.金属材料应用手册［M].西安：陕西科学技术出版社，1989.

［16］俞德刚，谈育熙.钢的组织强度学［M].上海：上海科学技术出版社，1983.

［17］张海华，赵艳红.机械制造技术基础.北京：化学工业出版社，2020.

抗癌药物早期临床试验的剂量探索设计

理论与实践简明指南

[日]大门贵志（Takashi Daimon）
[日]平川晃宏（Akihiro Hirakawa）　著
[日]松井茂之（Shigeyuki Matsui）

张 振　郭建军　等译

Dose-Finding Designs for Early-Phase Cancer Clinical Trials

A Brief Guidebook to Theory and Practice

·北京·

内容简介

本书清晰、全面地介绍了有关早期临床试验剂量确定的背景信息和基本概念，并针对毒性结果评估Ⅰ期试验的剂量探索设计进行系统阐述。同时介绍了相关主题和更复杂的设计，包括考虑毒性和疗效结果的剂量探索设计、分子靶向药物以及免疫治疗药物的早期临床试验设计等内容。

本书可作为药物研发或临床研究人员、生物统计学研究人员的常备工具书，也可供生物统计学、医学等相关专业的高校师生参考。

图书在版编目（CIP）数据

抗癌药物早期临床试验的剂量探索设计 ： 理论与实践简明指南 / （日）大门贵志，（日）平川晃宏，（日）松井茂之著 ; 张振等译. -- 北京 : 化学工业出版社，2025. 4. -- ISBN 978-7-122-47353-0

Ⅰ. R979.1

中国国家版本馆CIP数据核字第2025TL7018号

责任编辑：刘 军 李 悦　　文字编辑：赵爱萍
责任校对：宋 玮　　装帧设计：王晓宇

出版发行：化学工业出版社（北京市东城区青年湖南街13号　邮政编码100011）
印　　装：河北鑫兆源印刷有限公司
710mm×1000mm　1/16　印张9¼　字数144千字　2025年6月北京第1版第1次印刷

购书咨询：010-64518888　　售后服务：010-64518899
网　　址：http://www.cip.com.cn
凡购买本书，如有缺损质量问题，本社销售中心负责调换。

定　　价：98.00元

Springer 统计学简报

JSS 统计学研究系列

日本当前的统计学研究已向多个方向扩展，与全球统计学和统计科学领域学术活动的最新趋势保持一致。日本统计学会（JSS）一直是日本统计研究活动的核心。该学会是日本历史最悠久、规模最大的统计学术组织，由数位先驱统计学家和经济学家于 1931 年创立，至今已有 90 多年的历史。许多杰出的学者都是其成员，其中有曾任 JSS 会长、颇具影响力的统计学家 Hirotugu Akaike，以及著名数学家 Kiyosi Itô。Kiyosi Itô 是统计数学研究所（ISM）的早期成员，自 ISM 成立以来一直与 JSS 有着密切联系。该学会创办了两种学术期刊：《日本统计学会杂志》（英文版）和《日本统计学会杂志》（日文版）。JSS 的成员由不同领域的研究人员、教师和专业统计学家组成，包括数学、统计学、工程学、医学、政府统计、经济学、商科、心理学、教育学以及许多其他自然、生物和社会科学。JSS 统计学研究系列丛书旨在公布日本统计和统计科学领域当前研究活动的最新成果，否则这些成果将无法以英文的形式呈现出来；也是对两种 JSS 学术期刊（英文和日文）的补充。由于近年来学术期刊论文的研究范围不可避免地变得狭窄和紧缩，本系列旨在填补学术研究活动与单一学术论文形式之间的空白。该系列会引起许多国家中对统计和统计科学、统计理论以及统计应用等各个领域感兴趣的广泛读者的极大兴趣，包含研究人员、教师、专业统计学家和研究生等。

有关此系列的更多信息，请访问 http://www.springer.com/series/13497。

大门贵志（Takashi Daimon），兵库医科大学，生物统计学系
平川晃宏（Akihiro Hirakawa），东京大学，医学研究生院，生物统计学和生物信息学系
松井茂之（Shigeyuki Matsui），名古屋大学，医学研究生院

致我们亲爱的家人和兵库医科大学、东京大学和名古屋大学亲爱的前同事/同事。

中译本序

尊敬的读者，很高兴能为您介绍由3位日本学者、全球知名专家——Takashi Daimon、Akihiro Hirakawa、Shigeyuki Matsui 撰写的 *Dose-Finding Designs for Early-Phase Cancer Clinical Trials*（*A Brief Guidebook to Theory and Practice*）。在临床试验的设计中，如何科学合理地进行剂量探索与优化，保证药物的疗效与安全性，是每一位临床研究者面临的重大课题。尤其是对于新型抗癌药物，因为其体内作用机制不同于传统细胞毒性药物，早期临床试验剂量探索的设计更是具有挑战性，直接关系药物研发的成功与否。

本书较系统地介绍了早期临床试验剂量探索的设计领域的相关理论与实践方法，是不可或缺的参考工具。在全球医学研究日益复杂和精细化的今天，本书不仅为临床试验设计者提供了切实可行的方案，还为药物研发团队提供了坚实的理论支持和方法指导。书中对剂量探索的多种设计方法进行了详细阐述，从经典的单剂量递增法“3+3”到新型模型辅助设计“BOIN”等，均作了深入的讨论和分析，并结合实例说明如何在实际研究中灵活运用。

近年来，随着我国药物研发的飞速发展和临床试验监管环境的逐步完善，早期临床试验的设计要求日益提高。尤其是面对精准医疗和个性化治疗的需求，如何快速准确地确定最优剂量，已成为药物研发和临床试验设计中的核心任务。由湖南恒兴医药科技有限公司牵头，联合了苏州智佰恒创医药科技有限公司及其他国内外药企的科学家们共同翻译了本书。

本书中文版《抗癌药物早期临床试验的剂量探索设计：理论与实践简明指南》的出版意义非凡，无论是从学术的深度、临床的实践，还是从药物研发的实际需求来看，都具有重大的意义。它携国际前沿的剂量探索方法与设计框架而来，宛如一座桥梁，助力我国药物研发跨越国界，直通全球前沿领域。本书绝非简单的原著直译，而是将全球领先临床试验设计理念深度植入中国土壤，让本土药物研发与国际先进水平紧密同步。此外，本书为国内药物研发人员呈上完备的剂量探索试验设计理论体系与实操指南，从提升研发科学性、有效性切入，提高临床试验的质量与效率，全方位赋能我国药物研发事业，驱动其蓬勃发展，最终实现更好的药物治疗效果和更高的药物研发成功率。

在此，我诚挚地推荐这本书给广大临床试验设计人员、药物研发人员、学术研究者以及所有关心医学研究的相关读者。希望通过对本书的学习与实践，读者能够在日益复杂的临床研究环境中，更加游刃有余地进行早期临床试验的剂量探索设计，为我国乃至全球的医学进步做出积极贡献。

言方荣

中国药科大学生物统计系

原著前言

抗癌药物治疗成功的关键是确定给予患者的最佳剂量（optimal dose）。一般是对新药开展Ⅰ期试验来确定其最佳剂量，其中主要通过研究剂量与毒性之间的关系来确定最大耐受剂量（MTD）或Ⅱ期推荐剂量。最常用的Ⅰ期试验设计是所谓的“3+3”设计。然而，统计学界一再表明，这种设计在确定 MTD 和分配 MTD 给试验受试者的机会方面都不是最佳的。因此，许多剂量探索设计被开发出来以取代“3+3”设计。本书编写的目的是对这些设计进行全面的介绍。

本书旨在作为研究生和生物统计学从业者以及参与剂量探索试验的设计、实施、监测和分析的临床研究人员的简明手册，以便为抗癌药物早期癌症临床试验选择最佳的剂量探索设计。本书还概述了与该领域相关的进阶主题和讨论，以供生物统计学和统计科学的研究人员参考。

本书首先介绍早期临床试验中剂量探索的背景信息和基本概念，然后介绍针对毒性结果评估的Ⅰ期试验中使用到的传统和最近开发的剂量探索设计。这些设计包括基于规则的设计，例如最常用的“3+3”设计；基于模型的设计包括其“旗手”设计，即连续重新评估方法（CRM）；和模型辅助设计，例如贝叶斯最佳区间（BOIN）设计。此外，还介绍了相关主题和更复杂的设计。也讨论了同时考虑毒性和疗效结果的剂量探索设计。最后，本书对免疫疗法这一主题进行了阐述，其作为一种癌症治疗方法已获得相当多的关注，并介绍了免疫治疗药物试验的几种早期剂量探索设计。

本书共六章。第 1 章概述了抗癌药物的临床试验，描述了早期试验的基本概念，并概述了早期试验的剂量探索设计。第 2 章重点介绍仅考虑毒性的规则设计，其中特别关注最常用的“3+3”设计，并强调了这种方法尽管简单且透明，但很难确定 MTD。然后，概述了可以改进“3+3”设计性能以替代基于规则设计，并讨论了相关主题。第 3 章详细描述了 CRM 的概念、理论、特性、优点和缺点，并概述了仅考虑毒性的相关或扩展的基于模型的设计以及更复杂的设计。第 4 章描述了仅考虑毒性的模型辅助设计，包括改良毒性概率区间（modified toxicity probability interval，mTPI）设计及其改进版本

（mTPI-2 设计）、键盘设计（keyboard design）和 BOIN 设计。同样，还讨论了相关主题。第 5 章概述了综合考虑疗效和毒性的早期临床试验设计，并将其分为基于规则、基于模型和模型辅助设计。最后，第 6 章介绍了免疫疗法早期试验的剂量探索设计，并讨论了剂量扩展队列这一主题。

感谢日本文部科学省的科学研究基金（编号：15K00058、15K15948、16H06299 和 17K00045）对本书项目的支持。

Takashi Daimon
Akihiro Hirakawa
Shigeyuki Matsui
日本兵库县
2019 年 3 月

译者的话

Dose-Finding Designs for Early-Phase Cancer Clinical Trials: A Brief Guidebook to Theory and Practice 一书由日本学者 Takashi Daimon、Akihiro Hirakawa 和 Shigeyuki Matsui 联合撰写，可作为参与早期临床试验设计、执行和分析的生物统计学研究生、临床研究人员以及医药企业相关从业者的教科书或参考手册。本书介绍了早期临床试验中剂量探索的背景信息和基本概念，也针对毒性结果评估的 I 期试验中使用到的传统和最近开发的剂量探索设计进行了详细介绍和解读。这些设计包括基于规则的设计（例如最常用的"3+3"设计）、基于模型的设计［包括连续重新评估方法（CRM）］和模型辅助设计［例如贝叶斯最佳区间（BOIN）设计］。此外，本书还介绍了其他相关主题和更复杂的设计（例如针对联合用药），也讨论了同时考虑毒性和疗效结果的剂量探索设计。最后，本书对免疫疗法这一主题进行了阐述，其作为一种癌症治疗选择已获得相当多的关注，并介绍了针对免疫治疗药物的几种早期剂量探索设计。

本书由湖南恒兴医药科技有限公司牵头组织业内优秀专业人士共同翻译。郭建军博士和张振博士担任主译。桂雨舟博士、刘柯桢博士、刘思思女士、刘晓云博士、刘一萌博士、任鑫芮女士、邰正福博士、谭志军博士、王学文先生、韦笑女士、徐海岩先生、徐晓伟博士、杨东升博士、张英琪女士、张煜晨博士、周敏君先生、朱聪女士、邹正耀先生分别对有关章节进行了翻译和审校（以姓氏拼音为序）。在此对所有参与翻译和审校的工作人员表示最诚挚的谢意！

本书专业性较强，限于用语习惯和译者水平，翻译有不当或疏漏之处，请读者批评指正。

郭建军　张振

湖南恒兴医药科技有限公司

苏州智佰恒医药科技有限公司

2024 年 8 月

目 录

缩略语

AUC	曲线下面积
BOIN	贝叶斯最优区间
CA	化疗药物
CRM	连续重新评估方法
DLT	剂量限制性毒性
EWOC	过量控制剂量递增模型
IA	免疫治疗药物
MTA	分子靶向剂
MTD	最大耐受剂量
mTPI	改良毒性概率区间
MTS	最大耐受方案
NCI-CTCAE	美国国家癌症研究所不良事件通用术语标准
OD	最佳剂量
RP2D	Ⅱ期临床试验的推荐剂量

第1章 抗癌药物早期癌症临床试验

摘要

开展抗癌药物的早期（Ⅰ期或Ⅰ/Ⅱ期）临床试验，主要是为在癌症患者中找到药物的最佳剂量（optimal dose，OD），从而在毒性可耐受的前提下，获得该试验药物的最佳疗效。因此，在肿瘤学领域，抗癌药物的早期临床试验也被称为“剂量探索”试验。化疗药物或细胞毒性药物的最佳剂量通常在Ⅰ期临床试验中进行确定；在试验开展过程中，仅以试验药物的毒性作为确定最佳剂量的主要依据。在这类试验中，（人体）可耐受毒性的最高安全剂量被称为“最大耐受剂量（maximum tolerated dose，MTD）”。采用这种方式确定临床最佳剂量是基于一个假设，即毒性和疗效都随着剂量的增加而上升；因此，MTD可作为Ⅱ期临床试验的推荐剂量（recommended phase Ⅱ dose，RP2D），并且也有望在所有临床试验剂量中产生最佳疗效。然而，这种推导可能对于分子靶向药物、细胞生长抑制药物和免疫治疗药物（immunotherapeutic agents，IAs）并不适用。在Ⅰ/Ⅱ期临床试验中，这几类药物的最佳剂量可通过评估临床毒性和疗效，以可产生最佳疗效和可接受毒性，或能产生所需的免疫效应（特别是对于免疫治疗药物）的剂量来确定。导致这种区别的原因是，即使这几类试验药物的毒性会随着剂量的增加而增强，但疗效并不总是会随着剂量的进一步增加而增强。在本章中，我们将概述抗癌药物的临床研发过程，介绍早期临床试验的基本概念，并概述各种剂量探索试验的临床设计。

关键词：肿瘤学；最佳剂量；化疗；分子靶向治疗；免疫治疗

1.1 癌症临床试验

开展临床试验的目的是评估新的医疗干预措施，因此，作为构成循证医学的基础，临床试验需回答新型干预措施的安全性和有效性，是否可以改善临床实践等临床相关问题。通常，如果某项新医疗干预措施是基于某种新的试验药物，则相关的临床研发会包括多个阶段的临床试验：Ⅰ期临床试验、Ⅱ期临床试验和Ⅲ期临床试验。Ⅰ期临床试验是所有新药首次在人体上开展的试验［例如：健康志愿者，或者患有获得性免疫缺陷综合征（艾滋病）、癌症等危及生命的疾病的患者］，目的是评估其短期安全性和有效性。Ⅱ期临床试验是在Ⅰ期临床试验结束后进行，纳入患有特定疾病的患者以评估该试验药物的相对长期的疗效和安全性。Ⅱ期临床试验结束后，开展更大规模的Ⅲ期临床试验，旨在通过与现有最佳可用疗法进行比较来确认目标试验药物的有效性和安全性。Ⅲ期临床试验通常是为了使目标试验药物获得药物上市的许可（参见 Yin，2012）。在某些情况下，药物获得批准后还会进行Ⅳ期临床试验，以获得有关药物风险和获益的更多信息。

原则上，这个过程适用于癌症治疗的临床研究和开发，特别是那些涉及抗癌药物的试验。然而，癌症治疗包含手术治疗、放疗、化疗、靶向治疗、免疫治疗、激素治疗等（参见 Green，et al，2003；Ting，2006；Crowley 和 Hoering，2012）。常规来说，Ⅰ期临床试验是纳入有限数量患者（通常不超过数十名患者）的剂量探索研究，首次评估研究药物在人体（通常是癌症患者）中的安全性、耐受性和药代动力学。因此，Ⅰ期临床试验会确定可耐受毒性的最高安全剂量，即最大耐受剂量（MTD）以及Ⅱ期临床试验的推荐剂量（RP2D）。在Ⅱ期临床试验中，通过观察肿瘤缓解情况、无进展生存期或总生存期（在观察肿瘤响应特别困难或结果不可靠的情况下）来评估研究药物的疗效。这些试验基于单臂或多臂研究，其纳入的患者数量比剂量探索研究中的患者数量更多。基于此，申办方决定是否进一步研究试验药物抗肿瘤活性的优势。最后，开展Ⅲ期临床试验，通过观察大量患者的总生存期或在某些情况下的无进展生存期来比较试验药物与标准治疗。Ⅲ期临床试验通常是头对头比较研究，以确证试验药物相对于标准治疗的优势或劣势。在本书中，我们仅关注针对化疗、靶向治疗和免疫治疗的抗癌药物的早期试验，包括Ⅰ期临床试验和Ⅰ/Ⅱ期临床试验。

1.2　抗癌药物早期试验的基本概念

抗癌药物具有高毒性，因此存在不良事件严重程度高和发生频率高的风险，然而，它们的治疗效果可能使癌症患者受益，例如通过缩小肿瘤大小、提供更长的无进展生存期或总生存期（参见 Horstmann，et al，2005 年；Kurzrock 和 Benjamin，2005）。早期临床试验的受试者通常是晚期肿瘤患者，这些受试者的预期寿命无法通过标准治疗来延长或缓解症状，所以，该类患者都有可能为了能在抗癌试验药物中获益而忽视其毒性风险（参见 Daugherty，et al，1995；Tomamichel，et al，2000；Cohen，et al，2001）。为此，早期试验旨在最大程度地降低使用不安全或无效剂量治疗晚期患者的可能性，同时在数十至一百名患者的有限最大样本量内权衡风险和获益。为了纠正最初对剂量 - 毒性和剂量 - 疗效关系的错误估计，如果观察到的毒性低或疗效较差，则须立即增加剂量，但如果观察到的毒性严重到不可接受，则必须立即降低剂量（参见 O'Quigley 和 Chevret，1991；Eisenhauer，et al，2000；Paoletti，et al，2006）。因此，试验目的是以具有最高疗效和可接受的毒性的剂量来对受试者进行治疗。因此，在肿瘤学领域，早期试验被认为是“剂量探索”试验，以找到该试验药物的 MTD 或具有最高疗效和可接受毒性的剂量。

1.2.1 化疗药物的早期临床试验

用于化疗的抗癌药物，即化疗药物（chemotherapeutic agents，CAs）作用于细胞分裂过程，其基础理论是癌细胞比正常细胞在细胞复制环节更为活跃。可是，由于 CA 作用为非特异性，这些药物会同时杀死快速生长的癌细胞以及快速生长和分裂的正常细胞。从这个意义上说，CA 具有细胞毒性，也被称为“细胞毒性药物”。传统上，细胞毒性药物的 I 期临床试验的主要目标是评估药物的 MTD 并确定 RP2D。次要目标包括药代动力学（以及药效学）评估，以及观察试验药物的治疗效果。从安全性角度来看，MTD 可以被视为可接受剂量的上限，并且是根据参与 I 期临床试验的患者所接受的剂量数据和是否存在剂量限制性毒性（dose limiting toxicity，DLT）的信息来确定的。因此，I 期临床试验中所考察的剂量实为 MTD 的候选剂量，通常固定为多次且非连续的剂量。因此，通常被称为“剂量水平”，类似于实验设计中的术语“因子水平”。此外，在低于 MTD 的一个剂量水平下评估的剂量通常被认为是 RP2D。DLT 的定义是在给药后发生不可接受的不良反应，迫使治疗终止或需降低剂量以继续治疗。在肿瘤学领域，不良反应根据美国国家癌症研究所不良事件通用术语标准（NCI-CTCAE）进行评估，分为以下等级：无 - 轻度（0 ～ 1 级）、中度（2 级）、剂量 - 限制（3 级）和不可接受（4 ～ 5 级）。构成 DLT 的不可接受的不良反应由临床研究者团队具体针对每种药物决定。DLT 可包括血液学毒性，例如持续中性粒细胞减少症、发热性中性粒细胞减少症、血小板减少症和贫血；以及非血液学毒性，如恶心、呕吐、腹泻和肝功能异常。除非特别注明，本书中将 DLT 简称为“毒性”，以符合大多数引用的研究论文中使用的常规术语。

需要注意的是，MTD 的定义可能因试验和临床医生而异（Storer，1989），然而，它可以定性地被定义为患者可以耐受由此产生的毒性的最大剂量。定量地，MTD定义为试验患者队列的毒性概率接近某个可接受阈值的剂量，同时考虑剂量和毒性反应之间真实关系（实际上是未知的）的耐受分布（Storer，1989）。一般来说，这个可接受的阈值设置为0.2～0.33，在下文中，该值被称为“目标毒性概率水平”。特别是当细胞毒性药物针对细胞内DNA或作用于细胞器以杀死癌细胞时，剂量递增预计会增加毒性反应和治疗效果。因此，MTD被认为是唯一能兼顾安全性和一定疗效的临床合适剂量。

在某些情况下，为了调查某一特定剂量是否会产生显著疗效，会计划开展所谓的Ⅰ/Ⅱ期临床试验，将Ⅰ期和Ⅱ期临床试验合并为一项（Yan，et al，2018）。有两种方法可以将这两类试验合并起来。一种方法是先开展第一阶段试验，然后无缝衔接第二阶段试验。在该方法中，对参加Ⅰ期临床试验部分的患者进行试验药物毒性评估并确定可接受毒性所对应的剂量；然后，使用已确定的MTD、RP2D或具有可接受毒性的几个剂量在参加Ⅱ期临床试验部分的患者（注意这些患者可能与Ⅰ期临床试验部分的患者不同）中评估试验药物的疗效。另一种方法是对预先指定数量的入组患者同时开展Ⅰ期和Ⅱ期临床试验，同时评估药物的毒性和疗效。然而，无论具体的方法如何，主要目标是确定具有最佳疗效且毒性可接受的剂量。

1.2.2　分子靶向药物的早期临床试验

分子靶向治疗是一种阻止癌细胞生长、分裂和扩散的抗癌疗法。大多数分子靶向治疗基于小分子药物或单克隆抗体药物，前者较容易进入细胞，而后者在大多数情况下则不能。因此，小分子药物可用于细胞内的靶标，而单克隆抗体药物则作用于癌细胞外表面的特定靶标。值得注意的是，使用单克隆抗体药物也被认为是免疫疗法的一种，因为这些抗体有助于免疫系统杀伤癌细胞。因此，分子靶向药物（molecularly targeted agents，MTAs）相对于化疗毒性药物（CAs）来说具有不同的毒性特征。事实上，Paoletti等（2014）的一项调查建议，MTAs的RP2D需要经超过一个周期的毒性评估期才能决定，并且应将特定的2级毒性纳入DLT的定义中。此外，不同于CAs的量效行为，MTAs的疗效可能不会随剂量增加而增加，具体来说，MTAs的疗效在较低剂量下会随着剂量的增加而增加，但当剂量进一步增加时，疗效会达到平台期，甚至在更高剂量下，疗效反而会降低。因此，考虑到MTAs和CAs之间的这些差异，在CAs的传统Ⅰ期临床试验中使用的基于MTD来确定RP2D的方法可能不适合MTAs。因此，建议通过综合评估Ⅰ期或Ⅰ/Ⅱ期临床试验中毒性和疗效数据，来优化MTAs的剂量（Yan，et al，2018）。

1.2.3 免疫治疗药物的早期临床试验

免疫治疗是一种帮助人体免疫系统直接靶向癌细胞的抗癌疗法，其作为一种抗癌手段最近引起了广泛的关注（Couzin-Frankel，2013）。免疫系统通过这种方法识别并攻击肿瘤，因此免疫治疗比分子靶向疗法更加个性化。各种类型的免疫疗法包括免疫检查点抑制剂、细胞过继免疫疗法、单克隆抗体、疫苗和细胞因子等。针对各种类型免疫疗法的免疫治疗试验药物（immunotherapeutic agents，IAs）的临床研究和开发正在迅速发展。然而，与 MTAs 情况类似，CAs 的传统Ⅰ期临床试验可能也不适合 IAs。不适用的原因之一是可能无法识别出 IAs 的 MTD。事实上，Morrissey 等（2016）的研究表明，在纳武利尤单抗、帕博利珠单抗和伊匹木单抗的单药Ⅰ期临床试验中，MTD 是无法确定的。这个问题通常也会出现在癌症疫苗的Ⅰ期临床试验中，因为它们的剂量 - 毒性关系平坦。还应该注意的是，上述免疫检查点抑制剂（参见 Postel-Vinay，et al，2016）和疫苗（参见 Wang，et al，2018）之间的毒性特征是不同的。此外，疗效随剂量增加而单调增加的假设可能不适用于 IAs，因为免疫治疗的作用机制是基于免疫系统功能的增强。因此，建议通过综合考虑毒性、疗效和免疫反应的Ⅰ / Ⅱ期临床试验设计来优化 IA 的剂量。

1.3 早期临床试验的剂量探索设计

为满足临床医生的需求，同时为了克服在实践中遇到的问题，临床试验研究者们提出了很多主要仅仅评估毒性的Ⅰ期临床试验的剂量探索设计（作为原始研究的例子，参见 O’Quigley 和 Chevret，1991；Rosenberger 和 Haines，2002；Potter，2006；作为有关该主题的书籍示例，请参阅 Chevret，2006；Ting，2006；Berry，et al，2010；Crowley 和 Hoering，2012；O’Quigley，et al，2017）。这些临床试验设计的不同之处在于对试验期间由给药引起的毒性数据的使用。然而，在实际临床试验期间，根据先前在试验中获得的毒性结果，新入组的患者或患者队列的给药剂量会发生变化，因此，这些设计可以被视为结果自适应（参见 Cheung，2005；Chang 2008a，b；Chow 和 Chang 2011a，b，以及 Pong 和 Chow，2011）或响应自适应（参见 Hu 和 Rosenberger，2006）。此外，用于确定 MTD 的剂量探索设计，根据剂量 - 毒性关系模型可分为基于算法 / 规则或基于模型的设计（参见 Lin 和 Shih，2001；Edler 和 Burkholder，2006），或作为基于算法 / 规则、基于模型或模型辅助的设计（参见 Zhou et al. 2018a, b）。这些还可以进一步分为非参数设计或参数设计（参见 Ivanova，2006；Tighiouart 和 Rogatko，2006）。此外，通过关注剂量和毒性数据的使用，一个给定的设计可以分为无记忆设计或有记忆设计（O'Quigley 和 Zohar，2006；Braun 和 Alonzo，2011）。

许多主要同时评估毒性和疗效的 Ⅰ/Ⅱ期试验的剂量探索设计也被开发出来（参见 Yuan，et al，2016，其中大量 Ⅰ/Ⅱ期临床试验的贝叶斯设计介绍了许多实际应用和数值示例；O'Quigley，et al，2017，其中详细提供了早期试验的最先进设计；Hirakawa，et al，2018，其中讨论了各种药物组合和 MTA 的最新剂量探索设计，以及所使用到的软件和一些前沿主题）。

本书旨在成为一本简短的理论和实践指南，使读者能够有效地理解早期癌症临床试验中剂量探索设计的核心概念和方法。本书的其余部分安排如下。第 2 章概述了仅考虑毒性的基于规则的设计，包括众所周知的 3+3 设计，该设计由于易于实现和透明而在实践中最为常用。第 3 章聚焦于基于模型的设计，重点介绍其中的“旗手”——连续重新评估法（O'Quigley，et al，1990）；本章包含了基于模型的设计通常比基于规则的设计具有更优越性能的原因。第 4 章介绍了模型辅助设计，这些设计引起了广泛关注，因为它们不仅具有基于规则的设计的简单性和透明性，而且还具有基于模型的设计的优越性。第 5 章概述了同时考虑毒性和疗效的设计，因为在可接受的毒性下具有最佳疗效的剂量并不总能通过单独评估毒性并确定 MTD 来确定，就像 MTA 或 IAs 的情况一样。最后，第 6 章描述了与 IA 早期试验相关的几个最新设计和主题，其中除了毒性和疗效结果之外，还可以通过考虑免疫反应来找到 IA 的最佳剂量。

参考文献

Berry, S.M., Carlin, B.P., Lee, J.J., Müller, P.: Chapter 3. Phase Ⅰ studies. In: Berry, S.M., Carlin, B.P., Lee, J.J., Müller, P. (eds.) Bayesian Adaptive Methods for Clinical Trials, First Edition, pp. 87-135. Chapman and Hall/CRC Press, Boca Raton, FL (2010).

Braun, T.M., Alonzo, T.A.: Beyond the 3+3 method: expanded algorithms for dose-escalation in phase Ⅰ oncology trials of two agents. Clin. Trials 8(3), 247-259 (2011)

Chang, M.: Adaptive Design Theory and Implementation Using SAS and R, 1st edn. Chapman and Hall/CRC Press, Boca Raton, FL (2008a)

Chang, M.: Classical and Adaptive Clinical Trial Designs Using ExpDesign Studio, 1st edn. John Wiley & Sons, Hoboken, NJ (2008b)

Cheung, Y.K.: Coherence principles in dose-finding studies. Biometrika 92(4), 863-873 (2005)

Chevret, S.: Statistical Methods for Dose-Finding Experiments, 1st edn. John Wiley & Sons, Chichester (2006)

Chow, S.-C., Chang, M.: Adaptive Design Methods in Clinical Trials, 2nd edn. Chapman and Hall/CRC

Press, Boca Raton, FL (2011a)

Chow, S.-C., Chang, M.: Chapter 5. Adaptive dose-escalation trials. In: Chow, S.-C., Chang, M. (eds.) Adaptive Design Methods in Clinical Trials, Second Edition, pp. 89-104. Chapman and Hall/CRC Press, Boca Raton, FL (2011b)

Cohen, L., de Moor, C., Amato, R.J.: The association between treatment-specific optimism and depressive symptomatology in patients enrolled in a phase Ⅰ cancer clinical trial. Cancer 91(10), 1949-1955 (2001)

Couzin-Frankel, J.: Cancer immunotherapy. Science 324(6165), 1432-1433 (2013)

Crowley, J., Hoering, A.: Handbook of Statistics in Clinical Oncology, 3rd edn. Chapman and Hall/CRC Press, Boca Raton, FL (2012)

Daugherty, C., Ratain, M.J., Grochowski, E., Stocking, C., Kodish, E., Mick, R., Siegler, M.: Perceptions of cancer patients and their physicians involved in phase Ⅰ trials. J. Clin. Oncol. 13(5), 1062-1072 (1995)

Edler, L., Burkholder, I.: Chapter 1. Overview of phase Ⅰ trials. In: Crowley, J., Ankerst, D.P. (eds.)

Handbook of Statistics in Clinical Oncology, Second Edition, pp. 1-29. Chapman and Hall/CRC Press, Boca Raton, FL (2006)

Eisenhauer, E.A., O'Dwyer, P.J., Christian, M., Humphrey, J.S.: Phase Ⅰ clinical trial design in cancer drug development. J. Clin. Oncol. 18(3), 684-692 (2000)

Green, S., Benedetti, J., Crowley, J.: Clinical Trials in Oncology, 2nd edn. Chapman and Hall/CRC Press, Boca Raton, FL (2003)

Hirakawa, A., Sato, H., Daimon, T., Matsui, S.: Modern Dose-Finding Designs for Cancer Phase Ⅰ Trials: Drug Combinations and Molecularly Targeted Agents. Springer, Tokyo (2018)

Horstmann, E., McCabe, M.S., Grochow, L., Yamamoto, S., Rubinstein, L., Budd, T., Shoemaker, D., Emanuel, E.J., Grady, C.: Risks and benefits of phase 1 oncology trials, 1991 through 2002.

N. Engl. J. Med. 352(9), 895-904. Correspondence: phase 1 clinical trials oncology. N. Engl. J. Med. 352(23), 2451-2453 (2005)

Hu, F., Rosenberger, W.F.: The Theory of Response-Adaptive Randomization in Clinical Trials. John Wiley & Sons, Hoboken, NJ (2006)

Ivanova, A.: Dose-finding in oncology-nonparametric methods. In: Ting, N. (ed.) Dose Finding in Drug Development, 1st edn, pp. 49-58. Springer, New York, NY (2006)

Kurzrock, R., Benjamin, R.S.: Risks and benefits of phase 1 oncology trials, revisited. N. Engl. J. Med. 352(9), 930-932 (2005)

Lin, Y., Shih, W.J.: Statistical properties of the traditional algorithm-based designs for phase I cancer clinical trials. Biostatistics 2(2), 203-215 (2001)

Morrissey, K.M., Yuraszeck, T.M., Li, C.-C., Zhang, Y., Kasichayanula, S.: Immunotherapy and novel combinations in oncology: current landscape, challenges, and opportunities. Clin. Transl. Sci. 9(2), 89-104 (2016)

O'Quigley, J., Chevret, S.: Methods for dose finding studies in cancer clinical trials: a review. Statist.Med. 10(11), 1647-1664 (1991)

O'Quigley, J., Iasonos, A., Bornkamp, B.: Handbook of Methods for Designing, Monitoring, and Analyzing Dose-Finding Trials, 1st edn. Chapman and Hall/CRC Press, Boca Raton, FL (2017)

O'Quigley, J., Pepe, M., Fisher, L.: Continual reassessment method: a practical design for phase 1 clinical trials in cancer. Biometrics 46(1), 33-48 (1990)

O'Quigley, J., Zohar, S.: Experimental designs for phase Ⅰ and phase Ⅰ/Ⅱ dose-finding studies. Br. J. Cancer 94(5), 609-613 (2006)

Paoletti, X., Baron, B., Schöffski, P., Fumoleau, P., Lacombe, D., Marreaud, S., Sylvester, R.: Using the continual reassessment method: lessons learned from an EORTC phase Ⅰ dose finding study.Eur. J. Cancer 42(10), 1362-1368 (2006)

Paoletti, X., Le Tourneau, C., Verweij, J., Siu, L.L., Seymour, L., Postel-Vinay, S., Collette, L., Rizzo, E., Ivy, P., Olmos, D., Massard, C., Lacombe, D., Kaye, S.B., Soria, J.C.: Defining dose-limiting toxicity for phase 1 trials of molecularly targeted agents: results of a DLT-TARGETT international survey. Eur. J. Cancer 50(12), 2050-2056 (2014)

Pong, A., Chow, S.-C.: Handbook of Adaptive Designs in Pharmaceutical and Clinical Development. Chapman and Hall/CRC Press, Boca Raton, FL (2011)

Postel-Vinay, S., Aspeslagh, S., Lanoy, E., Robert, C., Soria, J.C., Marabelle, A.: Challenges of phase 1 clinical trials evaluating immune checkpoint-targeted antibodies. Ann. Oncol. 27(2), 214-224 (2016)

Potter, D.M.: Phase Ⅰ studies of chemotherapeutic agents in cancer patients: a review of the designs.J. Biopharm. Stat. 16(5), 579-604 (2006)

Rosenberger, W.F., Haines, L.M.: Competing designs for phase Ⅰ clinical trials: a review. Statist. Med. 21(18), 2757-2770 (2002)

Storer, B.E.: Design and analysis of phase Ⅰ clinical trials. Biometrics 45(3), 925-937 (1989)

Tighiouart, M., Rogatko, A.: Dose-finding in Oncology-Parametric Methods. In: Ting, N. (ed.) Dose Finding in Drug Development, 1st edn, pp. 59-72. Springer, New York, NY (2006)

Ting, N.: Dose Finding in Drug Development. Springer, New York, NY (2006)

Tomamichel, M., Jaime, H., Degrate, A., de Jong, J., Pagani, O., Cavalli, F., Sessa, C.: Proposing phase Ⅰ studies: patients', relatives', nurses' and specialists' perceptions. Ann. Oncol. 11(3), 289-294 (2000)

Wang, C., Rosner, G.L., Roden, R.B.S.: A Bayesian design for phase Ⅰ cancer therapeutic vaccine trials. Stat. Med. (2018). https://doi.org/10.1002/sim.8021

Yan, F., Thall, P.F., Lu, K.H., Gilbert, M.R., Yuan, Y.: Phase Ⅰ-Ⅱ clinical trial design: a state-of-the-art paradigm for dose finding. Ann. Oncol. 29(3), 694-699 (2018)

Yin, G.: Clinical Trial Design: Bayesian and Frequentist Adaptive Methods. John Wiley & Sons, Hoboken, NJ (2012)

Yuan, Y., Nguyen, H., Thall, P.: Bayesian Designs for Phase Ⅰ-Ⅱ Clinical Trials. Chapman and Hall/CRC Press, Boca Raton, FL (2016)

Zhou, H., Yuan, Y., Nie, L.: Accuracy, safety, and reliability of novel phase Ⅰ trial designs. Clin. Cancer. Res. (2018a). https://doi.org/10.1158/1078-0432.CCR-18-0168

Zhou, H., Murray, T.A., Pan, H., Yuan, Y.: Comparative review of novel model-assisted designs for phase Ⅰ clinical trials. Statist. Med. 37(14), 2208-2222 (2018b)

第 2 章 基于毒性考虑的规则设计

摘要

抗肿瘤药物Ⅰ期临床试验的主要目标是确定最大耐受剂量（MTD），即在该剂量下毒性［特别是剂量限制性毒性（dose-limiting toxicity，DLT）］概率最接近预定目标毒性概率水平。因此，Ⅰ期临床试验的剂量探索设计通常只关注毒性发生的频率或发生率。传统的剂量探索设计可大致分为基于规则、算法或者基于模型的设计。基于规则的设计方法通过预定的剂量递增 / 递减规则来确定 MTD，而基于模型的设计方法，则是通过拟合出一个模型并假设其可反映剂量与毒性间的单调关系来估计 MTD。本章将重点讨论基于规则的设计方法，特别是 3+3 设计及其变体，因为此方法是实践中最常用的基于规则的设计方法。同时，也强调了 3+3 设计的局限性，尽管其简单明了，但并不能很好地识别 MTD。鉴于此，接下来将介绍其他一些基于规则的设计方法，这些方法可以提高 3+3 设计的性能。同时，也将讨论一些相关的主题。

关键词：最大耐受剂量（MTD）；基于算法的设计；3+3 设计

2.1 引言

在主要评估毒性的肿瘤Ⅰ期临床试验中，探索药物的最大耐受剂量（MTD）的传统设计方法可分为基于规则或基于模型两种（参见 Lin 和 Shih 2001；Edler 和 Burkholder 2006；Le Tourneau，et al，2009）。这两种设计类型源于对 MTD 的两种不同定义，对应产生了两种不同的Ⅰ期试验设计理念［参见 Rosenberger 和 Haines，2002；Ivanova，(2006a、b)］。在第一种定义中，MTD 为出现不可接受毒性概率水平（用 Γ_T' 表示）的最低剂量的较低一级剂量。第二种定义则将 MTD 定义为毒性概率等于最大可接受毒性概率水平（用 Γ_T 表示）时的剂量。最大可接受毒性概率水平（Γ_T）应低于不可接受的毒性概率水平，即 $\Gamma_T<\Gamma_T'$。在基于规则的设计中，MTD 是一个统计量——通过剂量递增或递减的方法来观察和确

定。在基于模型的设计中，MTD是一个参数，因而可通过拟合出一个模型并假设其可反映剂量与毒性间的单调关系来估算，此外也可通过剂量递增或递减的方法来估计。

本书重点讨论基于毒性的规则设计方法。这些设计通常用于传统化疗药物或细胞毒性药物试验。基于规则的设计起源于上下（up-and-down）法（von Békésy，1947；Dixon和Mood，1948），根据该方法，如果没有观察到毒性，则剂量递增，否则剂量递减。上下法将治疗分布集中在毒性概率等于0.5的剂量附近，从而估算出潜在耐受分布的分位数，即中位数阈值。该方法以前曾用于分析听觉阈限或测试爆炸敏感度。后来，人们尝试改进上下法或开发各种相关设计。

本章将概述3+3设计及其他设计方法，以及相应的剂量确定算法。除非特别说明，所有方法均假定开展拥有预设最大样本量的Ⅰ期试验的目的是从$1,\cdots,K$个剂量水平对应的有序递增剂量$d_1<\cdots<d_K$中识别所研究药物的MTD。这些剂量水平是通过改良的Fibonacci法或其他方法预先选定的，其中包括真正的MTD（参见Collins，et al，1986；Edler和Burkholder，2006）。出于安全考虑，这些方法假定剂量爬坡从最低剂量d_1开始。如果因MTD被判断为低于最低剂量d_1或者等于/大于最高剂量d_K而终止剂量递增，则判定无法从试验中确定MTD。在这两种情况下，临床试验方案可能需要允许增加一个剂量。

2.2　3+3设计

2.2.1　概述

“3+3（队列）设计”（Carter，1973；Storer，1989）是肿瘤Ⅰ期试验中使用最广泛的传统设计方法（参见Geller，1984；Smith，et al，1996；Rogatko，et al，2007；Le Tourneau，et al，2009；Paoletti，et al，2015）。例如，根据Paoletti，et al（2015）的研究，这种设计已经被超过95%已发表的Ⅰ期试验用于确定MTD。尽管3+3设计在实践中被广泛使用，但我们并不推荐使用这个方法，因为统计学界对其局限性已达成了共识（如下所讨论）。

2.2.2　剂量探索算法

目前已经开发了多种针对3+3设计的算法（参见Korn，et al，1994；Ahn，1998；Edler和Burkholder，2006；Berry，et al，2010）。以下算法是不包含剂量递减的版本：

步骤1：招募三例患者为一个队列进行试验，以第k个剂量水平（$k=1,\cdots,K$）

进行治疗，评估每例患者是否出现毒性反应。

（1a）如果三例患者均未出现毒性反应，则剂量递增至下一个更高的剂量水平（$k \to k+1$），并执行步骤 1。

（1b）如果三例患者中有一例出现毒性反应，则维持当前剂量水平，并执行步骤 2。

（1c）如果至少两例患者出现毒性反应，则执行步骤 3。

步骤 2：再招募另一队三例患者，用与步骤 1 中使用的相同剂量水平进行治疗，并以与步骤 1 相同的方式评估每例患者的毒性反应结果。

（2a）如果三至六例（=3+3）患者中有一例出现毒性反应，则剂量递增至下一个更高的剂量水平，并执行步骤 1。

（2b）如果三至六例患者中至少有两例出现毒性反应，则执行步骤 3。

步骤 3：确认剂量水平已超过 MTD，并终止试验。

到达步骤 3 后，通过一些可能的方法可确定 MTD（参见图 2.1）。

上述算法可以被认为是分组上下法（GUD，参见第 2.3 节）的缩减版本，或者 A+B 设计的一个特殊情况（参见第 2.6 节）。此外，如果将步骤 1 的（1b）和（1c）分别替换为"（1b）如果有一例患者出现毒性反应，则维持当前剂量水平，并执行步骤 1"和"（1c）如果至少有 2 例患者出现毒性反应，则将剂量递减至下一个更低的剂量水平，并执行步骤 1"，同时取消步骤 2 和步骤 3，试验结果就和"Storer 的设计 D"方法（Storer 1989）得到的结果相同。因此，上述设计可以被视为"Storer 的设计 D"的修订版本（Reiner，et al，1999）。在这方面，"Storer 的设计 D"倾向于以目标毒性概率水平接近 0.33 的剂量水平治疗患者（Storer 1993）。此外，可通过"Storer 的设计 D"中的随机游走算法来决定是剂量递增还是维持当前剂量（Durham 和 Flournoy，1994、1995b）。（有关 3+3 设计中 MTD 估计的讨论，请参见 He，et al，2006。）

图 2.1 提供了 3+3 设计的两个数值实例。图中主体部分的数字表示每个剂量水平下出现毒性反应的患者数与接受治疗的患者数之比，箭头表示使用 3+3 设

剂量水平(k)	队列				
	1	2	3	4	MTD
1	0/3				
2		1/3	0/3		←
3			2/3		
4					

(a) 无额外队列

剂量水平(k)	队列				
	1	2	3	4	MTD
1	0/3				
2		0/3		0/3	←
3			2/3		
4					

(b) 有额外队列

图 2.1 3+3 设计的数值实例

计确定的 MTD 对应的剂量水平。以上两个例子展示了使用 3+3 设计（最多入组 6 例患者）的剂量确定算法中的步骤 3 来确定 MTD 的具体方式。换句话说，在这两个数值实例中，MTD 被定义为在至少 6 例接受治疗的患者中，不超过 33% 的患者出现毒性反应的最高剂量水平。具体来说，如果在给定剂量水平下，接受治疗的患者数量达到六名之前，至少有两例患者出现毒性反应，则可以认为该剂量水平下出现毒性反应的患者比例高于 33%，意味着该剂量水平超过了 MTD；此时，停止剂量递增。同时，该剂量水平的较低一级剂量水平被确定为 MTD。如果在该剂量水平下接受治疗的患者数量已达到六名，则最终确定该剂量水平为 MTD。如果患者数量只有三名，则再招募三例患者，并以相关剂量水平进行治疗。如果满足 MTD 定义，则宣布该相关剂量水平为 MTD；否则，继续在下一个较低一级的剂量水平上识别 MTD。重复这一过程，直到某个剂量水平满足 MTD 定义。然而，如果观察到起始剂量水平已超过了 MTD，出于安全原因，试验将终止，不推荐任何剂量，即 MTD 低于预先指定的候选剂量。

在图 2.1（a）中，根据 3+3 设计的剂量探索算法，剂量递增至第三个剂量水平时，三例患者中有两例出现毒性反应。与此同时，在较低一级的剂量水平，即第二个剂量水平下，六例患者已全部接受治疗。由此，可宣布第二个剂量水平为 MTD，且无须再招募额外的队列。但是在图 2.1（b）中，当观察到三例患者中有两例在第三个剂量水平下出现毒性反应时，第二个剂量水平下六例患者尚未全部接受治疗。因此，需要招募第四个队列来确定 MTD，继而得出第二个剂量水平为 MTD 的结论。

2.2.3　一些问题

3+3 设计的主要优点是安全且易于实施（参见 Le Tourneau，et al，2009），而且通过每个剂量水平三例患者的累积，可提供更多患者间药代动力学或药效动力学变异性的信息。然而，Ratain，et al（1993）已经指出了这种设计的主要缺点，至少对细胞毒性药物而言是如此，并且 Reiner，et al（1999）、Lin 和 Shih（2001）以及 Ivanova（2006b），et al 也已经对其进行了定量讨论。Reiner，et al（1999）指出，3+3 设计算法在尚未正确识别 MTD 的情况下便终止试验的概率很高。换句话说，当算法仅研究了少数受试者即终止时，确定的任何 MTD 都很可能是错误的。因此，在Ⅱ期临床试验中，很大一部分患者将以低于推荐剂量的较低剂量（可能是亚治疗剂量）进行治疗，特别是当选择的起始剂量远低于真实 MTD 的情况下。同样，Lin 和 Shih（2001）根据一些真实的临床试验案例指出，3+3 设计的目标毒性概率水平低于 33%（33% 通常是被临床医生认定的水平），实际上接近 0.2。Ivanova（2006b）明确证明，3+3 设计的目标毒性概率水平均值在 0.16 ～ 0.27。此外，从肿瘤Ⅰ期临床试验各种设计性能的比较分析中得出的众多模拟结果表明，与其他设计相比，3+3 设计在确定 MTD 和使用接近 MTD 的剂量治疗患者方面的效果较差（Zohar 和 O’Quigley，2009）。因此，可以断言，3+3 设计是没有统计学依据的［在这方面，O’Quigley（2009）对 Bailey（2009）的评论也值得注意］。因此，Ⅰ期临床试验不应再采用 3+3 设计（Paoletti，et al，2015）。

2.2.4 实施软件

可以使用 R 软件包 bcrm 中的 threep3 函数来计算 3+3 设计的所有可能试验路径及其发生概率。如果提供了候选剂量、相应的真实毒性概率以及起始剂量水平，该函数就可以在不进行模拟的情况下确认操作特性，详见附图 1。例如，可以确认每个剂量水平的实验概率、每个剂量水平被确定为 MTD 的概率、每个剂量水平的平均治疗患者数，以及每个剂量水平平均发生毒性反应的次数。应注意，以下 3+3 设计同时包含了剂量递增和剂量递减规则，用于后续队列的下一个剂量水平：

• 如果当前队列中的三例患者中无一例或六例患者中至多一例出现毒性反应，并且尚未测试下一个更高的剂量水平，则剂量递增至下一个更高的剂量水平。

• 如果三例患者中有一例在当前剂量水平下出现毒性反应，则维持当前剂量水平。

• 如果三至六例患者中至少有两例在当前剂量水平下出现毒性反应，并且少于六例患者接受了下一个更低剂量水平的治疗，则剂量递减至下一个更低的剂量水平。

• 如果上述规则均不满足，则终止试验。如果当前剂量水平最多只有一例患者经历毒性反应，则宣布当前剂量水平为 MTD；否则，将选择当前剂量水平的较低一级剂量水平为 MTD。

• 如果剂量递增超出了预定的候选剂量，则 MTD 将被确定为最高剂量水平。

2.3 分组上下法（GUD）

2.3.1 概述

分组上下法（GUD）是基于规则设计的基础。Anderson 等（1946）首次提出了 GUD 设计（Gezmu 和 Flournoy，2006）；Wetherill（1963）、Tsutakawa（1967a、 b）、Durham 等（1997）对这项研究进行了扩展。Ivanova 等（2003）、Ivanova 等（2006b）和 Gezmu 和 Flournoy（2006）等其他一些研究者又对其进行了进一步的发展。

2.3.2　剂量探索算法

GUD 设计的理念是用毒性概率等于或接近预设目标毒性概率水平的剂量去治疗患者。令 Y_T 表示毒性结果的二元随机变量，其中 $Y_T=1$ 和 0 分别表示有毒性和无毒性；X 表示剂量的随机变量，且满足 $X \in \{d_1,\cdots,d_K\}$；C_{GUD} 表示队列大小；$C^{\downarrow}$ 和 $C^{\uparrow}$ 是两个整数且满足 $0 \leqslant C^{\downarrow} < C^{\uparrow} < C_{GUD}$；$n_T(d_k)$ 表示在第 k 个剂量水平下接受治疗的队列中出现毒性反应的患者数量。因此，$n_T(d_k)$ 是一个假定遵循二项分布的随机变量，参数为 C_{GUD} 和 $\Pr(Y_T=1|X=d_k)$，表示为 $\text{Bin}[C_{GUD}, \Pr(Y_T=1|X=d_k)]$。

GUD 设计的剂量探索算法如下：

步骤 1：招募一队患者，患者数量为 C_{GUD}，用第 k 个剂量水平对所有患者进行治疗（$k=1,\cdots,K$），评估每例患者是否出现毒性反应。

（1a）如果 $n_T(d_k) \leqslant C^{\downarrow}$，则剂量递增至下一个更高的剂量水平（$k \to k+1$），并重复步骤 1。

（1b）如果 $C^{\downarrow}<n_T(d_k)<C^{\uparrow}$，则维持当前剂量水平，并重复步骤 1。

（1c）如果 $n_T(d_k) \geqslant C^{\uparrow}$，则剂量递减至下一个较低的剂量水平，并重复步骤 1。

为了便于理解下面提到的各种设计，我们把这称为 GUD 设计，并将其算法记作 $\text{GUD}(C_{GUD}, C^{\downarrow}, C^{\uparrow})$。

2.3.3　一些问题

可以使用统计程序来估计 MTD，例如保序回归（参见 Stylianou 和 Flournoy 2002；Gezmu 和 Flournoy 2006）。要找到 MTD，必须先选择 C、$C^{\downarrow}$ 和 $C^{\uparrow}$ 的值。令 Γ_T 表示预定的目标毒性概率水平，选择相应的 C、$C^{\downarrow}$ 和 $C^{\uparrow}$ 数值，使 Γ_T 近似满足以下方程：

$$\Pr\{\text{Bin}(C_{GUD}, \Gamma_T) \leqslant C^{\downarrow}\}=\Pr\{\text{Bin}(C_{GUD}, \Gamma_T) \geqslant C^{\uparrow}\} \tag{2.1}$$

Gezmu 和 Flournoy（2006）为给定的一个 Γ_T 值提供了相对应的 C_{GUD}、$C^{\downarrow}$ 和 $C^{\uparrow}$ 的值。应注意的是，GUD 设计仅基于当前队列患者的毒性结果信息。

所谓的“剂量递增设计”可以看作是 GUD 设计的一种特殊情况。把 GUD 设计中的 C_{GUD}、$C^{\downarrow}$ 和 $C^{\uparrow}$ 替换为 C_E、$C^{\uparrow\uparrow}$ 和 $C^{\uparrow\uparrow}+1$，就变成了剂量递增设计，其

算法表示为 GUD(C_E, $C^{\dagger\dagger}$, $C^{\dagger\dagger}$+1)，其中 C_E 是队列大小，$C^{\dagger\dagger}$ 是预先指定的整数。当要求剂量递减时，剂量探索算法终止，与此同时 MTD 被确定为 $n_T(d_k)>C^{\dagger\dagger}$ 所对应剂量水平的较低一级剂量。

2.4 两阶段设计（Design BD）

2.4.1 概述

Storer（1989）结合 Wetherill（1963）和 Wetherill 与 Levitt（1965）提出的上下法的不同变种，提出了两种两阶段设计。在此，我们将介绍这两种两阶段设计中较常用的一种，即 Storer（1989）的“设计 BD”（Design BD）。

2.4.2 剂量探索算法

“Storer 的设计 BD”的剂量确定算法如下：

步骤 1：招募一例患者，以第 k 个剂量水平（其中 k=1,⋯, K）进行治疗，评估该患者是否出现毒性反应。

（1a）如果没有患者出现毒性反应，则将剂量递增至下一个更高的剂量水平（$k \rightarrow k+1$），并重复步骤 1。

（1b）如果所有患者均出现毒性反应，则将剂量递减至下一个更低的剂量水平，并重复步骤 1。

（1c）如果至少有一例患者出现毒性反应，且至少有一例患者未出现毒性反应，且当前患者未出现毒性反应，则执行步骤 2；否则，剂量递减至下一个更低的剂量水平（$k \rightarrow k-1$），并执行步骤 2。

步骤 2：招募另外一队三例患者，以与步骤 1 中使用的相同的剂量水平进行治疗，评估这三例患者出现毒性反应的情况。

（2a）如果三例患者均未出现毒性反应，则将剂量递增至下一个更高的剂量水平，并重复步骤 2。

（2b）如果三例患者中有一例出现毒性反应，则维持当前剂量水平，并重复步骤 2。

（2c）如果至少有两例患者出现毒性反应，则将剂量递减至下一个更低的剂量水平，并重复步骤 2。

在步骤 2（第二阶段）结束时，采用最大似然法或贝叶斯方法对数据进行逻辑模型拟合来估计 MTD。请注意，Storer（1993）构建了 MTD 的区间估计程序。

2.4.3　一些问题

步骤 1（第一阶段）满足了对毒性结果的异质性的要求。步骤 2（第二阶段）在某种程度上类似于 3+3 设计，目标毒性概率水平为 1/3。这一步可以看作是 Robbins 和 Monro（1951）所描述的随机逼近设计的离散版本，其中包括了间隔的不同剂量水平。

2.5　加速滴定（AT）设计

2.5.1　概述

Simon 等（1997）提出了一系列加速滴定（accelerated titration，AT）设计。这些设计与其他设计区分开的主要特点是，加速滴定设计允许临床研究人员：

1. 加入一个快速的起始剂量递增阶段（俗称加速阶段），在这个阶段里，每个剂量水平只有一例患者；

2. 不仅关注剂量限制毒性和不可接受毒性，还同时关注中度毒性；

3. 保留在同一患者上进行剂量调整的可能性；

4. 使用包含同一患者个体内和不同患者个体间毒性和累积毒性变异参数的模型来分析试验结果。

2.5.2　剂量探索算法

加速滴定设计系列的实施方式如下。

设计 1　是标准 3+3 设计（参见第 2.2 节）。

设计 2　保持加速，直至在第一个治疗周期内发生一例剂量限制性毒性（DLT）或两例中度毒性，则剂量递增转变为设计 1 中的递增方式，即进行 40% 的剂量递增。

设计 3　采用与设计 2 相同的剂量探索算法，但加速过程以 100% 幅度进行剂量递增。

设计 4　采用与设计 3 相同的剂量探索算法，但当在任意一个治疗周期中发生一例 DLT 或 2 例中度毒性，则终止加速阶段。

2.5.3　一些问题

为了实现概述（参见第 2.5.1 节）中列出的特点 1，在加速滴定设计（除设计 1 外）的加速阶段，每个剂量水平只有一例患者。这样的单一队列阶段既加快了试验速度，又减少了分配到低剂量的患者数量。为了实现特点 2，加速滴定设计采用美国国立癌症研究所不良事件通用术语评价标准（NCI-CTCAE，见第 1.2.1 节）评估的毒性等级来进行剂量探索。具体而言，这些设计使用第一个治疗周期内首次发生 DLT 来触发阶段转变，就像 Storer（1989）在两阶段设计中所提出的一样（见第 2.4 节），并利用第一个治疗周期内发生的中度毒性来提供额外的需谨慎考虑的因素。特别是，这些设计利用异质性人群中第二次发生中度毒性来确定任何中度毒性是否与该药物相关。为了实现特点 3，让每例患者都有机会以潜在的有效剂量接受治疗，设计 2 ～ 4 可以根据需要，为继续参与试验的任何患者设计个性化剂量。Simon 等（1997）提出了两个方案（A 和 B）。在方案 A 中，不进行同一患者内剂量递增。如果患者出现中度毒性，则维持当前剂量水平，但是，如果患者出现剂量限制性毒性或更严重的毒性并仍继续参加研究，则剂量递减。在方案 B 中，如果患者在当前治疗期间内的当前剂量水平下未出现毒性或出现轻度毒性，则在下一个治疗周期增加剂量；否则，采用方案 A 中的流程。为了实现特点 4，加速滴定设计中使用的模型是 Sheiner 等（1989）及 Sheiner 等（1991）或 Chou 和 Talalay（1984）提出的 K_{max} 模型的延展运用。

2.5.4 软件实施

可以使用 Microsoft Excel 宏进行剂量分配，并使用 S-PLUS 程序对这些设计进行分析。这些工具可在 https://linus.nci.nih.gov/ ～ brb/Methodologic.htm 上获得。

2.6 A+B 设计

2.6.1 概述

Lin 和 Shih（2001）根据对一些关键统计特性的研究提出了 A+B 设计。这个设计具有以下优点：所需的患者数量是通过停止剂量递增来分配的，类似于剂量递增设计；在较低剂量水平，将更多患者分配在 MTD 或接近 MTD 的剂量范围从而节省了资源，类似于 GUD 设计。正如 Ivanova（2006b）所述，A+B 设计也可以看作是队列规模为 A 的 GUD 设计，表示为 GUD（A，$C^{\downarrow}$，$C^{\uparrow}$），其中再嵌套一个队列规模为 $A+B$ 的剂量递增设计，得到 GUD（$A+B$，$C^{\uparrow\uparrow}$，$C^{\uparrow\uparrow}+1$），其中 $C^{\downarrow}$、$C^{\uparrow}$和 $C^{\uparrow\uparrow}$为整数，同时满足 $0 \leqslant C^{\downarrow} < C^{\uparrow} \leqslant A$，$C^{\downarrow} - C^{\uparrow} \geqslant 2$，以及 $C^{\downarrow} \leqslant C^{\uparrow\uparrow} < A+B$ 三个条件。每当前面队列大小为 A 的设计要求维持当前剂量水平时，则切换到嵌套的递增设计。

2.6.2 剂量探索算法

令 $n_{T,A}(d_k)$ 和 $n_{T,A+B}(d_k)$ 分别表示大小为 A 和 $A+B$（当 B 名患者被额外添加到队列时）的队列中经历毒性反应的患者数量。

不包含剂量递减的 $A+B$ 设计的剂量探索算法如下。

步骤1：招募 A 例患者为一个队列，以第 k 个剂量水平进行治疗（其中 $k=1,\cdots,K$），评估这 A 例患者的毒性反应结果。

（1a）如果 $n_{T,A}(d_k) \leqslant C^{\downarrow}$，则剂量递增至下一个更高的剂量水平，并重复步骤1。

（1b）如果 $C^{\downarrow} < n_{T,A}(d_k) < C^{\uparrow}$，则维持当前剂量水平，并执行步骤2。

（1c）如果 $n_{T,A}(d_k) \geqslant C^{\uparrow}$，则执行步骤3。

步骤2：招募另外 B 例患者为一个队列，以与步骤1中使用的相同的剂量水平进行治疗，并以与步骤1中相同的方式评估毒性反应结果。

（2a）如果 $n_{T,A+B}(d_k) \leqslant C^{\uparrow\uparrow}$，则剂量递增至下一个更高的剂量水平，并执行步骤1。

（2b）如果 $n_{T,A+B}(d_k) > C^{\uparrow\uparrow}$，则执行步骤3。

步骤3：确定剂量水平已超过MTD，并终止试验。

到达步骤3后，选择 $n_{T,A}(d_k) \geqslant C^{\uparrow}$ 或 $n_{T,A+B}(d_k) > C^{\uparrow\uparrow}$ 所对应剂量水平的较低一级剂量为MTD。

2.6.3 一些问题

3+3设计（参见第2.2节）是 $A+B$ 设计的一个特殊版本。事实上，3+3设计可以表示为GUD（$A=3$，$C^{\downarrow}=0$，$C^{\uparrow}=2$）和GUD（$A+B=6$，$C^{\downarrow\downarrow}=1$，$C^{\uparrow\uparrow}+1=2$）的组合。

请注意，Ivanova（2006b）已经讨论了GUD设计、剂量递增设计和 $A+B$ 设计的统计特性，并提供了这些设计中参数设置的建议。

2.6.4 软件实施

Wheeler等（2016）开发了一个Web应用程序用于研究 $A+B$ 设计运行特性。该应用程序基于Shiny包，可通过https://graham-wheeler.shinyapps.io/AplusB/访问，也可从https://github.com/graham-wheeler/AplusB下载R代码。

当候选剂量、其真实毒性概率、队列大小、剂量递增/递减阈值，以及是否允许剂量递减的指示等确定时，该应用程序就能帮助确认特定设计和方案的运行特性。此外，该应用程序还可用于绘制试验运行特征图，例如样本量分布、在每个剂量水平下进行试验的概率、将每个剂量水平推荐为 MTD 的概率以及 DLT 率分布。例如，可以使用这个应用程序绘制出如图 2.2 所示的图。

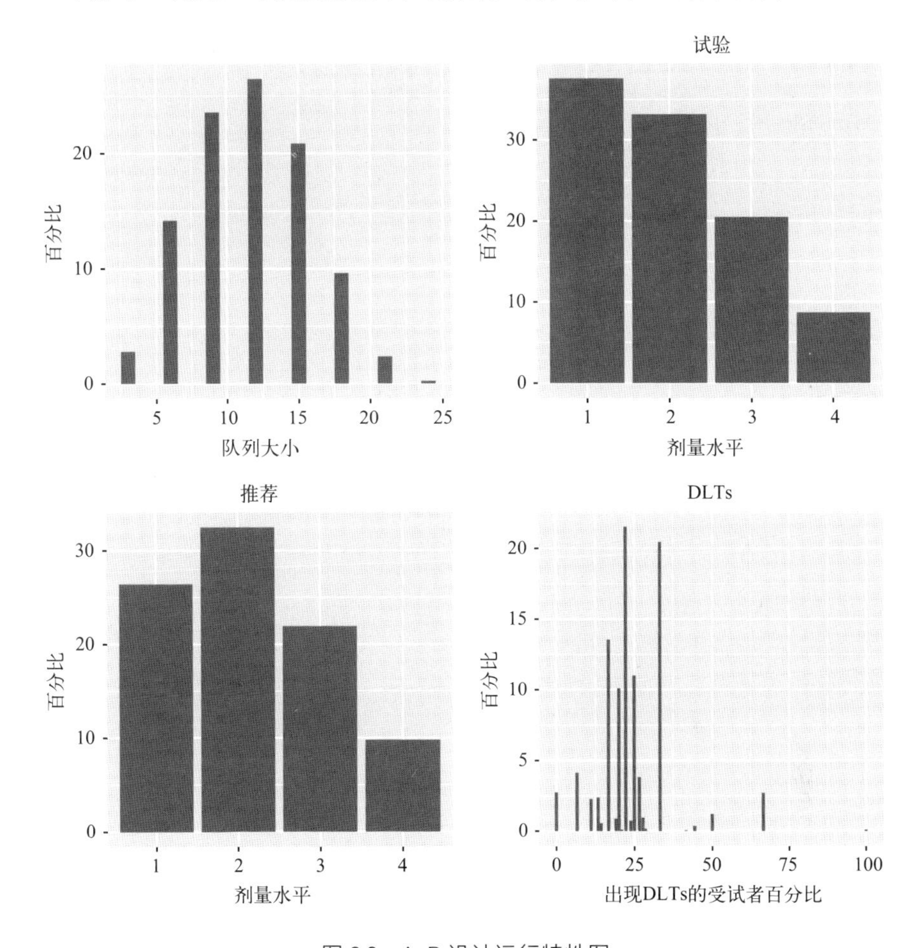

图 2.2 A+B 设计运行特性图

2.7 Best-of-5 设计

2.7.1 概述

Best-of-5 设计（Storer，2001）可以看作是 GUD(3, 0, 3)、GUD(4, 1, 3) 和 GUD(5, 2, 3) 的组合。

2.7.2　剂量探索算法

让 $n_{T,3}(d_k)$ 和 $n_{T,3+1}(d_k)$ 分别表示大小为 3 和 3+1（当添加一例患者到队列后，总数 =4）的队列中经历毒性反应的患者数量，$n_{T,3+1+1}(d_k)$ 表示大小为 3+1+1（当添加一例患者到大小为 4 的队列后，总数 =4+1=5）队列中经历毒性反应的患者数量。

Best-of-5 设计的剂量探索算法如下。

步骤 1：招募三例患者为一个队列，以第 k 个剂量水平进行治疗（其中 $k=1,\cdots,K$），评估这三例患者的毒性反应结果。

（1a）如果 $n_{T,3}(d_k) \leqslant 0$，则剂量递增至下一个更高的剂量水平，并重复步骤 1。

（1b）如果 $0<n_{T,3}(d_k)<3$，则维持当前剂量水平，并执行步骤 2。

（1c）如果 $n_{T,3}(d_k) \geqslant 3$，则执行步骤 4。

步骤 2：再招募一例患者，以与步骤 1 中使用的相同的剂量水平进行治疗，评估该患者的毒性反应结果。

（2a）如果 $n_{T,3+1}(d_k) \leqslant 1$，则剂量递增至下一个更高的剂量水平，并重复步骤 1。

（2b）如果 $1<n_{T,3+1}(d_k)<3$，则维持当前剂量水平，并执行步骤 3。

（2c）如果 $n_{T,3+1}(d_k) \geqslant 3$，则执行步骤 4。

步骤 3：再额外招募一例患者，以与步骤 2 中使用的相同的剂量水平进行治疗，评估该患者的毒性反应结果。

（3a）如果 $n_{T,3+1+1}(d_k) \leqslant 2$，则剂量递增至下一个更高的剂量水平，并重复步骤 1。

（3b）如果 $n_{T,3+1+1}(d_k) \geqslant 3$，则执行步骤 4。

步骤 4：确认剂量水平已超过 MTD，并终止试验。

2.7.3　一些问题

Best-of-5 设计，在给定剂量水平下，最多只能有五例患者。这种设计采用相对较少的患者，目标为 $\Gamma_T \approx 0.4$（参见 Storer，2001）。

2.8　偏性掷币（Biased-Coin）设计

2.8.1　概述

实现以任何毒性概率水平为目标的一种方法是像 GUD 设计一样，将患者分为一组或一个队列，并在相应的剂量水平下对其进行治疗。另一种方法则是，如果某个剂量与特定目标毒性概率水平相关，则维持该剂量至下一例患者，否则，剂量递增或递减，其完全取决于当前患者的毒性结果。Durham 和 Flournoy（1995a，b）提出了偏性掷币（biased-coin，BC）设计（另见 Derman，1957；Durham 和 Flournoy，1994；Giovagnoli 和 Pintacuda，1998；Stylianou，et al，2003）。在这种情况下，假定 $\Gamma_T \leqslant 0.5$。否则，将 Γ_T 替换为 $1-\Gamma_T$。

2.8.2　剂量探索算法

偏性掷币（BC）设计的剂量探索算法如下：

步骤 1：招募第一例患者，以剂量水平 $1,\cdots,K$ 进行治疗，并评估该患者的毒性反应结果。招募后续 j 例患者（j=2,…），在第 k 个剂量水平下对其进行治疗，评估其毒性反应结果。

（1a）如果 $j-1$ 例患者未经历毒性反应，则抛掷一枚有偏差的硬币，得到正面的概率等于 $\Gamma_T/(1-\Gamma_T)$，然后执行以下相应的子步骤：

（i）如果正面朝上，则剂量递增至下一个更高的剂量水平，用患者 j 替换患者 $j-1$，并执行步骤 1。

（ii）如果反面朝上，则维持当前剂量水平，用患者 j 替换患者 $j-1$，并执行步骤 1。

（1b）如果患者 $j-1$ 经历毒性反应，则剂量递减至下一个更低的剂量水平，并重复步骤 1。

作为治疗分布模式，MTD 可以通过非参数方式估算得到（参见 Durham 和 Flournoy，1995；Giovagnoli 和 Pintacuda，1998），也可以通过保序回归进行估计（参见 Stylianou 和 Flournoy，2002），其中可以使用池相邻违规者算法获得估计值（参见 Robertson，et al，1988）。

2.8.3　一些问题

与其他设计类似，偏性掷币设计要求对每例患者进行完整的随访。因此，如果患者随访时间与到达间隔时间相比较长，就可能导致试验时间过长，患者可能会延迟或拒绝入组。Stylianou 和 Follmann（2004）开发的加速偏性掷币设计上下顺序法（ABCUD）是一种不需要对当前患者进行完整随访的方法。如果每例患者均完成随访，该设计即等同于偏性掷币设计。但是，当当前患者尚未完成随访而新招募的患者已准备好入组时，ABCUD 设计会根据最近完成随访的患者的结果来确定新患者的剂量水平。ABCUD 设计存在一个问题，即忽略了从尚未完成随访的患者处收集到的部分信息。为了解决这个问题，Jia 和 Braun（2011）最近提出了偏性掷币设计的时间 - 事件（time-to-event）版本，称为“自适应加速偏性掷币设计”。

2.9　累积队列（Cumulative Cohort）设计

2.9.1　概述

Ivanova 等（2007）提出了 GUD 设计的一个延伸应用，称为“累积队列（Cumulative Cohort，CC）设计”。在这种设计中，如果当前剂量下的毒性概率在目标值的某个范围 δ（>0）内接近于 Γ_T，则剂量不变。

2.9.2　剂量探索算法

用 Y_T 表示毒性结果的二进制随机变量，其中 $Y_T=1$ 表示有毒性，$Y_T=0$ 表示无毒性。此外，C_{cc} 表示队列大小，$\breve{\Pr}(Y_T|d_k)$ 表示第 k 个剂量水平下毒性概率的保序回归估计（参见 Robertson，et al，1988）。累积队列设计的剂量探索算法如下：

步骤 1：招募 C_{cc} 例患者，以第 k 个剂量水平（$k=1,\cdots,K$）进行治疗，评估这 C_{cc} 例患者的毒性反应结果。

（1a）如果 $\breve{\Pr}(Y_T|d_k)\leqslant\Gamma_T-\delta$，则剂量递增至下一个更高的剂量水平，并重复步骤 1。

（1b）如果 $\Gamma_T-\delta<\breve{\Pr}(Y_T|d_k)<\Gamma_T+\delta$，则维持当前剂量水平，并重复步骤 1。

（1c）如果 $\breve{\Pr}(Y_T|d_k)\geqslant\Gamma_T+\delta$，则剂量递减至下一个更低的剂量水平，并重复步骤 1。

2.9.3　一些问题

为了在一个中等样本量规模的试验中最大化 MTD 剂量下分配的患者数量，选择适当的 δ 非常重要。Ivanova 等（2007）建议，如果 $\Gamma_T=0.10$、0.15、0.20 或 0.25，则使用 $\delta=0.09$；如果 $\Gamma_T=0.30$ 或 0.35，则使用 $\delta=0.10$；如果 $\Gamma_T=0.40$，则使用 $\delta=0.12$；如果 $\Gamma_T=0.45$ 或 0.50，则使用 $\delta=0.13$。累积队列设计中 δ 的另一个自然的选择范围是接近 0 的值。例如，在具中等样本量的试验中，使用 $\delta=0.01$，如果估计的毒性率几乎等于 Γ_T，则重复剂量，否则需改变剂量。

2.9.4　软件实施

可以使用 U-design 商业在线软件（https://udesign.laiyaconsulting.com/），按

照以下安全规则，实施改良版的累积队列设计：

（1）如果最低剂量水平有很高的可能性超过 MTD，并且在该最低剂量下至少有两例患者经历了毒性，则在达到最大样本量之前，终止试验。

（2）如果任何剂量水平有很高的可能性超过 MTD，并且剂量水平 k（k=1,⋯, K）下至少有两例患者经历了毒性，则剂量水平 k 及以上的所有剂量将被排除在试验之外。

使用 U-design 软件，可以通过模拟比较六种主流设计：基于规则的设计，例如 3+3 设计和改良的累积队列设计；基于模型的设计（参见第 3 章），例如连续重评估方法（CRM）和贝叶斯逻辑回归法（BLRM）；以及模型辅助设计（参见第 4 章），例如改良的毒性概率区间（mTPI）设计和 mTPI-2 设计。

对于改良的累积队列设计，输入以下设置：安全剂量区间，用（0, $\Gamma_T-\delta_1$）表示；过剂量区间，用（$\Gamma_T+\delta_2$, 1）表示；适当剂量区间，用 [$\Gamma_T-\delta_1$，$\Gamma_T+\delta_2$] 表示。在这里，δ_1 和 δ_2 是数值比较小的预先指定值，例如 0.05，而不是原始累积队列设计的 $\Gamma_T-\delta$、($\Gamma_T-\delta$，$\Gamma_T+\delta$) 和 $\Gamma_T+\delta$ 阈值，就像 mTPI 设计一样。同时输入起始剂量水平、剂量水平数量、队列大小、最大样本量和模拟试验数量。

然后，可以得到如图 2.3 所示的模拟结果，比如，各剂量水平或无任何剂量

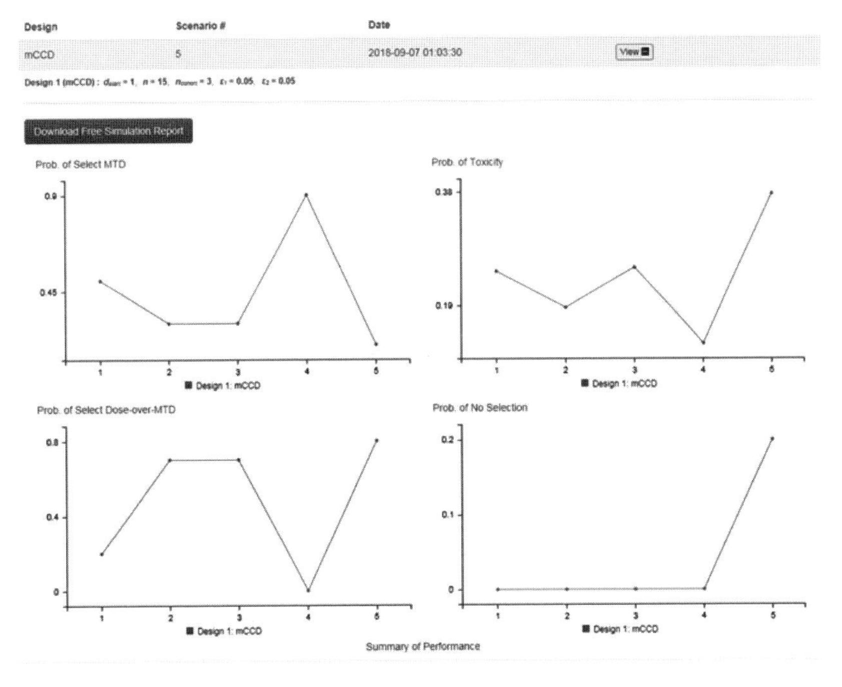

图 2.3 CC（累积队列）设计的仿真结果

水平被识别为 MTD 的比例、所选剂量水平高于真实 MTD 的比例，以及出现毒性反应的患者比例。

2.10　药理引导的剂量递增设计

2.10.1　概述

使用上述某些设计的 I 期试验可能需要很长的时间才能完成，特别是当起始剂量远低于 MTD 且剂量递增幅度较温和时。在 I 期试验中都希望能够加速剂量递增，然而，这可能会增加患者暴露于高毒性剂量的风险。如果所研究的治疗方案是药物，那么解决如何安全地加速剂量递增问题的一种方法是利用药代动力学和药效动力学（毒效动力学）之间的关系，而非剂量 - 毒性关系。基于这一概念，Collins 等（1986）提出了药理学引导的剂量递增（pharmacologically guided dose escalation，PGDE）设计。该设计侧重于药物暴露时间内测得的血药浓度 - 时间曲线下面积（AUC），其代表了药物的血浆累积暴露量且可被用作药代动力学指标。毒性被定义为相关的药效动力学反应。该设计假设毒性可以是某种 AUC 函数，并假设在动物模型中建立的这种关系可以外推到人。

2.10.2　剂量探索算法

药理引导的剂量递增设计的剂量探索算法如下：

步骤 1：确定 10% 小鼠致死剂量（LD_{10}）及相关 AUC。

步骤 2：招募一组患者，以某个剂量［例如，对于第一组，使用 1/10 的小鼠等效 LD_{10}（$MELD_{10}$）］进行治疗，测量 AUC，并评估这些患者的毒性反应结果。

（2a）如果这些患者的平均 AUC 未达到与 $MELD_{10}$ 相关的人体预定目标 AUC，则根据与目标 AUC 的差距增加剂量，并重复步骤 2。

（2b）如果这些患者的平均 AUC 达到目标 AUC 或发生毒性反应，则执行步骤 3。

步骤 3：终止试验。

2.10.3　一些问题

药理引导的剂量递增设计有利有弊，包括在观察实时药代动力学数据、将临床前数据外推至人体，以及处理不同患者间药代动力学差异等方面的实际困难（详见 EORTC Pharmacokinetics and Metabolism Group 1987；Collins，et al，1990；Newell 1994）。

2.11 其他设计和相关主题概述

2.11.1 儿童Ⅰ期临床试验设计

Skolnik 等（2008）引入了“rolling-six”设计，旨在缩短儿童Ⅰ期试验持续时间的同时避免毒性风险（另见 Hartford，et al，2008；O’Quigley，2009）。可以使用上述 U-design 软件来实施此设计。

2.11.2 随机逼近设计

Robbins 和 Monro（1951）提出了正式的随机逼近流程，用于找到回归函数根。随后，Wetherill（1963）、Anbar（1984）和 Wu（1985）等对 Robbins-Monro 随机逼近法进行了研究。Cheung 和 Elkind（2010）提出了一种基于虚拟观测值的随机逼近递归方法并运用到剂量探索。此外，Cheung(2010）发表了一篇综述，讨论了随机逼近法与剂量探索试验的相关性。

2.11.3 保序回归设计

有一种充分利用毒性随剂量递增而增加的单调性假设的非参数方法，其可应用于对所有获得的给药剂量和毒性结果数据进行保序回归。目前已经开发出一些使用保序回归的设计，用于包括单药临床试验（参见 Leung 和 Wang，2001；Stylianou 和 Flournoy，2002）、联合用药试验（参见 Conaway，et al，2004；Ivanova 和 Wang，2006）以及有序分组试验（Yuan 和 Chappell，2004；Ivanova 和 Wang，2006）。此外，Ivanova 和 Flournoy(2009）曾比较了 Leung 和 Wang(2001）、Conaway 等（2004）以及 Ivanova 等（2007）提出的几种基于保序回归估计的规则的设计。

2.11.4 逐步回归设计

Cheung（2007）研究了一类逐步回归流程，用来探索给定药物的 MTD。这类流程采用了多重测试框架，在剂量递增和递减阶段分别使用逐步降级和逐步升级测试。这种方法促进了出于伦理目的的顺序剂量分配。

2.11.5　同一患者内多剂量水平设计

Fan 和 Wang（2007）提出了Ⅰ期临床试验中每例患者给予多个剂量的设计方案，然后探讨了其作为提高设计效率手段的实施方式。他们评估了给予每例患者单一剂量水平到多剂量水平的转变所获得的效率增益。

2.11.6　有序毒性结果设计

Gordon 和 Willson（1992）提出了一个包括三个患者招募阶段的设计，即在第一、第二或第三阶段，每个剂量水平下分别评估 1、3 或 6 例患者，并且每个阶段的剂量爬坡方案取决于毒性等级（0 ～ 5）。此外，Paul 等（2004）对 Stylianou 和 Flournoy 估计方法（Stylianou 和 Flournoy，2002）进行了多维扩展，称为“非参数多维保序回归估计方法”。他们还开发了一个改良版本，称为“基于多维保序回归的估计方法”，用于从有序毒性量表中估计一组目标分位数，并探索有序毒性结果的随机游走设计（Durham，et al，1997）的延伸应用。Paul 等（2004）随后将他们提出的估计方法与从比例优势模型中获得的标准参数最大似然估计方法进行了比较，并结合了三种考虑到有序毒性结果的设计：Simon 等（1997）提出的“设计 2”（参见第 2.5 节）；Gordon 和 Willson（1992）提出的改进的三阶段设计；以及他们自己提出的多阶段随机游走设计（Paul，et al，2004）。为了确定考虑有序毒性结果的设计是否真优于以二元毒性结果为特征的非参数设计，Paul 等（2004）还将前者与 Leung 和 Wang（2002）提出的保序回归设计进行了比较，在保序回归设计中，出于设计目的，毒性结果被处理成了二分变量，但保留了用于估计的顺序性。因此，他们表明，其所提出的基于多维保序回归的估计方法在准确性和效率方面都优于其他方法。值得注意的是，与随机游走设计相比，Simon 等（1997）开发的设计提供了特别高效的估计方法，但也具有最多的 DLT。

2.11.7　联合用药设计

目前有多种基于规则的设计来确定两种药物的最大耐受剂量组合，如上述保序回归设计和 A+B+C 设计（参见 Braun 和 Alonzo，2011）。

参考文献

Ahn, C.: An evaluation of phase Ⅰ cancer clinical trial designs. Stat. Med. 17(14), 1537-1549 (1998) Anbar, D.: Stochastic approximation methods and their use in bioassay and phase Ⅰ clinical trials. Commun. Stat. Theory Methods 13(19), 2451-2467 (1984)

Anderson, T., McCarthy, P., Tukey, J.: Staircase method of sensitivity testing. Naval Ordinance Report, Statistical Research Group, Princeton University, Princeton, NJ, pp. 46-65 (1946)

Bailey, R.A.: Designs for dose-escalation trials with quantitative responses. Stat. Med. 28(30), 3721-3738 (2009)

Berry, S.M., Carlin,B.P., Lee, J.J., Müller, P.:Chapter 3. Phase Ⅰ studies. In: Berry, S.M., Carlin,B.P., Lee, J.J., Müller, P. (eds.) Bayesian Adaptive Methods for Clinical Trials, 1st edn, pp. 87-135. Chapman and Hall/ CRC Press, Boca Raton, FL (2010)

Braun, T.M., Alonzo, T.A.: Beyond the 3+3 method: expanded algorithms for dose-escalation in phase Ⅰ oncology trials of two agents. Clin. Trials 8(3), 247-259 (2011)

Carter, S.K.: Study design principles for the clinical evaluation of new drugs as developed by the chemotherapy programme of the National Cancer Institute. In: Staquet, M.J. (ed.) The Design of Clinical Trials in Cancer Therapy, 1st edn, pp. 242-289. Editions Scientifique Europe, Brussels. (1973)

Cheung, Y.K.: Sequential implementation of stepwise procedures for identifying the maximum tolerated dose. J. Am. Stat. Assoc. 102, 1448-1461 (2007)

Cheung, Y.K.: Stochastic approximation and modern model-based designs for dose-finding clinical trials. Stat. Sci. 25(2), 191-201 (2010)

Cheung, Y.K., Elkind, M.S.V.: Stochastic approximation with virtual observations for dose-finding on discrete levels. Biometrika 97(1), 109-121 (2010)

Chou, T.C., Talalay, P.: Quantitative analysis of dose-effect relationships: the combined effects of multiple drugs or enzyme inhibitors. Adv. Enzyme. Regul. 22(C), 27-55 (1984)

Collins, J.M., Grieshaber, C.K., Chabner, B.A.: Pharmacologically guided phase Ⅰ clinical trials based upon preclinical drug development. J. Nat. Cancer Inst. 82(16), 1321-1326 (1990)

Collins, J.M., Zaharko, D.S., Dedrick, R.L., Chabner, B.A.: Potential roles for preclinical pharmacology in phase Ⅰ clinical trials. Cancer. Treat. Rep. 70(1), 73-80 (1986)

Conaway, M.R., Dunbar, S., Peddada, S.D.: Designs for single- or multiple-agent phase Ⅰ trials. Biometrics 60(3), 661-669 (2004)

Derman, C.: Nonparametric up and down experimentation. Ann. Math. Stat. 28(3), 795-798 (1957) Dixon,W. J., Mood, A.M.:Amethod for obtaining and analyzing sensitivity data. J.Am. Stat.Assoc. 43(241), 109-126 (1948)

Durham, S.D., Flournoy, N.: Random walks for quantile estimation. In: Gupta, S.S., Berger, J.O. (eds.) Statistical Decision Theory and Related Topics V, 1st edn, pp. 467-476. Springer, New York, NY (1994)

Durham, S.D., Flournoy, N.:Up-and-downdesigns Ⅰ. Stationary treatment distributions. In Flournoy, N., Rosenberger,W.F. (eds.) Adaptive Designs: Papers from the Joint AMS-IMS-SIAM Summer Conference held at Mt. Holyoke College, South Hadley, MA, July 1992. IMS Lecture Notes Monograph Series, 1st edn, vol. 25, pp. 139-157. Institute of Mathematical Statistics, Hayward, CA (1995a)

Durham, S.D., Flournoy, N.: Up-and-down designs Ⅱ. Exact treatment moments. In Flournoy, N., Rosenberger, W.F. (eds.) Adaptive Designs: Papers from the Joint AMS-IMS-SIAM Summer Conference held at Mt. Holyoke College, South Hadley, MA, July 1992. IMS Lecture Notes Monograph Series, 1st edn, vol. 25, pp. 158-178. Institute of Mathematical Statistics, Hayward, CA (1995b)

Durham, S.D., Flournoy, N., Rosenberger, W.F.: A random walk rule for phase Ⅰ clinical trials. Biometrics 53(2), 745-760 (1997)

Edler, L., Burkholder, I.: Chapter 1. Overview of phase Ⅰ trials. In: Crowley, J., Ankerst, D.P. (eds.) Handbook of Statistics in Clinical Oncology, 2nd edn, pp. 1-29. Chapman and Hall/CRC Press, Boca Raton, FL (2006)

EORTC Pharmacokinetics and Metabolism Group: Pharmacologically guided dose escalation in phase Ⅰ clinical trials: commentary and proposed guidelines. Eur. J. Cancer. Clin. Oncol. 23(7), 1083-1087 (1987)

Fan, S.K., Wang, Y.-G.: Designs for phase Ⅰ clinical trials with multiple courses of subjects at different doses. Biometrics 63(3), 856-864 (2007)

Geller, N.L.: Design of phase Ⅰ and Ⅱ clinical trials in cancer: a statistician's view. Cancer Invest. 2(6), 483-491 (1984)

Gezmu, M., Flournoy, N.: Group up-and-down designs for dose-finding. J. Stat. Plan. Inference 136(6), 1749-1764 (2006)

Giovagnoli, A., Pintacuda, N.: Properties of frequency distributions induced by general 'up-and down' methods for estimating quantiles. J. Stat. Plan. Inference 74(1), 51-63 (1998)

Gordon, N.H., Willson, J.K.V.: Using toxicity grades in the design and analysis of cancer phase Ⅰ clinical trials. Stat. Med. 11(16), 2063-2075 (1992)

Hartford, C., Volchenboum, S.L., Cohn, S.L.: 3+3=(Rolling) 6. J. Clin. Oncol. 26(2), 170-171 (2008)

He,W., Liu, J., Binkowitz, B., Quan,H.: Amodel-based approach in the estimation of the maximum tolerated dose in phase Ⅰ cancer clinical trials. Stat. Med. 25(12), 2027-2042 (2006)

Ivanova, A.: Dose-finding in oncology-nonparametric methods. In: Ting, N. (ed.) Dose Finding in Drug Development, 1st edn, pp. 49-58. Springer, New York, NY (2006a)

Ivanova, A.: Escalation, group and A+B designs for dose-finding trials. Stat. Med. 25(21), 3668- 3678 (2006b)

Ivanova, A., Flournoy, N.: Comparison of isotonic designs for dose-finding. Stat. Biopharm. Res. 1(1), 101-107 (2009)

Ivanova, A., Flournoy, N., Chung, Y.: Cumulative cohort design for dose-finding. J. Stat. Plan. Inference 137(7), 2316-2327 (2007)

Ivanova, A., Wang, K.: Bivariate isotonic design for dose-finding with ordered groups. Stat. Med. 25(12), 2018-2026 (2006)

Ivanova, A., Montazer-Haghighi,A., Mohanty, S.G., Durham, S.D.: Improved up-and-down designs for phase Ⅰ trials. Stat. Med. 22(1), 69-82 (2003)

Jia, N., Braun, T.M.: The adaptive accelerated biased coin design for phase Ⅰ clinical trials. J. Appl. Stat. 38(12), 2911-2924 (2011)

Korn, E.L., Midthune,D., Chen, T.T., Rubinstein, L.V., Christian, M.C., Simon, R.M.:A comparison of two phase Ⅰ trial designs. Stat. Med. 13(18), 1799-1806 (1994)

Le Tourneau, C., Lee, J.J., Siu, L.L.: Dose escalation methods in phase Ⅰ cancer clin. trials. J. Nat. Cancer. Inst. 101(10), 708-720 (2009)

Leung, D.H.-Y.,Wang,Y.-G.: Isotonic designs for phase Ⅰ trials. Control. Clin. Trials 22(2), 126-138 (2001)

Leung, D.,Wang, Y.-G.: An extension of the continual reassessment method using decision theory. Stat. Med. 21(1), 51-63 (2002)

Lin,Y., Shih,W.J.: Statistical properties of the traditional algorithm-based designs for phase Ⅰ cancer clinical trials. Biostatistics 2(2), 203-215 (2001)

Newell, D.R.: Pharmacologically based phase Ⅰ trials in cancer chemotherapy. Hematol. Oncol. Clin. North Am. 8(2), 257-275 (1994)

O'Quigley, J.: Commentary on 'Designs for dose-escalation trialswith quantitative responses'. Stat. Med. 28(30), 3745-3750; 3759-3760 (2009)

Paoletti, X., Ezzalfani, M., Le Tourneau, C.: Statistical controversies in clinical research: requiem for the 3+3 design for phase Ⅰ trials. Ann. Oncol. 26(9), 1808-1812 (2015)

Paul, R.K., Rosenberger, W.F., Flournoy, N.: Quantile estimation following non-parametric phase Ⅰ clinical trials with ordinal response. Stat. Med. 23(16), 2483-2495 (2004)

Ratain, M.J., Mick, R., Schilsky, R.L., Siegler, M.: Statistical and ethical issues in the design and conduct of phase Ⅰ and Ⅱ clinical trials of new anticancer agents. J. Nat. Cancer. Inst. 85(20), 1637-1643 (1993)

Reiner, E., Paoletti, X., O'Quigley, J.: Operating characteristics of the standard phase Ⅰ clinical trial design. Comput. Stat. Data Anal. 30(3), 303-315 (1999)

Robertson, T.,Wright, F.T., Dykstra, R.: Order Restricted Statistical Inference, 1st edn. JohnWiley & Sons, Chichester (1988)

Robbins, H., Monro, S.: A stochastic approximation method. Ann. Math. Stat. 22(3), 400-407 (1951)

Rogatko, A., Schoeneck, D., Jonas, W., Tighiouart, M., Khuri, F.R., Porter, A.: Translation of innovative designs into phase Ⅰ trials. J. Clin. Oncol. 25(31), 4982-4986 (2007)

Rosenberger,W.F., Haines, L.M.: Competing designs for phase Ⅰ clinical trials: a review. Stat. Med. 21(18), 2757-2770 (2002)

Sheiner, L.B., Beal, S.L., Sambol, N.C.: Study designs for dose-ranging. Clin. Pharmacol. Ther. 46(1), 63-77 (1989)

Sheiner, L.B., Hashimoto, Y., Beal, S.L.: A simulation study comparing designs for dose ranging. Stat. Med. 10(3), 303-321 (1991)

Simon, R.M., Freidlin, B., Rubinstein, L.V., Arbuck, S., Collins, J., Christian, M.: Accelerated titration designs for phase Ⅰ clinical trials in oncology. J. Nat. Cancer Inst. 89(15), 1138-47 (1997)

Simon, R., Korn, E.L.: Selecting drug combinations based on total equivalent dose (dose intensity). J. Nat. Cancer Inst. 82(18), 1469-1476 (1990)

Skolnik, J.M., Barrett, J.S., Jayaraman, B., Patel, D., Adamson, P.C.: Shortening the timeline of pediatric phase Ⅰ trials: the rolling six design. J. Clin. Oncol. 26(2), 190-195 (2008)

Smith, T.L., Lee, J.J., Kantarjian, H.M., Legha, S.S., Raber, M.N.: Design and results of phase Ⅰ cancer clinical trials: three year experience at M.D. Anderson Cancer Center. J. Clin. Oncol. 14(1), 287-295 (1996)

Storer, B.E.: Design and analysis of phase Ⅰ clinical trials. Biometrics 45(3), 925-937 (1989)

Storer, B.E.: Small-sample confidence sets for theMTD in a phase Ⅰ clinical trial. Biometrics 49(4), 1117-1125 (1993)

Storer, B.E.: An evaluation of phase Ⅰ clinical trial designs in the continuous dose-response setting. Stat. Med. 20(16), 2399-2408 (2001)

Stylianou, M., Flournoy, N.: Dose finding using the biased coin up-and-down design and isotonic regression. Biometrics 58(1), 171-177 (2002)

Stylianou, M., Follmann, D.A.: The accelerated biased coin up-and-down design in phase Ⅰ trials. J. Biopharm. Stat. 14(1), 249-260 (2004)

Stylianou, M., Proschan, M., Flournoy, N.: Estimating the probability of toxicity at the target dose following an up-and-down design. Stat. Med. 22(4), 535-543 (2003)

Tsutakawa, R.K.: Random walk design in bio-assay. J. Am. Stat. Assoc. 62(319), 842-856 (1967a)

Tsutakawa, R.K.:Asymptotic properties of the block up-and-down method in bio-assay. Ann. Math. Stat. 38(6), 1822-1828 (1967b)

von Békésy, G.: A new audiometer. Acta Otolaryngol. 35(5-6), 411-422 (1947)

Wetherill, G.B.: Sequential estimation of quantal response curves. J. R. Stat. Soc.: Series B 25(1), 1-48 (1963)

Wetherill, G.B., Levitt, H.: Sequential estimation of points on a psychometric function. Brit. J. Math. Stat. Psy. 18(1), 1-10 (1965)

Wheeler, G.M., Sweeting, M.J., Mander, A.P.: AplusB: a web application for investigating A+B designs for phase Ⅰ cancer clinical trials. PLoS ONE 11(7), e0159026 (2016)

Wu, C.: Efficient sequential designs with binary data. J. Am. Stat. Assoc. 80(392), 974-984 (1985)

Yuan, Z., Chappell, R.: Isotonic designs for phase Ⅰ cancer clinical trials with multiple risk groups. Clin. Trials 1(6), 499-508 (2004)

Zohar, S., O'Quigley, J.: Re: Dose escalationmethods in phase Ⅰ cancer clinical trials. J. Nat. Cancer Inst. 101(24), 1732-1733 (2009)

第3章 基于毒性考虑的模型设计

摘要

肿瘤 I 期临床试验设计的目标是确定目标药物的最大耐受剂量（MTD）。传统的 I 期试验的剂量探索设计可以分为基于规则 / 算法的设计或基于模型的设计。在第 2 章中，我们专注于基于规则的设计，而在本章中，我们将重点讨论基于模型的设计。基于模型的设计都源自于连续重评估方法（CRM），其原理是假设药物符合某种单调剂量 - 毒性关系的统计模型，从而收集并利用不同剂量组的所有信息。本章详细介绍了 CRM 的概念、理论、特性、优势和劣势，还概述了与 CRM 相关或衍生出来的其他设计。

关键词：最大耐受剂量（MTD）；基于模型的设计；连续重评估方法（CRM）

3.1 引言

基于模型的设计的代表是连续重评估方法（CRM），由 O'Quigley 等（1990）提出。自从该方法首次被提出以来，已经发展出许多改进或扩展版本以及相关设计，以克服 CRM 在实际应用中出现的各种问题。因此，在本章中，我们将首先详细描述 CRM 的基本概念、理论、特性、优势和劣势，然后，概述各种基于模型的设计。

除非特别注明，假设 I 期试验的目标是在预先指定的最大样本量的条件下，从 1,⋯, K 个剂量水平所对应的有序递增剂量 $d_1<\cdots<d_K$ 中识别出目标药物的最大耐受剂量（MTD），这 1,⋯, K 个剂量水平是通过改进的 Fibonacci 数列或其他方法预先指定的，其中包括真实的 MTD（参见 Collins，et al，1986；Edler 和 Burkholder，2006）。

3.2　连续重评估方法（CRM）

3.2.1　符号和要求

设 X_j (j=1,⋯, n) 为表示试验中第 j 例患者所接受剂量的随机变量，x_j 表示观察值。因为通常有 K 个固定剂量 $\{d_1,\cdots, d_K\}$，所以 x_j 会有一些离散值：$x_j\in\{d_1,\cdots, d_K\}$。如果不是这种情况，则在正实值空间内会有一些连续值：$x_j\in\mathfrak{R}^+$。设 Y_j (j=1,⋯, n) 为表示第 j 例患者毒性反应的二元随机变量，y_j 表示观察值。那么，如果第 j 例患者出现毒性反应，则 y_j 等于 1，否则等于 0。设 $R(x)=\Pr(Y_j=1|X=x)$ 为第 j 例患者在剂量 x 下出现毒性反应的真实概率，假设该概率为给定 $X=d_k$ (k=1,⋯, K) 时的 Y_j 的期望值，即 $R(x)=\Pr(Y_j=1|X=x)=\mathrm{E}(Y_j|X=x)$。我们考虑简单的剂量 - 毒性概率函数 $\mathrm{E}(Y_j|X=x)$，用 $\psi(x, \beta)$ 表示，其中 β 是定义在集合 $\mathfrak{B}$ 上的变量。因此，我们得到以下 $R(x)$ 和 $\psi(x, \beta)$ 之间关系的模型：

$$R(x)=\Pr(Y_j=1|X=x)=\mathrm{E}(Y_j|X=x)=\psi(x, \beta) \tag{3.1}$$

请注意，在这个统计模型下，β 不再是一个变量，而是一个待估计的未知参数。

函数 $\psi(x, \beta)$ 需满足以下要求：

（1）对于固定的 x 值，该函数在 β 上是严格单调的；对于固定的 β 值，该函数在 x 上是单调递增的。

（2）对于离散剂量 d_k, $\psi(d_k, \beta)$ 的值只需要是有序的，从而不需要对 d_k 进行排序。因此，我们只需注意剂量 d_k 所对应的“剂量水平”k。也就是说，当 $k > k'$ 时，$\psi(d_k, \beta) > \psi(d_{k'}, \beta)$。

（3）对于剂量 d_k，存在这样 β 的值（$\beta_1,\cdots, \beta_K\in\mathfrak{B}$），使得 $R(d_k)=\psi(d_k, \beta_k)$ (k=1,⋯, K)。换句话说，这个单参数模型必须足够丰富，以模拟任何剂量水平下的真实毒性概率。

要求（1）表明存在一个剂量 x^*，使得对于给定的 β 值 β_0，存在 $\psi(x^*, \beta_0)=\Gamma_{\mathrm{T}}$，其中 Γ_{T} 是任意目标毒性概率水平。此外，对于任何 x^* 和 Γ_{T}，存在一个唯一值 β^*，使得 $\psi(x^*, \beta^*)=\Gamma_{\mathrm{T}}$。要求（2）表明，如果建立了 k 和 d_k 之间的对应关系，那么可以将 x 表示为 $x\in\{1,\cdots, K\}$。这表明在忽略标识 d，只关注 k 的前提下，k 可以作为剂量集的标签。在某种程度上，d_k 只是概念上的剂量，不必是实际使用的剂量。要求（3）表明，式（3.1）展示的模型足够灵活，能够代表给定剂量水平（尤其是 MTD 或接近 MTD 的剂量水平）的真实毒性概率。

然而，现实中，模型（3.1）通常很难被正确的假设，也就是说，不能预期 $\beta_1=\cdots=\beta_K=\beta$。因此，这个模型被称为“工作模型”。

假设 MTD 存在，并用 d_0 表示，且 d_0 被估计为可用的剂量之一 $\{d_1,\cdots,d_K\}$：$d_0\in\{d_1,\cdots,d_K\}$。因此，d_0 满足以下条件：

$$\Delta(R(d_0),\Gamma_T)<\Delta(R(d_k),\Gamma_T),\quad k=1,\cdots,K;\ d_k\neq d_0 \tag{3.2}$$

式中，$\Delta(R(d_0),\Gamma_T)$ 表示 $R(d_0)$ 和 Γ_T 之间的距离。例如，$\Delta(R(d_0),\Gamma_T)=\|R(d_0)-\Gamma_T\|$，或者 $\Delta(R(d_0),\Gamma_T)=(R(d_0)-\Gamma_T)^2$。

3.2.2　工作模型

工作模型 $\psi(x,\beta)$ 有许多可能的候选者。例如，O'Quigley 等（1990）提出了使用以下双曲正切模型，因为当 x 在 $-\infty\sim\infty$ 区间时，双曲正切函数 $\tanh(x)$ 随着 x 单调递增，从 0 变为 1：

$$\psi(x,\beta)=[\{\tanh(x)+1\}/2]^{\beta} \tag{3.3}$$

式中，$0<\beta<\infty$。特别是，当 $x\in\{d_1,\cdots,d_K\}$，并且假定工作模型（3.3）可以用 $\alpha_k=\{\tanh(d_k)+1\}/2$，$k=1,\cdots,K$（换句话说，剂量水平 d_K 被重新编码）替代时，结果就等同于一个以如下方式呈现的幂模型或者经验模型：

$$\psi(d_k,\beta)=\alpha_k^{\beta} \tag{3.4}$$

式中，$0<\alpha_1<\cdots<\alpha_K<1$。工作模型（3.4）可以通过参数化重写为 $\psi(d_k,\beta)=\alpha_k^{\exp(\beta)}$，其中 $k=1,\cdots,K$，这样，参数 β 的取值范围就可扩展到整个实数线，即 $-\infty<\beta<\infty$。

在此，综上所述，在试验计划阶段预先规定的剂量 d_k（或重新编码的 α_k）并不是实际给药剂量。反而，它是通过将初始猜测的毒性概率值代入工作模型（参见 Garrett-Mayer，2006）而得到的概念剂量。例如，如果在特定试验中可以使用六个剂量，假设在试验开始前，预先根据剂量由低到高，分别猜测了以下对应的毒性概率：0.05、0.10、0.20、0.30、0.50 和 0.70。在这种情况下，如果使用工作模型（3.3），且 β 为某个固定值，比如 1，然后概念剂量就被设定为 $d_1=-1.47$，$d_2=-1.10$，$d_3=-0.69$，$d_4=-0.42$，$d_5=0$ 和 $d_6=0.42$。这些概念剂量并不直接代表实际可用的剂量，而是间接对应于它们。另一方面，如果使用工作模型（3.4），则需要设定 $\alpha_1=0.05$，$\alpha_2=0.10$，$\alpha_3=0.20$，$\alpha_4=0.30$，$\alpha_5=0.50$ 和 $\alpha_6=0.70$。尽管这两种情况对工作模型的设定不同，但是对于每个剂量水平的毒性概率的推测是相同的。因此，α_k（$k=1,\cdots,K$）有时被称为"初始猜测"（对于毒性概率）或"骨架"。如果采用基于似然的估计方法（参见第 3.2.2.2 节）估计参数 β，则使用工作模型（3.4）就等同于用 α_k^* 替换 α_k，其中 $\alpha_k^*=\alpha_k^r$（$k=1,\cdots,K$），对于任意正实数 $r>0$。所以，对于 α_k 的解释是不可能的。此外，虽然上述两个名称，"初始猜测"和"骨架"常常混用，但如果需要进行严格区分，前者与贝叶斯推断方法的使用相关联（参见第 3.2.2.1 节），而后者与基于似然的估计方法的使用相关联（参见第 3.2.2.2 节）。此外，α_k（或 d_k）相邻值之间的间距是根据最初猜测的毒性概率来决定的。需要注意的是，这自然会影响到连续重评估方法的运行特性。Lee 和 Cheung（2009）建议了一种系统性方法来确定这个间距。

还可以考虑使用与上述不同的工作模型，例如以下固定截距单参数逻辑模型：

$$\psi\left(d_k,\beta\right)=\frac{\exp\left(b_c+\beta d_k\right)}{1+\exp\left(b_c+\beta d_k\right)} \tag{3.5}$$

或者以下固定斜率单参数逻辑模型：

$$\psi\left(d_k,\beta\right)=\frac{\exp\left(\beta+b_c d_k\right)}{1+\exp\left(\beta+b_c d_k\right)} \tag{3.6}$$

式中，b_c 是固定值。如果需要更多的灵活性，另一种可能性是将 b_c 视为工作模型（3.6）的一个参数，从而得到一个双参数逻辑模型：

$$\psi\left(d_k,\beta_1,\beta_2\right)=\frac{\exp\left(\beta_1+\beta_2 d_k\right)}{1+\exp\left(\beta_1+\beta_2 d_k\right)} \tag{3.7}$$

在 I 期临床试验中，候选剂量通常根据改进的 Fibonacci 方法确定（例如，如果在改进的 Fibonacci 方法中 d_1=1，则后续的剂量是 d_2=2，d_3=3，d_4=4.5，d_5=6 和 d_8=8）。然而，通过关注剂量序列中两个相邻剂量水平之间的剂量增量，可以在一定程度上对工作模型进行调整（Paoletti 和 Kramar，2009）。例如，对于绝对增量 $(d_{k+1}-d_k)$ 恒定的序列，适合工作模型（3.3）和（3.4），而工作模型（3.5）则适用于相对增量［$(d_{k+1}-d_k)/d_k$］恒定的序列。尤其是对于工作模型（3.5）和（3.6）中两个相邻剂量水平之间的比值比，剂量增量与工作模型（3.5）中的 $\exp[(d_{k+1}-d_k)/d_k]$ 成正比，与工作模型（3.6）中的 $\exp(d_{k+1}-d_k)$ 成正比。如果剂量水平的数量不是特别大，相对和绝对增量都是近似恒定的。然而，如果有很多剂量水平，则在选择工作模型时必须注意增量。在这方面，使用改进的 Fibonacci 方法获得的剂量增量是绝对增量和相对增量之间的中间值，并且在任何情况下都可以被粗略地视为恒定值。因此，工作模型（3.3）或（3.5）可以被合理地用于由改进的 Fibonacci 方法确定的剂量。

根据 Shen 和 O’Quigley（1996）的研究，即使工作模型选定错误，包括在剂量间隔不正确的情况下，CRM 推荐的剂量在一定条件下仍然逐步收敛到真正的 MTD。这表明工作模型在这种情况下也足够稳健（参见第 3.2.3 节）。然而，由于Ⅰ期试验中的受试者人数通常仅限于数十人，尽管工作模型的选择并不会强烈影响CRM的操作特性（Chevret，1993），但仍然有一定相关性（Paoletti和Kramar，2009）。至于应该使用哪个工作模型，提出CRM的O'Quigley等（1990）认为单参数模型是足够的（参见Shen和O'Quigley，1996；O'Quigley，2006a），除非是一些特殊情况（参见O'Quigley和Paoletti，2003）。Paoletti和Kramar（2009）主要关注贝叶斯CRM（参见第3.2.2.1节）并评估工作模型选择（单参数对比双参数模型）对幂模型中剂量水平间距的影响。他们还从O'Quigley等（2002）提供的非参数最优设计的效率角度考虑了在达到MTD之前存在多个剂量水平的影响。在他们的研究中，Paoletti和Kramar（2009）使用Paoletti等（2004）提出的设计作为CRM操作特性的评估工具。Paoletti和Kramar（2009）得出以下结论：

• 单参数幂模型的性能优于双参数逻辑模型。

• 虽然对于幂模型，没有一种方法能够在所有情况下都达到剂量间隔的优化，但是Shen和O'Quigley（1996）使用的方法表现良好。

• 如果在达到MTD之前存在许多剂量水平，则双参数逻辑模型是有用的，但是，一个校准良好的幂模型也是可用的。

• 贝叶斯估计方法（参见Gatsonis和Greenhouse，1992；Whitehead和Williamson，1998）可以有效地解决双参数逻辑模型中的参数不可识别问题（参见Shu和O'Quigley，2008）。

3.2.2.1　贝叶斯CRM

令 $\mathfrak{D}_j=\{(x_1, y_1),\cdots, (x_{j-1}, y_{j-1})\}(j=1,\cdots, n)$ 表示包含到第 $(j-1)$ 例患者入组临床试验时所接受的剂量和毒性反应的所有数据，而 $p(\beta, \mathfrak{D}_j)$ $(j=1,\cdots, n)$ 表示在获得 $\mathfrak{D}_j$ 后参数 β 的后验分布。因此，这个后验分布对第 j 例患者在剂量分配和毒性评估之前，起到了先验分布的作用。由于 $p(\beta, \mathfrak{D}_j)$ 是一个非负函数，表示 β 的已有先验信息和 $\mathfrak{D}_j$ 的信息，它满足以下条件：

$$\int_{\beta\in\mathfrak{B}} p\left(\beta, \mathfrak{D}_j\right) d\beta = 1$$

$\tilde{\beta}$ 为 β 的贝叶斯估计值，由 β 的后验期望值给出：

$$\tilde{\beta} = \int_{\beta\in\mathfrak{B}} \beta p\left(\beta, \mathfrak{D}_j\right) d\beta \tag{3.8}$$

在剂量水平 k 时，$R(d_k)$ 的贝叶斯估计 $\tilde{R}(d_k)$，则为基于 $\mathfrak{D}_j$ 的毒性概率的后验期望值：

$$\tilde{R}(d_k)=\int_{\beta\in\mathfrak{B}}\psi(d_k,\beta)p(\beta,\mathfrak{D}_j)d\beta \tag{3.9}$$

如式（3.9）所示，需要计算 K 个积分。需要注意的是，O’Quigley 等（1990）使用了 $\tilde{\tilde{R}}(d_k)=\psi(d_k,\tilde{\beta})$（$k$=1,⋯, K）作为 $\tilde{R}(d_k)$ 的替代估计，以将 K 个积分简化为一个积分（考虑到当时的计算环境限制）。然而，基于式（3.9）的方法在有大量患者入组的试验中更加直接（Ishizuka 和 Ohashi，2001）并且更加有利（Chu，et al，2009）。O’Quigley 等（1990）和 O’Quigley（1992）提供了式（3.9）中积分的解析解，然而，解析解和数值解的计算结果之间的差异并不是特别大（Bensadon 和 O’Quigley，1994）。

在 CRM 中，为了将第 j 位新入组患者的给药剂量设定为 MTD 进行治疗，其剂量 x_j 需要满足以下公式：

$$\Delta((\tilde{R}(x_j),\Gamma_{\mathrm{T}})<\Delta(\tilde{R}(d_k),\Gamma_{\mathrm{T}}),\ \ k=1,\cdots,K;\ d_k\neq x_j \tag{3.10}$$

式中，Γ_{T} 是目标毒性概率水平。

比较式（3.10）和（3.2）可以看出，在剂量探索试验中，估计 MTD 的总体目标与用 MTD 治疗单例患者的目标是相一致的。这可以被视为 CRM 的主要优势。在式（3.10）中，$\Delta((\tilde{R}(x_j),\Gamma_{\mathrm{T}})$ 是距离度量，可以被替换为 $\Delta((\tilde{\tilde{R}}(x_j),\Gamma_{\mathrm{T}})$ 或 $\Delta(x_j,\ \psi^{-1}_{\beta=\tilde{\beta}}(\Gamma_{\mathrm{T}}))$。此外，除了使用这个距离度量外，还可以通过控制过量的概率（Babb，et al，1998）或者利用针对下一例入组患者的 MTD 估计精度的增益函数来确定给药剂量（Whitehead 和 Brunier，1995）。Neuenschwander 等（2008）开发了一种剂量给药方法，使毒性在目标范围内的后验概率最大化。这种方法被称为“贝叶斯逻辑回归模型（BLRM）”。此外，将式（3.10）推荐的剂量的上或下一个剂量水平随机分配给下一位入组患者也是一个可行的选项，这可以解决双参数模型中出现的参数不可辨识性问题（参见 Shu 和 O’Quigley，2008；O’Quigley，2006a；O’Quigley 和 Conaway，2010）。

当第 j 例入组患者接受了剂量 x_j 并对该患者进行毒性评估得到结果 y_j 时，可以利用贝叶斯定理从 $p(\beta,\mathfrak{D}_j)$ 中获得 $p(\beta,\mathfrak{D}_{j+1})$，从而更新关于参数 β_0 的信息。具体如下：

$$\begin{aligned}p(\beta,\mathfrak{D}_{j+1})&=\frac{\{\psi(x_j,\beta)\}^{y_j}\{1-\psi(x_j,\beta)\}^{(1-y_j)}p(\beta,\mathfrak{D}_j)}{\int_{-\infty}^{\infty}\{\psi(x_j,\beta)\}^{y_j}\{1-\psi(x_j,\beta)\}^{(1-y_j)}p(\beta,\mathfrak{D}_j)d\beta}\\&=\frac{\mathfrak{L}_j(\beta)\mathrm{g}(\beta)}{\int_{-\infty}^{\infty}\mathfrak{L}_j(\beta)\mathrm{g}(\beta)d\beta}\end{aligned} \tag{3.11}$$

式中，$\mathfrak{L}_j(\beta)$ 是 β 的似然函数，由以下公式给出：

$$\mathfrak{L}_j(\beta)=\prod_{l=1}^{j}\{\psi(x_l,\beta)\}^{y_l}\{1-\psi(x_l,\beta)\}^{(1-y_l)} \tag{3.12}$$

此外，$g(\beta)$ 被定义为 $g(\beta)=p(\beta,\mathfrak{D}_1)$，是 β 的先验分布，表示在试验开始之前应知道关于剂量与毒性关系的信息。因此，下一例（第 j+1 位）入组患者的剂量分配可通过如前所述的方法，使用式（3.10）和 $p(\beta,\mathfrak{D}_{j+1})$ 进行确定。

在 CRM 中，每次有新的患者入组时，将持续使用先前入组患者的剂量和观察到的毒性反应数据，进行持续重新评估。因此，建议根据给定时间点上 MTD 的最佳估计值对新入组患者进行治疗。然而，使用 CRM 确定的剂量最多只是一个建议，而非强制性的。反而，临床医生通过综合考虑患者特定的毒性状况［例如剂量限制性毒性（DLT）或其他毒性］、药代动力学评估结果或者独立数据监查委员会、疗效与安全评估委员会等的意见而确定的剂量可以更优先被选择（Paoletti，et al，2006）。最终，如果试验中入组患者的最大数量固定为 n 并且试验没有被提前（在 n 达到之前）终止，MTD 将被确定为用来治疗第 $(n+1)$ 位假想患者（即未实际入组的患者）的剂量。应该谨慎评估和记录毒性，因为毒性数据的错误会影响 MTD 的确定，特别是当错误地认为存在毒性时（Zohar 和 O’Quigley，2009）。

此外，有些情况下 CRM 并不是用来估计抗肿瘤药物的 MTD，而是用于确定一种仿制药物的最小有效剂量（参见 Resche-Rigon，et al，2008; Zohar，et al，2013）。

在使用上述贝叶斯 CRM 时，一个主要关注点是 $g(\beta)$ 的选择，因为它依赖于贝叶斯推断。一个自然的候选是 Gamma 先验分布（Onar，et al，2009），对于参数 $\beta=(0,\infty)$：

$$g(\beta)=v_1^{v_2}\beta^{v_2-1}\exp(-v_1\beta)$$

式中，v_1 为比例参数，v_2 为形状参数。特别是，如果 $v_1=v_2=1$，则指数分布的均值为 1。在剂量水平不是特别多的相对简单情况下，这种指数先验分布方法可以从统计特性的角度给出令人满意的结果（Onar，et al，2009）。然而，情况并非总是如此（Møller，1995）。选择 $g(\beta)$ 时，可以通过参数密度函数直接指定 $g(\beta)$ 的函数形式，但也可以使用伪数据间接指定 $g(\beta)$（O’Quigley 和 Conaway，2010）。如果 $y_l^*(l=1,\cdots,n_{\text{pseudo}})$ 代表伪数据，则 $g(\beta)$ 可以被指定为：

$$g(\beta)\approx\exp\left[\sum_{l=1}^{n_{\text{pseudo}}}y_l^*\log\psi(x_l,\beta)+\sum_{l=1}^{n_{\text{pseudo}}}(1-y_l^*)\log(1-\psi(x_l,\beta))\right] \tag{3.13}$$

式（3.13）的右侧部分与式（3.12）中的对数似然函数取对数，再做指数化运算后的形式是相同的。因此，如果这种形式被用作中间步骤，即使使用没有贝叶斯计算功能的软件包，也可以在不计算积分的情况下，通过添加获得的数据来计算后验分布（参见 Whitehead 和 Brunier，1995；Murphy 和 Hall，1997）。在 Whitehead 和 Brunier（1995）的研究中，基于伪数据的先验分布被用于构建双参数逻辑模型中参数的 Beta 先验分布。Murphy 和 Hall（1997）还讨论了一种使用基于伪数据的先验分布的剂量探索设计（在其文章中称为“种子”）。

此外，还可以通过考虑先验分布的不确定性，根据伪数据和实际获得的数据，得到后验分布。具体地说，如果我们将从伪数据获得的先验分布与根据实际获得的数据计算的似然函数通过加权系数 w_j（$0 < w_j < 1$，$j=1,\cdots,n$）相结合，可以得到以下后验密度函数（O’Quigley 和 Conaway，2010）：

$$p\left(\beta, \mathfrak{D}_{j+1}\right)=W_j^{-1}\exp\left\{w_j\log g\left(\beta\right)+\left(1-w_j\right)\mathfrak{L}_j\left(\beta\right)\right\} \tag{3.14}$$

式中，$W_j=\int_{\beta\in\mathfrak{B}}^{\infty}\exp\left\{w_j\log g\left(\beta\right)+\left(1-w_j\right)\mathfrak{L}_j\left(\beta\right)\right\}d\beta$。注意，如果要求 w_j 依赖于 j，则通常需要设置 $w_j < w_{j-1}$。但在许多实际情况下，w_j 不需要依赖于 j，因此可以将 w_j 设为足够小的常数，从而不对基于伪数据估计的先验分布带来不必要的影响。

除了伪数据外，还可以使用初步试验数据（参见 Piantadosi，et al，1998；Legedza 和 Ibrahim，2001）。或者，可以根据临床医生对结果的认识来构建先验分布（参见 Morita，2011）。在这种情况下，先验分布是一种信息先验，因为它有效利用了初步试验的信息。O’Quigley（2006）建议根据剂量水平的数量，将 β 的区间进行划分，然后分别用概率密度来构造信息先验和无信息先验。信息先验对有些试验可能更有利，但前提是不能覆盖试验开始后观察到的数据，这与无信息先验的情况不同。在这种背景下，Morita（2011）介绍了将信息先验应用于临床试验的实例，并介绍了量化这些先验的方法，而且通过先验有效样本量（Morita，et al，2008）来研究其适用性。此外，Takeda 和 Morita（2018）考虑将来自先前试验的历史数据纳入到在不同患者群体中进行的后续试验的设计当中。此外，Asakawa 等（2012）提出了一种根据起始剂量队列的毒性评估结果，适应性地改变先验分布的设计。

3.2.2.2　基于似然的 CRM

如上所述，O’Quigley 等（1990）提出的最初的 CRM 是基于贝叶斯框架。然而，这也带来一些困难，如下：

• 即使使用模糊和不充分的信息，或者患者关于剂量分配和毒性作用的数据影响减弱，也必须使用一个先验分布，这也是非贝叶斯学者经常批评的点。

• 通常，如果假设参数先验分布，则该分布为非共轭形式，那么在这种情况下就需要进行数值积分计算。

• 与其他设计（例如 Storer 于 1989 年报道的设计）不同的是，在 CRM 中，试验最初入组患者的剂量（即起始剂量）是基于先验分布确定的。这是因为此时显然还没有累积的数据。因此，所设定的剂量不一定是最低剂量，从而可能是不安全的。

解决第一和第二个难点的一种方法是将 CRM 中的估计方法基于似然估计。然而，为了使用基于似然的估计方法，必须防止参数估计值位于参数空间的边界上，并确保似然函数不是单调的。这需要不同患者间的毒性结果存在异质性，换句话说，必须分别在至少一例患者中观察到毒性结果的发生和不发生（Silvapulle，1981）。

如果没有观察到这种异质性，似然函数将在参数空间的边界上达到最大值，$R(d_k)$ $(k=1,\cdots,K)$的估计值将变为 0 或 1，而且参数估计将无法根据工作模型定义。当患者序贯入组且他们的毒性结果发生和不发生的异质性不能保证时，这种情况也可以看作是在使用基于似然的估计方法时出现的新困难。

O'Quigley 和 Shen（1996）开发了一种基于似然的 CRM，以解决上述三个难点，以及采用基于似然的估计方法时出现的困难。基于似然的 CRM 利用了 Storer（1989）提出的两阶段设计的优势。这种方法允许通过剂量递增在第一阶段早期观察到毒性反应，并迅速达到 MTD；否则，在该类试验中，可能会使用没有治疗效果的低剂量。因此，在保持第一阶段目标的同时，该设计确保了在不同患者间实现毒性结果发生和不发生的异质性，这也是基于似然的估计方法所需的。

基于似然的 CRM 的剂量确定算法如下：

阶段 1：试验开始时，先对一例或多例患者进行最低剂量给药。然后，直到观察到毒性异质性之前，使用剂量递增设计或贝叶斯 CRM 为一例或者一组患者分配剂量，并评估其毒性反应结果。进入阶段 2。

阶段 2：根据在基于似然的 CRM 中最大化似然值获得的最大似然估计，进行剂量分配和 MTD 估计。

由于剂量确定是通过上述两个阶段进行的，基于似然的 CRM 有时被称为“两阶段 CRM”或者采用一个类似于 Storer（1989）提出的设计的名称（即“两阶段设计”，见第 2.4 节）。在 O'Quigley 和 Shen（1996）之前，Møller（1995）

提出了相同的设计，但其采用贝叶斯 CRM 框架，只是从 Storer（1989）那里继承了上述概念。

为了更详细地描述基于似然的 CRM 设计的第二阶段，对于获得了第 j 例及之前患者的数据，似然函数的对数表示如下：

$$\log\mathfrak{L}_j(\beta)=\sum_{l=1}^{j}y_l\log\psi(x_l,\beta)+\sum_{l=1}^{j}(1-y_l)\log(1-\psi(x_l,\beta)) \tag{3.15}$$

β 的最大似然估计 $\hat{\beta}$，可以通过最大化式（3.15）获得。而毒性概率则通过 $\hat{R}(d_k)=\psi(d_k,\hat{\beta})$ $(k=1,\cdots,K)$ 中的 $\hat{\beta}$ 进行估计。因此，就可以像使用贝叶斯 CRM 时一样，进行剂量分配并估计 MTD。

在基于似然的 CRM 中，β 的先验分布当然不是预先指定的，然而，到第一阶段结束时获得的数据可以被视为先验信息。在这个意义上，可以在保留贝叶斯 CRM中序贯学习过程的原有特性的同时，重新考虑整个贝叶斯框架。Murphy 和 Hall（1997）开发的设计中采用了这个两阶段设计概念，Wang 和 Faries（2000）在他们的基础上提出了一个改进版设计。

3.2.2.3 毒性概率的可信区间和置信区间

如前一节所示，在 CRM 中，毒性概率和工作模型参数的可信区间和置信区间的估计方法取决于是否使用贝叶斯或基于似然的推断。O'Quigley（1992）介绍了一种方法，在获得了最后一个（第 n 个）登记患者的数据后，估计毒性概率和工作模型参数的两个区间。例如，如果使用基于似然的估计方法，则可以基于参数估计 $\hat{\beta}_n$，构建毒性概率 $\psi(x_{n+1},\hat{\beta}_n)$ 的 $100(1-\alpha)\%$ 置信区间（ψ_n^L，ψ_n^U），具体如下：

$$\begin{aligned}\psi_n^L&=\psi\left\{x_{n+1},\left(\hat{\beta}_n+z_{1-\alpha/2}\widehat{\mathrm{Var}}\left(\hat{\beta}_n\right)^{\frac{1}{2}}\right)\right\},\psi_n^U\\&=\psi\left\{x_{n+1},\left(\hat{\beta}_n-z_{1-\alpha/2}\widehat{\mathrm{Var}}\left(\hat{\beta}_n\right)^{\frac{1}{2}}\right)\right\}\end{aligned} \tag{3.16}$$

式中，$z_{1-\alpha/2}$ 是标准正态分布的 $100(1-\alpha/2)$ 百分点，$\widehat{\mathrm{Var}}(\hat{\beta}_n)$ 代表 $\hat{\beta}_n$ 的方差估计值。请注意，工作模型始终可能被错误指定，因为剂量和毒性之间的真实关系是未知的。然而，无论是使用贝叶斯还是基于似然的方法，构建的置信区间或可信区间在实践中都是有用的，因为其覆盖概率接近名义水平。这在样本量较小（12 ～ 20）的情况下仍然适用（O'Quigley，1992；Natarajan 和 O'Quigley 2003）。特别地，如果在贝叶斯方法中使用指数分布作为先验分布，通过使用 Cornish-Fisher 逼近来构建可信区间可以获得良好的性能。另外，Iasonos 和 Ostrovnaya（2011）提出了一种基于约束最大似然的方法作为构建置信区间的另一种手段。

3.2.3 收敛性

CRM 的一个吸引人的特点是，它推荐的剂量最终会收敛到真正的 MTD。该论点基于使用似然的 CRM，但只要先验分布不退化，它也适用于贝叶斯 CRM。然而，如果 CRM 中指定了错误的工作模型，则常规的似然方法就会失效。不管怎样，如 3.2.2.2 节中所示，β 是通过最大化式（3.12）或（3.15）来估计的。这相当于确定式（3.15）的导函数，并将右边设为 0，然后求解所得到的估计方程。为了研究在对最后（第 n 个）入组的患者完成剂量分配和毒性评估后 MTD 确定过程中的收敛情况，Shen 和 O'Quigley（1996）将这个过程定义如下：

$$U_n(\beta)=\frac{1}{n}\sum_{j=1}^{n}\left[y_j\frac{\psi'}{\psi}\{x_j,\beta\}+(1-y_j)\frac{-\psi'}{1-\psi}\{x_j,\beta\}\right] \tag{3.17}$$

和

$$\tilde{U}_n(\beta)=\frac{1}{n}\sum_{j=1}^{n}\left[R(x_j)\frac{\psi'}{\psi}\{x_j,\beta\}+(1-R(x_j))\frac{-\psi'}{1-\psi}\{x_j,\beta\}\right] \tag{3.18}$$

ψ' 是 $\psi(x_j,\beta)$ 的导函数。Shen 和 O'Quigley（1996）指出，在某些条件下，几乎必然有 $\sup_{\beta\in[B_{\text{lower}},B_{\text{upper}}]}\left|U_n(\beta)-\tilde{U}_n(\beta)\right|\to 0$，其中 $[B_{\text{lower}}, B_{\text{upper}}]$ 是一个有限区间，β 的值存在其中。因此，β_n 收敛到 β^*，并满足 $R(d^*)=\psi(d^*,\beta^*)=\Gamma_{\text{T}}^*$，且 $\sqrt{n}(\hat{\beta}_n-\beta^*)$ 的渐近分布是均值为 0，方差为 σ^2 的正态分布，用 $\text{N}(0,\sigma^2)$ 表示。这里，d^* 是真正的 MTD，Γ_{T}^* 是真正的毒性概率，$\sigma^2=\{\psi(d^*,\beta^*)\}^{-2}\Gamma_{\text{T}}^*(1-\Gamma_{\text{T}}^*)$。通常情况下，预期 $\Gamma_{\text{T}}^*\neq\Gamma_{\text{T}}$，但它们的值是接近的。另外，已经被证明，$x_{n+1}$ 也同时收敛到 d^* 或其附近。（详见 Shen 和 O'Quigley，1996；O'Quigley，2006）。

3.2.4 效率

在最后（第 n 个）入组患者完成剂量分配和毒性评估后，可以使用 $\hat{\Gamma}_{\text{T},n}^*=\psi(x_{n+1},\hat{\beta}_n)$ 来估计推荐剂量的毒性概率（O'Quigley，1992）。如果采用 Delta 方法，则可以证明 $\sqrt{n}(\hat{\Gamma}_{\text{T},n}^*-R(d^*))$ 的渐近分布为正态分布 $\text{N}(0,\Gamma_{\text{T}}^*(1-\Gamma_{\text{T}}^*))$（Shen 和 O'Quigley，1996）。换句话说，CRM 给出的这个估计仅对大样本量有效。然而，Ⅰ期临床试验中入组的患者数量有限，因此，该估计效能必须根据基于有限患者数量的各种情形模拟结果，进行逐例评估。O'Quigley（1992）已研究该问题，并指出推荐剂量下估计的毒性概率的均方误差与理论方差一致。对于类似有限样本的效率，也可以使用 O'Quigley 等（2002）提出的非参数最优设计来进行评估。

3.2.5　敏感性分析与工作模型校准

CRM 的推荐剂量与 MTD 或接近 MTD 的剂量保持一致，即使指定了错误的工作模型（参见 Shen 和 O'Quigley，1996；O'Quigley，2006）。Cheung 和 Chappell（2002）给出了该一致性的充分条件，并讨论了 CRM 中使用的工作模型的敏感性评估方法［参见 Chevret（1993），在该研究中使用了模拟来研究工作模型设定和参数先验分布的 CRM 敏感性］。

假设工作模型为 $\psi(d_k,\beta)=\psi_k(\beta)\ (k=1,\cdots,K)$。对于剂量水平 j（$j=1,\cdots,K$），定义如下：

$$\mathfrak{B}_j=\left\{\beta\in\mathfrak{B}:\left|\psi_j(\beta)-\Gamma_{\mathrm{T}}\right|<\left|\psi_k(\beta)-\Gamma_{\mathrm{T}}\right|,k\neq j\right\} \tag{3.19}$$

其中参数空间 $\mathfrak{B}$ 假设为闭合的有限区间 $[\beta_1,\beta_{K+1}]$。那么，$\mathfrak{B}_1=[\beta_1,\beta_2)$，$\mathfrak{B}_k=(\beta_k,\beta_{k+1}]$（$k=2,\cdots,K-1$），$\mathfrak{B}_k=(\beta_k,\beta_{k+1})$，且 β_K 是方程 $\psi_k(\beta_{k-1})+\psi_k(\beta_k)=2\Gamma_{\mathrm{T}}$ 的解（Cheung 和 Chappell，2002；O'Quigley，2006a）。设 $\hat{\beta}_n$ 表示基于第 n 例患者数据的参数估计。CRM 仅在 $\hat{\beta}_n\in\mathfrak{B}_j$ 时推荐剂量水平 j。此外，用 $\Gamma_{\mathrm{T},k}^*$ 表示剂量水平 k 下的真实毒性概率，定义 $\beta_k^*=\psi_k^{-1}(\Gamma_{\mathrm{T},k}^*)$（如果工作模型 ψ 是正确的，则对于所有 k，$\beta_k=\beta_0$，其中 β_0 是某个真实参数值）。在此基础上，Cheung 和 Chappell（2002）提出了以下两个充分条件：

（C1）对于所有 k，$\beta_k^*\in\mathfrak{B}_l$，其中 l 是对应于真实 MTD 的正确剂量水平。

（C2）$\beta_l^*\in\mathfrak{B}_l$：对于 $k=1,\cdots,l-1$，$\beta_k^*\in\bigcup_{j=k+1}^{K}\mathfrak{B}_j$；对于 $k=l+1,\cdots,K$，$\beta_k^*\in\bigcup_{j=1}^{k-1}\mathfrak{B}_j$。

给定真实的毒性概率并结合这些充分条件，采用预先指定的 MTD 工作模型，可以从推荐剂量收敛到 MTD 的角度理解（在模拟实施之前）工作模型的敏感度，也可以确定应该使用哪个工作模型。

当然，剂量和毒性之间的真实关系仍未可知。在该情况下，已经证明对于每个剂量水平都存在一个毒性概率的“无差异区间”。在这些区间内，与真正的 MTD 对应的剂量水平相邻的剂量水平的毒性概率已经充分接近 Γ_{T}，因此会选择与真正的 MTD 对应的剂量水平相邻的剂量水平作为替代。换句话说，无差异区间是足以让临床医生对于差异可以不予考虑的区间，即使 MTD 被选择为错误的剂量水平。该无差异区间产生一个范围，其中包括选定作为 MTD 的剂量下的毒性概率，并能够研究工作模型的敏感性。

Lee 和 Cheung（2009）根据这个无差异区间提出了一种系统校准 CRM 工作模型的方法。在他们的方法提出之前，通常会通过在试验开始之前基于所有可能的真实剂量 - 毒性关系的综合模拟结果，或根据 O'Quigley 等（1990）或 Shen 和 O'Quigley（1996）所建议的猜测来确定每个剂量水平的毒性概率（或概念剂量）。然而，Lee 和 Cheung（2009）开发了一种方法，根据无差异区间的半宽度 δ 的值来确定每个剂量水平的毒性概率的初始猜测。当幂模型（3.4）被用作工作模型，并且基于初始猜测对应的 MTD 为 $d_{k_{0.\mathrm{ig}}} \in (k=1,\cdots,K)$，$\alpha_k(k=1,\cdots,K)$ 可通过以下方式获得：

$$\alpha_{k+1}=\exp\left(\frac{\lg(\Gamma_{\mathrm{T}}+\delta)\lg(\alpha_k)}{\lg(\Gamma_{\mathrm{T}}-\delta)}\right),\ k=k_{0.\mathrm{ig}},\cdots,K-1$$

$$\alpha_{k-1}=\exp\left(\frac{\lg(\Gamma_{\mathrm{T}}-\delta)\lg(\alpha_k)}{\lg(\Gamma_{\mathrm{T}}+\delta)}\right),\ k=2,\cdots,k_{0.\mathrm{ig}}$$

对 δ 的校准基于 K 种情形，这些情形包括剂量 - 毒性关系在第 l 个（l=1,⋯, K）剂量水平（即 MTD）之上和之下具有平台状特征。具体而言，通过在这些情景下对候选 δ 值进行模拟，来校准 δ；然后，选择一个 δ 值，使得在这些情景中，选取一个剂量水平作为 MTD 占所有试验的比例的平均值最大。Lee 和 Cheung（2011）根据 Lee 和 Cheung（2009）提出的方法，为贝叶斯 CRM 中的先验分布提出了校准方法。

3.2.6 样本量确定

在Ⅰ期临床试验中，样本量通常仅限于几十例患者，以便在没有对药物毒性担忧的情况下，快速进入后续的Ⅱ期试验。通常通过模拟 MTD 的识别或分配进行模拟来合理确定样本量，虽然这种方法有时耗时，但非常有用。Cheung（2013）和 Braun（2018）提出了一些关于确定样本量的方法。

3.2.7 深入了解

如果需要快速了解 CRM 的概况，可以参考 Garrett-Mayer（2006）的教学指导性论文。此外，Ishizuka 及 Morita（2006）总结了 CRM 在实际应用层面的考虑因素，而 O'Quigley（2006a）总结了 CRM 在理论层面的考虑因素，O'Quigley（2006b）以及 O'Quigley 和 Conaway（2010）对 CRM 的各种设计和不同的扩展版本进行了全面综述。Ishizuka 和 Ohashi（2001）的研究也同样值得关注。如果为了加深对 CRM 的理解，Cheung（2011）出版的书籍是很有用的参考资料。此外，Crowley 和 Hoering（2012）的著作讨论了与 CRM 相关的一些主题、设计以及扩展设计。Cheung（2010）还讨论了基于模型的设计和随机逼近设计（Robbins 及 Monro，1951）之间的异同。最后，Thall（2010）的系统性综述更专注于复杂的剂量确定设计，同样也是有用的参考资料。

3.3 改进的连续重评估方法

3.3.1 原始 CRM 存在的争议和问题

O'Quigley 等（1990）开发的原始 CRM 在如下方面偶尔受到批评：

• 作为贝叶斯 CRM 可能面临的问题，特别是被推荐为第一例患者的治疗剂量不一定是安全的，尤其是当初始估计是错误的时候。

• 与之前入组患者接受的剂量相比，新入组患者的治疗剂量可能会跳过多个剂量水平。因此，有些剂量水平可能不会被评估，并且患者可能会暴露于危险的剂量。

• 为了确定下一例入组患者应该分配的剂量，必须完成之前入组患者的毒性评估。换句话说，每例患者的毒性评估都需要一定的时间。因此，当特定患者处于毒性评估期间时，该患者的毒性数据自然不存在。因此，无法使用 CRM 确定应该分配给下一例入组患者的剂量。在这种情况下，将暂停招募新患者入组。这也导致试验重新开始入组的等待时间更长，从而延长整个试验的时间。

3.3.2 剂量跳跃、队列大小和相关问题

Faries（1994）对贝叶斯 CRM 提出了一些修改，以消除前面提到的问题。由此产生的设计称为“改良式 CRM”或“CRM 的改进版本”。改进如下：

（1）建议将由 CRM 分配的下一个更低剂量水平安排给下一例入组患者，也存在以下例外情况：

a. 禁止跳过至少一个剂量水平的剂量递增。换句话说，剂量递增意味着只能分配给已经入组患者的剂量水平的下一个更高剂量。特别是，第一例患者被分配至预先指定剂量水平中的最低剂量。也就是说，试验起始剂量即为最低剂量。

b. 如果先前入组的患者出现毒性反应，则新入组的患者不会被分配到比发生毒性反应的剂量水平更高的剂量。

（2）与 3+3 设计类似，最低剂量水平不仅分配给第一例入组的患者，还将分配给其他两例患者，形成一个包含三例患者的队列。

（3）确定剂量分配的参考资料不仅包括 DLT 数据，还包括轻度毒性的数据。

Korn 等（1994）着重指出，CRM 比 3+3 设计更有可能在高于 MTD 的剂量水平上治疗受试者，并且前者有更长的试验周期，如下所述。因此，除了类似于例外 1 中提出的改进，Korn 等（1994）还提出了以下改进，以实施上述例外 2 中的想法：

（1）当以某一特定剂量分配后，同时将其分配给多例患者。换句话说，队列人数大于 1。

（2）当一定数量的患者接受 CRM 推荐剂量治疗时，则认为 MTD 已确定，试验提前终止。

（3）如果最低剂量水平不能耐受，则正式分配更低的剂量水平。

其他已经提出但尚未通过模拟研究的改进包括允许在后续周期中对同一患者进行剂量递增，以及在随后发展出来的加速滴定设计（Simon，et al，1997）（见第 2.5 节）中考虑可能出现比 DLT 更轻的毒副作用的情况。

与 Faries（1994）和 Korn 等（1994）类似，Goodman 等（1995）和 Møller（1995）也考虑了一些改进方式。例如，Goodman 等（1995）讨论了通过扩大队列规模而不允许跳过一个或多个剂量水平来缩短试验周期。此外，Møller（1995）提出了一项改进，禁止跳过一个或多个剂量水平（在该论文中，此方法称为“CRM 的限制条件”或“受限的 CRM”）。Møller（1995）还提出了另外一些改进（在 Møller 的论文中，此方法被称为“CRM 的扩展”或“扩展的 CRM”），也带动了基于似然的 CRM（O’Quigley 和 Shen，1996）发展。Ahn（1998）也讨论了扩大队列规模和其他一些改进。在设置第一阶段和事后修改期间，还应考虑上述似然 CRM 的连贯性。也就是说，如果某一患者出现毒性反应，后续入组的患者不应进行剂量递增。详情请参阅 Cheung（2005）。

Huang 和 Chappell（2008）提出了一种 CRM（LHM-CRM），允许对同一队列内（例如，一个由三例患者组成的队列）的患者分配不同的剂量（例如，低、中和高剂量）。假设分配给第（c+1）个队列的低、中、高剂量分别为 $x_{c+1,L}$、$x_{c+1,M}$ 和 $x_{c+1,H}$，即 $n=3C$，且 $c=1,\cdots,C$。在 LMH-CRM 中，类似于贝叶斯 CRM 估计方法，分别为第（c +1）个队列中的三例患者选择分配 $x_{c+1,l}$（$l=L$，M，H）剂量，以满足以下条件：

$$\left|\psi\left(x_{c+1,l},\tilde{\beta}_{c,l}\right)-\Gamma_{\mathrm{T}}\right|\leqslant\left|\psi\left(d_k,\tilde{\beta}_{c,l}\right)-\Gamma_{\mathrm{T}}\right|;k=1,\cdots,K \tag{3.20}$$

式中，$\tilde{\beta}_{c,L}$、$\tilde{\beta}_{c,M}$ 和 $\tilde{\beta}_{c,H}$ 是在使用第 c 个队列毒性评估完全结束后的数据更新 β 的后验分布之后，得出的 MTD 的后验分布中的百分位数（例如，30%、50%

和 70%）。然而，被分配给 $x_{c+1,H}$ 剂量的患者面临的风险类似于跳过剂量级时产生的风险。为了避免该风险，可施加某种限制，使患者接受的剂量不超过第 c 个队列时使用的最高剂量。

3.3.3　结果延迟及相关问题

如上所述，关于结果延迟的问题（参见 O’Quigley，et al，1990；Cheung 和 Chappell，2000；Cheung，2005），可以通过扩大队列规模来有效解决。然而，与队列规模为 1 的情况一样，仍然需要队列中所有患者的完整毒性数据。Thall 等（1999）提出了两种解决 CRM 设计中这个问题的策略：

（1）基于剂量分配和毒性结果的现有数据，可以实施“前瞻”方法，即考虑未来入组患者所有剂量分配和毒性结果的可能模式。如果对下一例入组患者分配的剂量没有改变，则将该剂量分配给新入组的患者，且无须暂停入组。如果改变了剂量，则暂停入组，但新患者只需等待合适的时间重新开始入组。如果超过了合适的时间，那么可以单独提供其他不包括在试验方案中的治疗。

（2）当有新患者入组时，将基于先前入组并已完成毒性评估的患者的数据，根据 CRM 确定剂量分配给新患者（参见 O’Quigley，et al，1990）。

Thall 等（1999）评估了 CRM 的主要性能指标以及上述策略对患者等待时间和接受试验方案之外其他治疗的患者数量的影响。此外，还讨论了在存在多个Ⅰ期试验时如何入组新患者的策略。Hüsing 等（2001）也从不同角度考虑了结果延迟的问题。此外，Yuan 和 Yin（2011）提出了一种使用最大期望（EM）算法来估计毒性概率，并且将未评估的毒性视为缺失数据的 CRM。

Piantadosi 等（1998）研究了一种 CRM，其工作模型是一个具有两个参数的逻辑模型：斜率和与 50% 毒性概率相关的剂量。基于此，他们对 CRM 进行了一系列实操性改进。类似于 O’Quigley 等（1990）的方法，将起始剂量作为目标剂量，另外，队列大小包含至少三例患者，在试验期间对对应于 90% 毒性概率的剂量进行变更，并考虑到患者在低剂量下经历毒性的情况。这些改进可以降低像 Korn 等（1994）和其他人指出的在高剂量下治疗患者时的风险。特别是后一种改进可以在毒性较低时灵活地扩大剂量范围的上限，以寻找更好的剂量。Piantadosi 等（1998）还通过 9- 氨基喜树碱（9-AC）静脉注射用于新发和复发恶性胶质瘤的临床试验的实际案例，介绍了一些更实际地利用这些改进的 CRM 的技术。例如，引入了最大似然方法用于估计工作模型参数，通过直接将来自 9-AC 剂量和相关毒性的数据应用到改进 CRM 的似然函数，经验性地构建了先验分布。然后，将这些数据与试验期间获得的数据相结合。此外，我们还考虑了在改进 CRM 的起始剂量设置中，利用来自先前研究的数据的方法，以及在没有这些先前研究数据的情况下构建先验分布的方法。

Potter（2002）指出，即使实施了上述改进 CRM 的措施，实际中仍可能会出现临床医生难以接受的情况。具体来说，无论给定队列中的所有（或没有）患者是否表现出毒性，都可能向新入组队列分配相同的剂量水平；可能在没有观察到任何毒性案例下确定 MTD。为了避免这些问题，Potter（2002）对由 Piantadosi 等（1998）开发的改进 CRM 进行了进一步的改进。

最后，得益于儿童脑瘤协会的经验，O'Quigley（2009）针对儿科肿瘤学领域的Ⅰ期试验提出了一种改进 CRM。研究人员讨论了如何处理由于缺乏观察到的毒性而引起的 MTD 高估和参数可估计性问题。

实施软件

可以使用 R 程序"dfcrm"包来实现 CRM 设计，该程序包可自 https://cran.r-project.org/web/packages/dfcrm/index.html 获得。此外，还可以使用 Shiny 在线应用程序，从 http://www.trialdesign.org/ 访问。例如，如果提供了目标毒性概率水平、剂量和毒性数据等信息，可以使用 R 程序 dfcrm 包中的 crm 函数获取剂量分配表、毒性概率的点估计和可信区间，以及推荐剂量水平。

该程序包还可以通过无差异区间（见 3.2.5 节）对 CRM 中的模型敏感度进行评估。因此，可以在给定模型敏感度下，获得与剂量相关的毒性概率初始猜测的向量。此外，在特定的剂量 - 毒性配置下，还可以生成使用 CRM 的Ⅰ期试验的模拟结果，还可以计算出贝叶斯 CRM 的样本量大小等。详见附图 2。

3.4 基于决策理论或最优设计理论的设计

Whitehead 和 Brunier（1995）提出了一种基于贝叶斯决策理论的剂量探索设计，并提供了数值示例。相比于在肿瘤Ⅰ期临床试验中关注的 MTD 的概念，他们更关注在一般Ⅰ期临床试验中可以耐受发生一定频率毒性的剂量，例如针对健康志愿者的临床试验（他们无法从药物效果中获益）；或者是在临床试验之外的背景下对应的无毒性剂量；或者是与可耐受的不良事件发生频率对应的最大安全剂量。

Whitehead 和 Brunier（1995）提出的设计采用双参数逻辑模型作为工作模型，使用伪数据构建参数先验分布，此设置基于对每个剂量水平的毒性概率假设独立的 beta 先验。因此，从这个意义上说，该设计在工作概念上与 CRM 基本相同。与 CRM 的一个区别在于，因为 Whitehead 和 Brunier（1995）的设计基于决策理论，剂量确定被视为一种动作，而该动作的决策基于最大化预先指定的增益函数。在用于治疗前 j 例患者的剂量基础上，对于治疗第（j+1）例患者的剂量 x_{j+1}（如果有 K 个剂量 $d_1,\cdots,d_K$ 可用，$x_{j+1}\in\{d_1,\cdots,d_K\}$），获增益函数 $\mathfrak{G}$ 的定义如下：

$$\mathfrak{G}\left(\beta_0,\beta_1\right)=\left\{\mathrm{Var}(x^{\Gamma_\mathrm{T}}\mid x_{j+1})\right\}^{-1} \tag{3.21}$$

式中，β_0 和 β_1 是工作模型的参数，x^{Γ_T} 表示从工作模型推导出的对应于 Γ_T 的剂量。

在求解方程式（3.21）时，每当第（j+1）例患者被招募到试验中，通过使用 Fisher 信息矩阵的逆矩阵，伴随每个参数在 x^{Γ_T} 的最大似然估计 $\hat{x}^{\Gamma_\mathrm{T}}$ 处的 Taylor 近似值来计算 $\mathrm{Var}(\hat{x}^{\Gamma_\mathrm{T}}\mid d_k)$（$k$=1,$\cdots$, K）。然而，如果这是基于贝叶斯框架的，则 $\mathrm{Var}(\hat{x}^{\Gamma_\mathrm{T}}\mid d_k)$ 可以被理解成是 (β_0, β_1) 的渐近后验分布的方差 - 协方差矩阵的逆矩阵。因此，可以通过将 β_0 和 β_1 的后验期望值或后验模型代入方程式（3.21）来计算其值。因此，方程式（3.21）从最优设计的角度被视为贝叶斯局部 c- 最优设计（c-optimal design）（参见 Haines，et al，2003）。

根据方程式（3.21），x^{Γ_T} 仅取决于用于治疗的剂量，而不取决于有关毒性结果的二分类数据，而且获益的最大化是通过分配给下一例入组患者的剂量，使得对应于 Γ_T 的剂量方差最小化来实现的。此外，Whitehead 和 Brunier（1995）讨论了通过给下一例入组患者分配剂量，最小化 Γ_T 与估计毒性概率之间的距离来实现增益最大化，并认为 CRM 是包含在他们的设计中的一种特殊情况。他们称在前一种情况下获得的增益为“方差增益”，假设研究目标是提高针对 Γ_T 的剂量估计精度。类似地，他们将后一种情况下获得的增益称为“患者增益”，将目标视为以 Γ_T 对应的剂量对患者进行治疗。患者增益尤其适用于肿瘤学领域，因为在该领域可以使患者暴露于较严重毒性，这种方法等同于 CRM 中使用的剂量探索标准（Whitehead 和 Brunier，1995；Whitehead，1997；Whitehead 和 Williamson，1998）。

Whitehead（1997）通过对一项关于槲皮素的肿瘤试验的已发表数据的回顾性分析，引入了上述相同的方法，同时概述了在临床试验中采用的各种贝叶斯决策理论方法。Whitehead 和 Williamson（1998）以更正式的方式总结了 Whitehead 和 Brunier（1995）及 Whitehead（1997）的发现，并讨论了基于问卷的先验分布征集方法，以及各种先验分布和增益函数。此外，Zhou 和 Whitehead（2003）重新整理了上述三篇已发表论文的发现，同时还讨论了基于置信区间上下限之间比率的暂停准则。随后，Zhou（2005）通过模拟研究了剂量水平和队列大小对上述基于贝叶斯决策理论的方法性能的影响，Zhou和Lucini（2005）则通过模拟研究了允许剂量跳跃的影响。

为了避免给患者使用过高的剂量，MTD可以定义为与Γ_{T}最接近且不超过Γ_{T}的毒性概率的最高剂量。因此，Leung和Wang（2002）提出了一种基于决策理论的CRM，该方法最大化了在不超过Γ_{T}的最大剂量下接受治疗的入组患者的预期数量。如果第k个剂量水平d_k存在，并且试验已处于从第c个队列（c=1,⋯, C）的治疗转换到状态$\mathfrak{s}_c$中，相关获益被定义为d_k是正确MTD的后验概率。那么，获益$\mathfrak{R}(\mathfrak{s}_c, d_k)$可以表示为：

$$\mathfrak{R}(\mathfrak{s}_c, d_k)=\begin{cases}\Pr\left(\psi(d_2,\beta)>\Gamma_{\mathrm{T}}|\mathfrak{s}_c\right) & k=1,\\ \Pr\left(\psi(d_k,\beta)<\Gamma_{\mathrm{T}},\psi(d_{k+1},\beta)>\Gamma_{\mathrm{T}}\mid\mathfrak{s}_c\right) & k=2,\cdots,K-1\\ \Pr\left(\psi(d_K,\beta)<\Gamma_{\mathrm{T}}|\mathfrak{s}_c\right) & k=K\end{cases}\tag{3.22}$$

在决策理论的CRM中，为了最大化在不超过目标毒性水平的最大剂量下接受治疗的患者的预期数量，第c个队列的剂量分配可以在继续前一个队列的相同剂量（$\mathfrak{C}$）、降低一个剂量水平（$\mathfrak{D}$）或者增加一个剂量水平（$\mathfrak{E}$）中选择，从而最大化以下形式的总体预期获益：

$$\mathrm{E}\left(\mathfrak{R}\left(\mathfrak{s}_1,d_1\right)\right)+\sum_{c=2}^{C}\sum_{k=1}^{\min(c,K)}\mathrm{E}\left(\mathfrak{R}\left(\mathfrak{s}_c,d_k\right)\left[I\left(\mathfrak{C}|\mathfrak{s}_c,d_k\right)+I\left(\mathfrak{D}|\mathfrak{s}_c,d_{k+1}\right)+I\left(\mathfrak{E}|\mathfrak{s}_c,d_{k-1}\right)\right]\right)\tag{3.23}$$

式中，E(·)代表达到特定状态的概率的期望值，$I(\mathfrak{C}|\mathfrak{s}_c, d_k)$，$I(\mathfrak{D}|\mathfrak{s}_c, d_{k+1})$和$I(\mathfrak{E}|\mathfrak{s}_c, d_{k-1})$代表状态$\mathfrak{s}_c$中的指示函数。这些函数表示在剂量水平为$d_k$、$d_{k+1}$或$d_{k-1}$时执行$\mathfrak{C}$、$\mathfrak{D}$或$\mathfrak{E}$的行动表现，且$\mathrm{I}(\cdot|\cdot, d_0)=\mathrm{I}(\cdot|\cdot, d_{K+1})=0$。

正如上述讨论，许多剂量探索设计旨在为当前入组患者找到了MTD或其他临床可接受的剂量。因此，这些设计从个体患者角度强调伦理，是有局限的。然而，当从患者群体的角度考虑伦理时，对未来患者提供MTD或其他临床可接受的剂量是不可忽视的。Bartroff和Lai（2010）、Bartroff和Lai（2011）提出了解决这一困境的设计。

此外，Haines等（2003）提出了用于改进MTD估计效率的贝叶斯序贯D-最优 (D-optimal) 和c-最优 (c-optimal) 设计。正如Babb等（1998）和Whitehead等（2001）指出的那样，这些设计通过设置约束条件来防止使用危险剂量。更正式地说，这些设计利用最优设计理论框架对Whitehead和Brunier（1995）的方法进行了改进。

3.5 控制过量用药的剂量递增设计

Babb等（1998）提出了控制过量用药的剂量递增（EWOC）设计，在剂量爬坡的同时保护患者避免接受过高危险剂量（或更具体地说，控制患者接受过高剂量的概率）。Tighiouart等（2005）研究了一种不同于Babb等（1998）为EWOC设计假定的先验分布类别，并确定了可以在不降低MTD估计性能的情况下降低患者剂量过量的概率和毒性暴露的风险的类别。Tighiouart和Rogatko（2010）还讨论了大样本特性、先验分布选择和协方差在EWOC设计中的使用，同时介绍了其在肿瘤试验中的实际应用示例。

EWOC设计假设了一个工作模型，其中包含两个参数，分别与MTD和最低剂量（即试验起始剂量）下的毒性概率有关，该毒性概率可通过转换耐受性分布的参数获得。该设计没有使用CRM中用于剂量选择的标准，而是采用了一个损失函数，并对于过高剂量的惩罚超过过低剂量。在该设计中，MTD后验累积分布函数将基于获取第j例患者数据$\mathfrak{D}_j$，并将满足以下关系的剂量x_j分配给患者：

$$\Pr(\text{MTD} \leqslant x_j \mid \mathfrak{D}_j) = \alpha \tag{3.24}$$

式中，α是预先指定的值，例如0.25。通过这种方式，EWOC设计在工作模型和增益函数的预设方面与CRM不同，但在其他基本概念方面仍可以被视为相似。实际上，如果将双参数逻辑模型作为工作模型，CRM方法估计后验分布中位数处的毒性概率时，相当于EWOC设计中α=0.5的情况（Chu，et al，2009）。Chu等（2009）提出了一种混合方法，结合了CRM和EWOC设计。在使用这种方法的时候，他们通过控制过高剂量治疗的可能性，在一定程度上成功地解决了EWOC设计中MTD低估的问题。这些研究人员还解决了CRM设计中，由于工作模型及其参数的先验分布的错误设定，导致使用过高危险剂量治疗的潜在问题。

3.6 曲线自由（Curve-Free）设计

Gasparini和Eisele（2000）提出了一种曲线自由设计，该设计假设了在第k（k=1,⋯, K）个剂量水平d_k处的$R(d_k)$的多变量分布。在这种方法中，他们考虑了毒性与剂量相关的单调关系，而不使用代表剂量-毒性关系曲线的工作模型$\psi(x, \beta)$，并假设β遵循某种分布。类似于CRM，在Gasparini和Eisele（2000）开发的方法中，临床研究人员首先提供了对 $R(d_k)$ 的初始猜测。然后，基于以下方程式对某个剂量水平处的 $R(d_k)$ 进行参数化：

$$\eta_1 = 1 - R(d_1), \eta_i = \frac{1 - R(d_k)}{1 - R(d_{k-1})};\ k = 2, \cdots, K \tag{3.25}$$

这里假设 η_k（k=1,···, K）具有独立的 beta 分布。因此，$R(d_k)=1-\eta_1\eta_2 \cdots \eta_k$，使得每个剂量水平的毒性概率成为与 beta 分布的乘积相关的值。虽然这些 beta 分布的乘积是复杂的，但是 Gasparini 和 Eisele（2000）通过假设这个乘积本身具有 beta 分布，获得了其近似值，以此来获取毒性概率的贝叶斯估计。通过使用这个估计，可以确定满足 CRM 中使用的剂量选择标准的剂量。有关推导和先验分布设定的详细信息，参见 Gasparini 和 Eisele（2000）。需要注意的是，这些研究人员在随后的工作中对他们之前的论文中的错误进行了更正（Gasparini 和 Eisele，2001）。此外，曲线自由设计与 Muliere 和 Walker（1997）提出的基于 Polya 树过程的贝叶斯非参数设计相关。

然而，Cheung（2002）指出以下问题：在使用 Gasparini 和 Eisele（2000）的无信息先验分布的设计中，如果目标毒性概率水平较低，则可能出现将分配给患者的剂量限制在次优低剂量附近的情况。因此，Cheung（2002）提供了一个通过利用信息先验分布与 CRM 的连接的解决方案。此外，O'Quigley（2002）认为曲线自由设计和基于 CRM 的设计在以下方面是等价的：如果对一个设计给定了某些设定，另一个设计也会具有等效的设定，尽管发现这些设计的方法是未知的。在这里，“等价”意味着两个设定具有相同的操作特性。

3.7 考虑患者异质性的设计

通常，Ⅰ期临床试验仅涉及少数患者，因此很难根据他们的背景来划分多个组别。即使可以做到这一点，为每个组别确定单独的 MTD 可能也不是特别有意义。然而，例如在癌症患者中，以往治疗的情况与对新疗法的耐受性相关。此外，大家公认年轻的急性白血病患者可以耐受新的疗法。在这种情况下，通过以往治疗的性质和年龄的不同来识别和划分多个组别，并研究每个组别的 MTD 就很有意义。O'Quigley（1999）提出了一种双样本 CRM 作为一种在涉及两个（潜在的）异质患者组的单个试验中，找到每组的 MTD 的方法。在双样本 CRM 中，传统 CRM 中使用的单参数工作模型 $\psi_1(x, \beta_1)$ 被指定为第一组（组 1）的剂量 - 毒性关系。然后，为另一组（组 2）指定了一个双参数工作模型 $\psi(x, \beta_1, \beta_2)$。

其中，参数 β_2 的作用是移动组 1 的剂量 - 毒性关系曲线，并表示组间不平衡程度。如果组 1 和组 2 中分别有 j_1 和 j_2 例患者，则总共有 $j(=j_1+j_2)$ 例患者，基于这些患者的数据，得到的似然函数为

$$\prod_{l=1}^{j_1}\psi_1\left(x_l,\beta_1\right)^{y_l}\left\{1-\psi_1\left(x_l,\beta_1\right)\right\}^{(1-y_l)}\times\prod_{l=j_1+1}^{j}\psi_2\left(x_l,\beta_1,\beta_2\right)^{y_l}\left\{1-\psi_2\left(x_l,\beta_1,\beta_2\right)\right\}^{(1-y_l)} \quad (3.26)$$

通过最大化上述似然函数，可以获得参数 $(\beta_{1,j},\beta_{2,j})$ 的最大似然估计 $(\hat{\beta}_{1,j},\hat{\beta}_{2,j})$（然而，需要注意的是，需要一个初始剂量递增阶段以获得毒性存在与否的非均匀性，就像基于似然的 CRM 的第一阶段一样）。因此，也就获得了每个组别的毒性概率估计，并且以与普通 CRM 相同的方式进行了剂量分配和 MTD 确定。双样本 CRM 在组间不平衡并且患者数量不足以进行单独临床试验并在每个组别中指定 CRM 工作模型时会有帮助。O'Quigley 和 Conaway（2011）指出，对于双样本 CRM，通过修改“骨架”，可以将上述 O'Quigley 等（1999）的工作模型简化为一个单参数工作模型。此外，可以通过设置多个工作模型（见第 3.9 节），以类似于双样本 CRM 的方式，处理患者异质性。

O'Quigley 和 Paoletti（2003）改进了双样本 CRM，考虑了两个样本之间有序关系下的 CRM，即一个样本与另一个样本相比，对毒性更敏感的情况。他们研究了在这种有序关系下，先验分布的选择和错误设定对每个样本的 MTD 确定的影响。

Yuan 和 Chappell（2004）通过应用双向保序回归框架，考虑了多组的排序以及毒性概率的单调性。然后，他们提出了分组上下法（见第 2.3 节）、等渗回归设计（见第 2.11.3 节）和允许分组分层的扩展 CRM。Ivanova 和 Wang（2006）还提出了一个基于双变量等渗估计的非参数设计，该设计对应于双样本 CRM 或有序双样本 CRM。

Morita 等（2017）评估了基于贝叶斯分层模型的设计，这是 CRM 的一项拓展运用，该模型适用于剂量 - 毒性关系在亚组之间可互换的情况。Chapple 和 Thall（2018）提出了一种名为 Sub-TITE 的设计，用于具有毒性时间结果和两个或更多亚组的 I 期临床试验，该设计允许根据亚组的具体情况决定剂量，同时将具有类似剂量 - 毒性关系的亚组结合在一起。实施 Sub-TITE 设计的软件可从 https://cran.r-project.org/web/packages/SubTite/index.html 获取。

3.8 考虑药代动力学或患者背景信息的设计

利用患者药代动力学信息可以帮助理解剂量与毒性之间的关系（Christian 和

Korn，1994）。Piantadosi 和 Liu（1996）假设了一个逻辑模型作为 CRM 工作模型，并建议将血药浓度 - 时间曲线下面积（AUC）作为协变量纳入。相应的工作模型如下：

$$\psi\left(x,b_c,\beta_1,\beta_2\right)=\frac{1}{1+\exp\left(b_c-\beta_1 x-\beta_2\Delta\mathrm{AUC}\right)} \tag{3.27}$$

式中，b_c 表示基线毒性概率的比值比，并固定为一个常数，且 $b_c>0$。此处，β_1 和 β_2 是与给药剂量和观察到的 AUC 相关的参数，$\beta_1>0$ 且 $\beta_2>0$。这些参数可以在贝叶斯框架下估计。此外，x 是分配给患者的剂量；$\Delta\mathrm{AUC}=AUC-x/\kappa$，其中 AUC 是治疗剂量 x 下实际观察到的 AUC。x/κ 这一项是通过假设体内药代动力学遵循二室模型导出，其中 κ 是药物从血液室中消失的速率常数。从式（3.27）可知，毒性概率随着患者给药剂量或观察到的 AUC 的增加而增加。因此，通过考虑 AUC 可以避免在过高危险剂量下治疗的风险。此外，除了 AUC，最大血药浓度的药代动力学信息或达到该浓度的时间也可以用作协变量。然而，实施此设计的一个困难是需要实时测量药代动力学信息。

Whitehead 等（2007）在一个涉及健康志愿者和用于注意缺陷多动症的治疗药物的 I 期试验中，使用了线性混合效应模型来描述 AUC 作为药代动力学指标与毒性和药效动力学反应（这里定义为从基线开始的脉率增加程度）之间的关系，以预测药物的作用机制。这些研究人员主张基于这个模型的贝叶斯设计。使用这种设计，可以确定一个产生药理上理想治疗效果的剂量，同时控制 AUC 和毒性超过各自阈值的预测概率。在这方面，Bailey（2009a）在涉及以健康志愿者为对象的首次人体试验中，针对队列间差异较大的情况提出了一个剂量递增设计［参见 O’Quigley（2009）和 Bailey（2009b）关于 Bailey（2009a）研究的讨论］。

还可以将患者背景信息或治疗前观察数据作为协变量纳入工作模型中（Wijesinha 和 Piantadosi，1995；Christian 和 Korn，1994）。例如，Legedza 和 Ibrahim（2001）从这个角度提出了患者特定 MTD 和人群平均 MTD 的贝叶斯估计方法。在这种方法中，使用了患者背景信息以及来自先前试验的剂量、毒性存在与否的患者个体数据，基于似然来指定信息先验分布（Whitehead，2002）。基于此，开发了将信息先验输入到 CRM 的方法，同时使用固定的幂参数来控制精度。Babb 和 Rogatko（2001）提出了一种用于调整患者治疗剂量的设计。该研究中提出的方法通过将抗金黄色葡萄球菌外毒素抗体浓度作为协变量，将患者治疗前的情况纳入 EWOC 设计的工作模型中，从而推导出每例患者的剂量 -

毒性关系（参见 Rogatko，et al，2008）。这种设计可以看作是考虑了个体化治疗的 EWOC 设计的扩展版本。

3.9　多候选剂量毒性模型的设计

Shen 和 O'Quigley（1996）指出，对于大样本量情况，CRM 对工作模型的错误设定具有稳健性，并且 CRM 推荐的剂量可收敛到真正的 MTD。然而，这种渐近行为类型被认为不是特别适用于最多只有几十例患者参与的 I 期试验。因此，对于每个剂量水平的毒性概率的初始猜测会影响 CRM 的统计特性。Yin 和 Yuan（2009）开发了一个贝叶斯模型平均 CRM（BMA-CRM），允许多个工作模型 {更具体地说，这些研究人员研究了幂模型中毒性概率的初始猜测［式（3.4）］中的情况}。通过对这些工作模型进行平均，BMA-CRM 对毒性概率的错误初始猜测具有稳健性［有关多个工作模型的设定，请参见 Pan 和 Yuan（2017）］。

设 M 个工作模型 $\mathfrak{M}_1,\cdots,\mathfrak{M}_M$，如下：

$$\mathfrak{M}_m:\psi_m(d_k,\beta)=a_{m,k}^{\exp(\beta_m)};\ m=1,\cdots,M,\ k=1,\cdots,K \tag{3.28}$$

式中，$a_{m,k}$ 是第 m 个工作模型中剂量水平 k 的毒性概率的初始猜测值，且满足 $0<a_{m,1}<a_{m,k}<1$。此外，β_m 是第 m 个工作模型中的参数，其中 $-\infty<\beta_m<\infty$。如果第 m 个工作模型的先验概率是 $\Pr(\mathfrak{M}_m)$，则在截至第 j 例患者的数据 $\mathfrak{D}_j$ 给定的情况下，第 m 个工作模型的后验概率 $\Pr(\mathfrak{M}_m|\mathfrak{D}_j)$ 可以如下给出：

$$\Pr\left(\mathfrak{M}_m|\mathfrak{D}_j\right)=\frac{\bar{\mathfrak{L}}_{m,j}\left(a_m\right)\Pr\left(\mathfrak{M}_m\right)}{\sum_{m=1}^{M}\bar{\mathfrak{L}}_{m,j}\left(a_m\right)\Pr\left(\mathfrak{M}_m\right)} \tag{3.29}$$

式中，$\bar{\mathfrak{L}}_{m,j}\left(\beta_m\right)$ 是第 m 个工作模型的边际似然。这个边际似然由以下给出：

$$\bar{\mathfrak{L}}_{m,j}\left(\beta\right)=\int_{-\infty}^{\infty}\mathfrak{L}_{m,j}\left(\beta_m\right)g\left(\beta_m|\mathfrak{M}_m\right)\mathrm{d}\beta_m \tag{3.30}$$

式中，$\mathfrak{L}_{m,j}\left(\beta_m\right)=\prod_{l=1}^{j}\left\{\psi_m\left(x_l,\beta_m\right)\right\}^{y_l}\left\{1-\psi_m\left(x_l,\beta_m\right)\right\}^{(1-y_l)}$，而 $g(\beta_m|\mathfrak{M}_m)$ 是第 m 个工作模型 $\mathfrak{M}_m$ 中参数 β_m 的先验分布。在 BMA-CRM 中，使用工作模型的后验概率，估计剂量水平 $k(k=1,\cdots,K)$ 下的毒性概率为：

$$\tilde{R}\left(d_k\right)=\sum_{m=1}^{M}\tilde{R}_m\left(d_k\right)\Pr\left(\mathfrak{M}_m|\mathfrak{D}_j\right) \tag{3.31}$$

式中，$\tilde{R}_m(d_k)$ 是贝叶斯 CRM 中第 m 个工作模型的估计毒性概率。从式（3.31）可以看出，毒性概率的估计是通过使用工作模型的后验概率对基于每个工作模型的 CRM 毒性概率估计进行加权平均来实现的。Diamond 等（2011）提出了基于模型选择的 CRM。此外，O'Quigley 和 Conaway（2011）还讨论了通过利用基于式（3.29）的扩展 CRM，对多种治疗方案的部分排序、患者异质性和药物组合（见第 3.14 节）进行全面处理。此外，Yuan 和 Yin（2011）提出了一种扩展的CRM，通过将未观察到的毒性结果作为缺失数据处理，来估计剂量-毒性关系。然后，应用期望最大化算法和模型平均法。

实施 BMA-CRM 设计的软件可作为独立的基于图形用户界面的 Windows 桌面程序从 https://biostatistics.mdanderson.org/SoftwareDownload/SingleSoftware.aspx?Software_Id=81 获取，另外也可以使用 Shiny 在线应用程序从 http://www.trialdesign.org/ 访问。

3.10 迟发毒性结果的设计

包括 CRM 在内的大多数 I 期临床试验设计是通过完整观察到每例患者的毒性结果来确定新入组患者或队列的剂量。而在评估放射治疗和预防药物的迟发毒性的试验中，则需要进行长期的随访，直到关于毒性有无的观察完全结束为止，因此，这些试验的持续时间很长。

Cheung 和 Chappell（2000）考虑了毒性发生时间，并开发了一个事件发生时间的 CRM（TITE-CRM）作为一个扩展的 CRM。在这种方法中，剂量可以分配给新入组的患者或队列，而无须等待对毒性的有无进行完全观察。在 TITE-CRM 中，不使用 CRM 中的单参数模型 $\psi(x, \beta)$，而是通过考虑一个随权重 w 单调递增的加权工作模型 $\psi(x, w, \beta)$ 来扩展 CRM。在 TITE-CRM 中，对数似然函数可以通过 $\psi(x, w, \beta)$ 替换 $\psi(x, \beta)$ 来获得（参见第 3.2 节）。一个简单可能的 $\psi(x, w, \beta)$ 形式是将 w 作为一个比例系数与 $\psi(x, \beta)$ 关联起来：$\psi(x, w, \beta)=w\psi(x, \beta)$，$0 \leqslant w \leqslant 1$。通过考虑直到观察到毒性的时间，$w$ 可以根据毒性发生时间 T 和实际观察到毒性的时间 t 来表示：

$$w(t;\mathrm{T})=\frac{t}{T} \tag{3.32}$$

虽然这个函数在预期的许多情况下都能很好地工作，但也被认为是过于简化了。因此，Cheung 和 Chappell（2000）还提供了一种用于处理迟发毒性、剂量相关和参数相关函数。

然而，虽然在某种程度上可以根据治疗类型预估毒性是迟发还是早发，但也存在发生时间与剂量有关的情形。因此，很难确定所讨论的毒性是迟发还是早发，并在试验计划阶段选择相应的合适的函数。此外，由于可能只有部分接受治疗的患者经历毒性反应，这使得区分迟发或早发毒性更加困难。因此，在试验开始之前可能很难选择和使用上述加权函数。Braun（2006）受到这个问题的启发，拓展了 TITE-CRM，在其中使用数据自适应加权函数，不需要事先设定迟发或早发的情况。这是通过假设毒性发生时间具有 beta 分布，并且还允许其中一个参数依赖于剂量来实现的。

TITE-CRM 还存在另一个问题。正如 Cheung 和 Chappell（2000）所指出的那样，在等待从已接受治疗的患者收集毒性信息时，患者的入组并没有暂停。因此，如果患者入组速度很快，而毒性是迟发的，未来的患者可能会暴露于非常高的危险剂量下。为了解决这个问题，Bekele 等（2008）提出了一种毒性风险预测（PRT）方法，该方法使用预测概率来量化将来患者的剂量或下一个剂量水平的 PRT。如果这个预测概率的值是不可接受的，试验将被暂时中止并等待获取患者毒性信息，否则，重新开始招募。这种 PRT 方法在 CRM 和 TITE-CRM 之间找到了一个折中点，前者需要完整的毒性评估并且在获得此信息之前禁止入组，而后者则不需要完整的毒性评估，允许在毒性信息不完整的情况下入组。因此，PRT 方法指示了在获取毒性信息期间应该暂停患者招募的时间长度。然而，Polley（2011）随后指出，PRT 方法在数学上较为复杂，需要专门的计算机程序和数据收集条件，因此，Polley（2011）提出了一个更简单的改进方法。

Braun 等（2003）提出了一种改进的 TITE-CRM，旨在找到重组人角质细胞生长因子的最大耐受累积剂量（MTCD）（而不是 MTD），其目的是减轻异体骨髓移植试验中下消化道黏膜组织的化疗损伤。Mauguen 等（2011）以类似于将 CRM 扩展到 TITE-CRM 的方式，开发了至事件发生时间的 EWOC 设计。此外，Zhao 等（2011）表明，在儿科肿瘤学领域，TITE-CRM 的性能优于 rolling-six 设计（Skolnik，et al，2008）。

Liu 等（2013）提出了数据增强连续重评估方法（DA-CRM），其中未观察到的毒性被视为缺失数据，并使用贝叶斯数据增强方法从后验完全条件分布中对缺失数据和模型参数进行采样。

实施 TITE-CRM 设计的软件可以在 dfcrm R 程序包中找到，网址是 https://cran.r-project.org/web/packages/dfcrm/index.html。此外，实施 DA-CRM 设计以及 CRM 和 BMA-CRM 设计的软件也可作为基于图形用户界面的 Windows 桌面程序，从 https://biostatistics.mdanderson.org/softwaredownload/SingleSoftware.aspx?Software_Id=132 获取。

3.11 有序或连续毒性结果的设计

在肿瘤试验中，毒性会根据严重程度按照NCI-CTCAE标准（National Cancer Institute Common Terminology Criteria for Adverse Events）进行分级和排序。然而，在旨在确定MTD的肿瘤Ⅰ期试验中，这些等级根据是否构成DLT被分成了两类。例如，4级疲劳被认为是DLT，但0～3级则不是。此外，这种二分法在相对轻度的毒性情况下效果很好，这些毒性在治疗暂停后可以缓解，比如中性粒细胞减少症。3级和4级的中性粒细胞减少症都可以被视为DLT，但这两个等级之间的差异通常被认为不重要。然而，对于严重且不可逆的毒性形式，例如肾毒性、肝毒性和神经毒性，情况可能并非如此。例如，4级急性肾功能衰竭需要透析，因此相对于3级来说，构成了更危险的毒性形式。根据毒性的类型，如果担心2级疾病会进展到3级和4级，就自然会引起临床研究者关注。因此，在肿瘤Ⅰ期试验中，一些临床研究者可能会考虑根据毒性等级信息而不是仅考虑二分结果来决定增加或降低目标药物的剂量。此外，使用毒性等级信息可能会提高所采用的剂量探索设计的性能（Paoletti，et al，2004）。

已经有各种考虑毒性等级的设计被提出来。例如，Wang等（2000）提出了一种改进的CRM，通过修改似然函数来体现3级和4级的相对严重程度，并加权Γ_T。

Bekele和Thall（2004）讨论了在软组织肉瘤患者术前使用吉西他滨和体外放疗的临床试验中，利用毒性类型和个体毒性等级信息来确定MTD的优势。他们建议考虑一个数值尺度上的严重程度权重，其值为0或更高，取决于毒性类型和等级。他们还建议将这些权重的总和定义为总毒性负担（TTB），并基于此TTB进行剂量探索。在这种方法中，使用贝叶斯多元有序probit模型，同时处理毒性的有序反应、指定毒性之间相关结构的潜变量以及严重程度权重的随机变量。

Yuan等（2007）提出了准CRM，其中使用毒性的严重程度权重将毒性等级转换为数字得分，然后使用准伯努利似然将这些得分纳入CRM中。在准CRM中，利用了一个算法概念，就是在一个队列中设定出现毒性患者数的阈值（类似于3+3设计），并引入了一个等效毒性（ET）得分，用来在不同的阈值下衡量各种毒性等级的相对严重程度。假设在给定试验中将毒性3级定义为DLT的划分等级，目标毒性水平为33%。那么，这个划分等级被赋予了ET分数为1。先列出在有三例受试者的队列中可能发生的所有毒性模式（例如，第一例受试者0级、第二例受试者2级以及第三例受试者4级的组合），然后，由临床研究者决定对于这些组合中的每一种情况，采取剂量递增、剂量递减或维持剂量。因此，ET 分数被建立在除 3 级外的等级上。例如：1 级毒性不关注；两例患者的 2 级毒性等价于一例患者的 3 级毒性；一例患者的 2 级毒性和一例患者的 4 级毒性等价于两例患者的 3 级毒性。在这种情况下，由于 3 级毒性已经给定分数为 1，则 2 级和 4 级分别评分为 0.5 和 1.5。

令 Y^{ET} 表示 ET 分数。标准化的 ET 分数 Y^{nET} 表示为：

$$Y^{\mathrm{nET}} = Y^{\mathrm{ET}} / Y_{\max}^{\mathrm{ET}} \tag{3.33}$$

式中，$Y_{\max}^{\mathrm{ET}} < \infty$是最严重等级的 ET 分数。因此，$Y^{\mathrm{nET}} \in [0,1]$。此外，与在 CRM 中为剂量 - 毒性关系设定工作模型类似，在剂量 x 下，剂量与标准化 ET 分数之间的关系为：

$$R^{\mathrm{nET}}\left(x\right) = \mathrm{E}\left(Y^{\mathrm{nET}}|x\right) = \psi^{\mathrm{nET}}\left(x,\beta\right)$$

式中，$R^{\mathrm{nET}}(x)$ 是剂量 x 的真实标准化 ET 分数，$\psi^{\mathrm{nET}}(x, \beta)$ 是剂量与标准化 ET 分数之间关系的工作模型，β 是一个参数。与 CRM 中的二元毒性结果 Y 相比，可以认为 Y^{nET} 将 [0,1] 区间分成若干部分，从而将二元事件重新考虑为分数事件。因此，通过在伯努利似然中用 Y^{nET} 替换 Y，并用 $\psi^{\mathrm{nET}}(x, \beta)$ 替换 $\psi(x, \beta)$，从而得到准伯努利似然。准 CRM 通过这个伪似然函数确定剂量，也就是估计的标准化 ET 分数最接近目标标准化 ET 分数的剂量。通过修改式（3.33）中的得分函数，准 CRM 还可以应用于除有序类别毒性外的连续变量描述的毒性。此外，ET 分数本身也可以应用于使用 3+3 设计的情况（Yuan，et al，2007）。ET 分数也在 Chen 等（2010）的论文中进行了讨论，其中包括了其在等渗法中的应用。

Bekele 等（2010）提出了一种考虑了由于受试者之间毒性敏感性差异而产生的多个风险组情况的剂量探索设计，这是通过使用与 Bekele 和 Thall（2004）开发的方法类似的平均毒性分数来实现的。此外，van Meter 等（2011）提出了一种通过用比例优势模型替代 CRM 中的工作模型，来考虑 NCI-CTCAE 等级信息的剂量探索设计。

Ivanova（2006）考虑了一种基于算法的剂量探索设计，用于当毒性作为有序分类数据进行评估的情况。此外，Ivanova 和 Kim（2009）设定了一个只需要剂量和毒性之间具有单调关系的函数，适用于以二元、有序或连续形式获得的毒性数据，并提出了一种统一的方法来考虑这些数据形式的剂量探索。Ivanova 和 Murphy（2009）还以一个在健康男性志愿者中测试阿尔茨海默病治疗方法的试验——NGX267 试验，示范了这些试验设计的应用。

Lee 等（2011）提出了一种扩展的 CRM，可在单次毒性发生为二元、有序分类或连续数据时应用，也可通过引入多次毒性约束，在多次毒性结果以 TTB 形式呈现时使用。最后，Iasonos 等（2011）讨论了在两阶段 CRM 中使用低于 DLT 的等级的毒性信息的情况。

3.12 确定最大耐受方案（MTS）的设计

在考虑迟发毒性的情况下，就需要一个较长的观察期，因此也往往会出现较长的试验周期。TITE-CRM 在这种情况下确定最大耐受剂量非常有效。然而，类似于传统的 CRM，这种方法考虑的是基于单剂量或单个疗程的毒性评估。因此，这种设计不能用于研究目标药物的多剂量或多个疗程的毒性评估。Braun 等（2005）在关于异体骨髓移植的试验中讨论了这个问题，提出了一种方法，即根据对一种药物多剂量或多个疗程长期毒性反应的观察，确定最大耐受方案（MTS），作为评价指标。这与 MTD 作为基于单次给药的短期毒性评价指标刚好相反。这里，“方案”一词指的是药物给药周期的总次数，而该方案产生的毒性风险暴露是指构成该方案的每个周期的毒性危险的总和。每个风险函数都各自由具有三个参数的三角函数表示。Braun 等（2003）之前提出了另外一种用于确定 MTS 的方法。在这种方法中，将每个方案视为单次剂量，并应用 TITE-CRM 来适应个体内的剂量递增。然而，正如 Braun 等（2005）所讨论的，由于允许个体内的方案扩展，就不清楚哪个剂量会导致迟发毒性。

Braun 等（2005）设计的一个局限性是，对所有患者来说，每个给药疗程内的剂量必须保持相同的值。如果这个固定的剂量不合适，那么得到的 MTS 就会远离最优。在肿瘤 I 期临床试验中，治疗方案通常包含多个疗程。根据这些疗程和给药标准或患者状况，可以变更剂量，如减量或跳过。因此，他们的设计在确定 MTS 方面是一种新颖的方法，但在这种情况下并不适用。为了解决这些问题，Braun 等（2007）提出了一种设计，允许根据每例患者的情况，不仅调整给药疗程，还可以调整剂量。这种方法反映了临床试验中实际使用的治疗方案。这是 Braun 等（2005）的方法的一种推广。

3.13 不同设计方法的性能比较综述

O’Quigley 和 Chevret（1991）、Korn 等（1994）、Goodman 等（1995）、Ahn（1998）、Iasonos 等（2008）以及其他研究者对各种设计的性能进行了比较，包括 3+3 设计（见第 2.2 节）和 CRM 设计（见第 3.2 节和第 3.3 节）。在上述研

究中，除了 Korn 等（1994）的研究，CRM 被认为相对于 3+3 设计具有更好的性能。然而，Korn 等（1994）认为 CRM 的试验周期比 3+3 设计更长且不安全，因此推荐使用 3+3 设计。随后，O'Quigley（1999）指出 Korn 等（1994）的研究存在多个缺陷，并在重新审查后，认为那些作者的结论是错误的（参见 Iasonos 和 O'Quigley，2011），然而，Korn 等（1999）提出了反驳意见。

Gerke 和 Siedentop（2008a）使用模拟评估了各种药物剂量探索设计在仅关注毒性评估的肿瘤Ⅰ期临床试验中的性能。考虑的方法包括 3+3 设计、基于似然的 CRM 和贝叶斯 ADEPT［这是一个软件包，虽然命名给人以错误的印象，以为它是一个统计方法，正如 Shu 和 O'Quigley（2008）所提醒的那样］。Gerke 和 Siedentop（2008a）认为，尽管模拟结果显示出与上述设计比较研究中报道的多个发现相同的趋势，但在 MTD 确定方面，基于似然的 CRM 相对于 3+3 设计的优越性没有得到支持。相反，这些作者认为贝叶斯 ADEPT 相对于 3+3 设计更优越。然而，Shu 和 O'Quigley（2008）提出了强有力的反驳意见，认为 Gerke 和 Siedentop（2008a）进行的与 CRM 相关的调查和模拟不足以得出结论来支持使用贝叶斯 ADEPT。Gerke 和 Siedentop（2008b）随后以反驳的形式作出了回应。

Skolnik 等（2008）提出了 rolling-6 设计，并将其性能与 3+3 设计和 CRM 设计进行了比较。Onar-Thomas 和 Xiong（2010）在考虑儿科肿瘤学领域基于体表面积调整给药剂量的问题后，使用 Skolnik 等（2008）提出的在设计中纳入体表面积的方法，然后对不同的设计进行了更全面的性能比较，其中包括 CRM。结果发现，在毒性频率方面，rolling-6 设计、3+3 设计和 CRM 设计之间没有发现明显的差异。同时得出结论，rolling-6 设计相对于 3+3 设计在 MTD 估计方面更快，但比 CRM 设计更慢。此外，相对于 3+3 设计来说，rolling-6 设计和 CRM 设计的试验周期较短，而且当患者招募速度特别快时，CRM 设计的试验周期也较 rolling-6 设计更短。因此，尽管 rolling-6 设计相对于 3+3 设计具有一些优势，但与 CRM 设计相比似乎没有明显的优势。

3.14 针对联合用药的设计

癌症治疗涵盖了各种方式，如手术治疗、化学疗法、放射疗法和免疫疗法，然而，通过单一治疗手段实现癌症的治愈通常很困难。因此，采用多学科治疗结合不同治疗方式或组合多种疗法，而非单一治疗方式或者一种药物，在实践中已成为常态。例如，化学疗法可能涉及多种具有不同特性的药物组合。显然，在多学科或联合治疗中，治疗种类的选择和细节的设定（包括药物治疗的剂量或方案），必须旨在为患者提供可承受毒性范围内的最佳组合（从而取得最大的临床效益）（例如，Hamberg 和 Verweij，2009）。联合疗法的一个优势是，在减轻毒性的同时获得协同治疗效果，因为不同的治疗方法可以扩增彼此的强度和敏感性。其他好处包括在没有交叉耐受性的情况下，可以利用不同药物的不同敏感性，通过避免重叠毒性来增加治疗强度（Korn 和 Simon，1993）。

下面以带注释文献目录的形式来给出一些关于探索两种药物（分别称为药物 1 和药物 2）剂量组合使毒性概率接近 Γ_T 的联合疗法设计的示例。

Simon 和 Korn（1990，1991）从剂量强度的角度提出了一种发现抗癌药物及其剂量组合的方法。他们还在联合疗法的试验方案中提出使用耐受剂量图（Korn 和 Simon，1993）。一种简单可行的策略是固定药物 1 的剂量并逐渐增加药物 2 的剂量。一旦确定了药物 2 的耐受剂量，则可以逐渐增加药物 1 的剂量（Korn 和 Simon，1993）。然而，这种方法不一定能找到所有可能组合中的最佳组合。此外，在每种药物有许多候选剂量级别的情况下，需要大量的努力来实施试验。

Kramar 等（1999）探讨了将 CRM 应用于涉及多西他赛和伊立替康联合疗法的试验设计的可能性。该研究基于一个应用了 3+3 设计评估这两种药物安全性的 Ⅰ 期试验的数据，使用 CRM 进行了模拟和回顾性分析。这个研究进行了一些改进，包括：（1）确定两种药物的剂量组合，其顺序约束满足了 CRM 所需的毒性概率单调性的假设；（2）选择合适的剂量水平来适应此组合，利用了 CRM 的特性，即剂量水平仅作为标签。然而，该设计仅适用于具有顺序约束的两种药物的剂量组合的研究，以允许 CRM 应用。值得注意的是 Su（2010）介绍了一种包括对两阶段 CRM 改进的简单方法。

Thall 等（2003）提出了一个涉及吉西他滨和环磷酰胺联合疗法的剂量探索试验设计。在这种方法中，假设了一个六参数模型，以描述不同剂量组合的毒性概率，该模型以每种药物的标准化剂量和它们之间相互作用作为解释变量。然后将每种药物的标准化剂量作为坐标轴，在这个二维坐标中进行两阶段搜索。在第一阶段，通过在直线上同时增加或减少两种药物的剂量，寻找两种药物的剂量组合。在第二阶段，除了直线搜索之外，在毒性概率等于 Γ_T 的等高线上进行进一步搜索。

Wang 和 Ivanova（2005）提出了一种设计，即以毒性为依据寻找最大耐受剂量（MTC），同时确定两种药物中的一种对应于另一种的每个剂量的 MTD。令 $d_{1,1},\cdots,d_{1,K_1}$ 表示药物 1 的 K_1 个可用剂量，$d_{2,1},\cdots,d_{2,K_2}$ 表示药物 2 的 K_2 个可用剂量。在 Wang 和 Ivanova（2005）的方法中，假设了以下工作模型：

$$\psi\left(d_{1,k_1},d_{2,k_1},\beta_1,\beta_2,\beta_3\right)=1-\left(1-a_{1,k_1}\right)^{\beta_1}\left(1-a_{2,k_2}\right)^{\beta_2+\beta_3\lg\left(1-a_{1,k_1}\right)} \\ k_1=1,\cdots,K_1,k_2=1,\cdots,K_2, \tag{3.34}$$

式中，$0<\alpha_{1,1}<\cdots<\alpha_{1,K_1}<1$；$0<\alpha_{2,1}<\cdots<\alpha_{2,K_2}<1$；而 β_1、β_2 和 β_3 为参数。为了使等式（3.34）的工作模型满足毒性概率的单调性假设，需要 $\beta_1>0$、$\beta_2>0$ 以及 $\beta_3>0$。然而，$\beta_3=0$ 对应于两种药物剂量没有相互作用效应的情况。参数和毒性概率的估计方法类似于贝叶斯 CRM。

Yuan 和 Yin（2008）提出了一种剂量探索设计，按顺序进行子试验，而不是研究两种药物的所有剂量组合。对于药物 1 的 K_1 个剂量水平 $d_{1,1}<\cdots<d_{1,K_1}$ 和药物 2 的 K_2 个剂量水平 $d_{2,1}<\cdots<d_{2,K_2}$，d_{1,k_1} 和 d_{2,k_2} 分别表示剂量水平 k_1 对应的药物 1 的剂量和剂量水平 k_2 对应的药物 2 的剂量。如果 $k_1\leqslant k_1'$ 且 $k_2\leqslant k_2'$，则 d_{1,k_1} 和 d_{2,k_2} 的毒性被假定为不高于 $d_{1,k_1'}$ 和 $d_{2,k_2'}$。当研究两种药物剂量组合的所有可能性时，最简单的方法是在每个剂量水平上先固定药物 1 的剂量，然后探索药物 2 的 MTD。这等同于在 K_1 个剂量探索试验中，分别确定药物 2 的 MTD。固定一种药物的剂量，然后进行另外一种药物的一维剂量探索试验，可以被视为两种药物的二维剂量探索试验中的子试验。令 $d_{1,k_1}d_{2,s\to t}$ 表示用于针对药物 2，从剂量水平 s 到 t，寻找对应剂量的子试验。然后，用于研究两种药物的所有剂量组合的二维剂量探索试验可以表示为 $\{d_{1,1}d_{2,1\to K_2},\cdots,d_{1,K_1}d_{2,1\to K_2}\}$。

剂量探索算法描述如下，其中在每个子试验中使用了 CRM 方法：

步骤 1：将 K_1 个子试验 $\{d_{1,1}d_{2,1\to K_2},\cdots,d_{1,K_1}d_{2,1\to K_2}\}$ 以三个为一组，分成子试验组，例如 $\{d_{1,1}d_{2,1\to K_2},d_{1,2}d_{2,1\to K_2},d_{1,3}d_{2,1\to K_2}\}$、$\{d_{1,4}d_{2,1\to K_2},d_{1,5}d_{2,1\to K_2},d_{1,6}d_{2,1\to K_2}\}$ 等。在不同组别中，每个子试验根据药物 1 的剂量水平分别称为“低剂量子试验”“中剂量子试验”和“高剂量子试验”（例如，在第一个子试验组中，分别对应于 $d_{1,1}d_{2,1\to K_2}$、$d_{1,2}d_{2,1\to K_2}$ 和 $d_{1,3}d_{2,1\to K_2}$）。

步骤 2：进行第一个子试验组的子试验，如下：

（2a）进行中剂量子试验 $d_{1,2}d_{2,1\to K_2}$，并确定 MTD。

（2b）一旦确定了该 MTD 为 $d_{1,2}d_{2,k_{2,2}^*}$，则同时进行低剂量 $d_{1,1}d_{2,k_{2,2}^*\to K_2}$ 和高剂量 $d_{1,3}d_{2,1\to k_{2,2}^*}$ 子试验，并确定每个子试验的 MTD。

（2c）如果在 $d_{1,2}d_{2,1\to K_2}$ 中的所有组合都具有过高的毒性，并且无法找到 MTD，则进行低剂量子试验 $d_{1,2}d_{2,1\to K_2}$ 来寻找 MTD。随后，第一个子试验组的试验终止。

步骤 3：如果 $d_{1,3}d_{2,1\to k_{2,2}^*}$ 的 MTD 被确定为 $d_{1,3}d_{2,k_{2,3}^*}$，则使用与步骤 2 相同的

方法，在第二个子试验组中进行子试验，同时为药物 2 的剂量水平设置合适的边界。也就是说，从 $d_{1,5}d_{2,1\to k_{2,3}^*}$ 开始。如果 MTD 被确定为 $d_{1,5}d_{2,k_{2,5}^*}$，则同时进行低剂量 $d_{1,4}d_{2,k_{2,5}^*\to k_{2,3}^*}$ 和高剂量 $d_{1,6}d_{2,1\to k_{2,5}^*}$ 子试验，并确定其各自的 MTD。

如果患者入组速度不是特别快，则该设计可以缩小其中一种药物的 MTD 搜索范围，同时减少样本量。此外，由于一种药物的剂量是相对于另一种药物的某个固定剂量来确定的，因此可以得到多个剂量组合的候选。

Yin 和 Yuan（2009b）指出，尽管两种药物具有不同的毒性，但不一定能够确定引起某个特定毒性的具体药物，因此，根据毒性的类型，药物之间可能存在毒性重叠（换句话说，如果观察到毒性，很难确定是哪个药物引起的）。这些研究者提出了一种设计，假设了针对这种可能性的潜在 2×2 列联表。然后，通过使用 Gumbel 模型（Murtaugh 和 Fisher，1990）来表示这个列联表所展示的两种药物的毒性概率模式，从而估计两种药物各种剂量组合对应的毒性概率。每种药物单独的毒性概率的工作模型是幂函数模型（3.4）。在联合疗法中的两种药物的 MTD 组合会被选作类似 CRM 中估计毒性概率最接近 Γ_{T} 的剂量组合。此外，Yin 和 Yuan（2009c）使用幂函数模型［式（3.4）］作为工作模型来描述每种药物的剂量 - 毒性关系，并使用各种 Copula 模型（参见 Clayton，1978；Hougaard，1986 及 Genest 和 Rivest，1993）将每种药物的毒性概率与联合疗法的毒性概率联系起来。然后，在两种药物的剂量组合之间进行剂量探索。

Bailey 等（2009）进行了一个涉及两种药物的联合疗法案例研究。通过假设 Neuenschwander 等（2008）提出的模型来描述伊马替尼（Imatinib）的剂量 - 毒性关系，结合尼洛替尼（Nilotinib）使用剂量作为协变量，确定了两种药物联合疗法中各自的 MTD。

Braun 和 Wang（2010）提出了一种通过假设两种药物剂量组合的毒性概率服从 Beta 分布来确定 MTD 的方法。这种方法采用贝叶斯层次模型，在参数中使用两种药物剂量作为自变量并进行对数转换，同时假定超参数服从多元正态分布。Wheeler 等（2019）提出了一种适用于涉及两种药物联合疗法的独立 Beta 概率递增设计，重点关注删失的毒性发生时间结果。

尽管在涉及两种药物的联合疗法中很难找到相对于所有剂量组合的毒性概率的完全排序，但 Conaway 等（2004）指出，在完全排序内部可以找到已知的部分排序。这些研究者讨论了一种非参数设计，通过利用这种部分排序的信息来找到两种药物的剂量组合。Fan 等（2009）展示了一个在 Conaway 等（2004）提出的候选组合的基础上，扩展搜索范围的算法，并提出了考虑低毒性信息的两阶段和三阶段设计。对剂量组合的改变采用 3+3 设计及其以 2+1+3 设计形式存在的变体，并且毒性概率是基于等渗回归法估计。值得注意的是，Braun 和 Alonzo（2011）提出了一个更加通用的 A+B+C 设计。

Wages 等（2011a、b）提出了基于 Conaway 等（2004）的部分排序信息的贝叶斯和似然 CRM。在这种设计中，根据已知的两种药物组合的部分排序配置了潜在的完全排序，这可以被视为工作模型。然后，从获得的患者数据中选择最优的工作模型（完全排序），并基于该工作模型找到剂量组合。

3.15　相关主题

3.15.1　回顾性分析

Ishizuka 和 Ohashi（2001）首次展示了将前瞻性 CRM 应用于真实Ⅰ期临床试验的示例。在这些结果产生之前，CRM 的优势主要是基于模拟进行讨论的。在某些情况下，为了评估操作特性，只能基于在与 CRM 不同设计（例如 3+3 设计）下实施的试验中获得的数据，使用 CRM 进行回顾性分析。由于剂量分配和毒性评估是前瞻性的并且按照顺序进行的，这种回顾性分析仅仅是作为阐明 CRM 操作特性的一种参考。另一方面，这种回顾性分析的实施可能引发有关 CRM 行为和最终确定为 MTD 剂量的疑问。在以下情况下，这些问题也可能会出现：

- 在试验进行时从其他设计切换到 CRM，以便将已获得的数据用于 CRM；
- 将从其他试验或队列获得的数据纳入 CRM；
- 使用基于各种工作模型的 CRM 重新分析使用 CRM 进行的试验获得的数据，以评估其稳健性。

剂量分配和 MTD 的确定是根据试验计划中采用的设计，按照顺序，前瞻性地进行。因此，在试验完成后（甚至是假设性地）无法根据与计划中采用的不同设计基于数据进行回顾性分析，从而直接回溯所感兴趣的试验。受到这个问题的启发，O'Quigley（2005）提出了通过回顾性应用 CRM（rCRM）来估计 MTD 的方法。他使用不同剂量水平的加权平均来重新考虑 CRM 中对数似然函数的导数［式（3.17）和式（3.18）］。

在获得了截至第 j 例患者的数据之后，令 $\hat{\omega}_j(d_k)$ 表示在 j 例患者中接受第 k 个剂量水平 d_k 治疗的相对频率，其中 $k=1,\cdots,K$。通过将式（3.18）中的 n 替换为 j，x_j 替换为 d_k，可以将该表达式重新写为：

$$U_j(\beta)=\sum_{k=1}^{K} I\left\{\left[\sum_{l=1}^{j} I(x_l=d_k)\right]\neq 0\right\}\hat{\omega}_j(d_k)\times$$
$$\left[\frac{\sum_{l=1}^{j} y_l I(x_l=d_k)}{\sum_{l=1}^{j} I(x_l=d_k)}\frac{\psi'}{\psi}\{d_k,\beta\}+\left\{1-\frac{\sum_{l=1}^{j} y_l I(x_l=d_k)}{\sum_{l=1}^{j} I(x_l=d_k)}\right\}\frac{-\psi'}{1-\psi}\{d_k,\beta\}\right] \tag{3.35}$$

式中，$I(\cdot)$ 是一个指示函数，如果括号中的条件得到满足，则其值为 1；否则，其值为 0。此外，当计算不同剂量水平的平均值时，$\hat{\omega}_j(d_k)$ 起到权重的作用。如果数据是在 CRM 设计下获得的，则随着 j 的增加，当 $d_k \neq d_0$ 时，$\hat{\omega}_j(d_k)\to 0$ 且 $\hat{\omega}_j(d_0)\to 1$，其中 d_0 是真正的 MTD（Shen 和 O'Quigley，1996）。当然，$\hat{\omega}_j(d_k)$ 的分布在小样本和大样本的情况下不同，但这些性质还是基本满足的（Onar，et al，2009）。然而，实际上如果试验是在不同的设计下进行的，这种方法未必适用。因此，O'Quigley 考虑通过更合适的权重来调整 $\hat{\omega}_j(d_k)$，并将式（3.35）的右边设置为零，以估计工作模型中的参数。请注意，在这种情况下，适当的权重是通过进行模拟获得的，使得每个剂量水平上的真正毒性概率为 $\hat{R}(d_k)=\sum_{l=1}^{j} y_l I(x_l=d_k)/\sum_{l=1}^{j} I(x_l=d_k)$。

O'Quigley 和 Zohar（2010）评估了在上述第三种情况下，rCRM 的稳健性。此外，Zohar 等（2011）提出了一种利用 rCRM 作为荟萃分析工具的方法，将多个肿瘤 I 期试验的结果（MTDs）进行合并。

然而，在应用 rCRM 时会出现一些问题，如下所示：

• 在 CRM 中，毒性概率被假设随剂量单调递增，但实际获得的 $\hat{R}(d_k)$ 未必单调。因此，有些情况下，基于式（3.35）的加权估计方程可能不存在解。也可以使用等渗回归进行平滑处理，但会强制 $\hat{R}(d_k)$ 在某些剂量水平上保持均匀，因此无法期望性能改善。

• 在实际应用中，CRM 可能需要一些改进，如第 3.3 节所示，因此，有必要选择一个考虑了这些改进的权重。

Iasonos 和 O'Quigley（2011）指出了这些问题，并提出了一种受限最大似然估计，作为对 rCRM 的替代方法，以控制相邻剂量水平之间毒性概率的增量。

3.15.2 最优设计

剂量探索设计的特性是通过在各种情境下模拟假象性试验来评估的，同时考虑的是实际中可能遇到的剂量与毒性概率之间的真实关系。试验设计的重点在于安全地确定 MTD 或将要给患者施用的最优剂量，以及在适当时能够提前终止试验。因此，通常在模拟中评估设计特性的指标包括：（i）在所有试验中，每个剂量水平被选为 MTD 的比例；（ii）在所有试验中，根据每个试验的预定样本量，每个剂量水平接受治疗的患者平均比例；（iii）在所有试验中，根据每个试验的预定样本量，发生毒性的患者平均比例；（iv）在估计的 MTD 处毒性概率与目标毒性概率水平之间的均方误差等。通过使用这些指标，可以比较不同设计的特性，并讨论其优劣势。

O'Quigley 等（2002）提出了一种基于对比不完整和完整信息的非参数最优设计，用于比较不同设计之间的特性。在这里，不完整信息是指信息状态缺失的情况。换句话说，对于 K 个可用的剂量水平 $d_1,\cdots,d_K$，基于毒性随剂量单调递增的假设，如果患者在 d_k（$k \leqslant K$）处发生毒性反应，那么在 d_l（$k \leqslant l \leqslant K$）处也将发生。然而，关于毒性反应是否会发生在比 d_k 低的剂量水平上的信息是缺失的。另一方面，如果在 d_k（$1 \leqslant k$）处没有发生毒性反应，那么在 d_l（$1 \leqslant l \leqslant k$）处永远不会发生。然而，关于是否会发生在高于 d_k 的剂量水平的信息是缺失的。与此同时，完整信息指的是所有信息都是已知的状态。换句话说，这指的是已经获得了所有剂量水平的每例患者毒性信息的状态。当然，这种类型的完整信息实际上并不可能获得，但可以通过模拟得到。具体而言，对于第 j 例患者可耐受的剂量的毒性概率阈值 v_j（从均匀分布的随机数生成），在每个剂量水平 d_k 处的毒性发生由下式给出：

$$Y_j\left(d_k\right)=\begin{cases}0, & v_j>R\left(d_k\right)\\1, & v_j \leqslant R\left(d_k\right)\end{cases} \tag{3.36}$$

而第 k 个剂量水平的真实毒性概率由下式估计：

$$\hat{R}\left(d_k\right)=\frac{1}{n}\sum_{j=1}^{n}Y_j\left(d_k\right) \tag{3.37}$$

注意，由于 $R(d_1)\leqslant\cdots\leqslant R(d_k)$　$\hat{R}(d_1)\leqslant\cdots\leqslant\hat{R}(d_k)$，然后，通过基于完整信息的最优设计估计的 MTD 被确定为使 $|\hat{R}(d_k)-\Gamma_{\mathrm{T}}|$ 最小化的剂量，这类似于 CRM 中的剂量选择标准［参见式（3.2）］。因此，也可以通过使用上述描述的指标，通过模拟评估最优设计的特性。

在完整信息下，是可以获得真实毒性概率的经验估计，而不需要使用参数模型，因此，在这个意义上，这种方法是非参数的。此外，估计是无偏的，其方差保持 Cramér-Rao 下界。在这个意义上，使用完整信息的这种设计是“最优的”。而实际获得的数据确实构成了不完整的信息，因此，非参数的最优设计只是一个概念工具，无法应用于实际试验。然而，在应用识别 MTD 的设计或调查潜在的多个候选设计的改进时，这种非参数的最优设计作为基准是有用的。

O'Quigley 等（2002）和 Paoletti 等（2004）从效率的角度引入了一种度量标准，并呈现了毒性概率在估计的 MTD 和 Γ_T 之间差异的累积分布的图形展示，作为评估除最优设计之外的特性的工具。

参考文献

Ahn, C.: An evaluation of phase I cancer clinical trial designs. Stat. Med. 17(14), 1537-1549 (1998)

Asakawa, T., Ishizuka, N., Hamada, C.: A continual reassessment method that adaptively changes the prior distribution according to the initial cohort observation. Jpn. J. Clin. Pharmacol. Ther. 43(1), 21-28 (2012)

Babb, J.S., Rogatko, A.: Patient specific dosing in a cancer phase I clinical trial. Stat. Med. 20(14), 2079-2090 (2001)

Babb, J., Rogatko, A., Zacks, S.: Cancer phase I clinical trials: efficient dose escalation with overdose control. Stat. Med. 17(10), 1103-1120 (1998)

Bailey, R.A.: Designs for dose-escalation trials with quantitative responses. Stat. Med. 28(30), 3721-3738 (2009a)

Bailey, R.A.: Authors' rejoinder to Commentaries on 'Designs for dose-escalation trials with quan- titative responses'. Stat. Med. 28(30), 3759-3760 (2009b)

Bailey, S., Neuenschwander, B., Laird, G., Branson, M.: A Bayesian case study in oncology phase I combination dose-finding using logistic regression with covariates. J. Biopharm. Stat. 19(3), 469-484 (2009)

Bartroff, J., Lai, T.L.: Approximate dynamic programming and its applications to the design of phase I cancer trials. Stat. Sci. 25(2), 245-257 (2010)

Bartroff, J., Lai, T.L.: Incorporating individual and collective ethics into phase I cancer trial designs. Biometrics 67(2), 596-603 (2011)

Bekele, B.N., Ji, Y., Shen, Y., Thall, P.F.: Monitoring late-onset toxicities in phase I trials using predicted risks. Biostatistics 9(3), 442-457 (2008)

Bekele, B.N., Li, Y., Ji, Y.: Risk-group-specific dose finding based on an average toxicity score. Biometrics 66(2), 541-548 (2010)

Bekele, B.N., Thall, P.F.: Dose-finding based on multiple toxicities in a soft tissue sarcoma trial. J. Am. Stat. Assoc. 99(465), 26-35 (2004)

Bensadon, M., O'Quigley, J.: Integral evaluation for continual reassessment method. Comput. Pro- grams. Biomed. 42(4), 271-273 (1994)

Braun, T.M.: Generalizing the TITE-CRM to adapt for early- and late-onset toxicities. Stat. Med.25(12), 2071-2083 (2006)

Braun, T.M.: Motivating sample sizes in adaptive phase 1 trials via Bayesian posterior credible intervals. Biometrics. 74(3), 1065-1071 (2018)

Braun, T.M., Alonzo, T.A.: Beyond the 3+3 method: expanded algorithms for dose-escalation in phase I oncology trials of two agents. Clin. Trials 8(3), 247-259 (2011)

Braun, T.M., Levine, J.E., Ferrara, J.L.M.: Determining a maximum tolerated cumulative dose: dose reassignment within the TITE-CRM. Control. Clin. Trials 24(6), 669-681 (2003)

Braun, T.M., Thall, P.F., Nguyen, H., de Lima, M.: Simultaneously optimizing dose and schedule of a new cytotoxic agent. Clin. Trials 4(2), 113-124 (2007)

Braun, T.M., Wang, S.: A hierarchical Bayesian design for phase Ⅰ trials of novel combinations of cancer therapeutic agents. Biometrics 66(3), 805-812 (2010)

Braun, T.M., Yuan, Z., Thall, P.F.: Determining a maximum-tolerated schedule of a cytotoxic agent. Biometrics 61(2), 335-343 (2005)

Chapple, A.G., Thall, P.F.: Subgroup- specific dose finding in phase Ⅰ clinical trials based on time to toxicity allowing adaptive subgroup combination. Pharm. Stat. 17(6), 734-749 (2018)

Chen, Z., Krailo, M.D., Azen, S.P., Tighiouart, M.: A novel toxicity scoring system treating toxicity response as a quasi-continuous variable in phase Ⅰ clinical trials. Contemp. Clin. Trials 31(5), 473-482 (2010)

Cheung, Y.K.: On the use of nonparametric curves in phase Ⅰ trials with low toxicity tolerance. Biometrics 58(1), 237-240 (2002)

Cheung, Y.K.: Coherence principles in dose-finding studies. Biometrika 92(4), 863-873 (2005)

Cheung, Y.K.: Stochastic approximation and modern model-based designs for dose-finding clinical trials. Stat. Sci. 25(2), 191-201 (2010)

Cheung, Y.K.: Dose Finding by the Continual Reassessment Method. Chapman and Hall/CRC Press, Boca Raton, FL (2011)

Cheung, Y.: Sample size formulae for the Bayesian continual reassessment method. Clin. Trials10(6), 852-861 (2013)

Cheung, Y.K., Chappell, R.: Sequential designs for phase Ⅰ clinical trials with late-onset toxicities. Biometrics 56(4), 1177-1182 (2000)

Cheung, Y.K., Chappell, R.: A simple technique to evaluate model sensitivity in the continual reassessment method. Biometrics 58(3), 671-674 (2002)

Chevret, S.: The continual reassessment method in cancer phase Ⅰ clinical trials: a simulation study. Stat. Med. 12(12), 1093-1108 (1993)

Christian, M.C., Korn, E.L.: The limited precision of phase Ⅰ trial. J. Nat. Cancer Inst. 86(2), 1662- 1663 (1994)

Chu, P.-L., Lin, Y., Shih, W.J.: Unifying CRM and EWOC designs for phase Ⅰ cancer clinical trials. J. Stat. Plan. Inference 139(3), 1146-1163 (2009)

Clayton, D.G.: A model for association in bivariate life tables and its application in epidemiological studies of familial tendency in chronic disease incidence. Biometrika 65(1), 141-152 (1978)

Collins, J.M., Zaharko, D.S., Dedrick, R.L., Chabner, B.A.: Potential roles for preclinical pharma-cology in phase Ⅰ clinical trials. Cancer Treat. Rep. 70(1), 73-80 (1986)

Conaway, M.R., Dunbar, S., Peddada, S.D.: Designs for single- or multiple-agent phase Ⅰ trials. Biometrics 60(3), 661-669 (2004)

Crowley, J., Hoering, A.: Handbook of Statistics in Clinical Oncology, 3rd edn. Chapman and Hall/CRC Press, Boca Raton, FL (2012)

Daimon, T., Zohar, S., O'Quigley, J.: Posterior maximization and averaging for Bayesian working model choice in the continual reassessment method. Stat. Med. 30(13), 1563-1573 (2011)

Edler, L., Burkholder, I.: Chapter 1. Overview of phase Ⅰ trials. In: Crowley, J., Ankerst, D.P. (eds.) Handbook of Statistics in Clinical Oncology, 2nd edn., pp. 1-29. Chapman and Hall/CRC Press, Boca Raton, FL (2006)

Fan, K., Venookb, A.P., Lu, Y.: Design issues in dose-finding phase Ⅰ trials for combinations of two agents. J. Biopharm. Stat. 19(3), 509-523 (2009)

Faries, D.: Practical modifications of the continual reassessment method for phase Ⅰ cancer clinical trials. J.

Biopharm. Stat. 4(2), 147-164 (1994)
Garrett-Mayer, E.: The continual reassessment method for dose-finding studies: a tutorial. Clin. Trials 3(1), 57-71 (2006)
Gasparini, M., Eisele, J.: A curve-free method for phase Ⅰ clinical trials. Biometrics 56(2), 609-615 (2000)
Gasparini, M., Eisele, J.: Correction to "A curve-free method for phase Ⅰ clinical trials" by M. Gasparini and J. Eisele (2000). Biometrics 57(2), 659-660 (2001)
Gatsonis, C., Greenhouse, J.B.: Bayesian methods for phase Ⅰ clinical trials. Stat. Med. 11(10), 1377-1389 (1992)
Genest, C., Rivest, L.-P.: Statistical inference procedures for bivariate Archimedean copulas. J. Am. Stat. Assoc. 88(423), 1034-1043 (1993)
Gerke, O., Siedentop, H.: Optimal phase Ⅰ dose-escalation trial designs in oncology: a simulation study. Stat. Med. 27(26), 5329-5344 (2008a)
Gerke, O., Siedentop, H.: Authors' rejoinder to 'Dose-escalation designs in oncology: ADEPT and the CRM'. Stat. Med. 27(26), 5354-5355 (2008b)
Goodman, S.N., Zahurak, M.L., Piantadosi, S.: Some practical improvements in the continual reassessment method for phase Ⅰ studies. Stat. Med. 14(11), 1149-1161 (1995)
Haines, L.M., Perevozskaya, I., Rosenberger, W.F.: Bayesian decision procedures for dose deter- mining experiments. Biometrics 59(3), 591-600 (2003)
Hamberg, P., Verweij, J.: Phase Ⅰ drug combination trial design: walking the tightrope. J. Clin. Oncol. 27(27), 4441-4443 (2009)
Hougaard, P.: A class of multivariate failure time distributions. Biometrika 73(3), 671-678 (1986)
Huang, B., Chappell, R.: Three-dose-cohort designs in cancer phase Ⅰ trials. Stat. Med. 27(12), 2070-2093 (2008)
Hüsing, J., Sauerwein, W., Hideghéty, K., Jöckel, K.-H.: A scheme for a dose-escalation study when the event is lagged. Stat. Med. 20(22), 3323-3334 (2001)
Iasonos, A., O'Quigley, J.: Continual reassessment and related designs in dose-finding studies. Stat. Med. 30(17), 2057-2061 (2011)
Iasonos, A., Ostrovnaya, I.: Estimating the dose-toxicity curve in completed phase Ⅰ studies. Stat. Med. 30(17), 2117-2129 (2011)
Iasonos, A., Zohar, S., O'Quigley, J.: Incorporating lower grade toxicity information into dose finding designs. Clin. Trials 8(4), 370-379 (2011)
Iasonos, A., Wilton, A.S., Riedel, E.R., Seshan, V.E., Spriggs, D.R.: A comprehensive comparison of the continual reassessment method to the standard 3+3 dose escalation scheme in phase Ⅰ dose-finding studies. Clin. Trials 5(5), 465-477 (2008)
Ishizuka, N., Morita, S.: Practical implementation of the continual reassessment method. In: Crow- ley, J., Ankerst, D.P. (eds.) Handbook of Statistics in Clinical Oncology, 2nd edn., pp. 31-58. Chapman and Hall/CRC Press, Boca Raton, FL (2006)
Ishizuka, N., Ohashi, Y.: The continual reassessment method and its applications: a Bayesian methodology for phase Ⅰ cancer clinical trials. Stat. Med. 20(17-18), 2661-2681 (2001)
Ivanova, A.: Escalation, group and A+B designs for dose-finding trials. Stat. Med. 25(21), 3668-3678 (2006)
Ivanova, A., Kim, S.H.: Dose finding for continuous and ordinal outcomes with a monotone objective function: a unified approach. Biometrics 65(1), 307-315 (2009)
Ivanova, A., Murphy, M.: An adaptive first in man dose-escalation study of NGX267: statistical, clinical, and operational considerations. J. Biopharm. Stat. 19(2), 247-255 (2009)

Ivanova, A., Wang, K.: Bivariate isotonic design for dose-finding with ordered groups. Stat. Med. 25(12), 2018-2026 (2006)

Korn, E.L., Midthune, D., Chen, T.T., Rubinstein, L.V., Christian, M.C., Simon, R.M.: A comparison of two phase Ⅰ trial designs. Stat. Med. 13(8), 1799-1806 (1994)

Korn, E.L., Midthune, D., Chen, T.T., Rubinstein, L.V., Christian, M.C., Simon, R.M.: Commentary. Stat. Med. 18(20), 2691-2692 (1999)

Korn, E.L., Simon, R.: Using the tolerable-dose diagram in the design of phase Ⅰ combination chemotherapy trials. J. Clin. Oncol. 11(4), 794-801 (1993)

Kramar, A., Lebecq, A., Candalh, E.: Continual reassessment methods in phase Ⅰ trials of the combination of two drugs in oncology. Stat. Med. 18(14), 1849-1864 (1999)

Lee, S.M., Cheung, Y.K.: Model calibration in the continual reassessment method. Clin. Trials 6(3), 227-238 (2009)

Lee, S.M., Cheung, Y.K.: Calibration of prior variance in the Bayesian continual reassessment method. Stat. Med. 30(17), 2081-2089 (2011)

Lee, S.M., Cheng, B., Cheung, Y.K.: Continual reassessment method with multiple toxicity con- straints. Biostatistics 12(2), 386-398 (2011)

Legedza, A.T.R., Ibrahim, J.G.: Heterogeneity in phase Ⅰ clinical trials: prior elicitation and com- puting using the continual reassessment method. Stat. Med. 20(6), 867-882 (2001)

Leung, D., Wang, Y.-G.: An extension of the continual reassessment method using decision theory. Stat. Med. 21(1), 51-63 (2002)

Liu, S., Yin, G., Yuan, Y.: Bayesian data augmentation dose finding with continual reassessment method and delayed toxicity. Ann. Appl. Stat. 7(4), 2138-2156 (2013)

Mauguen, A., Le Deley, M.C., Zohar, S.: Dose-finding approach for dose escalation with overdose control considering incomplete observations. Stat. Med. 30(13), 1584-1594 (2011)

Morita, S.: Application of the continual reassessment method to a phase Ⅰ dose-finding trial in Japanese patients: East meets West. Stat. Med. 30(17), 2090-2097 (2011)

Morita, S., Thall, P.F., Müller, P.: Determining the effective sample size of a parametric prior. Biometrics 64(2), 595-602 (2008)

Morita, S., Thall, P.F., Takeda, K.: A simulation study of methods for selecting subgroup-specific doses in phase 1 trials. Pharm. Stat. 16(2), 143-156 (2017)

Møller, S.: An extension of the continual reassessment method using a preliminary up and down design in a dose-finding study in cancer patients in order to investigate a greater number of dose levels. Stat. Med. 14(9), 911-922 (1995)

Muliere, P., Walker, S.: A Bayesian nonparametric approach to determining a maximum tolerated dose. J. Stat. Plan. Inference 61(2), 339-353 (1997)

Murphy, J.R., Hall, D.L.: A logistic dose-ranging method for phase Ⅰ clinical investigations trials. J. Biopharm. Stat. 7(4), 635-647 (1997)

Murtaugh, P.A., Fisher, L.D.: Bivariate binary models of efficacy and toxicity in dose-ranging trials. Commun. Stat. Theory Methods 19(6), 2003-2020 (1990)

Natarajan, L., O'Quigley, J.: Interval estimates of the probability of toxicity at the maximum toler- ated dose for small samples. Stat. Med. 22(11), 1829-1836 (2003)

Neuenschwander, B., Branson, M., Gsponer, T.: Critical aspects of the Bayesian approach to phase Ⅰ cancer trials. Stat. Med. 27(13), 2420-2439 (2008)

Onar A., Kocak, M., Boyett, J.M.: Continual reassessment method vs. traditional empirically-based design: modifications motivated by phase Ⅰ trials in pediatric oncology by the Pediatric Brain Tumor Consortium. J. Biopharm. Stat. 19(3), 437-455 (2009)

Onar-Thomas, A., Xiong, Z.: A simulation-based comparison of the traditional method, rolling-6 design and a frequentist version of the continual reassessment method with special attention to trial duration in pediatric phase Ⅰ oncology trials. Contemp. Clin. Trials 31(3), 259-270 (2010)

O'Quigley, J.: Estimating the probability of toxicity at the recommended dose following a phase Ⅰ clinical trial in cancer. Biometrics 48(3), 853-862 (1992)

O'Quigley, J.: Another look at two phase Ⅰ clinical trial designs. Stat. Med. 18(20), 2683-2690 (1999)

O'Quigley, J.: Curve-free and model-based continual reassessment method designs. Biometrics 58(1), 245-249 (2002)

O'Quigley, J.: Retrospective analysis of sequential dose-finding designs. Biometrics 61(3), 749-756 (2005)

O'Quigley, J.: Theoretical study of the continual reassessment method. J. Stat. Plan. Inference 136(6), 1765-1780 (2006a)

O'Quigley, J.: Chapter 2. Phase Ⅰ and phase Ⅰ / Ⅱ dose finding algorithms using continual reassessment method. In: Crowley, J., Ankerst D.P. (eds.) Handbook of Statistics in Clinical Oncology, 2nd edn., pp. 31-58. Chapman and Hall/CRC Press, Boca Raton, FL (2006b)

O'Quigley, J.: Commentary on 'Designs for dose-escalation trials with quantitative responses'. Stat. Med. 28(30), 3745-3750; discussion 3759-3760 (2009)

O'Quigley, J., Chevret, S.: Methods for dose finding studies in cancer clinical trials: a review. Stat. Med. 10(11), 1647-1664 (1991)

O'Quigley, J., Conaway, M.: Continual reassessment method and related dose-finding designs. Stat. Sci. 25(2), 202-216 (2010)

O'Quigley, J., Conaway, M.: Extended model-based designs for more complex dose-finding studies. Stat. Med. 30(17), 2062-2069 (2011)

O'Quigley, J., Paoletti, X.: Continual reassessment method for ordered groups. Biometrics 59(2), 430-440 (2003)

O'Quigley, J., Paoletti, X., Maccario, J.: Non-parametric optimal design in dose finding studies. Biostatistics 3(1), 51-56 (2002)

O'Quigley, J., Pepe, M., Fisher, L.: Continual reassessment method: a practical design for phase 1 clinical trials in cancer. Biometrics 46(1), 33-48 (1990)

O'Quigley, J., Shen, L.Z.: Continual reassessment method: a likelihood approach. Biometrics 52(2), 673-684 (1996)

O'Quigley, J., Shen, L.Z., Gamst, A.: Two-sample continual reassessment method. J. Biopharm. Stat. 9(1), 17-44 (1999)

O'Quigley, J., Zohar, S.: Retrospective robustness of the continual reassessment method. J. Bio- pharm. Stat. 20(5), 1013-1025 (2010)

Pan, H., Yuan, Y.: A default method to specify skeletons for Bayesian model averaging continual reassessment method for phase Ⅰ clinical trials. Stat. Med. 36(2), 266-279 (2017)

Paoletti, X., O'Quigley, J., Maccario, J.: Design efficiency in dose finding studies. Comput. Stat. Data Anal. 45(2), 197-214 (2004)

Paoletti, X., Baron, B., Schöffski, P., Fumoleau, P., Lacombe, D., Marreaud, S., Sylvester, R.: Using the continual reassessment method: Lessons learned from an EORTC phase Ⅰ dose finding study. Eur. J. Cancer 42(10), 1362-1368 (2006)

Paoletti, X., Kramar, A.: A comparison of model choices for the continual reassessment method in phase Ⅰ cancer trials. Stat. Med. 28(24), 3012-3028 (2009)

Piantadosi, S., Liu, G.: Improved designs for dose escalation studies using pharmacokinetic mea- surements. Stat. Med. 15(15), 1605-1618 (1996)

Piantadosi, S., Fisher, J.D., Grossman, S.: Practical implementation of a modified continual reassess- ment method for dose-finding trials. Cancer Chemother. Pharmacol. 41(6), 429-436 (1998)

Polley, M.-Y.C.: Practical modifications to the time-to-event continual reassessment method for phase Ⅰ cancer trials with fast patient accrual and late-onset toxicities. Stat. Med. 30(17), 2130- 2143 (2011)

Potter, D.M.: Adaptive dose finding for phase Ⅰ clinical trials of drug used for chemotherapy of cancer. Stat. Med. 21(13), 1805-1823 (2002)

Resche-Rigon, M., Zohar, S., Chevret, S.: Adaptive designs for dose-finding in non-cancer phase Ⅱ trials: influence of early unexpected outcomes. Clin. Trials 5(6), 595-606 (2008)

Robbins, H., Monro, S.: A stochastic approximation method. Ann. Math. Stat. 22(3), 400-407 (1951)

Rogatko, A., Ghosh, P., Vidakovic, B., Tighiouart, M.: Patient-specific dose adjustment in the cancer clinical trial setting. Pharmaceut. Med. 22(6), 345-350 (2008)

Shen, L.Z., O'Quigley, J.: Consistency of continual reassessment method under model misspecifi- cation. Biometrika 83(2), 395-405 (1996)

Shu, J., O'Quigley, J.: Commentary: dose-escalation designs in oncology: ADEPT and the CRM. Stat. Med. 27(26), 5345-5353 (2008)

Silvapulle, M.J.: On the existence of maximum likelihood estimators for the binomial response models. J. Royal Stat. Soc. Series B 43(3), 310-313 (1981)

Simon, R., Korn, E.L.: Selecting drug combinations based on total equivalent dose (dose intensity). J. Nat. Cancer Inst. 82(18), 1469-1476 (1990)

Simon, R., Korn, E.L.: Selecting combinations of chemotherapeutic drugs to maximize dose inten- sity. J. Biopharm. Stat. 1(2), 247-259 (1991)

Simon, R.M., Freidlin, B., Rubinstein, L., Arbuck, S.G., Collins, J., Christian, M.C.: Accelerated titration designs for phase Ⅰ clinical trials in oncology. J. Nat. Cancer Inst. 89(15), 1138-1147 (1997)

Skolnik, J.M., Barrett, J.S., Jayaraman, B., Patel, D., Adamson, P.C.: Shortening the timeline of pediatric phase Ⅰ trials: the rolling six design. J. Clin. Oncol. 26(2), 190-195 (2008)

Storer, B.E.: Design and analysis of phase Ⅰ clinical trials. Biometrics 45(3), 925-937 (1989)

Su, Z.: A two-stage algorithm for designing phase Ⅰ cancer clinical trials for two new molecular entities. Contemp. Clin. Trials 31(1), 105-107 (2010)

Takeda, K., Morita, S.: Bayesian dose-finding phase Ⅰ trial design incorporating historical data from a preceding trial. Pharm. Stat. 17(4), 372-382 (2018)

Thall, P.F.: Bayesian models and decision algorithms for complex early phase clinical trials. Stat Sci. 25(2), 227-244 (2010)

Thall, P.F., Lee, J.J., Tseng, C.-H., Estey, E.H.: Accrual strategies for phase Ⅰ trials with delayed patient outcome. Stat. Med. 18(10), 1155-1169 (1999)

Thall, P.F., Millikan, R.E., Mueller, P., Lee, S.-J.: Dose-finding with two agents in phase Ⅰ oncology trials. Biometrics 59(3), 487-496 (2003)

Tighiouart, M., Rogatko, A., Babb, J.S.: Flexible Bayesian methods for cancer phase Ⅰ clinical trials. Dose escalation with overdose control. Stat. Med. 24(14), 2183-2196 (2005)

Tighiouart, M., Rogatko, A.: Dose finding with escalation with overdose control (EWOC) in cancer clinical trials. Stat. Sci. 25(2), 217-226 (2010) van Meter, E.M., Garrett-Meyer, E., Bandyopadhyay, D.: Proportional odds model for dose-finding clinical trial designs with ordinal toxicity grading. Stat. Med. 30(17), 2070-2080 (2011)

Wages, N.A., Conaway, M.R., O'Quigley, J.: Continual reassessment method for partial ordering. Biometrics 67(4), 1555-1563 (2011a)

Wages, N.A., Conaway, M.R., O'Quigley, J.: Dose-finding design for multi-drug combinations. Clin. Trials 8(4), 380-389 (2011b)

Wang, C., Chen, T., Tyan, I.: Designs for phase Ⅰ cancer clinical trials with differentiation of graded toxicity. Commun. Stat. Theory Methods 29(5-6), 975-987 (2000)

Wang, O., Faries, D.E.: A two-stage dose selection strategy in phase Ⅰ trials with wide dose ranges. J. Biopharm. Stat. 10(3), 319-333 (2000)

Wang, K., Ivanova, A.: Two-dimensional dose finding in discrete dose space. Biometrics 61(1), 217-222 (2005)

Wheeler, G.M., Sweeting, M.J., Mander, A.P.: A Bayesian model free-approach to combination therapy phase Ⅰ trials using censored time- to- toxicity data. J. R. Stat. Soc. Ser. C Appl. Stat. 68(2), 309-329 (2019)

Whitehead, J.: Bayesian decision procedures with application to dose-finding studies. Int. J. Pharm. Med. 11, 201-208 (1997)

Whitehead, J.: Letter to the editor: "Heterogeneity in phase Ⅰ clinical trials: prior elicitation and computation using the continual reassessment method" by Legedza, A., Ibrahim, J.G. (2001), Stat. Med. 20(6), 867-882. Stat. Med. 21(8), 1172 (2002)

Whitehead, J., Brunier, H.: Bayesian decision procedures for dose determining experiments. Stat. Med. 14(9-10), 885-893 (1995)

Whitehead, J., Williamson, D.: Bayesian decision procedures based on logistic regression models for dose-finding studies. J. Biopharm. Stat. 8(3), 445-467 (1998)

Whitehead, J., Zhou, Y., Hampson, L., Ledent, E., Pereira, A.: A Bayesian approach for dose- escalation in a phase Ⅰ clinical trial incorporating pharmacodynamic endpoints. J. Biopharm. Stat. 17(6), 1117-1129 (2007)

Whitehead, J., Zhou, Y., Patterson, S., Webber, D., Francis, S.: Easy-to-implement Bayesian methods for dose-escalation studies in healthy volunteers. Biostatistics 2(1), 47-61 (2001)

Wijesinha, M.C., Piantadosi, S.: Dose-response models with covariates. Biometrics 51(3), 977-987 (1995)

Yin, G., Yuan, Y.: Bayesian model averaging continual reassessment method in phase Ⅰ clinical trials. J. Am. Stat. Assoc. 104(487), 954-968 (2009a)

Yin, G., Yuan, Y.: A latent contingency table approach to dose-finding for combinations of two agents. Biometrics 65(3), 866-875 (2009b)

Yin, G., Yuan, Y. Bayesian dose finding for drug combinations by copula regression. J. Roy. Stat. Soc. Ser. C Appl. Stat. 58(2), 211-224 (2009c)

Yuan, Z., Chappell, R.: Isotonic designs for phase Ⅰ cancer clinical trials with multiple risk groups. Clin. Trials 1(6), 499-508 (2004)

Yuan, Z., Chappell, R., Bailey, H.: The continual reassessment method for multiple toxicity grades: a Bayesian quasi-likelihood approach. Biometrics 63(1), 173-179 (2007)

Yuan, Y., Yin, G.: Sequential continual reassessment method for two-dimensional dose finding. Stat. Med. 27(27), 5664-5678 (2008)

Yuan, Y., Yin, G.: Robust EM continual reassessment method in oncology dose finding. J. Am. Stat. Assoc. 106(495), 818-831 (2011)

Zhao, L., Lee, J., Mody, R., Braun, T.M.: The superiority of the time-to-event continual reassessment method to the rolling six design in pediatric oncology phase Ⅰ trials. Clin. Trials 8(4), 361-369 (2011)

Zhou, Y.: Choosing the number of doses and the cohort size for phase 1 dose-escalation studies. Drug Inf. J. 39(2), 125-137 (2005)

Zhou, Y., Lucini, M.: Gaining acceptability for the Bayesian decision-theoretic approach in dose- escalation studies. Pharm. Stat. 4(3), 161-171 (2005)

Zhou, Y., Whitehead, J.: Practical implementation of Bayesian dose-escalation procedures. Drug Inf. J. 37(1), 45-59 (2003)

Zohar, S., Katsahian, S., O'Quigley, J.: An approach to meta-analysis of dose-finding studies. Stat. Med. 30(17), 2109-2116 (2011)

Zohar, S., Resche-Rigon, M., Chevret, S.: Using the continual reassessment method to estimate the minimum effective dose in phase Ⅱ dose-finding studies: a case study. Clin. Trials 10(3), 414-421 (2013)

Zohar, S., O'Quigley, J.: Sensitivity of dose-finding studies to observation errors. Contemp. Clin. Trials 30(6), 523-530 (2009)

第 4 章
基于毒性的模型辅助设计

摘要

抗肿瘤药物 I 期临床试验的目的是确定研究药物的最大耐受剂量。传统设计方法一般会分为两个类型：基于规则 / 算法的设计和基于模型的设计。目前已开发出一种新的设计类别——模型辅助设计。在该设计中，通过基于毒性结果的模型，在试验开始前即给出简单且透明的剂量增减或维持的决策规则。本章将介绍一些经典的仅考虑毒性的模型辅助设计，如改良的毒性概率区间（modified toxicity probability interval, mTPI）设计及其改进版本的 mTPI-2 设计、贝叶斯最优区间（Bayesian optimal interval design, BOIN）设计和键盘（keyboard）设计等，并讨论相关主题。

关键词： 最大耐受剂量（MTD）；改良的毒性概率区间（mTPI）设计；mTPI-2 设计；贝叶斯最优区间（BOIN）设计；Keyboard 设计

4.1 引言

模型辅助设计采用二项式模型对每个预设剂量水平的毒性数据进行建模，因此这种方法与基于算法的设计是不同的（参见第 2 章），比如 3+3 设计。基于算法设计仅使用预先给定的简单透明的规则（或算法）进行剂量的增减或维持。同样，模型辅助设计与基于模型设计也不同（参见第 3 章），例如连续重评估方法（CRM）。后者设计首先假定所有剂量下的剂量 - 毒性曲线模型，然后随着试验过程中剂量和对应毒性数据的累积，不断地更新模型。因此，模型辅助设计结合了基于算法设计的简单性与透明性和基于模型设计的良好性能（Zhou，et al，2018a）。“简单性”指此方法只须计算当前剂量水平下经历毒性的患者数量来指导剂量的增减或维持，但是此过程的内在统计学算法是基于贝塔 - 二项式模型来完成的。“透明性”指试验开始前已通过表格给出已指定好的剂量增减或维持规则。因此，模型辅助设计在实施阶段也会更为简单一些。另外，一些模型辅助设计表现出与基于模型的设计相当的性能。特别是模型辅助设计规避了一些可能由于基于模型设计中错误使用模型而导致的不合理的剂量分配，因此模型辅助设计在 I 期临床试验中已经成为一种颇受欢迎的设计（Zhou，et al，2018b)。基于毒性的模型辅助设计包括 mTPI 设计（Ji，et al，2010）及其改进版本的 mTPI-2 设计（Guo，et al，2017）、BOIN 设计（Liu 和 Yuan，2015）和 Keyboard 设计（Yan，et al，2017）。本章节将概述以上试验设计并讨论相关主题。

除非特别说明，假设 I 期临床试验预先设定的最大样本量为 n，目标毒性概率水平是 Γ_T。研究目的是在 $1,\cdots,K$ 个剂量水平所对应的有序递增剂量 $d_1<\cdots<d_K$ 中识别药物的最大耐受剂量（MTD）。

4.2　改良的毒性概率区间（mTPI）设计和 mTPI-2 设计

4.2.1　概述

改良的毒性概率区间（mTPI）设计（Ji，et al，2010）是基于 Ji 等（2007）提出的毒性概率（或后验概率）区间（TPI）设计的一种改进版本。与 3+3 设计一样，mTPI 设计的一个优势在于，此方法很容易被临床研究者理解和实施。尽管此方法是基于贝塔 - 二项式模型来辅助，但是 mTPI 设计的剂量增减决策可在试验开始前利用算法给出（Ji 和 Wang，2013）。

令 π_k 表示第 k 个剂量水平下的未知毒性概率，同时假定 π_k 服从参数为 α_k 和 β_k 的贝塔先验分布，记为 $\text{Beta}(\alpha_k, \beta_k)$。对于当前剂量水平 k 下，n_k 例接受治疗的患者中有 y_k 例出现毒性反应，记为 $\{(n_1, y_1),\cdots,(n_k, y_k)\}$。假设 π_k 的贝塔后验分布服从参数 α_k+y_k 和 $\beta_k+n_k-y_k$，基于二项式 - 贝塔共轭，记为 $\text{Beta}(\alpha_k+y_k, \beta_k+n_k-y_k)$。通常情况下 I 期临床试验中关于剂量和毒性关系的信息较少，所以一般对 π_k 先验分布做无信息假设。因此，若 π_k 为无信息先验如 beta (0.005,0.005) 为 U 型先验，π_k 的后验估计很接近观测的毒性比例 y_k/n_k，或者 beta (1,1) 分布显示在 [0,1] 区间均匀概率密度，一个扁平先验（Ji，et al，2007）。如果有更多信息可以使用，则可以用带更多信息的先验分布。

mTPI 设计需要临床研究者提供一个等效区间 $\text{EI}=[\Gamma_T-\delta_1, \Gamma_T+\delta_2]$，其中 δ_1 和 δ_2（$\geqslant 0$）接近于 0（比如 δ_1，δ_2=0.05），如果当前剂量水平的毒性概率落入此区间，则相应的剂量水平最接近于真实的 MTD。同时，这也提供了剩余的两个区间：剂量不足区间（$0, \Gamma_T-\delta_1$），即如果当前剂量水平的毒性概率落入此区间，则相应的剂量水平低于真实的 MTD；以及剂量过量区间（$\Gamma_T+\delta_2, 1$），即如果当前剂量水平的毒性概率落入此区间，则相应的剂量水平高于真实的 MTD（见图 4.1）。因此，mTPI 设计中剂量的递增、递减和维持是通过三个区间的单位概率（unit probability mass, UPM）来决定。UPM 定义为后验分布下的毒性概率落入上述每个区间的概率除以相对应的区间长度。例如，在给定数据 $\{(n_1, y_1),\cdots,(n_k, y_k)\}$ 以及假设 π_k 的 beta 后验分布的累积分布函数为 $\text{beta}(\pi_k; \alpha', \beta')$，其中 $\alpha'=\alpha+y_k$，$\beta'=\beta+n_k-y_k$。等效区间 $[\Gamma_T-\delta_1, \Gamma_T+\delta_2]$ 的 UPM 可由下式给出：

$$\text{UPM}=\frac{\text{beta}\left(\Gamma_T+\delta_2;\alpha',\beta'\right)-\text{beta}\left(\Gamma_T-\delta_1;\alpha',\beta'\right)}{\delta_1+\delta_2} \tag{4.1}$$

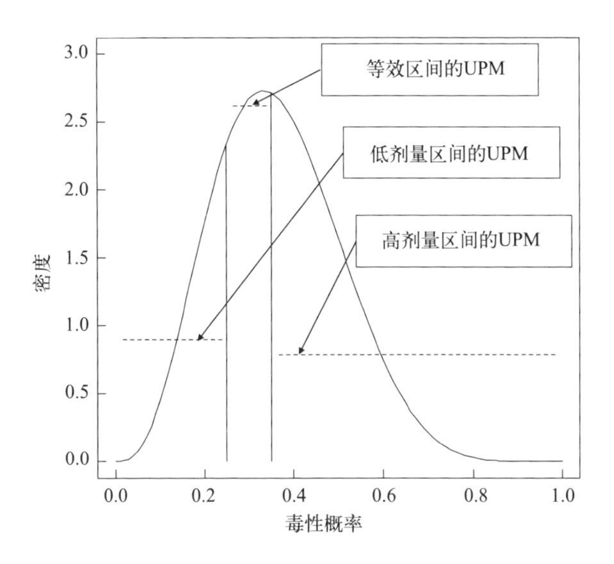

图 4.1 三个区间的 UPM 示例

X 轴上的两条垂直线对应 MTD 靶水平的毒性概率区间，三个区间的 UPM 由虚线给出

4.2.2 剂量探索规则

mTPI 设计的剂量探索规则如下：

（1）步骤 1：以当前剂量水平 k（$k\in\{1,\cdots, K\}$）治疗一例或一组患者，观测其毒性反应结果。

（2）步骤 2：在当前剂量水平 k 下，分别计算三个区间（0，$\Gamma_T-\delta_1$）、$[\Gamma_T-\delta_1, \Gamma_T+\delta_2]$ 和（$\Gamma_T+\delta_2$, 1）对应的 UPM。基于以上三个区间对应的 UPM 中最大的来决定是剂量递增至下一个较高剂量水平 $k+1$，或维持当前剂量水平 k，又或是剂量递减至下一个较低剂量水平 $k-1$。

（3）步骤 3：达到最大样本量后，对各剂量水平的毒性概率构建保序回归来获得 π_k 的估计值 $\tilde{\pi}_k$，k=1,⋯, K（Stylianou 和 Flournoy，2002）；这里需假定毒性概率随着剂量水平的增加而增加：$0 \leqslant \pi_1 \leqslant \cdots \leqslant \pi_k \leqslant 1$。

为了受试者安全性考虑，mTPI 设计纳入了额外两条准则。第一，假设已经使用最低剂量来治疗患者：在观测数据 $\{(n_1, y_1),\cdots,(n_k, y_k)\}$ 中通过后验概率分布计算最低剂量水平的毒性概率 π_1 超过了 Γ_T，即 $\Pr(\pi_1>\Gamma_T|n_k, y_k)$；如果 $\Pr(\pi_1>\Gamma_T|n_k, y_k)>\xi_1$ 且 ξ_1 接近于 1（例如 ξ_1=0.95），则因剂量毒性过高而终止试验。第二，如果在剂量爬坡阶段 $\Pr(\pi_{k+1}>\Gamma_T)>\xi_2$ 且 ξ_2 接近于 1（例如 ξ_2=0.95），则维持当前剂量水平 k，并且此后在试验中排除高于 k 的剂量水平。

给药不足或过量的风险与 mTPI 设计相关，对于临床研究者而言此风险是不被接受的（参见 Liu 和 Yuan，2015；Yang，et al，2015、2016、2017；Guo，et al，2017）。例如，在 Guo 等（2017）的论文中也有提及，当目标毒性概率 Γ_T=0.3，以某一剂量治疗的 6 例患者中有 3 例患者出现毒性，然而该情况下，mTPI 设计仍建议维持当前剂量，并且在该剂量下纳入更多患者治疗。但是研究者认为剂量应该降低而不是保持不变，因为实际中观测到的毒性概率已经达到 3/6 或者 50%。Yang 等（2015）提出了临时解决方法，允许使用者对 mTPI 设计中的剂量增减决策进行修改。尽管该方案提供了一些灵活性，但在统计学上很难证明 mTPI 设计的合理性。

Guo 等（2017）指出，以上提到的未达到最优的规则是奥卡姆剃刀（Ockham’s razor）原理的结果：如果复杂模型不能提供更好的解释，那么基于奥卡姆剃刀原理会倾向于简单化的模型而不是复杂模型。为了解决此问题，学者提出了 mTPI-2 设计，是对 mTPI 设计的拓展，可降低奥卡姆剃刀原理的影响。具体来说，和 mTPI 设计一样，mTPI-2 设计也需要临床研究者提供一个等效区间 $[\Gamma_T-\delta_1, \Gamma_T+\delta_2]$，以及另给出一套低于和高于等效区间的区间，将毒性概率区间（0, 1）划分为等长（$\delta_1+\delta_2$）的子区间。此过程会划分出多个相同长度的区间，被视为多个相等距离模型。例如，令 Γ_T=0.3，$\delta_1=\delta_2$=0.05，则等效区间为 [0.25，0.35]，剂量不足区间为（0, 0.05）、（0.05, 0.15）、（0.15, 0.25）以及过量区间为（0.35, 0.45）、（0.45, 0.55）、（0.55, 0.65）、（0.65, 0.75）、（0.75, 0.85）、（0.85, 0.95）、（0.95, 1）。

与 mTPI 设计相似，如果最大 UPM 出现在等效区间，则此区间为胜出模型，那么 mTPI-2 设计建议后续患者维持在当前剂量水平治疗。如果最大 UPM 出现在剂量不足区间或者过量区间，则相应区间为胜出模型，mTPI-2 设计建议相应地进行剂量递增或者剂量递减。因此，mTPI-2 设计的剂量决策规则基本与 mTPI

设计相同，除了 mTPI 设计只有三个区间（剂量不足区间、等效区间、剂量过量区间），而 mTPI-2 设计则是如前面所提及的一套区间。

4.2.3　软件实施

实施 mTPI 设计的 Excel 宏可以通过以下网址免费下载：http://health.bsd.uchicago.edu/yji/software2.htm。给出试验最大样本量、目标毒性概率水平，以及等效区间，宏程序可以在 Excel 表格中罗列出剂量递增、剂量递减和剂量维持的规则。还可以从同一网站下载一个 R 程序来执行模拟。该程序可以提供各种场景下 mTPI 设计的工作特性。实施 mTPI 设计的另一个 R 代码的下载网址为：https://biostatistics.mdanderson.org/softwaredownload/SingleSoftware.aspx?Software_Id=72。mTPI-2 设计和 mTPI 设计均可以通过用户界面更友好的 Next Gen-DF 来实现，此软件为肿瘤学剂量探索试验设计的新一代工具（图 4.2）。该工具可通

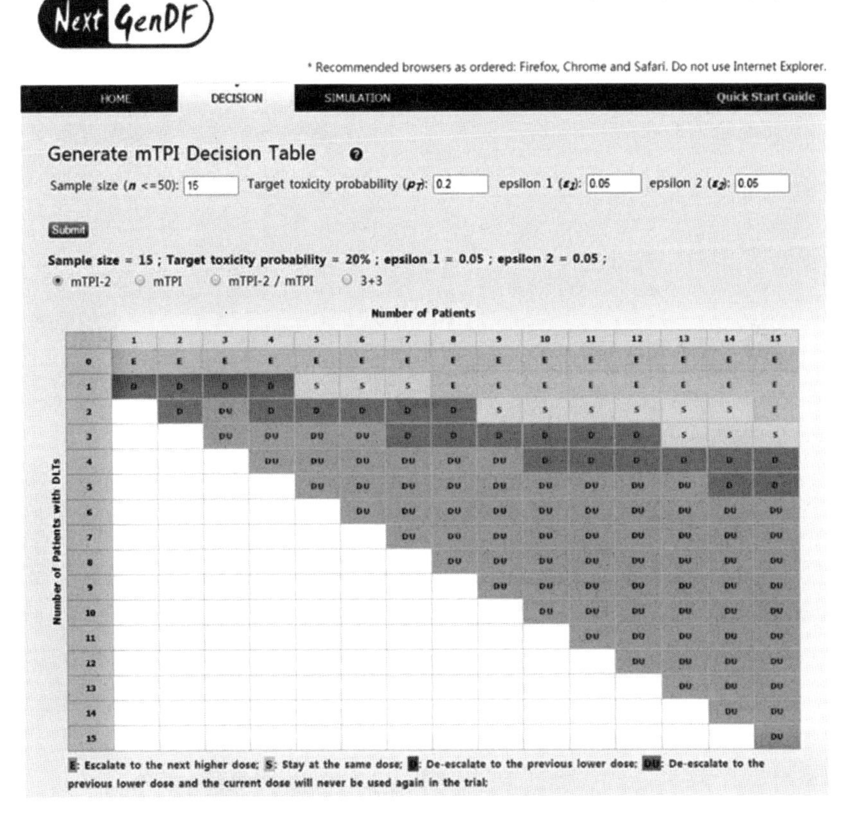

	1	2	3	4	5	6	7	8	9	10	11	12	13	14	15
0	E	E	E	E	E	E	E	E	E	E	E	E	E	E	E
1	D	D	D	D	S	S	S	E	E	E	E	E	E	E	E
2		D	DU	D	D	D	D	D	S	S	S	S	S	S	E
3			DU	DU	DU	DU	D	D	D	D	D	D	S	S	S
4				DU	DU	DU	DU	DU	DU	D	D	D	D	D	D
5					DU	DU	DU	DU	DU	DU	DU	DU	DU	D	D
6						DU	DU	DU	DU	DU	DU	DU	DU	DU	DU
7							DU	DU	DU	DU	DU	DU	DU	DU	DU
8								DU	DU	DU	DU	DU	DU	DU	DU
9									DU	DU	DU	DU	DU	DU	DU
10										DU	DU	DU	DU	DU	DU
11											DU	DU	DU	DU	DU
12												DU	DU	DU	DU
13													DU	DU	DU
14														DU	DU
15															DU

E: Escalate to the next higher dose; S: Stay at the same dose; D: De-escalate to the previous lower dose; DU: De-escalate to the previous lower dose and the current dose will never be used again in the trial;

图 4.2　mTPI 和 mTPI-2 设计的剂量增减决策表

过网页同时完成对多种方法的实施、对比，以及校准，且不受计算机操作系统的影响［参见 Yang，et al（2015）］。值得注意的是，现在已经有更新的网页版工具叫“U-design”，是升级版的 NextGen-DF，下载网址为：https://udesign.laiyaconsulting.com。

4.3 键盘（keyboard）设计

4.3.1 概述

Keyboard 设计（Yan，et al，2017）保留了 mTPI 设计的简单性，避免了过量使用的风险，能够更加准确地识别真实的 MTD。同 mTPI 和 mTPI-2 设计一样，Keyboard 设计也是使用贝塔 - 二项式模型，如 mTPI 和 mTPI-2 设计，但是 Keyboard 设计依赖于后验分布的毒性概率来指导剂量增减决策而并非 mTPI 设计中使用的单位概率质量（UPM）。因此，与 mTPI 设计相比，Keyboard 设计解释更为易懂一些。

Keyboard 设计需要提前设定一系列等宽的毒性概率区间，称为“键”，在给定剂量水平下毒性概率可以落在“键”中。具体来说，Keyboard 设计需要临床研究者提供一个适当剂量区间 $\tau^*=(\delta_1, \delta_2)$，称为“目标键”。如果在给定剂量水平下，真实的毒性概率落入“目标键”区间，则此剂量水平为真实的 MTD。接着研究者需要在目标键左右设置一系列等宽的键。这一系列 I 个等宽的键跨度从 0 到 1，记为 $\tau_1,\cdots,\tau_I$。例如，若目标键为（0.15，0.25），则包括目标键在内有九个（I=9）键置于 [0,1] 区间，其中包括 2 个末端，如 <0.05 和 >0.95。宽度为 0.1 的一个键（0.05，0.15）在目标键左侧，另外 7 个宽度为 0.1 的键如（0.25，0.35）、…、（0.85，0.95）在目标键的右侧。两侧末端的极端值，由于其长度不足以形成一个键，忽视并不会对剂量增减决策造成任何问题。

如果只保留等宽度的区间，把两侧末端不等宽的区间去掉，Keyboard 设计与 mTPI-2 设计是一致的。然而，为了展示当前剂量水平下真实毒性概率最可能的位置，Keyboard 设计采用后验概率，而 mTPI-2 设计采用了基于奥卡姆剃刀原理的单位概率质量（UPM）。这样，Keyboard 设计比 mTPI-2 设计更透明。

4.3.2 剂量探索规则

Keyboard 设计的剂量探索规则如下：

（1）步骤 1：以当前剂量水平 $k(k\in\{1,\cdots,K\})$ 治疗 1 例或一组患者（一般首例患者或者第一组患者接受最低剂量水平的治疗），观测其毒性反应结果。

（2）步骤 2：识别“最强键”。“最强键”定义为在当前剂量水平下后验概率最大的区间，也说明真实毒性概率最有可能的位置。如果最强键在目标键的左侧，则表明观察到的数据显示当前剂量水平是低毒的，需要剂量递增至下一个较高的剂量水平。相反的，如果最强键在目标键右侧，则表明观察到的数据显示当前剂量水平是过毒的，需要降低一个剂量水平。最后，如果最强键为目标键，则观察到的数据显示当前剂量水平是正确剂量，需要维持当前剂量水平。

（3）步骤 3：达到最大样本量后，通过构建保序回归来获得毒性概率估计，然后识别 MTD 对应的剂量组。

考虑到受试者安全性，Keyboard 设计增加了剂量排除规则。如果在某剂量水平下获取的数据和毒性结果提示会有 95% 概率当前剂量水平高于 MTD，也就是 $\Pr(\pi_k \geqslant \Gamma_{\mathrm{T}}|n_k, y_k)>0.95$，那么当前剂量以及更高的剂量水平被排除。不过，在应用剂量排除规则之前，至少要对三例患者进行评估。

4.3.3 软件实施

可通过 Shiny 应用程序来实施 Keyboard 设计，此应用程序包含详细的使用说明以及准备方案相关的模板，下载网址为：http://www.trialdesign.org/。通过录入剂量组个数、起始剂量水平、目标毒性概率水平、毒性概率区间、队列大小、队列个数，以及过量控制阈值等，可以获得 Keyboard 设计的剂量增减决策表（图 4.3）。

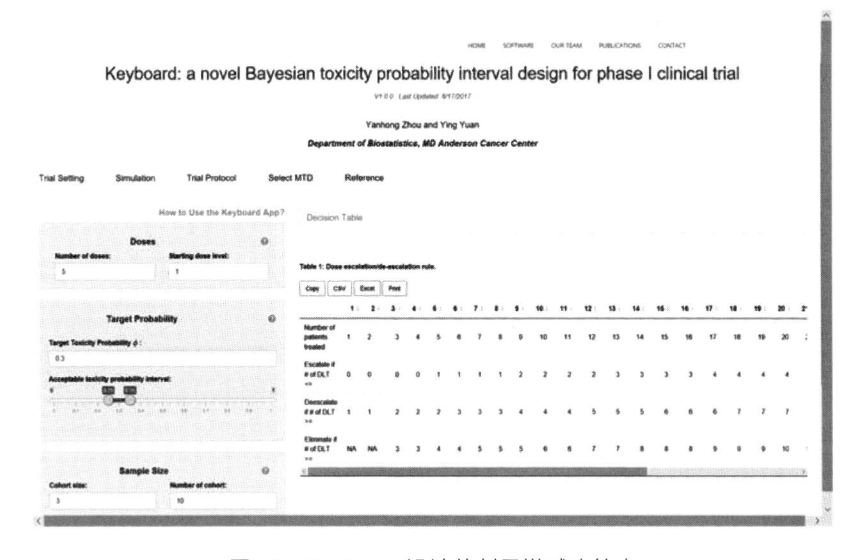

图 4.3 Keyboard 设计的剂量增减决策表

4.4 贝叶斯最优区间（BOIN）设计

4.4.1 概述

Liu 和 Yuan（2015）提出了局部和广义贝叶斯最优区间（BOIN）设计来识别 MTD，以实现最小化患者暴露于亚治疗剂量或者过毒剂量的概率。Liu 和 Yuan（2015）建议使用局部 BOIN 设计，因为有限样本的模拟结果显示局部 BOIN 在性能上会优于广义 BOIN 设计。因此，下文我们将重点讨论局部 BOIN 设计，简称为“BOIN 设计”。BOIN 设计比上文描述的其他模型辅助设计更加直接、透明。事实上，BOIN 设计通过将当前剂量水平的估计毒性概率与一对固定的剂量增减阈值下的毒性概率对比，以更通俗易懂的方式提供剂量决策建议。

4.4.2 剂量探索规则

令 π_k 表示剂量水平 k 下的真实毒性概率，k=1,⋯, K。基于 n_k 例患者接受剂量水平 k 治疗并且有 y_k 例患者经历了毒性事件的数据，当前剂量水平下的毒性概率估计为 $\widehat{\pi_k}={y_k}/{n_k}$ 。此外，令 $\lambda_{1k}(n_k, \varGamma_{\mathrm{T}})$ 和 $\lambda_{2k}(n_k, \varGamma_{\mathrm{T}})$ 分别表示当前剂量下剂量递增和剂量递减的决策阈值。

BOIN 设计的剂量决策规则如下：

步骤 1：以当前剂量水平 $k(k\in\{1,\cdots, K\})$ 治疗 1 例或一组患者（一般首例患者或者第一组患者接受最低剂量水平的治疗），观测其毒性反应结果。

步骤 2：估计当前剂量水平下的毒性概率。如果 $\widehat{\pi_k}\leqslant\lambda_{\mathrm{T},1}(n_k,\varGamma_{\mathrm{T}})$，则剂量递增至剂量水平 k+1；如果 $\widehat{\pi_k}\geqslant\lambda_{\mathrm{T},2}(n_k,\varGamma_{\mathrm{T}})$，则剂量递减至剂量水平 k–1；否则就维持在当前剂量水平。

步骤 3：达到最大样本量后，通过构建保序回归来获得毒性概率估计，然后识别 MTD。

与 Keyboard 设计类似，出于受试者安全性考虑，BOIN 设计同样增加了剂量排除规则。

BOIN 设计基于三点假设：H_0 代表当前剂量为治疗剂量，后续队列入组患者维持此剂量的治疗；H_1 代表当前剂量治疗效果欠佳，应该增加剂量；H_2 代表当前剂量过毒，必须降低剂量。值得注意的是这三点假设的目的并非是检验假设，而是为了优化试验设计性能。

π_k 基于三点假设建立的公式如下：

$$H_{0k}:\pi_k=\varGamma_{\mathrm{T}};\ H_{1k}:\pi_k=\varGamma_{\mathrm{T},1};\ H_{2k}:\pi_k=\varGamma_{\mathrm{T},2} \tag{4.2}$$

式中，$\Gamma_{T,1}$ 表示在低于 MTD 下的最大毒性概率，$\Gamma_{T,2}$ 表示在高于 MTD 下的最小毒性概率。为了将选择错误剂量的概率最小化，根据以下公式获得最优剂量增减决策阈值 $\lambda_{1k}(n_k, \Gamma_T)$ 和 $\lambda_{2k}(n_k, \Gamma_T)$，如下：

$$\lambda_{1k}\left(n_k, \Gamma_T\right)=\frac{\log\left(\frac{1-\Gamma_{T,1}}{1-\Gamma_T}\right)+n_j^{-1}\log\left[\frac{\Pr\left(H_{1k}\right)}{\Pr\left(H_{0k}\right)}\right]}{\log\left[\frac{\Gamma_T\left(1-\Gamma_{T,1}\right)}{\Gamma_{T,1}\left(1-\Gamma_T\right)}\right]}$$

$$\lambda_{2k}\left(n_k, \Gamma_T\right)=\frac{\log\left(\frac{1-\Gamma_T}{1-\Gamma_{T,2}}\right)+n_j^{-1}\log\left[\frac{\Pr\left(H_{0k}\right)}{\Pr\left(H_{2k}\right)}\right]}{\log\left[\frac{\Gamma_{T,2}\left(1-\Gamma_T\right)}{\Gamma_T\left(1-\Gamma_{T,2}\right)}\right]}$$

当 $\Pr(H_{0k})=\Pr(H_{1k})=\Pr(H_{2k})$，最优剂量增减决策阈值 $\lambda_{1k}(n_k, \Gamma_T)$ 和 $\lambda_{2k}(n_k, \Gamma_T)$ 与当前剂量水平 k 和对应的样本量 n_k 无关。这种阈值不变性简化了临床试验的实施，因为无论何种剂量水平和多少受试者人数，在试验过程中都可以使用同一对区间阈值。

4.4.3 软件实施

BOIN 设计可通过以下三种平台实现：BOIN R 软件包，可以在下面网址获取：https://cran.r-project.org/web/packages/BOIN/index.html；基于图形用户界面的单机版 Windows 桌面程序，可以通过以下地址获取：https://biostatistics.mdanderson.org/softwaredownload/SingleSoftware.aspx?Software_Id=99；Shiny 在线应用程序，可以通过以下网址获取：http://www.trialdesign.org/。例如，通过输入目标毒性概率水平、队列大小、队列数量（如有必要）、提前终止参数、被认为低于治疗剂量（如低于 MTD）需增加剂量的最高毒性概率剂量、被认为毒性过大需降低剂量的最低毒性概率剂量，以及避免过大毒性的剂量阈值等参数后，通过 BOIN R 软件包中的 get.boundary 函数来获得最优剂量增减决策阈值。详见附图 3。

4.5 其他类型的剂量探索设计

Clertant 和 O'Quigley（2017）描述了一类新的剂量探索设计，即适用于 I 期临床试验的半参数剂量探索设计。在一定参数条件下，该类设计可简化为

CRM 设计的一种。然而，如果放宽底层结构，这类设计还包括累积队列（CC）设计、mTPI 设计和 BOIN 设计，这些设计并不明确地将剂量 - 毒性曲线建模在一个单一的伞状结构下。详见 Clertant 和 O'Quigley（2017），进一步讨论请参阅 Clertant 和 O'Quigley（2019）。R 代码可以通过以下网址获取：https://github.com/MatthieuMC/SPM_project_01。

4.6　何为最优设计？

Horton 等（2017）在一项模拟研究中比较了 mTPI、BOIN 以及 CRM 设计，共涉及 16 种剂量 - 毒性关系场景。其研究表明，如果考虑到真实 MTD 的正确选择率和剂量分配的准确性，在多数情况下 CRM 设计会优于其他两个设计，其次是 BOIN 设计，再次是 mTPI 设计。随着剂量组数量的增加，这些趋势会更加明显。

Ananthakrishnan 等（2017）研究了基于规则的设计，包括 3+3、*A*+*B*、3+3+3 和加速滴定（AT）设计；基于模型的设计，包括 CRM 和控制过量用药的剂量递增（escalation with overdose control, EWOC）设计；模型辅助设计，包括 mTPI 设计、BOIN 设计以及被称为“毒性当量范围（toxicity equivalence range, TEQR）设计”的频率学派版本的 mTPI 设计，共涉及三种剂量 - 毒性关系场景。其研究表明，剂量 - 毒性存在线性关系和 log-logistic 关系情况下，5+5a 设计的 MTD 识别准确性与基于模型的设计和模型辅助的设计相当，但是 5+5a 设计需要入组更多的受试者。除此之外，基于模型的设计和模型辅助的设计性能会更好一些，剂量分配的准确性最高，也有很高比例识别真实的 MTD。

根据 Clertant 和 O'Quigley（2017）提出的伪均匀分布的算法随机建立的 10000 种剂量 - 毒性关系场景，Zhou 等（2018a）回顾了模型辅助设计，如 mTPI、Keyboard 和 BOIN 设计，并将其性能与 CRM 设计进行了比较。结果显示 BOIN、Keyboard 和 CRM 设计都展示了优越的工作性能，并且均优于 mTPI 设计。Zhou 等（2018b）回顾和研究了三种模型辅助设计，包括 mTPI、BOIN 和 Keyboard 设计，以及三种基于模型的设计，包括 CRM、EWOC 和贝叶斯逻辑回归模型（Bayesian logistic regression model, BLRM）的准确性、安全性以及可靠性。同时也考虑了一些设计中使用的经验规则，包括跳剂量和实施剂量过高控制。结果显示，在识别 MTD 的准确性上，CRM 设计优于 EWOC 和 BLRM 设计，BOIN 和 Keybord 设计表现出相似的性能，均优于 mTPI 设计。同时，结果显示 CRM 和 BOIN 设计有着非常接近的性能。

Clertant 和 O'Quigley（2019）提出了对每种累积队列设计（参见 2.9）和前面提到的模型辅助设计进行半参数拓展，分别称为“SP-CCD”“SP-MTPI”“SP-BOIN”和“SP-Keyboard”。通过大量模拟，结果显示以上拓展设计相对原始设计的性能均有所提升。

4.7 与相关主题的其他试验设计概述

4.7.1 考虑迟发毒性的设计

基于贝叶斯模型选择模式，Lin 和 Yin（2017a, b）开发了一种非参数过剂量控制（nonparametric overdose control, NOC）的 I 期临床试验设计。此外，为了解决迟发毒性问题，他们提出了一种分数 NOC 设计，将 NOC 设计与所谓的分数估算法相结合。NOC 设计可以通过控制每个连续剂量分配超出 MTD 的后验概率来完成，并且不需要假设一个剂量 - 毒性曲线。实现 NOC 设计的 R 代码可以从 Github 上获取：https://github.com/ruitaolin/NOC。

Yuan 等（2018）提出了 time-to-event BOIN（TITE-BOIN）设计，来解决 I 期临床试验中的迟发毒性情况。这种设计允许在部分入组受试者的毒性数据还没完全获得的情况下，实时地提供新的受试者剂量分配的决策。同 BOIN 设计一样，TITE-BOIN 设计也可以在试验开始前给出剂量增减决策表。因此该设计同样简单透明、易于实施。与时间 - 事件连续重新评估方法（TITE-CRM）比较，TITE-BOIN 设计不仅有着相当的 MTD 识别准确性，而且实施相对简单同时更好地控制了药物过量的问题。TITE-BOIN 设计可通过基于图形用户界面的单机版 Windows 桌面程序实施，可以通过以下两个地址获取：https://biostatistics.mdanderson.org/softwaredownload/SingleSoftware.aspx?Software_Id=99 或 http://www.trialdesign.org/。

4.7.2 考虑毒性等级或连续毒性结果的设计

Mu 等（2019）开发了广义 BOIN（gBOIN）设计，此设计在统一的框架下考虑了毒性等级或二元或连续的毒性结果。gBOIN 设计基于指数族分布给出剂量增减决策规则。gBOIN 设计可在以下平台获取，网址：http://www.trialdesign.org/。

4.7.3 联合用药的设计

Lin 和 Yin（2017a, b）开发了适用于联合用药的 BOIN 设计，其剂量分配规则是基于最大化下个剂量毒性概率落在预设的概率区间的后验概率。研究结果表明，此设计与基于模型的设计的统计性能相当。此 BOIN 设计可通过基于图形用户界面的单机版 Windows 桌面应用程序实施，获取网址为：https://biostatistics.mdanderson.org/softwaredownload/SingleSoftware.aspx?Software_Id=99，或在以下平台实施，网址为 http://www.trialdesign.org/。

Pan 等（2017）将 Keyboard 设计拓展到了联合用药剂量探索试验中，通过随机二维剂量 - 毒性关系的广义算法评估了所提出的 Keyboard 设计的性能。结果显示，考虑联合用药的 Keyboard 设计在 MTD 识别准确性以及治疗效率方面都会优于偏序 CRM（partial order CRM）设计（Wages，et al，2011）。此设计可在以下平台实施，网址为：http://www.trialdesign.org/。

Mander 和 Sweeting（2015）提出了一种基于贝叶斯模型平均法的独立贝塔概率乘积递增设计（product of independent beta probabilities escalation, PIPE），用于确认联合用药试验中的 MTD 等高线，此方法不需要假设剂量 - 毒性模型。同样，Zhang 和 Yuan（2016）提出了“瀑布”设计来识别联合用药试验中的 MTD 等高线。“瀑布”代表从剂量矩阵中由上而下、依次探索 MTD 等高线的过程。正因如此，此设计将剂量矩阵分为多个子试验，并且每个子试验通过 BOIN 设计来实施。瀑布设计也可以通过 BOIN R 软件包来实现。R 软件包可以通过以下网址获取：https://cran.rproject.org/web/packages/BOIN/index.html。关于更多联合用药的试验设计讨论，可以参考 Yuan 和 Zhang（2017）。

参考文献

Ananthakrishnan, R., Green, S., Chang, M., Doros, G., Massaro, J., LaValley, M.: Systematic comparison of the statistical operating characteristics of various phase Ⅰ oncology designs. Contemp.Clin. Trials Commun. 5, 34-48 (2017)

Clertant, M., O'Quigley, J.: Semiparametric dose finding methods. J. Roy. Stat. Soc. Ser. B Stat.Methodol. 79(5), 1487-1508 (2017)

Clertant, M., O'Quigley, J.: Semiparametric dose finding methods: special cases. J. R. Stat. Soc. Ser. C Appl. Stat. 68(2), 271-288 (2019)

Guo, W., Wang, S.-J., Yang, S., Lin, S., Ji, Y.: A Bayesian interval dose-finding design addressing Ockham's razor: mTPI-2. Comtemp. Clin. Trials 58, 23-33 (2017)

Horton, B.J., Wages, N.A., Conaway, M.R.: Performance of toxicity probability interval based designs in contrast to the continual reassessment method. Stat. Med. 36(2), 291-300 (2017)

Ji, Y., Li, Y., Bekele, B.N.: Dose-finding in phase Ⅰ clinical trials based on toxicity probability interval. Clin. Trials 4(3), 235-244 (2007)

Ji, Y., Liu, P., Li, Y., Bekele, B.N.: A modified toxicity probability interval method for dose-finding trials. Clin. Trials 7(6), 653-663 (2010)

Ji, Y., Wang, S.: Modified toxicity probability interval design: a safer and more reliable method than the 3+3

design for practical phase Ⅰ trials. J. Clin. Oncol. 31(14), 1785-1791 (2013)
Lin, R., Yin, G.: Nonparametric overdose control with late-onset toxicity in phase Ⅰ clinical trials. Biostatistics 18(1), 180-194 (2017b)
Lin, R., Yin, G.: Bayesian optimal interval designs for dose finding in drug-combination trials. Stat.Methods Med. Res. 26(5), 2155-2167 (2017a)
Liu, S., Yuan, Y.: Bayesian optimal interval designs for phase Ⅰ clinical trials. J. Roy. Stat. Soc. Ser.C Appl. Stat. 64(3), 507-523 (2015)
Mander, A.P., Sweeting, M.J.: A product of independent beta probabilities dose escalation design for dual-agent phase Ⅰ trials. Stat. Med. 34(8), 1261-1276 (2015)
Mu, R., Yuan, Y., Xu, J., Mandrekar, S.J., Yin, J.: gBOIN: a unified model-assisted phase Ⅰ trial design accounting for toxicity grades, binary or continuous end points. J. R. Stat. Soc. Ser. C Appl. Stat. 68(2), 289-308 (2019)
Pan, H., Lin, R., Yuan, Y.: Statistical properties of the keyboard design with extension to drugcombination trials (2017). http://arxiv.org/abs/1712.06718
Stylianou, M., Flournoy, N.: Dose finding using the biased coin up-and-down design and isotonic regression. Biometrics 58(1), 171-177 (2002)
Wages, N.A., Conaway, M.R., O'Quigley, J.: Continual reassessment method for partial ordering. Biometrics 67(4), 1555-1563 (2011)
Yan, F., Mandrekar, S.J., Yuan, Y.: Keyboard: a novel Bayesian toxicity probability interval design for phase Ⅰ clinical trials. Clin. Cancer Res. 23(15), 3994-4003 (2017)
Yang, S.,Wang, S.-J., Ji, Y.: An integrated dose-finding tool for phase Ⅰ trials in oncology. Contemp.Clin. Trials 45(Part B), 426-434 (2015)
Yuan, Y., Hess, K.R., Hilsenbeck, S.G., Gilbert, M.R.: Bayesian optimal interval design: a simple and well-performing design for phase Ⅰ oncology trials. Clin. Cancer Res. 22(17), 4291-4301(2016)
Yuan, Y., Lin, R., Li, D., Nie, L., Warren, K.E.: Time-to-event Bayesian optimal interval design to accelerate phase Ⅰ trials. Clin. Cancer Res. 24(20), 4921-4930 (2018)
Yuan, Y., Zhang, L.: Chapter 6. Designing early-phase drug combination trials. In: O'Quigley J., Iasonos, A., Bornkamp, B. (eds.) Handbook of Methods for Designing, Monitoring, and Analyzing Dose Finding Trials, 1st edn., pp. 109-126 (2017)
Zhang, L., Yuan, Y.: A practical Bayesian design to identify the maximum tolerated dose contour for drug combination trials. Stat. Med. 35(27), 4924-4936 (2016)
Zhou, H., Murray, T.A., Pan, H., Yuan, Y.: Comparative review of novel model-assisted designs for phase Ⅰ clinical trials. Stat. Med. (2018a). https://doi.org/10.1002/sim.7674
Zhou, H., Yuan, Y., Nie, L.: Accuracy, safety, and reliability of novel phase Ⅰ trial designs. Clin. Cancer Res. 24(18), 4357-4364 (2018b)

第 5 章

综合考虑毒性和疗效的早期临床试验设计

摘要

在一种试验药物的毒性和疗效随着剂量增加而单调递增的前提下，Ⅰ期临床试验的主要目的是确定其最大耐受剂量（maximum tolerated dose，MTD）。这是因为 MTD 有望在毒性反应允许的条件下，使得试验药物产生临床最大疗效，所以在后续的Ⅱ期和Ⅲ期临床试验中，基本使用 MTD 作为最佳推荐剂量。然而，这种模式不一定适用于细胞抑制剂、分子靶向药物或生物制剂的早期临床研发。此外，对于任何试验药物的剂量、毒性和疗效之间的真正关系很难获知。为了解决这些问题，将Ⅰ期和Ⅱ期临床合并为“Ⅰ/Ⅱ期融合设计”，可能有助于将疗效和毒性同时考虑在内。本章概述了几种基于规则、模型和模型辅助的Ⅰ/Ⅱ期临床试验设计，并讨论了相关要点。

关键词： Ⅰ/Ⅱ期临床试验；基于规则的设计；基于模型的设计；基于模型的辅助设计

5.1 引言

通常认为化疗药（chemotherapeutic agents，CAs）或细胞毒性药物的毒性和疗效会随着剂量的增加而单调递增。这是因为这类药物的毒性和疗效的作用机制基本相同，其剂量 - 疗效关系与剂量 - 毒性关系是平行的。因此药物的疗效可以根据毒性作用的剂量强度来进行预测。基于该假设，在各类Ⅰ期临床试验中通常采用仅关注毒性评价的试验设计，正如第 2 ～ 4 章中讨论的内容。

然而，对于正在或将要参加此类药物试验的患者来说，如果药物的毒性可以接受，但其疗效不足或没有疗效，那么药物在该剂量下或者其本身基本上就是无用的。另外，细胞抑制剂、分子靶向药物（molecularly targeted agents，MTAs）

或免疫调节剂（immunotherapeutic agents，IAs）与化疗药或细胞毒药物不同，由于其特殊的作用机制，剂量 - 毒性和剂量 - 药效之间并不总呈现出随着剂量增加而单调递增的平行关系。事实上，这几类药物中的一些可能只有较弱或轻微的毒性。对于这类药物的评价，应将重点放在疗效评价而非毒性评估上。但不幸的是，在多数临床实践中使用的是仅考虑毒性评估的Ⅰ期临床试验设计（见第 2 ～ 4 章），有时可能包括剂量扩展队列（见第 6.5 节）。因此，试验可以采取Ⅰ期临床试验与Ⅱ期临床试验同时或无缝衔接的形式开展，术语称为“Ⅰ/Ⅱ期或Ⅰ-Ⅱ期临床试验”。由于“Ⅰ/Ⅱ期临床试验”和“Ⅰ-Ⅱ期临床试验”两个词可以互换使用，所以我们简单地称其为“Ⅰ/Ⅱ期临床试验”。本章将概述一些Ⅰ/Ⅱ期临床试验设计。

5.2　什么是最佳剂量?

假设在一个预设最大样本量为 n_{max} 的Ⅰ/Ⅱ期临床试验中，临床研究者想在有序剂量 $d_1<\cdots<d_k$ 中确定一种试验药物的最佳剂量（optimal Dose，OD），其中毒性和疗效的结果均按照二分类终点进行观察。如果用 x 表示一个受试者在试验中给药剂量的随机变量，x 是一个观察变量，表示为 $x\in\{d_1,\cdots,d_K\}$。将 Y_T 设置为评估毒性的二分类随机终点变量，y_T 是 Y_T 的观察值，其中 Y_T=1 表示毒性发生，Y_T=0 则表示未发生毒性。我们将剂量 x 下 Y_T 的概率、Y_E 的概率以及 Y_T 和 Y_E 的二分类概率表示如下：

$$\Pr(Y_T = y_T \mid X = x), y_T \in \{0,1\} \tag{5.1}$$

$$\Pr(Y_E = y_E \mid X = x), y_E \in \{0,1\} \tag{5.2}$$

和

$$\Pr(Y_T = y_T, Y_E = y_E \mid X = x), y_T, y_E \in \{0,1\} \tag{5.3}$$

如果假设 Y_T 和 Y_E 是独立的，则：$\Pr(Y_T=y_T, Y_E=y_E|X=x)=\Pr(Y_T=y_T|X=x)\Pr(Y_E=y_E|X=x)$。

如果用 Γ_T 表示 $\Pr(Y_T=1|X=x)$ 情况下的预设目标毒性概率水平或最大可接受毒性概率水平。从毒性的角度来看，满足下方公式关系的剂量被定义为可接受剂量。

$$\Pr(Y_T=1|X = x) \leqslant \Gamma_T \tag{5.4}$$

正如第 2 ～ 4 章所示，Ⅰ期临床试验（尤其是对于细胞毒性药物）的主要目的是确定最大耐受剂量（MTD），一般将满足公式（5.4）的最大可接受剂量选为 MTD。如果毒性和疗效会随剂量的增加而单调递增，且有平行关系，则可将 MTD 视为最佳剂量（OD）。

如果用 Γ_E 表示 $\Pr(Y_E=1|X=x)$ 情况下的预设最小疗效概率水平。从疗效的角度来看，将满足下方公式关系的剂量定义为可接受剂量。

$$\Pr(Y_E=1|X=x) \geqslant \Gamma_E \tag{5.5}$$

也有一些试验，其目的可能是确定在接受药物的部分患者中产生疗效或预期效果的最小有效剂量（minimum effective dose，MED）。在这些试验中，满足公式（5.5）的最小可接受剂量一般被选作 MED。

在一些针对患有严重疾病和危及生命疾病的患者的Ⅰ/Ⅱ期临床试验中，由于毒性是致命的，因此试验中的疗效结果数据会发生删失。在这种情况下，由于无法获得疗效结果的边际分布，毒性和疗效结果可以简化为三项式分布终点（Thall and Russell，1998）：$(Y_T, Y_E)=(0, 0)$、$(Y_T, Y_E)=(0, 1)$ 和 $Y_T=1$。在三项式分布终点中，$(Y_T, Y_E)=(0,1)$ 可能是最理想的。通常这种结果的出现可视为“成功”。那么，在成功概率为 $\Pr(Y_T=0, Y_E=1|X=x)$ 时，可以将公式 (5.5) 中的 MED 定义为满足以下关系的最小剂量。

$$\Pr(Y_T=0,\ Y_E=1\,|\,X=x) \geqslant \Gamma_E \tag{5.6}$$

对于这些概率，我们定义剂量 x 的下列函数，即剂量 - 毒性、剂量 - 疗效和剂量 - 成功曲线，分别为 $R(x)$、$Q(x)$ 和 $P(x)$：

$$R(x)=\Pr(Y_T=1\,|\,X=x) \tag{5.7}$$

$$Q(x)=\Pr(Y_E=1\,|\,X=x) \tag{5.8}$$

和

$$P(x)=\Pr(Y_T=0,\ Y_E=1\,|\,X=x) \tag{5.9}$$

同样，如果假设 Y_T 和 Y_E 是独立的，$P(x)$ 可以由公式 $P(x)=Q(x)\{1-R(x)\}$ 得出。

Ⅰ/Ⅱ期临床试验的主要目的是确定具有可接受疗效和可接受毒性的最高剂量。那么在满足式 (5.6) 中阈值 Γ_E 的同时，使 $\Pr(Y_T=0, Y_E=1|X=x)$ 最大化的剂量可以达到该目的，其又被称为“最佳剂量（OD）”“最成功剂量（most successful dose, MSD）”等（Ivanova，2003, Zohar 和 O’Quigley，2006a；Zohar 和 O’Quigley，2006b）。这个最佳剂量有时也需要满足公式 (5.4)、(5.5) 或 (5.6)。该剂量也可以被称为“最佳安全剂量（optimal safe dose，OSD）”“最大安全剂量（safe MSD）”等（Ivanova，2003; Zoharan 和 O’Quigley，2006a; Zohar 和 O’Quigley，2006b)。

5.3　基于规则的设计

在一项基于规则设计的骨髓移植试验研究中，Gooley 等（1994）将两个相对的临床终点合并，即移植物抗宿主病和无排斥反应。我们可以将这两个相对的临床终点认为是前文中的毒性和疗效终点，即分别是 Y_T 和 Y_E，并假设它们是独立的。这项研究展示了在评估拟定方案设计的操作性时模拟手段的重要性和优势。我们也要注意到，尽管可以假设毒性和疗效与剂量 x 是单调递增关系，但并没有明确的剂量 - 临床终点的关系模型。试验的目的是确定可以同时满足公式 (5.4) 和 (5.5) 的可接受剂量。以这项研究为起点，许多基于规则、基于模型或模型辅助的设计已经被开发出来。在下文中，我们将介绍其中一些用于Ⅰ/Ⅱ期临床试验的设计。

5.3.1　优化 Up-and-Down 设计

Kpamegan 和 Flournoy(2001) 提出了Ⅰ/Ⅱ期临床试验的优化 Up-and-Down 设计（见 2.3 节），以让更多的受试者可以接受 OD。该 OD 可以被理解为满足公式（5.6）中 $\Pr(Y_T=0, Y_E=1|X=x)$ 的最大可接受剂量。

剂量探索算法需要患者使用相邻剂量进行成对治疗。第一对患者接受的治疗剂量为 (d_1, d_2)。假设当前患者配对试验的剂量水平为 (d_k, d_{k+1})，$k\in\{k=1,\cdots, K-1\}$。则下一对患者分配的剂量则是：

（1）剂量为 (d_{k-1}, d_k)，若剂量 d_k 治疗的患者结果“成功”，剂量 d_{k+1} 治疗的患者结果不成功，且 $k>1$；

（2）剂量为 (d_{k+1}, d_{k+2})，若剂量 d_{k+1} 治疗的患者结果“成功”，剂量 d_k 治疗的患者结果不“成功”，且 $k+1<K$；

（3）剂量为 (d_k, d_{k+1})，其他情况。

该设计对最低和最高剂量做了适当的调整，例如配对的剂量使用 (d_1, d_2) 而非 (d_0, d_1)，使用 (d_{K-1}, d_K) 而非 (d_K, d_{K+1})。

5.3.2　Play-the-Winner-Like 设计

Ivanova（2003）提出了一个Ⅰ/Ⅱ期临床试验设计，该设计用于确定最佳安全剂量（OSD），并在受毒性反应限制时最大化其成功概率，此处的试验成功定义为药物有效和毒性较低的联合事件。受毒性反应的限制，该设计重点考虑毒性概率不超过最大允许毒性水平的剂量（见第 5.2 节）。这个设计是基于 Zelen 1969 提出的 play-the-winner 规则，使患者持续暴露于试验成功的给药剂量水平。

第一例患者的给药剂量为 d_1。假设当前患者给药剂量为 $d_k, k\in\{1,\cdots,K\}$。那么对于下一例患者来说：

（1）如果当前患者出现毒性反应，则应将剂量降至 d_{k-1}；

（2）如果当前患者满足上述的试验成功情形，则应继续使用 d_k；

（3）如果当前患者没有出现毒性且无疗效，则应将剂量增加到 d_{k+1}。

本设计对最低和最高剂量进行了适当调整，例如患者使用的剂量为 d_1 而非 d_0，则用 d_K 代替 d_{K+1}。

Ivanova（2003）表明了平稳治疗分布的模式是与最佳安全剂量（OSD）最为接近或重合的。此外，作者还提出了一些实际的考虑因素，如调整队列规模、终止规则和最佳安全剂量（OSD）估计。

5.3.3 定向游走（Directed-Walk）设计

为了解决 OD 的识别问题，Hardwick 等（2003）提出了将定向游走（Directed-Walk）和平滑形态约束（smoothed shape-constrained）相结合的试验设计，以拟合剂量 - 临床终点曲线。这些定向游走与随机游走有关，但不受 Markov 假设的约束。因此，所有可用信息都可以用于剂量分配的确定，如下所述。

对于剂量 x，可以使用概率 $R(x)$（见公式 5.7）、$Q(x)$（见公式 5.8）和 $P(x)$（见公式 5.9）来定义。假设 $R(x)$ 和 $Q(x)$ 是互相独立的，且不会随着剂量 x 的减少而递减。此外，$P(x)$ 可以由公式 $P(x)=Q(x)\{1-R(x)\}$ 得出。但是，$Q(x)$ 经常是不确定的，这是由于当出现严重毒性反应时，疗效数据会被删失。该问题已经被 Thall 和 Russell (1998)、Kpamegan 和 Flournoy (2001) 还有 O'Quigley 等（2001）提出和讨论。为了解决这个问题，Hardwick 等（2003）在没有出现毒性反应的情况下，用以下剂量 - 疗效曲线代替了 Q：

$$Q'(x)=\Pr(Y_E=1\,|\,Y_X=0, X=x) \tag{5.10}$$

并将试验成功的概率重新定义为：

$$P'(x)=Q'(x)\{1-R(x)\} \tag{5.11}$$

在这些情况下，假设 $Q'(x)$ 是非递减，且 $P'(x)$ 是单峰分布。这种剂量 - 成功曲线的单峰分布假设有助于确保估计值的一致性。在 $P'(x)$ 是单峰分布，但改为使用 $P(x)$ 的情况下，由于疗效和毒性之间的依赖关系未知，可以假设 $P'(x)$ 是 $P(x)$ 的单调函数，则该设计可以确定模式位置，然后可将该模式的剂量作为 OD。根据前期剂量分配和其临床终点的数据对 $R(x)$ 和 $Q(x)$ 曲线进行独立估计，而基于估计的 OD 位置可得到分配给下一位患者的剂量。为了指导这些设计中的剂量探索算法，Hardwick 等（2003）探索了曲线估计的参数或非参数方法，以及最大似然估计、平滑最大似然估计或贝叶斯估计。

接下来，我们将主要概述曲线拟合和估计的启动程序及一些非参数方法。这些设计的启动程序可用于曲线拟合和估计。这些方法可用于最大似然估计，但无法用于贝叶斯估计（参见 3.2.2.2 节）。具体地说，根据曲线拟合方法的不同，剂量探索算法可能遵循以下的 up-and-down 设计（见 2.3 节）：若 $(Y_T, Y_E)=(0,0)$，则提高剂量；若 $(Y_T, Y_E)=(0,1)$，则保持当前剂量；若 $(Y_T, Y_E)=(1,1)$，则降低剂量；如果 $(Y_T, Y_E)=(1,0)$，则使用探索程序［详细介绍请参见 Hardwick et al，2003］。剂量探索算法可以在任何剂量下启动，在治疗 $n_{\max}$ 个患者后终止试验，并根据下文的曲线估计方法或其他方法估计 OD 值。如果数据不足以进行曲线估计，则选择可提供最高观察成功率的剂量。

Hardwick 等研究了七种方法来建立剂量 - 毒性关系模型、剂量 - 疗效关系模型，以及在固定剂量水平集 $\{d_1,\cdots, d_K\}$ 上确定剂量 - 成功关系模型的估计值。在这里，我们重点讨论四种非参数的形状约束法。假设 $x\in\{d_1,\cdots, d_K\}$，且首个 $\mathfrak{D}_j$ 包括了患者 $\mathfrak{D}_j=\{(x_l, y_{T,l}, y_{E,l})\ ;\ l=1,\cdots,j\}(j=1,\cdots, n_{\max})$。针对 $\mathfrak{D}_j$ 的毒性数据，在剂量水平 d_k 中对 j_k 进行观察，其中分为 $j_{k,0}$ 毒性反应和 $(j_k-j_{k,0})$ 非毒性反应。毒性终点的二项似然函数的公式为：

$$\prod_{k=1}^{K}\binom{j_k}{j_{k,0}}\{R(d_k)\}^{j_{k,0}}\{1-R(d_k)\}^{j_k-j_{k,0}} \tag{5.12}$$

对于疗效终点，Q 可以替代 R。

非参数法如下：

“凹 - 凸函数”（Convex-concave），形状约束的最大似然估计值将在 Q 的形状假设下的似然值最大化。

“平滑凹 - 凸函数”（Smoothed convex-concave），在似然函数 (5.12) 中补充一项用于体现平滑度的削减：

$$\prod_{k=1}^{K}\binom{j_k}{j_{k,0}}\{R(d_k)\}^{j_{k,0}}\{1-R(d_k)\}^{j_k-j_{k,0}}\prod_{k=2}^{K}\left[\frac{R(d_k)-R(d_{k-1})}{d_k-d_{k-1}}\right]^{\lambda} \tag{5.13}$$

式中，λ 是平滑参数。

单调性（Monotone）：对于每个剂量 k，使 $j_k>0$，用 $\hat{R}(d_k)=j_{k,0}/j_k$ 表示观察到的毒性率。随后，通过 $\hat{R}(d_k)$ 的加权最小二乘法单调回归得到单调形状约束的最大似然估计值，其中 $\hat{R}(d_k)$ 由 j_k 加权。

平滑单调性（Smoothed Monotone）：假定每一剂量的毒性概率有一个 β 先验。

对于每个入组的患者，应采用加权最小二乘单调回归。

Hardwick 等（2003）探索了在两种性能指标上表现良好的设计，即：评估试验损失的抽样效率和在最终决策的基础上预测未来损失的决策效率。

5.3.4 比值比权衡（Odds-Ratio Trade-off）设计

Yin 等（2006）提出了一种贝叶斯Ⅰ/Ⅱ期临床试验设计，该设计将试验药物的毒性和疗效二分类终点考虑在内。其中，将二分类毒性和疗效终点数据联合建模，可以在不指定剂量 - 终点曲线参数函数的情况下，解释它们之间的关联。此外，在剂量分配中还考虑了毒性 - 疗效的比值比权衡。

对于剂量 $x \in (d_1, \cdots, d_x)$，假设 $R(x)$ 单调递增，而 $Q(x)$ 无单调约束。这种假设对于某些细胞抑制剂、分子靶向药或免疫制剂可能是合理的，因为其疗效并不总是随着剂量的增加而增加。需要注意的是，由于没有指定参数模型来解释剂量间的依赖性，因此在本文中，该设计可以视为是基于规则的设计。Yin 等（2006）使用全局交叉比率（Dale，1986）作为适用于双变量、离散数据或有序终点的关联度量。这种全局交叉比率模型可以考虑用于剂量水平 k 下的二分类终点，具体如下：

$$\beta_k = \frac{\Pr(Y_T = 0, Y_E = 0 \mid X = d_k)\Pr(Y_T = 1, Y_E = 1 \mid X = d_k)}{\Pr(Y_T = 0, Y_E = 1 \mid X = d_k)\Pr(Y_T = 1, Y_E = 0 \mid X = d_k)} \tag{5.14}$$

此模型通过参数 β_k 量化了毒性和疗效终点之间的关系。概率 $\Pr(Y_T=y_T, Y_E=y_E|X=d_k)$，$y_T$，$y_E \in \{0, 1\}$ 可从 β_k 和边际概率 $R(d_k)$ 和 $Q(d_k)$ 中得到。

如果得到前 j 位患者的数据 $\mathfrak{D}_j=\{(x_l, y_{T,l}, y_{E,l}); l=1,\cdots, j\}(j=1,\cdots, n_{\max})$，且有 j_k 例患者在剂量水平 k 下接受治疗，则似然函数如下：

$$\begin{aligned} &\mathfrak{L}\left[\mathfrak{D}_j;\beta_k,R\left(d_k\right),Q\left(d_k\right)\right] \\ &= \prod_{k=1}^{K}\prod_{l=1}^{j_k}\prod_{y_T=0}^{1}\prod_{y_E=0}^{1}\{\Pr(Y_T = y_T, Y_E = y_E \mid X = d_k)\}^{I(Y_{T,kl=y_T}, Y_{E,kl=y_E})} \end{aligned} \tag{5.15}$$

式中，$I(\cdot)$ 为指标函数，$Y_{T,kl}$ 和 $Y_{E,kl}$ 分别为前 j 例患者中剂量水平为 k 的第 l 例患者的毒性和疗效结果。值得注意的是，在该设计框架中，与剂量 d_k 相关的毒性和疗效概率，即 $R(d_k)$ 和 $Q(d_k)$ 是待估计的参数。Yin 等（2006）对这些概率进行了两种不同的变换，以确定有无纳入排序约束的先验，并得到了参数的联合后验分布。此外，Yin 等（2006）定义了一组可接受剂量 $\mathscr{D}_A$，其中包含满足以下两个条件的剂量：

$$\Pr[R(d_k) < \Gamma_{\mathrm{T}}] > \xi_{\mathrm{T}} \text{和} \Pr[Q(d_k) > \Gamma_{\mathrm{E}}] > \xi_{\mathrm{E}} \quad (5.16)$$

式中，Γ_{T} 和 Γ_{E} 分别是预设的最大可接受毒性和最小可接受疗效水平，ξ_{T} 和 ξ_{E} 是相应预设的概率阈值。此外，Yin 等（2006）使用了毒性 - 疗效优势比值等量线。OD 确定为使疗效和毒性概率［$Q(d_k), R(d_k)$］位于最接近右下角 (1,0) 时候的剂量。除此之外，Yin 等（2006）还通过在无毒性条件下添加的三维条件疗效概率，将三维体积比考虑在内，并采取后验均值来计算等量线或者容积的比值比。

这种方法的剂量探索算法类似于 Thall 和 Cook（2004）提出的权衡设计（见第 5.4 节），具体如下：

步骤 1　在最低剂量水平下治疗第一组患者。

步骤 2　如果最高测试剂量 d^{last} 的毒性概率 $R(d^{\mathrm{last}})$ 满足以下条件，则将剂量升至最低未测试剂量水平：

$$\Pr[R(d^{\mathrm{last}}) < \Gamma_{\mathrm{T}}] > \xi_{\mathrm{T}}^{\mathrm{escl}} \quad (5.17)$$

式中，对于某些预设了剂量递增终止点的情况，$\xi_{\mathrm{T}}^{\mathrm{escl}} \geqslant \xi_{\mathrm{T}}$。

步骤 3　如果给定的剂量水平 k 满足公式 (5.16)，则 $d_k \in \mathscr{D}_A$。如果不满足公式 (5.17) 且 $\mathscr{D}_A$ 为一个空集（即 $\mathscr{D}_A=\varnothing$)，则在达到最小样本量要求时停止试验，不选择任何剂量。否则，将根据优势比等量线确定的 $\mathscr{D}_A$ 中最理想的剂量分配给下个队列的患者，但在剂量升高或降低过程中不能跳过未测试的剂量。

步骤 4　一旦达到最大样本量 $n_{\max}$，将从 $\mathscr{D}_A$ 中选择使毒性 - 疗效比值比最小化的最终剂量。

关于剂量增加、减少或维持的决定应基于获得的测试剂量数据。因此，如果最高尝试剂量水平还没有超过公式 (5.17) 中的毒性要求，就必须逐步升高剂量。如果不满足公式 (5.17)，$\mathscr{D}_A=\varnothing$，且未达到最小样本量，则将基于比值比准则确定的最佳剂量分配给下一队列的患者，尽管 $\mathscr{D}_A=\varnothing$。在 Yin 等（2006）的研究中，最小样本量设为 3。

5.3.5　效用（Utility）设计

Loke 等（2006）提出了一个Ⅰ/Ⅱ期临床试验贝叶斯效用设计，其在 OD 的确定中整合了毒性和疗效。这种方法涉及指定效用权重，以量化对可能行动后果的偏好。该设计旨在从一系列可能行动中做出最佳决策，包括在获得每一个患者的数据后升高剂量到下一个更高剂量水平 $\mathscr{A}_{\uparrow}$、降低剂量到下一个更低剂量水平 $\mathscr{A}_{\downarrow}$、或维持相同剂量 $\mathscr{A}_{|}$。假设预先指定一组固定剂量集为 $x \in \{d_1, \cdots, d_K\}$。

假设毒性和疗效概率之间相互独立，则在每个剂量水平 k 下给出以下四种可能概率：

$$\begin{aligned}
\beta_{1k} &= \Pr(Y_{\mathrm{T}}=0, Y_{\mathrm{E}}=0 \mid X=d_k) = \Pr(Y_{\mathrm{T}}=0 \mid X=d_k)\Pr(Y_{\mathrm{E}}=0 \mid X=d_k) \\
\beta_{2k} &= \Pr(Y_{\mathrm{T}}=0, Y_{\mathrm{E}}=1 \mid X=d_k) = \Pr(Y_{\mathrm{T}}=0 \mid X=d_k)\Pr(Y_{\mathrm{E}}=1 \mid X=d_k) \\
\beta_{3k} &= \Pr(Y_{\mathrm{T}}=1, Y_{\mathrm{E}}=0 \mid X=d_k) = \Pr(Y_{\mathrm{T}}=1 \mid X=d_k)\Pr(Y_{\mathrm{E}}=0 \mid X=d_k) \\
\beta_{4k} &= \Pr(Y_{\mathrm{T}}=1, Y_{\mathrm{E}}=1 \mid X=d_k) = \Pr(Y_{\mathrm{T}}=1 \mid X=d_k)\Pr(Y_{\mathrm{E}}=1 \mid X=d_k)
\end{aligned} \tag{5.18}$$

式中，$\beta=(\beta_{1k}, \beta_{2k}, \beta_{3k}, \beta_{4k})$ 是每个剂量水平 k 的参数向量，并假设服从狄利克雷分布（Dirichlet distribution）。此外，假定 Y_{T} 和 Y_{E} 的多重结果具有多项似然。因此，基于这些假设的贝叶斯共轭分析得到了一个狄利克雷后验分布。

在该方法中，分配效用值是为了权衡每一种剂量水平 $\mathscr{A}_{\uparrow}$、$\mathscr{A}_{|}$ 和 $\mathscr{A}_{\downarrow}$ 的行动后果，这取决于 Y_{T} 和 Y_{E} 组合的临床重要性以及与 OD 值相关组合的预设目标概率。

最佳行动是使后验分布的预期效用最大化的行动，允许用适当剂量为下一患者或队列进行治疗。需要注意的是，我们将该设计归类为基于规则的设计，因为它不允许剂量水平之间存在依赖性或借力。该设计也可适用于处理仅包含药物毒性测定的试验。

5.4 基于模型的设计

在基于模型的设计中，假设一个概率模型用 π 表示，则在药物剂量 x 下的 Y_{T} 和 Y_{E} 的二元概率表示为：

$$\Pr(Y_{\mathrm{T}}=y_{\mathrm{T}}, Y_{\mathrm{E}}=y_{\mathrm{E}} \mid X=x) = \pi_{y_{\mathrm{T}},y_{\mathrm{E}}}(x,\beta), y_{\mathrm{T}}, y_{\mathrm{E}} \in \{0,1\} \tag{5.19}$$

式中，β 是参数向量。因为Ⅰ/Ⅱ期临床试验中同时关注毒性和疗效，所以通常使用复杂模型。

如果是基于似然估计值进行参数估计，那么在试验的早期阶段，会由于模型中的参数数量太多，而无法实现。在这种情况下，需要对数据（如：初始剂量递增阶段数据或非信息性伪数据）进行详细说明（参见 O'Quigley，et al，2001）。如果是基于贝叶斯估计值进行参数估计，则可以通过使用先验分布来实现。因此，许多考虑毒性和疗效的基于模型的设计，都是基于贝叶斯方法。基于贝叶斯方法的基于模型的设计所采用的流程原则上与第 3 章所述相同。若前 j 名入组患者的数据已知 $\mathfrak{D}_j=\{(x_l, y_{\mathrm{T},l}, y_{\mathrm{E},l}); l=1,\cdots,j\}(j=1,\cdots,n_{\max})$，根据假定模型的形式获得似然 $\mathfrak{L}(\mathfrak{D}_j;\beta)$。然后，将 β 的先验分布更新为后验分布。为避免以毒性过高或疗效过低剂量治疗患者的风险，在贝叶斯框架中，OD 可以定义为有最大化后验成功概率的剂量，$\Pr(\pi_{0,1}(x,\beta)\geqslant\Gamma_{\mathrm{E}})$。同时，这个剂量可能也需要满足：

$$\Pr[\pi_{\mathrm{T}}(x,\beta)\leqslant\Gamma_{\mathrm{T}}\mid\mathfrak{D}_j]\geqslant\xi_{\mathrm{T}} \tag{5.20}$$

和

$$\Pr[\pi_{\mathrm{E}}(x,\beta)\leqslant\Gamma_{\mathrm{E}}\mid\mathfrak{D}_j]\geqslant\xi_{\mathrm{E}} \tag{5.21}$$

或

$$\Pr[\pi_{0,1}(x,\beta)\leqslant\Gamma_{\mathrm{E}}\mid\mathfrak{D}_j]\geqslant\xi_{\mathrm{E}} \tag{5.22}$$

式中，Γ_{T} 和 Γ_{E} 分别是预设的最大可接受毒性和最小可接受疗效水平；ξ_{T} 和 ξ_{E} 是相应的预设概率阈值，且 $\pi_{\mathrm{T}}(x,\beta)=\pi_{1,0}(x,\beta)+\pi_{1,1}(x,\beta)$ 和 $\pi_{\mathrm{E}}(x,\beta)=\pi_{0,1}(x,\beta)+\pi_{1,1}(x,\beta)$。

5.4.1 三项式有序结果（Trinomial-Ordinal-Outcome）设计

Thall 和 Russell（1998）提出了一个 Ⅰ/Ⅱ 期临床试验设计，其中患者的毒性和疗效结果 Y_{T} 和 Y_{E} 由三项式有序结果 U 表示，即 $\{U=0\}=\{Y_{\mathrm{T}}=0, Y_{\mathrm{E}}=0\}$，$\{U=1\}=\{Y_{\mathrm{T}}=0, Y_{\mathrm{E}}=1\}$ 和 $\{U=2\}=\{Y_{\mathrm{T}}=1\}$。因此，公式 (5.19) 可以重写为

$$\Pr(U=u\mid X=x)=\pi_u\left(x,\beta\right),u\in\left\{0,1,2\right\} \tag{5.23}$$

Thall 和 Russell（1998）对三项式有序结果进行了以下的比例优势模型假设，因为一般情况下，$U=0$［由 $\pi_0(x,\beta)$ 表示］的概率和 $U=2$［由 $\pi_2(x,\beta)$ 表示］的概率被假设为随剂量 x 递减和递增的函数，分别表示为：

$$\begin{aligned}\lg\frac{\pi_1(x,\beta)+\pi_2(x,\beta)}{1-\{\pi_1(x,\beta)+\pi_2(x,\beta)\}}&=\beta_1+\beta_3x\\ \lg\frac{\pi_2\left(x,\beta\right)}{1-\pi_2\left(x,\beta\right)}&=\beta_2+\beta_3x\end{aligned} \tag{5.24}$$

式中，$\beta=(\beta_1,\beta_2,\beta_3)$, $\beta_1>\beta_2$, $\beta_3>0$ 以确保 $\pi_0(x,\beta)$ 和 $\pi_2(x,\beta)$ 与剂量 x 的单调关系。在该模型中，剂量效应在累积对数项中是相同的。可以通过为 β_3 假定不同的斜率参数，来放宽比例假设。上述参数通过贝叶斯推断来估计。在与临床研究者讨论后，假设 β 的每个参数的先验分布在预先指定的范围内是独立一致的。

如果在设计中同时满足 $\Pr(\pi_2(x,\beta)\leqslant\Gamma_{\mathrm{T}})\geqslant\xi_{\mathrm{T}}$ 和 $\Pr(\pi_1(x,\beta)\geqslant\Gamma_{\mathrm{E}})\geqslant\xi_{\mathrm{E}}$ 的话，认为该剂量是可接受剂量，否则此剂量为不可接受剂量（见公式 5.20 和 5.22）。从而，该可接受剂量被用于治疗试验过程中的每个入组患者，并在试验结束时被确定为 OD。如果不存在这样的可接受剂量，则试验终止。正如 Thall 和 Cheng（1999）所建议，如果几个剂量的 $\Pr(\pi_1(x,\beta)\geqslant\Gamma_{\mathrm{E}})$ 非常接近其最大值，则可以将 OD 的定义修改为在这些候选剂量中使 $\Pr(\pi_1(x,\beta)\leqslant\Gamma_{\mathrm{E}})$ 最大化的剂量。

这种设计有一个主要难点：在所有剂量的毒性都可接受，但更高剂量显示更好疗效的情况下，最终所选用的剂量不大可能升至更有效的剂量。因此，该设计可能无法在多个可接受剂量中找到 OD。其他的难点是比例优势模型虽然很简洁，但在某些情况下可能限制性太强。该设计无法直接研究剂量与每个反应（毒性和疗效）之间的关系，因为毒性和疗效结果被简化为比例优势模型中的三项式有序结果。

Zhang 等（2006）基于 Thall 和 Russell（1998）设计，提出了一个简化版本。他们称这个设计为“TriCRM”，因为该设计归纳了持续重新评估方法（continual reassessment method，CRM）（见第 3.2 节和第 3.3 节），即把患者的毒性和疗效结果看作一个三项式有序结果。作者对上述三项式有序结果设计提出了以下连续比率模型：

$$\begin{aligned} \lg\left\{\frac{\pi_1(x,\beta)}{\pi_0(x,\beta)}\right\} &= \beta_1+\beta_3 x \\ \lg\frac{\pi_2(x,\beta)}{1-\pi_2(x,\beta)} &= \beta_2+\beta_4 x \end{aligned} \tag{5.25}$$

式中，$\beta=(\beta_1, \beta_2, \beta_3, \beta_4)$, $\beta_1>\beta_2$，且 $\beta_3, \beta_4>0$。该模型没有采用比例优势假设。以下两个公式用于剂量分配：

$$\delta_1(x,\beta)=I\{\pi_2(x,\beta)<\varGamma_{\mathrm{T}}\} \tag{5.26}$$

$$\delta_2(x,\beta)=\pi_1(x,\beta)-\omega\pi_2(x,\beta) \tag{5.27}$$

式中，I 是指标函数，$0\leqslant w\leqslant 1$ 是 $\pi_2(x, \beta)$ 的权重。对于给定的 β 估计值，首先使用公式 (5.26) 从预设剂量集（用 $\mathfrak{D}=\{d_1,\cdots,d_K\}$ 表示）中选择可接受的剂量集，并用 $\mathfrak{D}_A$ 表示。公式 (5.27) 表示 $w=1$ 时的成功概率和毒性概率与 $w=0$ 时的成功概率之差，然后求出 $\delta_2(x, \beta)$ 值最大化时的剂量。该剂量在试验过程中用于治疗每个入组的患者或队列，并在试验结束时确定为 OD。

5.4.2 疗效-毒性权衡（Efficacy-Toxicity Trade-of）设计

Thall 和 Cook（2004）提出了一个临床Ⅰ/Ⅱ期设计，以解决 Thall 和 Russell（1998）所提出设计中的相关难点。对于上述三项式有序结果，作者提出了一个连续比例模型。他们进一步用边际毒性概率 $\pi_{\mathrm{T}}(x, \beta)$、疗效概率 $\pi_{\mathrm{E}}(x, \beta)$ 和关联参数 ρ 来阐释二分类毒性和疗效结果的二元概率。在这种方法中，$\pi_{\mathrm{T}}(x, \beta)$ 和 $\pi_{\mathrm{E}}(x, \beta)$ 由以下公式给出：

$$\pi_{\mathrm{T}}(x,\beta)=\pi_{1,0}(x,\beta)+\pi_{1,1}(x,\beta)=\operatorname{logit}^{-1}\{\eta_{\mathrm{T}}(x,\beta)\} \tag{5.28}$$

和

$$\pi_{\mathrm{E}}(x,\beta)=\pi_{1,0}(x,\beta)+\pi_{1,1}(x,\beta)=\operatorname{logit}^{-1}\{\eta_{\mathrm{E}}(x,\beta)\} \tag{5.29}$$

式中，$\eta_{\mathrm{T}}(x, \beta)=\beta_1+\beta_2x$ 且 $\eta_{\mathrm{E}}(x, \beta)=\beta_3+\beta_4x+\beta_5x^2$。因此，该模型包含 6 个参数的向量，$\beta=(\beta_1, \beta_2, \beta_3, \beta_4, \beta_5, \rho)$。值得注意的是，毒性被假设在 x 中是单调的，但疗效在 x 中是二次非单调的。后一种模型可用于靶向药物的试验设计，其中 $\pi_{\mathrm{E}}(x, \beta)$ 可能在较低剂量下增加，然后达到平台期，或可能在较高剂量下减少。为了考虑二分类毒性和疗效结果之间的关系，我们使用了以下 Gumbel 模型（Murtaugh 和 Fisher，1990），也称为 Morgenstern 分布（抑制 x 和 β）：

$$\begin{aligned}\pi_{y_{\mathrm{T}},y_{\mathrm{E}}}&=\pi_{\mathrm{T}}^{y_{\mathrm{T}}}(1-\pi_{\mathrm{T}})^{1-y_{\mathrm{T}}}\pi_{\mathrm{E}}^{y_{\mathrm{E}}}(1-\pi_{\mathrm{E}})^{1-y_{\mathrm{E}}}\\&\quad+(-1)^{y_{\mathrm{T}}+y_{\mathrm{E}}}\pi_{\mathrm{T}}\left(1-\pi_{\mathrm{T}}\right)\pi_{\mathrm{E}}\left(1-\pi_{\mathrm{E}}\right)\frac{\exp(\rho)-1}{\exp(\rho)+1}\end{aligned} \tag{5.30}$$

Thall 和 Cook（2004）使用了一套疗效 - 毒性权衡曲线，将结果概率可能值的二维域（$\pi_{\mathrm{E}}, \pi_{\mathrm{T}}$）划分开来，以可接受剂量连续治疗患者队列，并找到 OD，而不是直接使用公式 (5.20) 和 (5.21)。

5.4.3 重复序列比例优势检验（Repeated Sequential Probability Ratio Test）设计

O'Quigley 等（2001）提出了适用于 HIV 治疗药物剂量研究的 Ⅰ/Ⅱ 期临床试验设计。为了在剂量 $x\in\{d_1,\cdots, d_K\}$ 中确定使 $\Pr(Y_{\mathrm{T}}=0, Y_{\mathrm{E}}=1|X=x)$ 最大化的 OD，O'quigley 等（2001）将剂量 - 毒性曲线 $R(x)=\Pr(Y_{\mathrm{T}}=1|X=x)$、剂量 - 疗效曲线 $Q'(x)=\Pr(Y_{\mathrm{E}}=1|Y_{\mathrm{T}}=0, X=x)$ 和剂量 - 成功曲线 $P(x)=Q'(x)\{1-R(x)\}$ 整合了起来。具体来说，作者在所有不等于 $k^*(\in\{1,\cdots,K)$ 的 k 中定义了一个剂量水平 k^* 使 $P(d_{k*})>P(d_k)$，该剂量水平即为 OD。根据 Zohar 和 O'Quigley（2006a）的定义，这一剂量被称为“MSD”，Zohar 和 O'Quigley（2006b）将这一概念扩展为“安全 MSD”，即满足安全限制的 MSD。Zohar 和 O'Quigley（2006b）根据 O'Quigley 等（2002）的概念，研究了在评估毒性和疗效的 Ⅰ/Ⅱ 期临床试验中估计 MSD 的最佳设计，并基于各种情况举例，将最佳设计与 O'Quigley 等（2001）、Braun（2002）、Ivanova（2003）和 Thall 和 Cook（2004）的设计进行比较。

对于上述三条曲线的估计，他们提出了三种方法：不依赖任何结构的基于经验估计的方法、施加任何结构的欠参数化模型，以及介于两者之间的折衷结构。在此，我们将概述第三种方法。首先，O'Quigley 等（2001）使用 CRM 的

似然版本［参见 O'Quigley、Shen（1996）和第 3.2.2.2 节］，以靶标低毒性的比例水平。随后，通过结合测试水平下的积累信息来实现成功，O'Quigley 等（2001）提出了在增加剂量水平下使用重复序贯概率比检验（SPRT）的设计，具体如下：让 $\Gamma^*_{E,0}$ 和 $\Gamma^*_{E,1}(>\Gamma^*_{E,0})$ 分别表示在剂量 d_k 下被认为不满意和满意的成功概率值，进行 $H_0: P(d_k)=\Gamma^*_{E,0}$ 与 $H_1: P(d_k)=\Gamma^*_{E,1}$ 的假设检验。Ⅰ类错误和Ⅱ类错误分别固定为 $\alpha=\Pr(H_1|H_0)$ 和 $\beta=\Pr(H_0|H_1)$。入组 j 例患者后，计算如下：

$$
\begin{aligned}
s_j(d_k) = {} & \lg\frac{\Gamma^*_{E,0}\left(1-\Gamma^*_{E,1}\right)}{\Gamma^*_{E,1}\left(1-\Gamma^*_{E,0}\right)} \\
& \times\left[\sum_{l\leqslant j} y_{E,l} I\left(x_l=d_k, y_{T,l}=0\right)-j\left\{\lg\frac{\Gamma^*_{E,0}}{\Gamma^*_{E,1}}-\lg\frac{\Gamma^*_{E,0}\left(1-\Gamma^*_{E,1}\right)}{\Gamma^*_{E,1}\left(1-\Gamma^*_{E,0}\right)}\right\}\right]
\end{aligned} \tag{5.31}
$$

式中，x_l、$y_{T,l}$ 和 $y_{E,l}$ 分别为 $l=1,\cdots,j$ 的第 l 例患者的剂量、观察到的毒性结果和观察到的疗效结果。如果满足以下条件，SPRT 决定试验继续：

$$
\lg\left(\frac{1-\beta}{\alpha}\right) < s_j(d_k) < \lg\left(\frac{\beta}{1-\alpha}\right) \tag{5.32}
$$

在实践中，如果对纳入的第 j 个患者，$s_j(d_k)>\lg\{\beta/(1-\alpha)\}$，则接受 H_1 假设，并且确定试验药物在剂量为 d_k 时有成功的潜力。如果 $s_j(d_k)<\lg\{(1-\beta)/\alpha\}$，则接受 H_0 假设，并且确定试验药物在剂量为 d_k 时疗效欠佳，将采用比 d_k 更低的剂量。目标毒性概率水平持续增加到 $\Gamma_T+\delta$，直到其预先规定的最大毒性概率水平。式中 δ 是预先设定的增量，可能等于零。然后，试验在剂量 d_{k+1} 中继续进行。

5.4.4 效用设计

Wang 和 Day（2010）提出了基于贝叶斯预期效用的Ⅰ/Ⅱ期临床试验设计。该设计假设了一个发生毒性和疗效反应的剂量阈值的联合模型。在这种方法中，假设如果剂量 $x(\in\{d_1,\cdots,d_K\})$ 超过了患者对该结果的阈值剂量 ξ_T 或 ξ_E，则会产生毒性或疗效结果，Y_T 或 Y_E。因此，将发生以下四种联合结果之一：当且仅当 $\xi_T>x$ 且 $\xi_E>x$，$Y_T=0$ & $Y_E=0$；当且仅当 $\xi_T>x$ 且 $\xi_E\leqslant x$，$Y_T=0$ & $Y_E=1$；当且仅当 $\xi_T\leqslant x$ 且 $\xi_E>x$，$Y_T=1$ & $Y_E=0$；当且仅当 $\xi_T\leqslant x$ 且 $\xi_E\leqslant x$，$Y_T=1$ & $Y_E=1$。四种联合结果的概率用阈值的联合密度 $p(\xi_T,\xi_E)$ 表示：

$$
\Pr(Y_T=0, Y_E=0\mid X=x)=\int_x^{\infty}\int_x^{\infty} p\left(\xi_T,\xi_E\right)\mathrm{d}\xi_T\mathrm{d}\xi_E \tag{5.33}
$$

$$\Pr(Y_{\mathrm{T}}=0, Y_{\mathrm{E}}=1 \mid X=x)=\int_{x}^{\infty} \int_{0}^{x} p\left(\xi_{\mathrm{T}}, \xi_{\mathrm{E}}\right) \mathrm{d} \xi_{\mathrm{T}} \mathrm{d} \xi_{\mathrm{E}} \tag{5.34}$$

$$\Pr(Y_{\mathrm{T}}=1, Y_{\mathrm{E}}=0 \mid X=x)=\int_{0}^{x} \int_{x}^{\infty} p\left(\xi_{\mathrm{T}}, \xi_{\mathrm{E}}\right) \mathrm{d} \xi_{\mathrm{T}} \mathrm{d} \xi_{\mathrm{E}} \tag{5.35}$$

$$\Pr(Y_{\mathrm{T}}=1, Y_{\mathrm{E}}=1 \mid X=x)=\int_{0}^{x} \int_{0}^{x} p\left(\xi_{\mathrm{T}}, \xi_{\mathrm{E}}\right) \mathrm{d} \xi_{\mathrm{T}} \mathrm{d} \xi_{\mathrm{E}} \tag{5.36}$$

假设毒性和疗效的个体阈值联合服从二元对数正态分布，含均值向量 μ 和方差 - 协方差矩阵 Σ，其中

$$\mu=\binom{\mu_{\mathrm{T}}}{\mu_{\mathrm{E}}} \text{ 和 } \Sigma=\begin{pmatrix} \sigma_{\mathrm{T}}^{2} & \sigma_{\mathrm{T}} \sigma_{\mathrm{E}} \rho \\ \sigma_{\mathrm{T}} \sigma_{\mathrm{E}} \rho & \sigma_{\mathrm{E}}^{2} \end{pmatrix} \tag{5.37}$$

因此，需要估计的参数为 $\beta=(\mu_{\mathrm{T}}, \mu_{\mathrm{E}}, \sigma_{\mathrm{T}}, \sigma_{\mathrm{E}}, \rho)$。参数估计可以通过贝叶斯推理进行。让 $U_{y\mathrm{T}, y\mathrm{E}}$ 表示毒性和疗效结果的效用。给定第 j 个患者的数据 $\mathfrak{D}_j$，下一个患者或队列的贝叶斯预期效用由剂量函数 $\sum_{y_{\mathrm{T}} \in\{0,1\}} \sum_{y_{\mathrm{E}} \in\{0,1\}} U_{y_{\mathrm{T}}, y_{\mathrm{E}}} E_{\beta}\{\Pr(Y_{\mathrm{T}}=y_{\mathrm{T}}, Y_{\mathrm{E}}=y_{\mathrm{E}}) \mid \mathfrak{D}_{j}\}$ 给出。其中 E_{β} 为后验期望。使这种贝叶斯预期效用最大化的剂量可视为 OD。

5.4.5　其他设计

Whitehead 等（2004、2006a、2006b）假设了两个逻辑模型作为简约模型，分别用于毒性概率和无毒性情况下的条件疗效概率：

$$\pi_{\mathrm{T}}(x, \beta)=\frac{\exp(\beta_{1}+\beta_{2} \lg x)}{1+\exp(\beta_{1}+\beta_{2} \lg x)} \tag{5.38}$$

和

$$\pi_{\mathrm{E}\mid\mathrm{T}}(x, \beta)=\frac{\exp(\beta_{3}+\beta_{4} \lg x)}{1+\exp(\beta_{3}+\beta_{4} \lg x)} \tag{5.39}$$

式中，$\beta=(\beta_1, \beta_2, \beta_3, \beta_4)$。在这种方法中，参数的估计采用贝叶斯推理，其中先验规范基于伪数据和模式估计。这是由于贝叶斯推断与似然推断保持一致，而且其允许在常用的频率分析软件上进行逻辑回归的拟合。如果将安全界限作为一个选项，则通过使“患者增益”或“方差增益”达到最大值来决定推荐剂量［见 Whitehead 和 Brunier（1995）及第 3.4 节］。在治疗下一个入组患者时，选择使公式 (5.38) 和 (5.39) 乘积最大化的剂量，即 $\Pr(Y_{\mathrm{T}}=0, Y_{\mathrm{E}}=1)$。在治疗下一个入组队列时，选择能够准确估计出治疗窗限制的剂量。

需要注意的是，这里所考虑的毒性和疗效不仅涉及肿瘤类疾病，还涉及其他治疗领域。因此，它们的定义与标准定义不同，分别为剂量限制事件（dose-limiting event，DLE）和理想终点（desirable outcome，DO）。DLE 的发生将引起负责试验开展的临床研究者或独立数据监测委员会的关注，这表明提高到更高剂量可能是不明智的。因此，这个定义在某种意义上包含了 DLT 的概念。DO 可能是一种有益的治疗效果，一种使患者最终获益的替代指标，或是一种在健康志愿者中反映受试药物的预期作用机制的生物标志物。

5.5 模型辅助设计

5.5.1 毒性和疗效概率区间（Toxicity and Efficacy Probability Interval，TEPI）设计

Li 等（2016）开发了一种毒性和疗效概率区间（TEPI）设计用于过继细胞疗法的临床试验设计。TEPI 设计是改良版 mTPI 设计的自然延伸（Ji，et al，2010）（见 4.2 节），该设计考虑了毒性和疗效概率区间的联合单位概率质量（joint unit probability mass，JUPM）。这种设计简单易懂，因为所有的决策规则（即剂量增加、剂量减少和剂量维持的规则）都可以在试验开始之前提供。

设 $\pi_{T,k}(k=1,\cdots,K)$ 为随剂量水平 k 增加的毒性概率，$\pi_{E,k}$ 表示疗效概率。疗效概率可能在达到平台期之前就开始增加，之后随剂量的增加可以观察到疗效增加越来越不明显，甚至出现疗效下降。前提假设是，$\pi_{T,k}$ 具有独立的 Beta 分布 $\text{beta}(a_T, b_T)$，且 $\pi_{E,k}$ 也具有独立的 Beta 分布 $\text{beta}(a_E, b_E)$。

考虑实数空间 $(0,1)\times(0,1)$ 中的二维单位矩阵，每个区间组合 $(a, b)\times(c, d)$ 的 JUPM 定义为：

$$\text{JUPM}_{(a,b)}^{(c,d)}=\frac{\Pr\{\pi_{T,k}\in(a,b),\pi_{E,k}\in(c,d)\}}{(b-a)(d-c)},0<a<b<1,0<c<d<1 \tag{5.40}$$

在给定的剂量水平和相应观察到的毒性和疗效数据下，公式分子 $\Pr\{\pi_{T,k}\in(a, b), \pi_{E,k}\in(c,d)\}$ 包含了分别落在区间 (a,b) 和 (c,d) 中的后验概率 π_T 和 π_E。识别得到在所有区间组合中达到最大 JUPM 的“优胜”区间组合，并为该组合选择相应的决策（提高、降低或维持当前剂量）来作为下一队列患者的治疗剂量。

5.5.2 考虑毒性和疗效的贝叶斯最优区间设计（BOIN-ET 设计）

Takeda 等（2018 年）将 Liu 和 Yuan（2015）的贝叶斯最优区间设计（BOIN）

（见第 4.4 节）扩展为了一种同时考虑疗效和毒性来得到 OD 的设计，称为“BOIN-ET”设计。

假设$\pi_{T,k}$和$\pi_{E,k}$分别表示剂量水平k ($k=1,\cdots,K$)的毒性概率和疗效概率。此外，设Γ_T和Γ_E分别表示目标毒性概率水平和目标疗效概率水平。

在 BOIN-ET 设计中，对$\pi_{T,k}$和$\pi_{E,k}$提出六点假设：

$$\begin{aligned} H_{1,k} &: \pi_{T,k} = \Gamma_{T,1}, \pi_{E,k} = \Gamma_{E,1} \\ H_{2,k} &: \pi_{T,k} = \Gamma_{T,1}, \pi_{E,k} = \Gamma_{E} \\ H_{3,k} &: \pi_{T,k} = \Gamma_{T}, \pi_{E,k} = \Gamma_{E,1} \\ H_{4,k} &: \pi_{T,k} = \Gamma_{T}, \pi_{E,k} = \Gamma_{E} \\ H_{5,k} &: \pi_{T,k} = \Gamma_{T,2}, \pi_{E,k} = \Gamma_{E,1} \\ H_{6,k} &: \pi_{T,k} = \Gamma_{T,2}, \pi_{E,k} = \Gamma_{E} \end{aligned} \tag{5.41}$$

式中，$\Gamma_{T,1}$表示低于 MTD 的最高毒性概率；$\Gamma_{T,2}$表示高于 MTD 的最低毒性概率；$\Gamma_{E,1}$表示亚治疗的最高疗效概率，即需要探索其他剂量水平。$\Gamma_E-\Gamma_{E,1}$表示在目标疗效概率（Γ_E）中识别得到的效应大小或最小差异。当假设成立时，“BOIN-ET”设计会给出正确和错误的决定。随后，通过最小化错误决策的后验概率来计算与预估毒性和疗效水平相比较所得的剂量临界值。从而，获得了与 BOIN 设计类似的剂量探索算法。

因为所有决策规则可以在试验开始前预先指定，所以 BOIN-ET 设计同样也很简单易懂。

5.6 其他设计的概述和相关主题的讨论

5.6.1 分子靶向药物的设计

肿瘤靶向治疗中通常采用小分子化合物、单克隆抗体、树突状细胞和标记放射性核素等药物或其他物质来攻击特定的癌细胞，同时避免对正常细胞造成损害。这些靶向治疗的作用机制是基于药物 - 受体（靶点）理论。也就是说，如果一种药物或物质在最佳剂量下能够作用于靶点，其疗效将表现为癌细胞生长的完全终止或抑制，同时不会对正常细胞造成损伤（即产生毒性）（Le Tourneau，et al，2010）。因此，从理论或理想的角度来看，与细胞毒性药物相比，靶向治疗药物预期具有更低的毒性，并且其疗效随剂量增加呈非单调递增的趋势。此外，剂量 - 毒性或剂量 - 疗效关系可能呈伞状（Conolly 和 Lutz，2004；Lagarde，et al，2015）或平台形（plateau shape）（Morgan，et al，2003；Postel-Vinay，et al，2011；Robert， et al，2014；Paoletti，et al，2014）。因此，最高疗效往往出现在低于 MTD 的剂量水平。也可参阅 Hirakawa 等（2018）所著书籍中的第 3 章和第 4 章。

目前有一些 Ⅰ/Ⅱ 期临床试验设计放宽了剂量 - 疗效关系的单调性假设（例如，Hunsberger，et al，2005；Polley 和 Cheung，2008；Hoering，et al，2013；Yin，et al，2013；Cai，et al，2014；Zang，et al，2014；Wages 和 Tait，2015；Riviere，et al，2018；Mozgunov 和 Jaki，2019；Muenz，et al，2019，适用于二分类疗效终点；以及 Hirakawa，2012 和 Yeung，et al，2015、2017，适用于连续性疗效终点）。特别值得一提的是，Zang 等（2014 年）设计的操作软件可以通过 http://www.trialdesign.org/ 上的 Shiny 在线应用程序来获取。

5.6.2 针对二分类毒性和连续疗效终点的设计

Bekele 和 Shen（2005）提出了一种剂量探索设计，用于考虑将毒性作为二分类终点的情况。然而，在该方法中，疗效被视为通过生物标志物表达的连续结果。设计中包含了一个带有潜变量的概率模型来描述剂量与毒性之间的关系，以及一个考虑了毒性和疗效的状态空间模型（state-space model）来描述剂量与生物标志物表达之间关系。

Hirakawa（2012）提出了一种剂量探索方法，通过单药和双药组合试验中的因子化模型来分析相关的二分类毒性和连续疗效结果。Ezzalfani 等（2019）提出了一种设计，通过联合建模前两个周期内重复的二分类毒性和连续疗效结果来确定最佳剂量。

5.6.3 针对毒性和疗效有序结果的设计

Houede 等（2010）提出了一种设计，用于寻找在联合疗法中化学制剂和生物制剂两种药物联合后的合理剂量，并适当地考虑毒性和疗效的有序分类反应。该方法的一些特点包括：将毒性和疗效的边际概率用于联合剂量的函数计算，这一概率的计算采用了 Aranda-Ordaz（1981）模型的扩展；毒性概率和疗效概率之间的关系则通过高斯连接函数（Gaussian copula）来描述；通过优化患者治疗结果的后验预期效用来确定药物联合的剂量，同时考虑了毒性过高且无法进行疗效评估的情况。

5.6.4 针对毒性时间和疗效时间结果的设计

Yuan 和 Yin（2009）提出了一种考虑到毒性或疗效出现时间的设计。他们分别假设了观察到毒性和疗效的比例风险模型（Cox, 1972）和治愈率模型（Berkson

和 Gage，1952）。特别是后者明确假设了一定比例的患者对治疗具有耐药性（因此这些患者没有被治愈）。在该设计中，剂量探索是基于毒性和疗效之间的权衡，其利用了毒性和疗效曲线下面积（AUC）的比值来进行。

Liu 和 Johnson（2016）开发了一种贝叶斯Ⅰ/Ⅱ期临床试验剂量探索设计，该设计考虑了毒性和疗效结果，并采用贝叶斯动态模型来建模，对剂量 - 毒性和剂量 - 疗效曲线的形状没有严格的参数假设。此外，研究人员还将该设计扩展应用于延迟结果。读者可以在 http://www.stat.tamu.edu/~vjohnson/ 获取用于该设计模拟的程序。

5.6.5　探索最大耐受剂量（MTD）的方案设计

Li 等（2008）聚焦在矩阵排序的约束，即在一个剂量和给药时间水平组合所对应的毒性概率矩阵中，当重点放在剂量或给药时间上时，其存在一种有序关系［例如，当将重点放在剂量（或给药时间）上时，毒性概率随着该水平的增加而增加］。然而，在疗效概率方面并无排序约束。为了满足这一约束，Li 等（2008）通过等效转换提出了一种设计，并通过假设毒性和疗效的同时概率作为二分类反应的全局交叉比模型（global cross-ratio model），以找到毒性最低但疗效最高的 MTD 和给药方案。此外，他们还提出了一种名为“CRM+AR”的设计。在 CRM+AR 的第一阶段，通过将 CRM（见第 3.2 节和第 3.3 节）应用于每个给药方案，确定 MTD。在第二阶段，通过毒性概率不超过目标毒性概率水平且疗效概率至少处于目标疗效概率水平的后验概率，使用自适应随机化 (adaptive randomization，AR) 对剂量和给药方案组合进行分配。

Guo 等（2016）提出了一种Ⅰ/Ⅱ期临床试验设计方案，通过使用贝叶斯动态模型来计算剂量和给药方案的联合效应，从而找到最佳剂量 - 给药方案的组合。

5.6.6　针对药物联合使用的设计

Huang 等（2007）提出了一种Ⅰ/Ⅱ期临床剂量探索设计，即在两种药物或治疗方法的联合治疗中，侧重于毒性评估的Ⅰ期临床试验与侧重于疗效评估的Ⅱ期临床试验同时进行。该设计包括以下步骤：

步骤 1：将由两种药物剂量分配构成的二维平面划分为多个区域（这些区域包括每种药物的剂量组合，并且采用排列区组法将每个区域内的剂量组合随机分配给患者）。将每个区域本身视为一个剂量水平，并采用改良的 3+3 设计（Storer，1989）（见第 2.2 节）进行剂量递增，以确定可耐受毒性的区域（递增阶段）。

步骤 2：通过将在已确定的可耐受区域（即Ⅱ期临床试验的治疗组）内的剂量组合的疗效反应率与后验分布上初始区域（即最低组合水平）的疗效反应率进行比较，采用自适应随机化方法为患者选择疗效最好的治疗组。

在步骤 2 启动自适应随机化后，对毒性与疗效同时进行评估，这使得高毒性概率和低疗效概率的治疗会被终止。如果根据自适应随机化，某治疗组的分配概率较低，则暂停该组。Huang 等（2007）提供了一个应用实例，涉及低剂量地西他滨和阿糖胞苷序贯或同时用于复发 / 难治性急性髓系白血病患者的联合用药。

Whitehead 等（2011）将其描述的单一药物二分类毒性贝叶斯Ⅰ期临床剂量递增设计（Whitehead，et al，2010）推广为一种用于确定两种药物组合的二分类毒性和疗效的Ⅰ/Ⅱ期临床设计。该设计是基于剂量组合的相对强度与二分类毒性和疗效结果的多项分布之间关系的单调性假设。先验分布可以是包含多个相同概率多项分布的平坦先验，也可以是使用伪数据进行的信息先验。由于该设计假设每个剂量组合都采用多项式模型，且未考虑剂量组合之间的依赖性，因此这种设计可以被视为一种基于规则的设计。

Hirakawa（2012）提出了一种针对单一药物和两种药物联合用药的剂量探索设计，其中毒性和疗效是相关的，并分别作为二分类变量和连续性变量进行观察。作者进行了模拟研究，并将所提出的设计与 Bekele 和 Shen（2005）的设计进行了比较，结果表明前者的可操作性优于后者。

Mandrekar 等（2007）对 TriCRM 设计进行了拓展，以寻找双药联合治疗的 OD。此外，Mandrekar 及其同事（2010）对基于比例优势模型和连续比例模型的设计进行了回顾，以寻找单药或双药联合治疗的 OD。

Riviere 等（2015）提出了一种针对细胞毒性药物与 MTA 联合治疗的试验设计。该方法中，毒性模型采用逻辑回归模型，而疗效模型则采用了一种新的比例风险模型，该模型考虑了 MTA 剂量 - 疗效曲线中的平台期。

5.6.7 针对协变量信息的设计

Thall 等（2008）在 Thall 和 Cook（2004）的设计基础上，提出了一种针对每位患者的个体化剂量探索设计。该设计利用了患者的协变量信息，类似于 Babb 和 Rogatko（2001）的设计。需要注意的是，该设计没有将 Gumbel 模型用于毒性概率和疗效概率间的关系，而是采用了基于随机变量依赖性的更为广义的 Gaussian copula 模型。

Guo 和 Yuan（2017）根据患者的生物标志物状态，提出了一种分子靶向药物的最佳剂量探索设计。该设计使用潜变量法对有序毒性和疗效进行建模，并使用经典偏最小二乘法提取少量成分作为协变量。

Kakurai 等（2019）则利用贝叶斯最小绝对收敛和选择算子，开发了一种与疗效和毒性相关的个体化最佳剂量和协变量选择方法。

5.6.8　针对毒性和其他结果的设计

Thall 等（2001）通过考虑实施可行性，扩展了 CRM 设计。该策略用于解决树突状细胞激活 T 细胞注射疗法中出现的情况，即无法通过体外培养获得足够治疗数量 T 细胞。在该设计中，可行性被定义为 T 细胞输注概率是否低于目标概率的后验概率。另外，对于异体骨髓移植后血液肿瘤复发的免疫治疗试验，Thall 等（2002）提出一种设计，基于患者毒性、绝对中性粒细胞计数恢复时间和生存时间数据，寻找异体供者淋巴细胞注射时机和合适的吉妥单抗（mylotarg）剂量。

Braun（2002）基于 CRM 模型提出了一种双变量 CRM（bCRM），它同时考虑毒性和另一个竞争反应这两个变量。该设计还可以描述剂量与每个反应之间的关系。在这里，我们用一对随机变量（Y, Z）来表示患者在剂量 x 处的毒性反应和另一个竞争反应（如果有毒性，则观察值 y=1，否则 y=0；如果存在另一个竞争反应，则观察值 z=1，否则 z=0）。这些反应之间的相关参数用 ρ 表示（0<ρ<1）。在 bCRM 中，剂量 x 处的（Y, Z）的双变量分布如下：

$$\begin{aligned}f(y,z\mid x)=&C\left[\psi_1(x,\beta_1),\psi_2(x,\beta_2),r\right]\times\{\psi_1(x,\beta_1)\}^y\\&\{1-\psi_1(x,\beta_1)\}^{(1-y)}\{\psi_2(x,\beta_2)\}^z\{1-\psi_2(x,\beta_2)\}^{(1-z)}\\&\times r^{yz}(1-r)^{(1-yz)}\end{aligned}\tag{5.42}$$

式中，$C(\cdot)$ 是归一化常数，$\psi_1(x, \beta_1)$ 是包含参数 β_1 的毒性工作模型，$\psi_2(x, \beta_2)$ 是包含参数 β_2 的另一个竞争反应的工作模型。参数 β_1 和 β_2 的可能范围因工作模型的形式而异，但在幂模型和逻辑模型中，以这些参数为斜率时，β_1>0 且 β_2>0。此外，对于感兴趣的参数（β_1, β_2, ρ），其非信息先验分布符合如下假设：

$$g(\beta_1,\beta_2,\rho)=6\rho(1-\rho)\exp\{-(\beta_1+\beta_2)\}\tag{5.43}$$

通过将来自公式 (5.42) 的似然与公式 (5.43) 给出的先验分布相结合，并根据贝叶斯定理计算得到参数的后验分布，可以得到它们的后验均值。通过将 β_1 的后验均值代入毒性工作模型以及将 β_2 的后验均值代入竞争反应工作模型，能够估算毒性概率和其他竞争反应的概率。接着，将估算值中与目标毒性和竞争反应概率水平之间的欧氏距离最小的剂量确定为下一个入组患者应接受的剂量。

值得注意的是，Ivanova 等（2009）提出了一种综合考虑概念验证试验、剂量 - 反应试验和剂量范围试验的设计。此外，O'Quigley 等（2010）探讨了一种重点关注桥接试验的，以药代动力学反应为目标的剂量探索算法。

5.6.9 决策理论和最优设计

Zhou 等（2006）基于贝叶斯决策理论，提出了一种将疗效视为连续变量的设计，这一思路源自于 Whitehead 等（2001）、Patterson 等（1999）和 Whitehead 等（2006b）的研究。此外，Fan 和 Wang（2006）则在考虑了类似 Leung 和 Wang（2002）的 bandit 问题后，提出了一种基于决策理论的剂量探索设计。还有一种基于 D- 最优设计准则的设计被提出（Dragalin 和 Fedorov，2006；Fedorov 和 Wu，2007；Dragalin，et al，2008；Padmanabhan，et al，2010；以及 Pronzato，2010）。

参考文献

Aranda-Ordaz, F.J.: On two families of transformations to additivity for binary response data. Biometrika 68(2), 357-363 (1981)

Babb, J.S., Rogatko, A.: Patient specific dosing in a cancer phase Ⅰ clinical trial. Stat. Med. 20(14), 2079-2090 (2001)

Bekele, B.N., Shen, Y.: A Bayesian approach to jointly modeling toxicity and biomarker expression in a phase Ⅰ/Ⅱ dose-fifinding trial. Biometrics 61(2), 344-354 (2005)

Berkson, J., Gage, R.P.: Survival curve for cancer patients following treatment. J. Am. Stat. Assoc. 47(259), 501-515 (1952)

Braun, T.M.: The bivariate continual reassessment method: extending the CRM to phase Ⅰ trials of two competing outcomes. Control. Clin. Trials 23(3), 240-256 (2002)

Cai, C., Yuan, Y., Ji, Y.: A Bayesian dose fifinding design for oncology clinical trials of combinational biological agents. J. Roy. Stat. Soc. Ser. C Appl. Stat. 63(1), 159-173 (2014)

Conolly, R.B., Lutz, W.K.: Nonmonotonic dose-response relationships: mechanistic basis, kinetic modeling, and implications for risk assessment. Toxicol. Sci. 77(2), 151-157 (2004)

Cox, D.R.: Regression models and life-tables (with discussion). J. R. Stat. Soc. Series B 34(2), 187-220 (1972)

Dale, J.R.: Global cross-ratio models for bivariate, discrete, ordered responses. Biometrics 42(4), 909-917 (1986)

Dragalin, V., Fedorov, V.: Adaptive designs for dose-fifinding based on effificacy-toxicity response. J. Stat. Plan. Inference 136(6), 1800-1823 (2006)

Dragalin, V., Fedorov, V., Wu, Y.: Two-stage design for dose-fifinding that accounts for both effificacy and safety. Stat. Med. 27(25), 5156-5176 (2008)

Ezzalfani, M., Burzykowski, T., Paoletti, X.: Joint modelling of a binary and a continuous outcome measured at two cycles to determine the optimal dose. J. R. Stat. Soc. Ser. C Appl. Stat. 68(2), 369-384 (2019)

Fan, S.K., Wang, Y.-G.: Decision-theoretic designs for dose-fifinding clinical trials with multiple outcomes.

Stat. Med. 25(10), 1699-1714 (2006)
Fedorov, V., Wu, Y.: Dose fifinding designs for continuous responses and binary utility. J. Biopharm. Stat. 17(6), 1085-1096 (2007)
Guo, B., Li, Y., Yuan, Y.: A dose-schedule fifinding design for phase Ⅰ-Ⅱ clinical trials. J. R. Stat. Soc. Ser. C Appl. Stat. 65(2), 259-272 (2016)
Guo, B., Yuan, Y.: Bayesian phase Ⅰ/Ⅱ biomarker-based dose fifinding for precision medicine with molecularly targeted agents. J. Amer. Stat. Assoc. 112(518), 508-520 (2017)
Gooley, T.A., Martin, P.J., Fisher, L.D., Pettinger, M.: Simulation as a design tool for phase Ⅰ/Ⅱ clinical trials: an example from bone marrow transplantation. Control. Clin. Trials 15(6), 450-462(1994)
Hardwick, J., Meyer, M.C., Stout, Q.F.: Directed walk designs for dose response problems with competing failure modes. Biometrics 59(2), 229-236 (2003)
Hirakawa, A.: An adaptive dose-fifinding approach for correlated bivariate binary and continuous outcomes in phase Ⅰ oncology trials. Stat. Med. 31(6), 516-532 (2012)
Hirakawa, A., Sato, H., Daimon, T., Matsui, S.: Modern Dose-Finding Designs for Cancer Phase Ⅰ Trials: Drug Combinations and Molecularly Targeted Agents. Springer, Tokyo (2018)
Hoering, A., Mitchell, A., LeBlanc, M., Crowley, J.: Early phase trial design for assessing several dose levels for toxicity and effificacy for targeted agents. Clin. Trials 10(3), 422-429 (2013)
Houede, N., Thall, P.F., Nguyen, H., Paoletti, X., Kramar, A.: Utility-based optimization of combination therapy using ordinal toxicity and effificacy in phase Ⅰ/Ⅱ trials. Biometrics 66(2), 532-540 (2010)
Huang, X., Biswas, S., Oki, Y., Issa, J.-P., Berry, D.A.: A parallel phase Ⅰ/Ⅱ clinical trial design for combination therapies. Biometrics 63(2), 429-436 (2007)
Hunsberger, S., Rubinstein, L.V., Dancey, J., Korn, E.L.: Dose escalation trial designs based on a molecularly targeted endpoint. Stat. Med. 24(14), 2171-2181 (2005)
Ivanova, A.:A new dose-finding design for bivariate outcomes. Biometrics 59(4), 1001-1007 (2003)
Ivanova, A., Liu, K., Snyder, E., Snavely, D.: An adaptive design for identifying the dose with the best efficacy/tolerability profile with application to a crossover dose-finding study. Stat. Med. 28(24), 2941-2951 (2009)
Ji, Y., Liu, P., Li, Y., Bekele, B.N.: A modified toxicity probability interval method for dose-finding trials. Clin. Trials 7(6), 653-663 (2010)
Kakurai, Y., Kaneko, S., Hamada, C., Hirakawa, A.: Dose individualization and variable selection by using the Bayesian lasso in early phase dose finding trials. J. R. Stat. Soc. Ser. C Appl. Stat. 68(2), 445-460 (2019)
Kpamegan, E.E., Flournoy, N.: Chapter 19. An optimizing up-and-down design. In: Atkinson, A., Bogacka, B., Zhigljavsky, A. (eds.) Optimum Design 2000. Nonconvex Optimization and Its Applications, 1st edn, vol 51, pp. 211-224. Springer, Boston, MA (2001)
Lagarde, F., Beausoleil, C., Belcher, S.M., Belzunces, L.P., Emond, C., Guerbet,M., Rousselle, C.: Non-monotonic dose-response relationships and endocrine disruptors: a qualitative method of assessment. Environ. Health 14(13), 1-13 (2015)
Le Tourneau, C., Dieras, V., Tresca, P., Cacheux, W., Paoletti, X.: Current challenges for the early clinical development of anticancer drugs in the era of molecularly targeted agents. Target Oncol. 5(1), 65-72 (2010)
Leung, D.,Wang, Y.-G.: An extension of the continual reassessment method using decision theory. Stat. Med. 21(1), 51-63 (2002)
Li, Y., Bekele, B.N., Ji, Y., Cook, J.D.: Dose-schedule finding in phase Ⅰ/Ⅱ clinical trials using a Bayesian isotonic transformation. Stat. Med. 27(24), 4895-4913 (2008)

Li, D.H., Whitmore, J.B., Guo,W., Ji, Y.: Toxicity and efficacy probability interval design for phase Ⅰ adoptive cell therapy dose-finding clinical trials. Clin. Cancer Res. 23(1), 13-20 (2016)

Liu, S., Johnson, V.E.: A robust Bayesian dose-finding design for phase Ⅰ/Ⅱ clinical trials. Biostatistics 17(2), 249-263 (2016)

Liu, S., Yuan, Y.: Bayesian optimal interval designs for phase Ⅰ clinical trials. J. Roy. Stat. Soc. Ser. C Appl. Stat. 64(3), 507-523 (2015)

Loke, Y.-C., Tan, S.-B., Cai, Y.Y., Machin, D.: A Bayesian dose finding design for dual endpoint phase Ⅰ trials. Stat. Med. 25(1), 3-22 (2006)

Mandrekar, S.J., Cui, Y., Sargent, D.J.: An adaptive phase Ⅰ design for identifying a biologically optimal dose for dual agent drug combinations. Stat. Med. 26(11), 2317-2330 (2007)

Mandrekar, S.J., Qin, R., Sargent, D.J.: Model-based phase Ⅰ designs incorporating toxicity and efficacy for single and dual agent drug combinations: methods and challenges. Stat.Med. 29(10), 1077-1083 (2010)

Morgan, B., Thomas, A.L., Drevs, J., Hennig, J., Buchert,M., Jivan, A., Horsfield, M.A.,Mross, K., Ball, H.A., Lee, L., Mietlowski, W., Fuxuis, S., Unger, C., O'Byrne, K., Henry, A., Cherryman, G., Laurent, D., Dugan, M., Marmé, D., Steward, W.: Dynamic contrast enhanced magnetic resonance imaging as a biomarker for the pharmacological response of ptk787/zk 222584, an inhibitor of the vascular endothelial growth factor receptor tyrosine kinases, in patients with advanced colorectal cancer and liver metastases: results from two phase Ⅰ studies. J. Clin. Oncol. 21(21), 3955-3964 (2003)

Mozgunov, P., Jaki, T.: An information theoretic phase Ⅰ-Ⅱ design for molecularly targeted agents that does not require an assumption of monotonicity. J. Roy. Stat. Soc. Ser. C Appl. Stat. 68(2), 347-367 (2019)

Muenz, D.G., Taylor, J.M.G., Braun, T.M.: Phase Ⅰ-Ⅱ trial design for biologic agents using conditional auto-regressive models for toxicity and efficacy. J. R. Stat. Soc. Ser. C Appl. Stat. 68(2), 331-345 (2019)

Murtaugh, P.A., Fisher, L.D.: Bivariate binary models of efficacy and toxicity in dose-ranging trials. Commun. Stat. Theory Methods 19(6), 2003-2020 (1990)

O'Quigley, J., Hughes, M.D., Fenton, T.: Dose-finding designs for HIV studies. Biometrics 57(4), 1018-1029 (2001)

O'Quigley, J., Hughes, M.D., Fenton, T., Pei, L.: Dynamic calibration of pharmacokinetic parameters in dose-finding studies. Biostatistics 11(3), 537-545 (2010)

O'Quigley, J., Paoletti, X., Maccario, J.: Non-parametric optimal design in dose finding studies. Biostatistics 3(1), 51-56 (2002)

O'Quigley, J., Shen, L.Z.: Continual reassessment method: a likelihood approach. Biometrics 52(2), 673-684 (1996)

Patterson, S., Francis, S., Ireson, M.,Webber, D.,Whitehead, J.: A novel Bayesian decision procedure for early-phase dose-finding studies. J. Biopharm. Stat. 9(4), 583-597 (1999)

Padmanabhan, S.K., Hsuan, F.,Dragalin,V.:Adaptive penalized D-optimal designs for dose finding based on continuous efficacy and toxicity. Stat. Biopharm. Res. 2(2), 182-198 (2010)

Paoletti, X., Le Tourneau, C., Verweij, J., Siu, L.L., Seymour, L., Postel-Vinay, S., Collette, L., Rizzo, E., Ivy, P., Olmos, D., Massard, C., Lacombe, D., Kaye, S.B., Soria, J.C.: Defining doselimiting toxicity for phase 1 trials of molecularly targeted agents: results of a DLT-TARGETT international survey. Eur. J. Cancer 50(12), 2050-2056 (2014)

Polley, M.-Y., Cheung, Y.K.: Two-stage designs for dose-finding trials with a biologic endpoint using stepwise tests. Biometrics 64(1), 232-241 (2008)

Postel-Vinay, S., Gomez-Roca, C., Molife, L.R., Anghan, B., Levy, A., Judson, I., De Bono, J., Soria, J.-C., Kaye, S., Paoletti, X.: Phase Ⅰ trials of molecularly targeted agents: should we pay more attention to late toxicities? J. Clin. Oncol. 29(13), 1728-1735 (2011)

Pronzato, L.: Penalized optimal designs for dose-finding. J. Stat. Plan. Inference 140(1), 283-296 (2010)

Riviere, M.K., Yuan, Y., Dubois, F., Zohar, S.: A Bayesian dose finding design for clinical trials combining a cytotoxic agent with a molecularly targeted agent. J. Roy. Stat. Soc. Ser. C Appl. Stat. 64(1), 215-229 (2015)

Riviere, M.K., Yuan, Y., Jourdan, J.H., Dubois, F., Zohar, S.: Phase Ⅰ/Ⅱ dose-finding design for molecularly targeted agent: plateau determination using adaptive randomization. Stat. Methods Med. Res. 27(2), 466-479 (2018)

Robert, C., Ribas, A.,Wolchok, J.D., Hodi, F.S., Hamid, O., Kefford, R.,Weber, J.S., Joshua, A.M., Hwu,W.-J.,Gangadhar, T.C.:Anti-programmed-death-receptor-1 treatment with pembrolizumab in ipilimumab refractory advanced melanoma: a randomised dose comparison cohort of a phase 1 trial. Lancet 384(9948), 1109-1117 (2014)

Storer, B.E.: Design and analysis of phase Ⅰ clinical trials. Biometrics 45(3), 925-937 (1989)

Takeda, K., Taguri, M., Morita, S.: BOIN-ET: Bayesian optimal interval design for dose finding based on both efficacy and toxicity outcomes. Pharm. Stat. 17(4), 383-395 (2018)

Thall, P.F., Cheng, S.C.: Treatment comparisons based on two-dimensional safety and efficacy alternatives in oncology trials. Biometrics 55(3), 746-753 (1999)

Thall, P.F., Cook, J.D.: Dose-finding based on efficacy-toxicity trade-offs. Biometrics 60(3), 684-693 (2004)

Thall, P.F., Inoue, L.Y.T., Martin, T.G.: Adaptive decision making in a lymphocyte infusion trial. Biometrics 58(3), 560-568 (2002)

Thall, P.F., Nguyen, H.Q., Estey, E.H.: Patient-specific dose finding based on bivariate outcomes and covariates. Biometrics 64(4), 1126-1136 (2008)

Thall, P.F., Russell, K.E.: A strategy for dose-finding and safety monitoring based on efficacy and adverse outcomes in phase Ⅰ/Ⅱ clinical trials. Biometrics 54(1), 251-264 (1998)

Thall, P.F., Sung, H.-G., Choudhury, A.: Dose-finding based on feasibility and toxicity in T-cell infusion trials. Biometrics 57(3), 914-921 (2001)

Wages, N.A., Tait, C.: Seamless phase Ⅰ/Ⅱ adaptive design for oncology trials of molecularly targeted agents. J. Biopharm. Stat. 25(5), 903-920 (2015)

Wang, M., Day, R.: Adaptive Bayesian design for phase Ⅰ dose-finding trials using a joint model of response and toxicity. J. Biopharm. Stat. 20(1), 125-144 (2010)

Whitehead, J., Brunier, H.: Bayesian decision procedures for dose determining experiments. Stat. Med. 14(9), 885-893 (1995)

Whitehead, J., Thygesen, H.,Whitehead, A.: A Bayesian dose-finding procedure for phase Ⅰ clinical trials based only on the assumption of monotonicity. Stat. Med. 29(17), 1808-1824 (2010)

Whitehead, J., Thygesen, H., Whitehead, A.: Bayesian procedures for phase Ⅰ/Ⅱ clinical trials investigating the safety and efficacy of drug combinations. Stat. Med. 30(16), 1952-1970 (2011)

Whitehead, J., Zhou,Y., Patterson, S.,Webber, D., Francis, S.: Easy-to-implement Bayesian methods for dose-escalation studies in healthy volunteers. Biostatistics 2(1), 47-61 (2001)

Whitehead, J., Zhou, Y., Stevens, J., Blakey, G.: An evaluation of a Bayesian method of dose escalation based on bivariate binary responses. J. Biopharm. Stat. 14(4), 969-983 (2004)

Whitehead, J., Zhou, Y., Mander, A., Ritchie, S., Sabin, A., Wright, A.: An evaluation of Bayesian designs for dose-escalation studies in healthy volunteers. Stat. Med. 25(3), 433-445 (2006a)

Whitehead, J., Zhou, Y., Stevens, J., Blakey, G., Price, J., Leadbetter, J.: Bayesian decision procedures for dose-escalation based on evidence of undesirable events and therapeutic benefit. Stat. Med. 25(1), 37-53

(2006b)

Yeung, W.Y., Reigner, B., Beyer, U., Diack, C., Sabanés Bové, D., Palermo, G. Jaki, T.: Bayesian adaptive dose-escalation designs for simultaneously estimating the optimal and maximum safe dose based on safety and efficacy. Pharm. Stat. 16(6), 396-413 (2017)

Yeung, W.Y., Whitehead, J., Reigner, B., Beyer, U., Diack, C., Jaki, T.: Bayesian adaptive dose escalation procedures for binary and continuous responses utilizing a gain function. Pharm. Stat. 14(6), 479-487 (2015)

Yin, G., Li, Y., Ji, Y.: Bayesian dose-finding in phase Ⅰ/Ⅱ clinical trials using toxicity and efficacy odds ratios. Biometrics 62(3), 777-787 (2006)

Yin, G., Zheng, S., Xu, J.: Two-stage dose finding for cytostatic agents in phase Ⅰ oncology trials. Stat. Med. 32(4), 644-660 (2013)

Yuan, Y., Yin, G.: Bayesian dose finding by jointly modelling toxicity and efficacy as time-to-event outcomes. J. R. Stat. Soc. Ser. C Appl. Stat. 58(5), 719-736 (2009)

Zang,Y.,Lee, J.J.,Yuan,Y.:Adaptive designs for identifying optimal biological dose for molecularly targeted agents. Clin. Trials 11(3), 319-327 (2014)

Zelen, M.: Play the winner rule and the controlled clinical trial. J. Amer. Stat. Assoc. 64(325), 131-146 (1969)

Zhang,W., Sargent,D.J., Mandrekar, S.:An adaptive dose-finding design incorporating both toxicity and efficacy. Stat. Med. 25(14), 2365-2383 (2006)

Zhou, Y., Whitehead, J., Bonvini, E., Stevens, J.: Bayesian decision procedures for binary and continuous bivariate dose-escalation studies. Pharm. Stat. 5(2), 125-133 (2006)

Zohar, S., O'Quigley, J.: Identifying the most successful dose (MSD) in dose-finding studies in cancer. Pharm. Stat. 5(3), 187-199 (2006a)

Zohar, S., O'Quigley, J.:Optimal designs for estimating the most successful dose. Stat.Med. 25(24), 4311-4320 (2006b)

第6章
免疫治疗药物的早期临床试验设计

摘要

肿瘤免疫疗法是一大类抗癌疗法，其通过诱导、增强或抑制患者的免疫系统以帮助对抗癌症。这种疗法利用白细胞和淋巴系统的器官和组织，所以也被视为一种利用生物物质来治疗癌症的生物疗法。因此，在肿瘤免疫疗法中，通过考虑与免疫反应相关的结果以及毒性和疗效来确定生物学上的最佳剂量，成为成功治疗的关键。本章回顾了免疫治疗早期临床试验中的几种剂量探索设计方法。

关键词：肿瘤免疫疗法；免疫反应；风险 - 效益权衡设计；无缝Ⅰ/Ⅱ期临床试验随机设计；剂量扩展队列

6.1　简介

近年来，免疫疗法作为一种抗癌治疗方法引起了极大关注（Couzin-Frankel 2013）。免疫疗法帮助人体免疫系统直接攻击肿瘤，包括检查点抑制剂、过继性免疫细胞、单克隆抗体、疫苗和细胞因子等。由于免疫系统能够识别并攻击目标肿瘤，因此免疫疗法比分子靶向疗法更具个性化。免疫疗法成功的关键是确定给予患者的最佳剂量（optimal dose, OD）。然而，与分子靶向药物（molecularly targeted agents, MTAs）类似，传统的Ⅰ期临床试验设计（见第2～4章）仅仅考虑化疗药物（CAs）的毒性，这并不适合免疫治疗药物（immunotherapeutic agents，IAs）。然而很不幸的是，传统Ⅰ期临床试验设计经常被用于肿瘤免疫疗法中，有时还应用在剂量扩展队列（见第6.5节）。事实上，正如Morrissey等（2016）所示，在涉及nivolumab、pembrolizumab和ipilimumab的单药Ⅰ期临床试验中，并未成功找到MTD。此外，值得注意的是，在癌症疫苗的Ⅰ期临床试验中，无法成功确定MTD的原因通常是由于平缓的剂量 - 毒性关系。再者，由于免疫疗法的作用机制是增强免疫系统，所以疗效随剂量增加而单调递增的假设对免疫疗法可能并不适用。因此，推荐采用同时考虑毒性、疗效和免疫应答的Ⅰ/Ⅱ期试验设计来进行免疫疗法剂量的优化。本章概述了其中的一些设计。关于癌症治疗的疫苗试验，可参见Cunanan和Koopmeiners（2017）和Wang等（2018）的研究。

6.2　毒性评估设计

Messer等（2010）提出了一种用于癌症免疫疗法Ⅰ/Ⅱ期临床试验的毒性评估设计。该设计基于安全性假设检验和一种类似于3+3设计的算法。首先，在给定目标毒性概率水平的基础上对单侧零假设进行检验。即，对于零假设，如果数据没有提供相反的证据，则认为毒性率过高，不可接受。对于备择假设，如果观察到的毒性率过低而不能支持原假设，则毒性率是可以接受的。在第二阶段上，在Ⅰ期临床试验部分中，所有患者队列都接受一个拟定的治疗剂量（即没有剂量递增）。此外，每个队列要么很小（三例患者），要么扩展（六例患者），类似于3+3设计。具体而言，3+3设计算法按如下规则进行调整：①如果三例患者中至少有两例出现毒性，则终止试验；②如果三例患者均未出现毒性，则入组下一队列患者并对其进行治疗；③如果三例患者中有一例出现毒性，则将当前队列再增加三例患者。如果增加的三例患者中没有出现毒性（即总共六例患者中只有一例出现毒性），则试验继续，入组下一队列患者并对其进行治疗。相反，如果这三例患者中至少有一个出现毒性（即总共六例中有两例或更多），则终止试验。最后，如果所有队列在不终止试验的情况下都达到了安全性终点，则Ⅰ期临床试验结束，开启Ⅱ期临床试验以进行疗效评估。

治疗剂量可能在初始剂量的递增阶段之后被找到，因此，毒性评估设计被设置在第二阶段使用可能更合适。Messer等（2010）基于Ⅰ、Ⅱ期临床试验毒性数据和毒性概率的最大似然估计，给出了治疗剂量下毒性概率的确切置信区间上限。需要注意，只有当真实毒性概率远低于可接受毒性概率时，毒性评估设计才能很好地发挥作用。

6.3　风险-效益权衡设计

Liu等（2018年）提出了一种Ⅰ/Ⅱ期临床试验设计，旨在确定免疫疗法中（同时考虑免疫反应、毒性和疗效终点）的生物学最佳剂量（biologically optimal dose，BOD）。该设计中，通过一个将多维度结果划分为单一指标的效用函数，在三种终点的不良结果和理想结果之间的风险 - 效益权衡中产生的最高可取性剂量，即为 BOD。除了 Liu 等（2018 年）的设计，Guo 等（2019 年）还提出了一种名为 BDFIT 的新设计，用于寻找免疫疗法的 OBD。这两种设计的区别在于，Liu 等（2018）将客观肿瘤反应视为疗效结果，Guo 等（2019）将无进展生存期视为疗效结果。

6.3.1 概率模型

假定在一项预设最大样本量为 n_{max} 的 Ⅰ/Ⅱ 期临床试验中，我们试图在其有序剂量 $d_1<\cdots<d_K$ 中确定 IA 的 BOD。首先设 Y_I 表示免疫反应的随机变量，例如细胞因子的浓度或 T 细胞计数。设 Y_T 表示毒性结局的二元随机变量，其中 $Y_T=1$ 表示毒性，反之 $Y_T=0$。令 Y_E 表示疗效结局的三分类有序随机变量，其中 $Y_E=0$、1 和 2 分别表示疾病进展（PD）、疾病稳定（SD）和部分缓解（PR）或完全缓解（CR）并作为客观肿瘤反应。传统来讲，CR 或 PR 患者被视为应答者，而 SD 或 PD 患者则不是。然而，在免疫肿瘤学中，SD 通常被认为是一种积极反应，因为持久 SD 的患者可以实现长期生存，即使他们没有表现出明显的肿瘤缩小。

Liu 等（2018 年）将这三个结果视为一个三元向量，用 $Y=(Y_I, Y_T, Y_E)$ 来表示。这种方法与大多数现有的 Ⅰ/Ⅱ 期临床试验设计相反，后者只关注（Y_T，Y_E）。Liu 等（2018 年）认为，免疫治疗中的毒性和疗效结果由免疫系统激活，并采用了以下概率模型。

给定剂量 d 时，（Y_I, Y_T, Y_E）的联合分布用 $[Y_I, Y_T, Y_E|d]$ 来表示。其分解为给定剂量 d 时 Y_I 的边缘分布 $[Y_I|d]$，与给定 d 和 Y_I 时（Y_T, Y_E）条件分布 $[Y_T, Y_E|d, Y_I]$ 的乘积。即

$$\left[Y_I, Y_T, Y_E \mid d\right]=\left[Y_I \mid d\right]\left[Y_T, Y_E \mid d, Y_I\right] \tag{6.1}$$

使用 E_{max} 模型对边缘分布 $[Y_I|d]$ 进行建模，E_{max} 模型是一种非线性模型，常用于阐明剂量 - 效应关系，如下所示：

$$Y_I=\beta_0+\frac{\beta_1 d^{\beta_3}}{\beta_2{}^{\beta_3}+d^{\beta_3}}+\varepsilon \tag{6.2}$$

式中，β_0 是与 IA 剂量为零时活性相对应的基线免疫活性；β_1 是归因于 IA 的最大免疫活性，通常表示为 E_{max}；β_2 是产生最大免疫活性的一半时的剂量，通常表示为 ED_{50}；β_3 是斜率因子，也称为 Hill 因子，用在控制剂量 - 活性曲线的陡峭程度，衡量对 IA 剂量范围的响应灵敏度；ε 是假定具有正态分布的误差，均值为 0，方差为 σ^2，记作 $\varepsilon \sim N(0, \sigma^2)$。联合分布 $[Y_T, Y_E|d, Y_I]$ 采用一个潜变量模

型进行建模，该模型描述一组直接可观测的变量（显变量）与一组直接不可观测的变量（潜变量）之间存在的关系。令 Z_T 和 Z_E 分别表示与显变量 Y_T 和 Y_E 相关的两个连续潜变量，如下所示：

$$Y_T=\begin{cases}0 & \text{if} \quad Z_T<\xi_1 \\ 1 & \text{if} \quad Z_T\geqslant\xi_1\end{cases} \text{和} \ Y_E=\begin{cases}0 & \text{if} \quad Z_E<\eta_1 \\ 1 & \text{if} \quad \eta_1\leqslant Z_T<\eta_2 \\ 2 & \text{if} \quad Z_E\geqslant\eta_2\end{cases} \tag{6.3}$$

式中，ξ_1、η_1 和 η_2 为未知的分界点。假设 $[Z_T, Z_E|Y_I, d]$ 服从二元正态分布，含均值向量 μ 和方差 - 协方差矩阵 Σ，记作 $(Z_T, Z_E)^T \sim BN(\mu, \Sigma)$，其中

$$\mu=\begin{pmatrix}\mu_T(Y_I,d) \\ \mu_E(Y_I,d)\end{pmatrix} \text{和} \ \Sigma=\begin{pmatrix}\sigma_{11} & \sigma_{12} \\ \sigma_{12} & \sigma_{22}\end{pmatrix} \tag{6.4}$$

进一步地，$\mu_l(Y_I, d)=E(Z_l|Y_I, d)$ 是在 Y_I 和 d 的条件下 Z_l 的期望，其中 l=T 或 E；σ_{11}、σ_{12} 和 σ_{22} 为未知参数。然而，为了进一步确定模型，令 $\zeta_1=\eta_1=0$ 且 $\sigma_{11}=\sigma_{22}=1$，且约束条件为 $0 \leqslant \sigma_{12} \leqslant 1$。

则 $\mu_T(Y_I, d)$ 的模型如下：

$$\mu_T(Y_I, d)=\beta_4+\beta_5 d+I(Y_I>\beta_7)\beta_6 Y_I \tag{6.5}$$

式中，β_4、β_5、β_6 和 β_7 为未知参数。此外，$I(Y_I>\beta_7)$ 为指示函数，如果 $Y_I>\beta_7$，则其值为 1，否则为 0。在此模型下，d 被作为协变量以捕捉剂量与毒性之间的潜在关系，并且 Y_I 在不超过阈值 β_7 的情况下不会引发毒性。

则 $\mu_E(Y_I, d)$ 的模型如下所示：

$$\mu_E(Y_I,d)=\beta_8+\beta_9 Y_I+\beta_{10} Y_I^2 \tag{6.6}$$

式中，β_8、β_9 和 β_{10} 为未知参数。在此模型下，Y_E 在给定 Y_I 的条件下独立于 d，因为其疗效可以通过免疫反应产生。此外，还使用了二次项 Y_I^2 将疗效不随 Y_I 单调增加的可能性考虑在内。注意，该模型可被视为一个工作模型，用于获得合理的局部拟合，并指导剂量的探索过程，而不适用于准确估计整个免疫反应曲线。Liu 等（2018 年）的研究表明，即使在真实免疫反应曲线先上升再趋于平缓的情况下，该模型也有很好的应用效果。

对于第 i 例患者，用 $\boldsymbol{y}_i=(y_{I,i}, y_{T,i}, y_{E,i})$ 表示观察到的 $\boldsymbol{Y}_i=(Y_{I,i}, Y_{T,i}, Y_{E,i})$ 的值；$d_{[i]}$ 表示分配给第 i 例患者的剂量，其中 $i=1,\cdots,n_{max}$；β 为参数向量，记作 $\beta=(\beta_1|\beta_2)=(\beta_0,\cdots,\beta_3|\beta_4,\cdots,\beta_7)$，其中 β_1 和 β_2 是 β 的分向量。定义 $\zeta_0=\eta_0\equiv-\infty$ 和 $\zeta_2=\eta_3\equiv\infty$，第 i 例受试者显变量的似然函数如下：

$$
\begin{aligned}
\mathfrak{L}\left(y_i \middle| d_{[i]}, \beta\right) &= f\left(y_{\mathrm{I},i} \middle| d_{[i]}, \beta_1\right)\Pr\left(Y_{\mathrm{T},i} = y_{\mathrm{T},i}, Y_{\mathrm{E},i} = y_{\mathrm{E},i} \middle| y_{\mathrm{I},i}, d_{[i]}, \beta_2\right) \\
&= f\left(y_{\mathrm{I},i} \middle| d_{[i]}, \beta_1\right) \\
&\quad \times \Pr\left(\zeta_{y_{\mathrm{T},i}} \leqslant Z_{\mathrm{T},i} < \zeta_{y_{\mathrm{T},i+1}}, \eta_{y_{\mathrm{E},i}} \leqslant Z_{\mathrm{E},i} < \eta_{y_{\mathrm{E},i+1}} \middle| y_{\mathrm{I},i}, d_{[i]}, \beta_2\right) \\
&= f\left(y_{\mathrm{I},i} \middle| d_{[i]}, \beta_1\right) \\
&\quad \times \int_{\zeta_{y_{\mathrm{T},i}}}^{\zeta_{y_{\mathrm{T},i+1}}} \int_{\eta_{y_{\mathrm{E},i}}}^{\eta_{y_{\mathrm{E},i+1}}} f\left(Z_{\mathrm{T},i}, Z_{\mathrm{E},i} \middle| y_{\mathrm{I},i}, d_{[i]}, \beta_2\right) dZ_{\mathrm{T},i} dZ_{\mathrm{E},i}
\end{aligned} \tag{6.7}
$$

式中，$f(y_{\mathrm{I},i}|d_{[i]}, \beta_1)$ 是在给定 $d_{[i]}$ 和分向量 β_1 的情况下 Y_{I},i 的概率密度函数；$f(Z_{\mathrm{T},i}, Z_{\mathrm{E},i}|Y_{\mathrm{I},i}, d_{[i]}, \beta_2)$ 是在给定 $Y_{\mathrm{I},i}$ 和 $d_{[i]}$ 以及分向量 β_2 的情况下 $(Z_{\mathrm{T},i}, Z_{\mathrm{E},i})$ 的概率密度函数。令 n=1,⋯, $n_{\max}$ 表示在试验过程中所决定的下一例患者或患者队列剂量增加、减少或维持的临时样本量。此外，$\mathfrak{D}_n=(y,\cdots, y_n)$ 表示从前 n 例患者中观察到的数据。那么，试验中前 n 例患者的似然函数为 $\mathfrak{L}(\ \mathfrak{D}_n \mid \beta = \prod_{i=1}^{n} \mathfrak{L}\left(y|\mathrm{d}_i, \beta\right)\ )$。令 $p(\beta)$ 表示 β 的联合先验分布，则基于前 n 例患者的数据的联合后验分布为 $p(\beta|\mathfrak{D}_n) \propto \mathfrak{L}_{\mathrm{n}}(\mathfrak{D}_n|\beta)p(\beta)$。参见 Liu（2018 年）关于 β 的先验规则的制定。

6.3.2 剂量探索算法

6.3.2.1 最优剂量的定义

Liu 等（2018 年）提出，在权衡了临床医生或患者认可的免疫反应、疗效和毒性的基础上可使用效用函数来识别 BOD。效用函数允许将多维结果映射为剂量合理性的单一指数，这种方法已在多个剂量探索设计中应用［参见 Houede et al（2010）、Thall et al（2023、2014）、Yuan et al（2016）、Guo 和 Yuan et al（2017 年）的研究］。

令 U（Y_{I}, Y_{T}, Y_{E}）表示一个效用函数。Liu 等（2018）提出了一种方便的方法来说明 U（Y_{I}, Y_{T}, Y_{E}），具体如下：

（1）根据临床医生指定的临界值，将免疫反应 Y_{I} 分为良好（$\tilde{Y}_{\mathrm{I}}$ =1）和不良（$\tilde{Y}_{\mathrm{I}}$ =0）两类，也可以分为三个以上级别；

（2）将得分最低（即不良免疫反应、毒性和帕金森病）和得分最高（即理想的免疫反应、无毒性和 CR/PR）的结果分别固定为 $U(\tilde{Y}_{\mathrm{I}}, Y_{\mathrm{T}}, Y_{\mathrm{E}})$=0 和 $U(\tilde{Y}_{\mathrm{I}}, Y_{\mathrm{T}}, Y_{\mathrm{E}})$=100。随后将这两个得分作为边界，从临床研究人员那里得到介于 0 和 100 之间的其他可能分数。

对于给定剂量 d，相应效用值 $U(d)$ 计算如下：

$$\mathrm{E}(U(d)|\beta)=\int U(\tilde{Y}_{\mathrm{I}},Y_{\mathrm{T}},Y_{\mathrm{E}})f(\tilde{Y}_{\mathrm{I}},Y_{\mathrm{T}},Y_{\mathrm{E}})d\tilde{Y}_{\mathrm{I}}dY_{\mathrm{T}}dY_{\mathrm{E}} \tag{6.8}$$

式中，$f(\tilde{Y}_{\mathrm{I}}, Y_{\mathrm{T}}, Y_{\mathrm{E}})$ 是 $(\tilde{Y}_{\mathrm{I}}, Y_{\mathrm{T}}, Y_{\mathrm{E}})$ 的概率函数。但由于 β 是未知的，因此必须估计得到 d 的效用。具体地说，给定临时数据 $\mathfrak{D}_n$ 后，可从其后验均值估计得到 d 的效用值，公式如下：

$$\mathrm{E}(U(d)|\mathfrak{D}_n)=\int \mathrm{E}(U(d)|\beta)p(\beta|\mathfrak{D}_n)d\beta \tag{6.9}$$

这个后验平均效用值被用来评估某个剂量的合理性并指导剂量探索。然而，仅从效用值确定得到的 OD，在考虑到潜在的毒性或疗效之后，可能是不可接受的。因此，该设计中 OD 被定义为在满足可接受的毒性和疗效要求的同时具有最高效用的剂量［具体细节请参见 Liu 等的研究（2018）］。

6.3.2.2　剂量探索算法

假设以 m 例患者为一个队列，临时样本量为 $n=m\times r$。因此，对于 $r=1,\cdots,R-1$，最大样本量为 $n_{\max}=m\times R$，其中 r 是队列的数量。设 d_h 表示当前最高测试剂量，$\mathfrak{A}_n$ 表示给定临时样本量 n 时，满足可接受的毒性和疗效要求的允许剂量的集合。第一例患者队列以最低剂量 d_1 进行治疗。以下剂量探索算法用于在给定剂量下第（r+1）例患者队列的治疗（Liu，2018）：

第 1 步：如果 $\mathfrak{D}_n$ 表明 d_h 是安全的，我们以下一个最高剂量 d_{h+1} 治疗第（r+1）个队列；

第 2 步：否则，确定 $\mathfrak{A}_n$ 并以以下概率自适应地选取剂量 $d_k\in\mathfrak{A}_n(k=1,\cdots,K)$ 治疗第（r+1）个队列

$$\Pr\left(U(d_k)=\max\left\{U(d_{k'}),k'\in\mathfrak{A}_n\right\}\middle|\mathfrak{D}_n\right) \tag{6.10}$$

公式 (6.10) 代表剂量水平 k 具有最高后验平均效用值的后验概率。如果 $\mathfrak{A}_n$ 为空，则终止试验。

第 3 步：一旦达到 $n_{\max}$，则建议使用 $\mathfrak{A}_{n_{\max}}$ 中具有最高后验平均效用值的剂量。

6.3.3　运行特征的总结

Liu 等（2018）开展了一项涉及八个场景的模拟研究来说明他们的剂量探索设计，该设计包含关于多种毒性、疗效和免疫反应的真实剂量 - 反应关系。该研究纳入了 5 个剂量，每个队列有 3 例受试者，最大样本量为 60。研究者将他们的设计与仅考虑疗效和毒性的Ⅰ/Ⅱ期临床试验设计进行了比较，即 Thall 和 Cook（2004）提出的“EffTox 设计”。在“EffTox 设计”中，使用的效用值是通

过在 Y_I 上平均 $U(Y_I, Y_T, Y_E)$ 得到的。结果表明，在包括 ODs 的 7 个场景中，Liu 等提出的设计在 ODs 的正确选择率和 OD 分配的患者数量方面优于 EffTox 设计。此外，Liu 等的研究还进行了敏感性分析以评估方法的稳健性，如采用更小的样本量（42 例）、其他效用值、公式 (6.2) 中参数的不同先验估计值或者不同的先验分布等。其敏感性分析结果表明，该设计对这些因素都不敏感，较为稳健。

6.4 SPIRIT

Guo 等（2018）提出了一种用于免疫治疗试验的无缝Ⅰ/Ⅱ期临床试验随机设计 (seamless phase Ⅰ/Ⅱ randomized design for immunotherapy，SPIRIT)，以确定 IA 的 BOD。这种设计的一个重要特征是，其将无进展生存期（PFS）视为疗效结果；相比之下，Liu 等（2018）提出的风险 - 效益权衡设计将有序靶病灶肿瘤反应视为疗效结果。PFS 需要相对较长的时间来观察，因此很难立即做出适应性剂量分配决策。而肿瘤反应的观察时间相对较短，可以很容易地立即做出适应性剂量分配决策。因此，SPIRIT 使用免疫反应作为辅助结果来筛选无效的剂量，并在必要时对 PFS 进行推测。

6.4.1 概率模型

假设在预设最大样本量为 n_{max} 的Ⅰ/Ⅱ期临床试验中，我们试着在有序剂量 $d_1<\cdots<d_k$ 中确定 IA 的 BOD。设 T_E 表示以 PFS 作为疗效结果的随机变量，t_E 表示 T_E 的观察值；用 Y_I 表示免疫反应的二分类随机变量，y_I 表示 Y_I 的观察值。如患者有免疫反应，则 $Y_I=1$，否则 Y_I 为 0。即使 Y_I 是连续的，下面的建模方法也可直接扩展。

Guo 等（2018）考虑了以下概率模型。该模型假设对于剂量水平 $k(=1,\cdots, K)$，Y_I 服从伯努利分布（Bernoulli distribution），参数为 $\pi_{I,k}=\Pr(Y_I=1|d_k)$。该参数是患者在给药剂量为 d_k 时产生免疫反应的概率。基于 Y_I 建立随机变量 PFS(T_E) 的比例风险模型，以免疫反应 Y_I 和剂量 d_k 为条件。具体来说，设 $h(t_E|y_I, d_k)$ 表示 PFS 的风险函数，即给定免疫反应 y_I 和给药剂量 d_k 时，T_E 使用以下比例风险模型给出：

$$h\left(t_E \middle| y_I, d_k\right) = h_0\left(t_E \middle| d_k\right)\exp\left(\beta y_I\right) \tag{6.11}$$

式中，$h_0(t_E|d_k)$ 是在 d_k 处的基线风险，β 是一个未知参数。这里假设 T_E 遵循形状参数为 $\alpha>0$ 和比例参数为 $\phi>0$ 的 Pareto 分布，这是考虑到一些接受免疫治

疗的患者可能会产生长期持久的反应。因此，PFS 曲线往往趋向于严重拖尾。因此，公式 (6.11) 可以重写为

$$h\left(t_{\mathrm{E}}\middle|y_{\mathrm{I}},d_{k}\right)=\frac{\alpha_{k}}{t_{\mathrm{E}}+\phi_{k}}\exp\left(\beta y_{\mathrm{I}}\right) \tag{6.12}$$

式中，(α_k, ϕ_k) 是在 d_k 处的呈 Pareto 分布的参数。这意味着剂量和 PFS 之间的关系没有特定结构，因为该参数是为每个剂量水平所指定。

在试验过程中，当对下一个或下一队列患者做出关于剂量增加、减少或维持的决定时，我们将临时样本大小和在剂量水平 k 处具有免疫反应的患者数量分别记为 n_k 和 $n_{\mathrm{I},k}$。对于接受治疗的第 i 例患者，其中 $i=1,\cdots, n_k$，记 $t_{\mathrm{E},i}^{0}$ 为观察到的事件或缺失时间。此外，我们用 $\delta_i=I(T_{\mathrm{E},i}^{0}=T_{\mathrm{E},i})$ 表示事件或删失的指示函数，当在 $t_{E,i}^{0}$ 时刻观察到疾病进展或死亡时，该项取值为 1，否则取值为 0。

在剂量水平 k 处获得的临时数据 $\mathfrak{D}_k=\left\{\left(t_{\mathrm{E},i}^{0},\delta_i,y_{\mathrm{I},i}\right)\right\}$ 的似然值由以下公式计算得出：

$$\begin{aligned}&\mathfrak{L}\left(\mathfrak{D}_k|\alpha_k,\phi_k,\pi_{\mathrm{I},k},\beta\right)\\&=\prod_{i=1}^{n_k}\left\{f\left(y_{\mathrm{I},i}\mid\pi_{\mathrm{I},k}\right)f\left(t_{\mathrm{E},i}^{0}\mid y_{\mathrm{I},i},\alpha_k,\phi_k,\beta\right)^{\delta_i}S\left(t_{\mathrm{E},i}^{0}\mid y_{\mathrm{I},i},\alpha_k,\phi_k,\beta\right)^{1-\delta_i}\right\}\\&=\pi_{\mathrm{I},k}^{n_{\mathrm{I},k}}\left(1-\pi_{\mathrm{I},k}\right)^{n_k-n_{\mathrm{I},k}}\prod_{i=1}^{n_k}\frac{\phi_k^{\alpha_k\exp\left(\beta y_{\mathrm{I},i}\right)}\left\{\alpha_k\exp\left(\beta y_{\mathrm{I},i}\right)\right\}^{\delta_i}}{\left(t_{\mathrm{E},i}^{0}+\phi_k\right)^{\alpha_k\exp\left(\beta y_{\mathrm{I},i}\right)+\delta_i}}\end{aligned} \tag{6.13}$$

上式中，$f(y_{\mathrm{I},i}\mid\pi_{\mathrm{I},k})$ 是 $Y_{\mathrm{I},i}$ 的概率密度函数，参数为 $\pi_{\mathrm{I},k}$；$f(t_{\mathrm{E},i}^{0}\mid y_{\mathrm{I},i},\alpha_k,\phi_k,\beta)$ 和 $S(t_{\mathrm{E},i}^{0}\mid y_{\mathrm{I},i},\alpha_k,\phi_k,\beta)$ 分别是条件为 $Y_{\mathrm{I},i}$ 下，参数为 αk、ϕk 和 β 时，$T_{\mathrm{E},i}^{0}$ 的概率密度函数和生存函数。所有剂量水平下获得的临时数据的似然值 $\mathfrak{D}=\{\mathfrak{D}_k\}$ 通过以下公式计算得出：

$$\mathfrak{D}=\prod_{k=1}^{K}\mathfrak{L}\left(\mathfrak{D}_k\mid\alpha_k,\phi_k,\pi_{\mathrm{I},k},\beta\right) \tag{6.14}$$

Guo 等（2018）没有考虑毒性和疗效的联合分布，而是使用 beta- 二项式模型对毒性的边缘分布进行模拟以监测安全性。这是因为对于免疫疗法，疗效可能与毒性无关。此外，该分布并不一定会改善剂量探索的性能（Cai，et al，2014）。

设 $\pi_{\mathrm{T},k}$ 表示剂量水平 k 处的毒性概率。假设 n_k 例患者中有 $n_{\mathrm{T},k}$ 例患者出现毒性反应。那么，beta- 二项式模型构建如下：

$$n_{\mathrm{T},k}\sim\mathrm{Bin}(n_k,\pi_{\mathrm{T},k})\text{和}\pi_{\mathrm{T},k}\sim\mathrm{Beta}\left(a,b\right) \tag{6.15}$$

上式中，a 和 b 为超参数。$\pi_{T,k}$ 的后验分布也是基于共轭分析的 Beta 分布，记为 beta($\alpha+n_{T,k}$,$b+n_k-n_{T,k}$)。

记 $P(\beta)$ 表示 $\beta=\{\alpha_k,\phi_k,\pi_{I,k},\beta;k=1,\cdots,K\}$ 的先验分布；n=1,⋯, n_{max} 表示在试验过程中的临时样本量，在试验期间对下一例或下一队列患者做出关于剂量增加、减少或维持的决定；$\mathfrak{D}_n$ 表示前 n 例患者的观察数据。试验中前 n 例患者的似然值为 $\mathfrak{L}(\mathfrak{D}_n|\beta)=\prod_{i=1}^{n}\mathfrak{L}\left(\boldsymbol{y}\,|\,d_{[i]},\beta\right)$，其中 $d_{[i]}$ 为第 i 例患者的给药剂量，随后，基于前 n 例患者的观察数据，得到其后验分布为 $P(\beta|\mathfrak{D}_n)\propto\mathfrak{L}(\mathfrak{D}_n|\beta)P(\beta)$。

假设 α_k 和 ϕ_k 服从具有超参数 $(\hat{\alpha}_k,\sigma_\alpha^2)$ 和 $(\hat{\phi}_k,\sigma_\phi^2)$ 的独立伽马先验分布，分别表示为 $\mathrm{Ga}(\hat{\alpha}_k,\sigma_\alpha^2)$ 和 $\mathrm{Ga}(\hat{\phi}_k,\sigma_\phi^2)$，其中每个伽马先验分布的参数化使得它的第一和第二个超参数分别是均值和方差。平均超参数 $\hat{\alpha}_k$ 和 $\hat{\phi}_k$ 由临床研究者提供。具体来说，要求他们给出中位 PFS 的估计值，记为 M_k^*；以及在时间 τ 时无疾病进展的患者比例，记为 $S_k^*(\tau)$。

通过以下两个方程得到 $\hat{\alpha}_k$ 和 $\hat{\phi}_k$。

$$M_k^*=\phi_k(2^{1/\alpha_k}-1) \tag{6.16}$$

$$S_k^*(\tau)=\left(\frac{\phi_k}{\tau+\phi_k}\right)^{\alpha_k} \tag{6.17}$$

方差超参数 σ_α^2 和 σ_ϕ^2 设定得相对较大，使得先验分布较为模糊。β 的先验分布为均匀分布，用 $\beta\sim U(\lg(r_1),\lg(r_2))$ 来表示，其中 (r_1,r_2) 是 PFS 存在和不存在免疫应答的对数风险比的范围。$\pi_{I,k}$ 的先验分布是一个具有超参数为 $\hat{\pi}_{I,k}$ 和 $\sigma_{\beta,k}^2$ 的 Beta 先验分布，其中 $\hat{\pi}_{I,k}$ 是临床研究者给出的关于免疫应答的先验估计，$\sigma_{\beta,k}^2=\hat{\pi}_{I,k}(1-\hat{\pi}_{I,k})/2$。因此，Beta 先验是模糊的，并且其先验有效样本量为一例患者。

6.4.2 剂量探索算法

6.4.2.1 最优剂量的定义

Guo 等（2018）提出了使用限制性平均生存时间（restricted mean survival time，RMST）作为 PFS 曲线下的面积，以衡量某个剂量的或比较不同剂量之间的合理性。RMST 是中位 PFS 的替代方法，这种方法被采用的原因是对于免疫治疗，PFS 经常具有重度拖尾分布，但中位 PFS 不能将这一点考虑在内。例如，假设所有剂量下的PFS曲线具有相同的中位PFS，但尾部不同（Guo，et al，2018）。考虑到这种因素，我们更倾向于RMST，而不是中位PFS。设$S(t_E)$表示PFS函数，τ为临床关注的随访时间。则RMST定义如下：

$$R(\tau)=\int_0^\tau S(t_{\mathrm{E}})dt_{\mathrm{E}} \tag{6.18}$$

由于此处生存函数是Pareto生存函数，所以在剂量水平k下的RMST由下公式计算得出：

$$\begin{aligned}R_k(\tau)&=\int_0^\tau S(t)dt\\&=\frac{\pi_{1,k}\phi_k^{\alpha_k\exp(\beta)}}{1-\alpha_k\exp(\beta)}\left\{\left(\tau+\phi_k\right)^{1-\alpha_k\exp(\beta)}-\phi_k^{1-\alpha_k\exp(\beta)}\right\}\\&\quad+\frac{\left(1-\pi_{1,k}\right)\phi_k^{\alpha_k}}{1-\alpha_k}\left\{\left(\tau+\phi_k\right)^{1-\alpha_k}-\phi_k^{1-\alpha_k}\right\}\end{aligned} \tag{6.19}$$

因此，本设计中的OD定义为RMST值最大，且同时满足毒性以及免疫反应要求的剂量（详情请见Guo，et al，2018）。

6.4.2.2　剂量探索算法

Guo等（2018）提出了以下两阶段的剂量探索算法：

第一阶段包括以下算法：

第1步：对第一例患者或第一个队列的患者使用第一个剂量水平进行治疗，并评估每例患者是否出现毒性反应；

第2步：在当前的剂量水平k下，使用贝叶斯最优区间设计（见第4.4节），以确定具有可接受毒性的剂量；

第3步：重复第2步，直至达到第一阶段预先指定的样本量，然后进入第二阶段。

在第二阶段，入组的患者被自适应地随机分配到满足预先规定的毒性、免疫反应和最高RMST要求的可接受剂量（Guo，et al，2018）。

6.4.3　运行特征的总结

Guo等（2018）在一项模拟研究中考察了SPIRIT的工作特征，该研究考虑了毒性、有效性和免疫反应方面的真实剂量 - 效应关系。其中包含10种不同的情景，设定了5个剂量，最大样本量为60，第一阶段样本量为21（两阶段的队列中人数均为3例）。该研究还将其设计与包含两阶段的传统设计进行了比较

（Iasonos 和 O’Quigley，2016）。在常规设计的第一阶段，将样本量设置为 21，以 CRM 估算 MTD；随后在第二阶段，队列扩展包含 MTD 水平和低于 MTD 一个剂量水平，每个剂量的样本量为 (60–21)/2。在随访时间结束时使得 PFS 最大的剂量被选定为 OD。

假定在治疗后可以快速评估毒性和免疫反应。毒性上限为 0.3，免疫反应下限为 0.15。假设患者的累积数遵循每月发生 3 次的泊松分布（Poisson distribution）。在剂量水平 k（=1,⋯,5）的情况下，将先验均值分别设定为 $\hat{\alpha}_k$ =1 和 $\hat{\phi}_k$ =4，并设定了其先验标准差分别为 σ_α=3 和 σ_φ=12。先验估计值 $\hat{\pi}_{\mathrm{I},k}$ 设定为 0.3，服从 $\pi_{\mathrm{I},k} \sim$ beta(0.3, 0.105)，先验样本量为 1。将 β 的先验分布设定为 U(−2.3, 0)，以反映风险比预计在 (0.1, 1)范围内的先验信息。超参数 a 和 b 分别设定为 a=0.3 和 b=0.7，相应的先验样本量为 1，其他相关设置参见 Guo 等（2018）。

因此，在包括 ODs 在内的九种情景下，SPIRIT 展现出理想的运行效果，并且在 ODs 的正确选择比例和患者人数方面优于传统设计。此外，该研究还进行了敏感性分析以评估 SPIRIT 性能的稳健程度。在敏感性分析中，假设 PFS 的真实分布具有对数逻辑（log-logistic）分布或 Weibull 分布，而不是 Pareto 分布。敏感性分析结果显示，Guo 等（2018）提出的设计对 PFS 分布不敏感。

6.5 剂量扩展队列

肿瘤药物的早期临床试验通常由小规模异质性患者群体参与的Ⅰ期临床试验所组成，以确定 MTD。随后针对特定疾病开展Ⅱ期临床试验，以评估药物的抗肿瘤活性。然而，近年来这一方法已经发生了变化。因为技术的进步使得大量有前景的药物被开发出来，且需要在临床试验中进行测试。因此，在药物开发过程中尽可能高效地评估抗肿瘤活性的需求日益增加。具体而言，现在可以在Ⅰ期临床试验中通过添加剂量扩展队列的方式确认得到 MTD，以获得药物有效的初步证据，并确定可能从试验药物中获益的患者亚组（Iasonos 和 O’Quigley，2013、2015）。例如，Iasonos 和 O’Quigley（2016、2017）提出的早期试验设计，包含了关于剂量扩展队列的具体信息。详情可参考由美国食品和药物管理局提供的指导草案（网址：https://www.fdanews.com/ext/resources/files/2018/08-10-18-DraftGuidance.pdf? 1533913620）。

参考文献

Cai, C., Yuan, Y., Ji, Y.: A Bayesian dose finding design for oncology clinical trials of combinational

biological agents. J. Roy. Stat. Soc. Ser. C Appl. Stat. 63(1), 159-173 (2014)
Couzin-Frankel, J.: Cancer immunotherapy. Science 324(6165), 1432-1433 (2013)
Cunanan, K.M., Koopmeiners, J.S.: A Bayesian adaptive phase Ⅰ - Ⅱ trial design for optimizing the schedule of therapeutic cancer vaccines. Stat. Med. 36(1), 43-53 (2017)
Guo, B., Yuan, Y.: Bayesian phase Ⅰ / Ⅱ biomarker-based dose finding for precision medicine with molecularly targeted agents. J. Am. Stat. Assoc. 112(518), 508-520 (2017)
Guo, B., Li, D., Yuan, Y.: SPIRIT: A seamless phase Ⅰ / Ⅱ randomized design for immunotherapy trials. Pharm. Stat. 17(5), 527-540 (2018)
Guo, B., Park, Y., Liu, S.: A utility-based Bayesian phase Ⅰ - Ⅱ design for immunotherapy trials with progression-free survival end point. J. R. Stat. Soc. Ser. C Appl. Stat. 68(2), 411-425 (2019)
Houede, N., Thall, P.F., Nguyen, H., Paoletti, X., Kramar, A.: Utility-based optimization of combi-nation therapy using ordinal toxicity and efficacy in phase Ⅰ / Ⅱ trials. Biometrics 66(2), 532-540(2010)
Iasonos, A., O'Quigley, J.: Design considerations for dose-expansion cohorts in phase Ⅰ trials. J.Clin. Oncol. 31(31), 4014-4021 (2013)
Iasonos, A., O'Quigley, J.: Early phase clinical trials-are dose expansion cohorts needed? Nat. Rev.Clin. Oncol. 12(11), 626-628 (2015)
Iasonos, A., O'Quigley, J.: Dose expansion cohorts in phase Ⅰ trials. Stat. Biopharm. Res. 8(2), 161-170 (2016)Iasonos, A., O'Quigley, J.: Sequential monitoring of phase Ⅰ dose expansion cohorts. Stat. Med.36(2), 204-214 (2017)
Liu, S., Guo, B., Yuan, Y.: A Bayesian phase Ⅰ / Ⅱ trial design for immunotherapy. J. Am. Stat. Assoc.(2018). https://doi.org/10.1080/01621459.2017.1383260
Messer, K., Natarajan, L., Ball, E.D., Lane, T.A.: Toxicity-evaluation designs for phase Ⅰ / Ⅱ cancer immunotherapy trials. Stat. Med. 29(7-8), 712-720 (2010)
Morrissey, K.M., Yuraszeck, T.M., Li, C.-C., Zhang, Y., Kasichayanula, S.: Immunotherapy and novel combinations in oncology: current landscape, challenges, and opportunities. Clin. Transl.Sci. 9(2), 89-104 (2016)
Thall, P., Cook, J.: Dose-finding based on efficacy-toxicity trade-offs. Biometrics 60(3), 684-693(2004)
Thall, P.F., Nguyen, H.Q., Braun. T.M., Qazilbash, M.H.: Using joint utlilities of the times to response and toxicity to adaptively optimize schedule-dose regimes. Biometrics 69(3), 673-682(2013)
Thall, P.F., Nguyen, H.Q., Zohar, S., Maton, P.: Optimizing sedative dose in preterm infants under-going treatment for respiratory distress syndrome. J. Am. Stat. Assoc. 109(507), 931-943 (2014)
Wang, C., Rosner, G.L., Roden, R.B.S.: A Bayesian design for phase Ⅰ cancer therapeutic vaccine trials. (2018). https://doi.org/10.1002/sim.8021
Yuan, Y., Nguyen, H., Thall, P.: Bayesian Designs for Phase Ⅰ - Ⅱ Clinical Trials. Chapman &Hall/CRC Press, Boca Raton, FL (2016)

附录

```
1  # Candidate doses
2  dose <- c(1,2.5,5,10)
3
4  # True probabilities of toxicity
5  p.tox0 <- c(0.100,0.170,0.333,0.400)
6
7  # Implementation
8  design.threep3 <- threep3(truep=p.tox0,start=1,dose=dose)
9  print(design.threep3)
10
11                    Mean Minimum Maximum
12  Sample size 13.68408       3      24
13
14                                 Doses
15                                     < 1     1     2    3      4
16  Experimentation proportion      NA 0.374 0.332 0.22 0.0740
17  Recommendation proportion   0.0991 0.226 0.412 0.17 0.0928
18
19                                 Probability of DLT
20                                  [0,0.2] (0.2,0.4] (0.4,0.6]
21  Experimentation proportion    0.706     0.294         0
22  Recommendation proportion*    0.638     0.263         0
23                                 Probability of DLT
24                                  (0.6,0.8] (0.8,1]
25  Experimentation proportion          0        0
26  Recommendation proportion*          0        0
27
28  * Among those trials that recommend an MTD
29
30                                 Doses
31                                     1     2    3     4
32  Average number of patients 4.290 4.640 3.46 1.290
33  Average number of DLTs     0.429 0.789 1.15 0.516
```

附图1 2.2.4 实施软件例图

```
1
2  Create a simple data set
3  prior <- c(0.05, 0.10, 0.20, 0.35, 0.50, 0.70)
4  target <- 0.2
5  level <- c(3, 4, 4, 3, 3, 4, 3, 2, 2, 2)
6  y <- c(0, 0, 1, 0, 0, 1, 1, 0, 0, 0)
7  foo <- crm(prior, target, y, level)
8  ptox <- foo$ptox # updated estimates of toxicity rates
9  foo
10
11 Today:  Mon Jan 07 19:44:30 2019
12 DATA SUMMARY (CRM)
13 PID       Level    Toxicity          Included
14 1         3        0                 1
15 2         4        0                 1
16 3         4        1                 1
17 4         3        0                 1
18 5         3        0                 1
19 6         4        1                 1
20 7         3        1                 1
21 8         2        0                 1
22 9         2        0                 1
23 10        2        0                 1
24
25 Toxicity probability update
26  (with 90 percent probability interval):
27 Level     Prior    n        total.wts
28 1         0.05     0        0
29 2         0.1      3        3
30 3         0.2      4        4
31 4         0.35     3        3
32 5         0.5      0        0
33 6         0.7      0        0
34
35 total.tox          Ptox     LoLmt    UpLmt
36 0                  0.089    0.01     0.283
37 0                  0.155    0.028    0.379
38 1                  0.272    0.082    0.508
39 2                  0.428    0.196    0.643
40 0                  0.571    0.341    0.747
41 0                  0.749    0.574    0.861
42
43 Next recommended dose level: 2
44 Recommendation is based on
45  a target toxicity probability of 0.2
46
47 Estimation details:
48 Empiric dose-toxicity model: p = dose^{exp(beta)}
49 dose = 0.05 0.1 0.2 0.35 0.5 0.7
50 Normal prior on beta with mean 0 and variance 1.34
51 Posterior mean of beta: -0.212
52 Posterior variance of beta: 0.158
```

附图 2　3.3.3.1 实施软件例图